이런,
이게 바로 **나**야!

# THE MIND'S I : Fantasies and Reflections on Self and Soul

by Douglas R. Hofstadter and Daniel C. Dennett

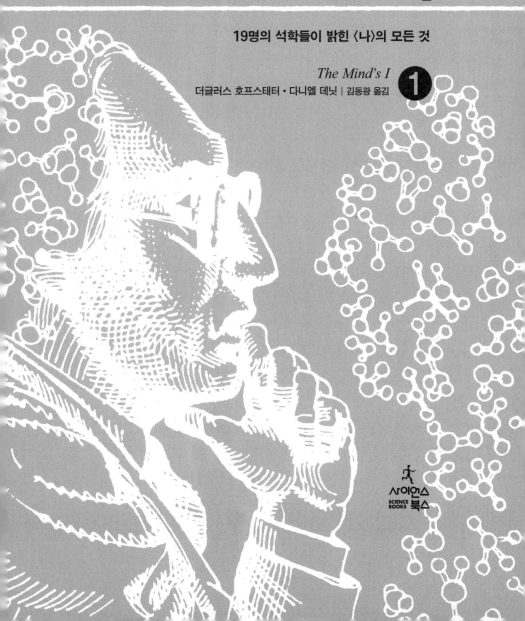

# 이런, 이게 바로 나야!

### 19명의 석학들이 밝힌 〈나〉의 모든 것

*The Mind's I*

**1**

더글러스 호프스태터 · 다니엘 데닛 | 김동광 옮김

사이언스
SCIENCE
BOOKS 북스

마음이란 무엇인가? 나는 누구인가? 단지 물질에 지나지 않는 것이 생각하고 느낄 수 있을까? 영혼은 어디에 있는가?(이후 마음, 정신은 mind의 역어, 영혼은 soul의 역어로 구분해서 사용된다. —— 옮긴이) 사람들은 이런 의문을 떠올리면 누구나 혼란스러움을 느낀다. 우리는 바로 이와 같은 혼란스러움을 폭로하고 좀더 생생하게 만들기 위해 이 책을 준비했다. 우리의 목적은 사람들을(완고하고 지극히 이성적이고 과학적인 세계관을 가지고 있는 사람들뿐 아니라, 사람의 영혼에 대해 심령론적 관념을 가지고 있는 사람들까지) 뒤흔들어 놓고 충격을 주고자 하는 것이지 이런 엄청난 문제에 곧바로 답을 주려는 것이 절대 아니다. 우리는 아직까지 앞에서 제기했던 궁극적인 의문에 대해 명확한 답을 얻지 못했으며, 사람들이 〈나〉라는 말의 의미에 대해 합치점에 도달하려면 그런 문제에 대해 거의 근본적인 재검토가 필요하다고 확신한다. 따라서 이 책은 독자들을 뒤흔들고, 혼란에 빠뜨려 모든 것을 뒤죽박죽으로 만들어 지금까지 너무도 당연하게 받아들이던 모든 것을 낯설게 하고, 반대로 낯설던 것들을 지극히 자명한 것으로 뒤바꾸려는 음모를 꾸미고 있다.

더글러스 호프스태터
다니엘 데닛
시카고에서

# 서문

동쪽에서 달이 뜨는 모습이 보인다. 서쪽에서도 달이 솟아오른다. 당신은 지금 차디찬 암흑의 하늘을 횡단해 두 개의 달이 접근하는 희한한 광경을 지켜보고 있다. 당신은 지금 화성에 있다. 당신이 살던 행성에서 수백만 킬로미터 떨어진 아득히 먼 행성 위에 있는 것이다. 붉은 화성의 사막에서는 사람이 살아갈 수 없다. 당신은 지구의 기술로 만든 얇은 박막에 의지해 서리도 내리지 않는 혹독한 추위를 간신히 막아내고 있다. 그렇지만 이제 한계에 도달했다. 당신의 우주선은 심하게 파손되었고 수리될 가능성은 없다. 당신은 영원히 지구에 돌아갈 수 없다. 그리운 친구들, 가족, 그리고 아득히 멀리 떨어진 고향.

그러나 전혀 희망이 없는 것은 아니다. 이제는 움직일 수 없는 우주선의 통신실에서 당신은 텔레클론Teleclone 마크 IV 텔레포터teleporter와 그 사용 설명서를 찾아냈다. 텔레포터의 스위치를 넣고 파장을 지구의 텔레클론 모(母)송신기에 맞춘 다음 송신실로 들어가면, 텔레포터는 아무런 고통도 주지 않고 순식간에 내 육신을 분해해서 그 분자 구조의 청사진을 작성해 지구로 송신할 것이다. 지구의 수신기는 축적 탱크를 갖추고 있어서 그 속에 필요한 양의 원자를 비축하고 있다. 그리고 텔레포터에서 청사진을 수신하자마자 수신기는 작동을 시작할 것이다. 조립은 송신된 지시에 따라 거의 순간적으로 이루어질 것이다. 바로 당신을 합성하는 것이다! 광속으로 지구에 돌아간 당신은 사랑하는 사람들의 팔에 안기고, 그들은 화성에서 겪었던 당신의 모험담에 곧 귀를 기울일 것이다.

파손된 우주선의 최종 조사 결과, 당신이 구조될 수 있는 길은 이 텔레클론 기계를 이용하는 방법밖에는 없음이 판명되었다. 잃을 것은 아무것도 없다. 당신은 송신기를 조정한 다음, 송신실에 들어간다. 카운트 다운이 시작된다. 5, 4, 3, 2, 1, 송신! 눈앞의 문이 열리고 당신은 텔레클론 수신기 밖으로 걸어나온다. 햇빛이 눈부시다. 친숙한 지구의 대기가 느껴진다. 당신은 고향에 돌아온 것이다. 화성으로부터의 장거리 클로닝cloning을 거쳤지만, 손상된 곳은 아무 데도 없었다. 붉은 행성에서의 공포스런 운명으로부터 위기일발의 탈출이다. 축하하지 않을 수 없다. 가족과 친구들이 모인다. 모두들 마지막 만났을 때에 비하면 상당히 변한 모습이다. 벌써 약 3년이 지난 것이다. 당신도 나이가 들었다. 사라가 눈에 띄었다. 당신의 딸이다. 이제 여덟 살. 〈이 아이가 내 무릎 위에 앉곤 했던 작은 딸인가!〉 당신은 무척 놀란다. 그도 그럴 만하다. 어린 시절의 기억으로는 아무래도 상상이 되지 않지만, 분명 당신의 딸이다. 이렇게 키가 크다니. 나이도 훨씬 더 먹은 것 같다. 그리고 아는 것도 많아졌다. 사실 지금 사라의 몸 속에 있는 세포의 대

8

부분은, 당신이 사라를 마지막으로 본 시점에는 존재하지 않았다. 그러나 성장과 변화, 그리고 세포의 대체에도 불구하고, 사라는 분명 당신이 3년 전에 작별의 키스를 했던 그 작은 아이인 것이다.

그러자 당신은 문득 이런 의문이 든다. 그렇다면 〈나〉는 3년 전에 이 아이에게 작별 키스를 했던 사람과 같은 사람일까? 나는 정말 이 여덟 살짜리 아이의 엄마인가, 아니면 실제로는 겨우 몇 시간의 나이밖에 먹지 않았고, 오직 그 이전의 나날의 기억을(또는 단지 기억이라고 여겨지는 무엇을) 가지고 있는 것에 불과한가? 이 아이의 엄마는 최근 화성에서 사망했고, 텔레클론 마크 IV의 송신실 안에서 분해되어 파괴되어 버린 것은 아닐까?

〈나는 화성에서 죽었던 것일까? 아니, 분명 그렇지는 않다. 나는 화성에서 죽지 않았다. 왜냐하면 나는 이렇게 지구에 살아 있기 때문이다. 그러나 '누군가' 즉, 사라의 엄마는 화성에서 죽은 것이다. 그렇다면 나는 사라의 엄마가 아니다. 그러나 나는 틀림없이 사라의 엄마이다! 내가 텔레클론에 들어간 것은 내 가족들이 있는 집에 돌아오기 위해서였다! 그러나 나는 과거의 일을 조금씩 잊기 시작했다. 어쩌면 나는 화성에서 텔레클론에 들어가지 않았는지도 모른다. 아니, 누군가 다른 사람이 그 기계에 들어갔을지도 모른다. 설령 그런 일이 있었다고 해도 말이다. 저 악마와도 같은 기계, 즉 텔레클론은 일종의 수송 기관인가, 아니면 그 이름이 암시하듯이 사람을 죽여서 그 사람과 똑같은 사람을 복제하는 기계인가? 사라의 엄마는 텔레클론 체험을 한 후에도 여전히 살아남은 것인가, 그렇지 않은가? 그녀는 분명 자신이 계속 살아남았다고 믿고 있었다. 그녀는 희망과 기대를 품고 그 기계 속으로 들어간 것이지 모든 것을 포기하고 자살을 하려 했던 것은 아니다. 그녀의 행동은 분명 이타적(利他的)인 것이었다. 그녀는 사라를 보호하고 사랑해줄 사람을 지키기 위해 여러 가지 행동 단계를 밟았을 뿐이다. 그러나 동시에 그녀는 이기적이기도 했다. 그녀는 자신을 궁지로부터 구해내 쾌적한 생활로 돌아오려 했다. 아니, 최소한 그랬던 것 같다. 그러나 정말 그랬는지 어떻게 알 수 있는가? 답은 간단하다. 왜냐하면 내가 '거기에' 있었기 때문이다. 나는 사라의 엄마로서 그런 생각을 '했다'. 그리고 지금, 나는 사라의 엄마 '이다'. 또는 그런 것처럼 보인다.〉

그 후 며칠 동안 당신의 정신은 때로는 희망에 부풀고, 때로는 깊은 혼란의 나락으로 떨어지고, 평온함과 기쁨, 가슴을 후벼파는 의구심과 자기 성찰soul searching(여기에서는 〈영혼을 탐색한다〉는 의미가 중첩되어 사용되고 있다.——옮긴이)의 순간이 끊임없이 교차했다. 〈자기 성찰!〉 당신은 이런 의구심이, 엄마가 돌아왔다고 즐거워하는 딸의 가정과 어울리지 않는다고 생각한다. 당신은 어쩐지 자신이 사기꾼 같다는 느낌을 가질지도 모른다. 그리고 언젠가 화성 위에서 실제로 일어났던 일을 사라가 알았을 때, 사라가 어떻게 생각할지 걱정스러워할 것이다. 사라가 산타클로스가 없다는 사실을 처음 알았을 때, 혼란에 빠지고 상처를 받았던 일을 생각해보라. 어떻게 자신의 엄마가 그토록 오랫동안 자신을 속일 수 있었단 말인가!

지금 당신은 『이런, 이게 바로 나야!』라는 책을 막 읽으려 하고 있다. 그 동기는 단순히 한가한 사람의 지적 호기심 이상의 무엇이다. 왜냐하면 이 책은 당신을 자신과 영혼의 발견을 향한 여행으로 이끌어줄 것이기 때문이다. 당신은 앞으로 배워가게 될 것이다. 당신이란 도대체 무엇이며, 누구인지를.

당신은 이렇게 생각할 것이다.

나는 지금, 이 책의 11쪽을 읽고 있다. 나는 살아 있고, 나는 눈을 뜨고 있고, 나는 이 11쪽의 단어 하나하나를 내 눈으로 보고 있다. 나는, 지금 내가 이 책을 손에 들고 있는 것을 보고 있다. 내게는 두 개의 손이 있다. 그러나 그것이 자신의 손이라는 사실을 어떻게 알 수 있는 것일까? 그것은 바보 같은 질문이다. 내 두 손은 나의 팔에 단단히 붙어 있고, 더구나 나의 팔은 나의 몸통에 붙어 있기 때문이다. 하지만 나는 그것이 나의 신체라는 것을 어떻게 알 수 있을까? 그것은 내가 내 신체를 제어하고 있기 때문이다. 그렇다면 나는 그 신체를 소유하고 있는 것일까? 어떤 의미에서는 그렇다. 그것은 내 것이어서 내 마음대로 다룰 수 있다. 적어도 내가 타인을 해치지 않는 한에서는 말이다. 이것은 일종의 법률상 소유권이기도 하다. 즉 내가 살아 있는 한 내 신체를 합법적으로 타인에게 판매할 수 없지만, 일단 죽은 다음에는 내 신체의 소유권을 합법적으로 다른 사람에게 양도할 수 있다. 예를 들면 의과대학에 기증할 수 있다.

만약 내가 이 신체를 소유하고 있다면, 나는 이 신체 이외의 무엇이라고 생각한다. 내가 〈나는 내 신체를 '소유하고' 있다I own my body〉라고 말할 때, 그것은 〈그 신체가 스스로를 소유하고 있다〉라는 뜻의 의미 없는 주장은 아니다. 그렇지 않다면, 타인에 의해 소유되지 않는 모든 것은 그 자신을 소유하고 있다는 말인가? 과연 달은 누군가에게 소속되어 있는 것인가, 아무에게도 속하지 않은 것인가, 아니면 달 자신에게 속해 있는 것일까? 도대체 무엇이 모든 것의 소유자가 될 수 있을까? 나는 모든 것의 소유자가 될 수 있다. 그리고 내 신체는 내가 소유하고 있는 것 중 하나에 불과하다. 어쨌든 나와 나의 신체는 밀접하게 연결되어 있는 것처럼 보이지만, 둘은 서로 별개의 것이다. 나는 제어자이며, 나의 신체는 제어 받는 대상이다. 대부분의 경우는 그렇다.

이 대목에서 이 책은 당신에게 묻는다. 만약 당신이 당신의 육체를 좀더 완전하고, 아름답고, 제어하기 쉬운 다른 육체와 바꿀 수 있다면 어떻게 하겠는가?

당신은 그런 일은 불가능하다고 생각한다.

그러나 이 책은 그것이 상상 가능한 일이기 때문에 이론적으로도 가능한 일이라고 주장한다. 당신은 이 책이 영혼재래설 reincarnation (靈魂在來說, 원래 영혼재래설은 사후에 영혼이 새 육체를 얻어 다시 태어난다는 의미이지만, 여기에서는 뇌이식을 포괄하는 뜻으로 사용되고 있다. ──옮긴이)이나 윤회(輪廻)에 대해 이야기하려는 것이 아닌지 의심할지도 모른다. 이런 의심에 대비해 먼저 다음과 같은 점을 확실히 해두기로 하자. 이 책은 영혼재래설이 몹시 재미있는 생각이기는 하지만 실제로 그런 일이 일어날 수 있는지에 대해서는 아무것도 알려지지 않았으며, 그런 일이 일어날 수 있는 여러 가지 흥미로운 방식이 존재한다는 것을 인정한다. 만약 당신의 뇌가 새로운 신체에 이식되었다면, 당신의 뇌는 그 신체를 제어할 수 있을까? 당신은 그것을 신체의 교환이라고 생각할 것인가? 물론, 거기에는 엄청나게 많은 기술적인 문제가 가로놓여 있다. 그러나 우리의 목적을 위해서는 그런 문제들을 무시할 수 있다.

만약 당신의 뇌가 다른 신체에 이식되었다면, 당신 자신도 그 뇌와 같이 다른 신체로 옮겨진 것처럼 생각된다(그렇게 생각되지 않을까?). 그렇다면 당신은 뇌인가? 다음 두 문장을 비교해 보고 어느 쪽이 당신에게 참인 것처럼 들리는지 판단해 보라.

나는 뇌를 가진다I have a brain.

나는 뇌이다I am a brain.

영어에서는 똑똑한 사람을 가리킬 때 〈being brains〉라는 표현을 사용한다. 그러나 물론 이 말이 문자 그대로 〈그 사람은 뇌이다〉라는 뜻은 아니다. 그 사람이 좋은 뇌를 가졌다는 의미이다. 당신이 좋은 뇌를 가졌다고 하자. 그렇다면 그 뇌를 가지고 있는 당신이란 도대체 누구이며, 무엇일까? 다시 한번 반복해 보자. 당신이 뇌를 가진다면, 그것을 타인의 뇌와 바꿀 수 있을까? 만약 신체를 바꿀 때 당신이 항상 당신의 뇌와 같이 있다면, 당신의 뇌를 바꿀 때, 어떻게 누군가가 당신을 당신의 뇌로부터 떼어낼 수 있을까? 불가능할까? 그렇지 않을 수도 있다. 이 문제에 대해서는 다음에 살펴보기로 하자. 요컨대, 만약 당신이 이제 막 화성에서 돌아왔다면, 당신은 당신의 낡은 뇌를 화성에 두고 온 것일까?

가령 당신이 뇌를 〈가지고 있다〉는 데 우리 모두 동의한다고 가정하자. 당신은 지금까지 한번도 자신이 뇌를 가지고 있는지 어떻게 알 수 있는가라는 물음을 스스로에게 던진 적이 없는가? 당신은 자신의 뇌를 한번도 본 적이 없을 것이다. 당신은 자신의 뇌를 볼 수 없다. 거울에 비추어보는 것도 불가능하다. 물론 당신은 뇌를 만져볼 수도 없다. 그럼에도 불구하고 당신은 자신이 뇌를 가지고 있다는 것을 알고 있다. 왜냐하면 당신은 사람이고, 사람은 모두 뇌를 가지고 있다는 사실을 알고 있기 때문이다. 당신은 여러 책에서 그렇게 읽었고, 당신이 신뢰하는 사람들로부터 그런 식으로 배워왔다. 그 밖에도 사람이면 누구나 간(肝)을 가지고 있다. 그리고 정말 이상한 일이지만, 당신이 뇌에 대해 알고 있는 것은 간에 대해 알고 있는 것과 비슷하다. 당신은 책에서 읽은 내용을 믿는다.

몇 세기 동안 사람들은 간이 기능을 하는지 몰랐다. 과학이 그 물음에 대한 답을 발견했다. 사람들은 뇌에 대해서도, 그 기능이 무엇인지 알지 못했다. 아리스토텔레스는 뇌를 피의 온도를 떨어뜨리는 기관이라고 생각했다고 전해진다. 물론, 뇌는 그 활동 과정에서 실제로 매우 효율적으로 혈액을 냉각시킨다. 여기에서 간이 우리의 두개골 속에 있고, 그 대신 뇌가 우리의 갈비뼈 속에 들어 있다고 가정하자. 우리가 이 세계를 보거나 들을 때, 당신은 우리가 간을 통해 사고한다는 사실을 발견하게 될 가능성이 있다고 생각하는가? 당신의 사고는 눈 뒤쪽, 그리고 양쪽 귀 사이에서 일어나는 것처럼 여겨진다. 그러나 그것은 그 곳에 뇌가 있기 때문이다. 또는 당신이 무언가를 보고 있을 때의 시점에 맞춰, 대략 자신을 위치시키기 때문이다. 사실 이 부드럽고, 회색을 띤, 마치 꽃양배추같이 생긴 뇌에 의해 우리가 어떻게 생각하는지를 상상하는 것은, 부드럽고, 적갈색을 띤 이른바 나뭇잎 모양의 간에 의해 우리가 어떻게 생각하는지를 상상하는 것과 마찬가지가 아닐까?

〈당신이란 도대체 무엇인가?〉라는 개념은 단지 살아 있는 신체(또는 살아 있는 뇌)만이 아니라 영혼이나 정신이, 고대로부터의 오랜 전통에도 불구하고, 많은 사람들에게 비과학적인 것처럼 여겨진다는 것이다. 그들에게 영혼이란 과학에서 다루어질 주제가 아니며, 또한 과학적인 세계관에도 어울리지 않는 것처럼 보인다. 과학은 우리에게 영혼과 같은 것은 존재하지 않는다는 사실을 가르쳐주었다. 과학 덕분에 우리는 육체 속에 영혼이 거주한다는 사고 방식이 〈기계 속의 영혼ghost in the machine〉이라는 식의 사고 방식처럼 저절로 사라질 것이라고 생각한다. 그러나 당신이 순수한 물질적인 육체와는 구별되는 무엇이라는 식의 생각이 모두 조소와 반박을 당하는 것은 아니다. 곧 살펴보게 되겠지만, 그러한 사고 방식 중 일부는 실제로 과학이라는 정원에서 꽃을 피우고 번성하고 있다.

우리의 세계를 채우고 있는 것은 신비스럽거나 영적인 것이 아니며, 또 단순한 물리학의 구성 단위만도 아니다. 당신은 음성 voice을 믿는가? 헤어스타일은 어떤가? 이런 것들은 과연 존재하는가? 만약 존재한다면 그것들은 무엇인가? 물리학자의 언어로 구멍 hole이란 무엇인가? 가령, 블랙홀과 같은 신비스러운 구멍이 아니라 치즈에 뚫려 있는 것과 같은 평범한 구멍은 도대체 무엇인가? 그것은 물리적인 물체 thing인가? 그렇다면 교향곡이란 무엇일까? 미국의 국가(國歌)는 물리적인 시공(時空) 속의 어디에 존재하는 것일까? 그것은 미국 국회도서관에 있는 몇 줄의 잉크 자국에 지나지 않은 것일까? 만약 그 종이가 없어진다면, 그래도 여전히 국가는 존재할까? 라틴어는 지금도 〈존재〉한다. 그러나 그것은 이제 살아 있는 언어가 아니다. 프랑스의 혈거인(穴居人)들의 언어는 더 이상 존재하지 않는다. 트럼프 브리지 게임의 역사는 채 100년도 되지 않는다. 그 게임은 과연 무엇일까? 그것은 동물도, 식물도, 광물도 아니다. 그것들은 질량을 가진 물리적 대상이 아니고, 화학적인 화합물도 아니다. 더구나 불변이고 물리적인 시공 어느 곳에도 위치하지 않는 순수하게 추상적인 대상도 아니다. 그것들은 각기 발상지와 역사를 지니고 있다. 그것들은 변화할 수 있으며, 무언가가 우연히 그것들이 될 수 있다. 그것들은 이리저리 이동할 수 있다. 마치 한 생물종(種)이나 질병, 특히 전염병처럼 말이다. 우리는, 과학이 우리에게 사람들이 진지하게 생각하는 모든 〈것〉이 물리적인 시공 속에서 움직이는 입자들의 집합으로 식별 가능하다고 가르치고 있다고 생각해서는 안 된다. 물론 〈당신〉이 살아 있는 물리적 유기체, 즉 움직이는 원자들의 집적(集積)에 불과하다는 생각이 지극히 상식적이라고 (또는 과학적으로 올바른 사고 방식이라고) 생각하는 사람들도 있을 것이다. 그러나 실제로 이런 사고 방식은 빈틈없이 정교한 논리가 아니라 과학적 상상력의 결여를 드러낼 뿐이다. 사람들이 특정 육체를 넘어서는 정체성identity을 갖는 〈자아〉를 신뢰하기 위해서 영혼의 존재를 믿을 필요는 없다.

당신은 사라의 어머니가 틀림없다. 그렇지만 사라의 어머니는 당신일까? 그녀는 화성에서 죽은 것인가, 아니면 지구로 돌아온 것인가? 당신에게는 그녀가 지구로 돌아온 것처럼 여겨질 수 있을 것이다. 물론 그녀도 텔레포터에 걸어 들어가기 전에는 자신이 곧 지구로 돌아갈 것이라고 생각했을 것이다. 그런 그녀의 생각은 옳았던 것일까? 어쩌면 그럴 수도 있다. 그러나 새롭게 개량된 텔레클론 마크 V를 사용한 결과에 대해서 당신은 어떤 의견을 가지고 있는가? 마크 V는 무해하고 기적적인 새로운 CAT 주사(走査) 기술 덕분에 〈원본을 파괴하지 않고〉 청사진을 얻게 될 것이다. 사라의 어머니는 이번에도 단추를 누르기로 결심하고 송신실에 들어갈지 모른다. 사라를 위해서, 그리고 지구에 돌아가서 그녀가 겪은 비극에 대해 유창한 여성 대변인처럼 떠벌이기 위해서……. 그러나 그녀는 동시에, 자신이 화성의 송신실 밖으로 걸어나와 여전히 화성에 남아 있다는 사실을 발견하게 될지도 모른다. 누군가가, 어느 〈누가〉 문자 그대로 동시에 두 장소에 존재할 수 있는가? 그리 오래지 않아, 어떤 경우든 두 사람은 서로 다른 기억을 축적하게 될 것이고, 서로 다른 삶을 살아가게 될 것이다. 그들은 여느 두 사람과 마찬가지로 서로 다른 사람이 될 것이다.

## 사적인 생활

당신을 당신답게 만드는 것은 무엇일까? 당신이라는 것의 경계 boundaries는 도대체 어디인가? 그 답의 일부는 분명하다. 〈당신〉은 의식consciousness의 중심인 것이다. 그러나 의식이란 무엇인가? 의식은 우리의 마음에서 가장 명백한 부분이면서 동시에 가장 신비스러운 부분이다. 그 또는 그녀가 경험의 주체(主體)로 지각이나 감각을 향유하고, 고통을 겪고, 개념들을 획득하고, 그리고 심사숙고하는 당사자라는 것보다 더 뚜렷하고 분명한 것이 있을 수 있을까? 그렇지만 다른 한편으로는, 도대체 무엇이 의식이 되는 것일까? 물질 세계에 살고 있는 육체가 어떻게 그런 현상을 만들어낼 수 있는가? 과학은 처음에는 신비스럽게 여겨진 자연 현상의 수수께끼들, 예컨대 자기(磁氣), 광합성, 소화, 그리고 생식 등을 해명해 주었다. 그러나 의식은 그런 것들과는 전혀 다르다. 자기 작용이나 광합성 또는 소화 작용이라는 특수한 사례의 경우는 적절한 장비만 있으면 어떠한 관찰자든지 이론적으로 똑같이 접근할 수 있다. 그렇지만 의식의 경우에는 자신이라는 특수하고 특권적인 관찰자가 필요하다. 자신의 의식적 현상에 대한 접근 방법은 자연 현상과는 달라서, 설령 타인이 어떤 장치를 가지고 있다 해도, 다른 누구보다도 자신이 우위에 서게 된다. 지금까지 언급한 이유를 비롯한 그 밖의 이유 때문에, 의식에 관한 훌륭한 이론은 아직까지 존재하지 않는다. 심지어 의식에 대한 학설이 어떤 것이리라는 의견의 일치조차 이루어지지 않은 실정이다. 어떤 사람들은 〈의식〉이라는 말을 붙일 수 있는 그 무엇도 존재하지 않는다는 극단적인 주장을 펴기도 한다.

우리의 삶에서 친숙한 이 특성이 오랫동안 의식을 규정하려는 모든 시도를 방해해 왔다는 사실 자체가 의식에 관한 우리의 사고 방식이 잘못되었음을 시사해 준다. 여기에서 필요한 것은 더 많은 데이터, 더 많은 경험적인 임상 자료가 아니라, 이 의식이라는 말의 일상적인 의미에 의해 허용되는 모든 기술(記述)에 대해 답해 주는 의식이라는 유일하고 친숙한 현상이 존재할 것이라는 식의 가정을 주의 깊게 재고(再考)하는 것이다. 사람들의 주의가 의식이라는 문제에 쏠릴 때면 예외 없이 나타나는 혼란스러운 문제에 대해서 생각해 보자. 사람 이외의 동물에게는 의식이 있을까? 만약 있다면 동물들의 의식은 우리와 같은 것일까? 컴퓨터나 로봇은 의식을 가질까? 사람은 무의식적인 사고를 할 수 있을까? 무의식적인 고통이나 감각 또는 지각이라는 것이 있을 수 있을까? 갓난아기는 태어날 때, 또는 그 이전에 이미 의식을 가지고 있을까? 사람은 하나의 뇌 속에 의식을 가진 복수(複數)의 주체나 자아 또는 대리인을 가질 수 있을까? 이러한 의문에 대한 적절한 답은, 의식을 설명하려는 확실치 않은 여러 가설들이 행동적 능력이나 내부 상황에 대해서 거둔 경험적 발견에 크게 의존한다. 그러나 이 모든 경험적 발견에 대해서 우리는 다음과 같은 물음을 던질 수 있다. 의식에 관한 질문의 취지는 도대체 무엇일까, 그리고 왜 그러한 질문을 하는 것일까? 이것은 직접적인 경험의 문제라기보다는 사고 실험 thought experiment의 도움을 통해 답을 얻을 수 있을지도 모르는 개념적인 문제이다.

의식에 대한 통념은 두 종류의 서로 다른 사고 방식에 근거를 두고 있는 것 같다. 이 두 가지 사고 방식의 차이는 개략적으로 〈내면으로부터 from the inside〉와 〈외면으로부터 from the outside〉라는 말로 표현될 수 있다. 〈내면으로부터〉 생각하면, 우리 자신의 의식은 명백하고 도처에 퍼져 있다. 우리 주위나 신체의 내부에서도 많은 일이 일어나고 있지만, 우리는 대개 그것을 전혀 느끼지 못하거나 의식하지 못한다. 그러나 우리가 개인적으로 의식하는 것보다 우리에게 더 친숙하게 알려져 있는 것은 아무것도 없다. 내가 의식하고 있는 대상과 그 대상에 대해서 내가 의식하는 방법 등이 〈내가, 내가 되는 어떤 것what it is like to be me〉이다. 어떤 의미에서 내가, 내가 되는 것이 어떤 것인지를 타인은 결코 알 수 없다는 것을 나는 알고 있다. 내면으로부터 생각하면, 의식이란 전부 아니면 전무all-or-nothing의 현상, 즉 켜져 있거나on 꺼져 있는 off 내면의 빛인 것처럼 여겨진다. 우리는 자신이 때로는 졸거나, 부주의하거나, 잠들거나, 때로는 이상스러우리만치 고양된 의식 상태에 빠진다는 사실을 인정한다. 그러나 우리가 의식적인 상태에 있을 때 우리가 의식하고 있다는 것은 의식이 있는가 없는가의 문제이지, 그 정도의 문제가 아니다. 여기에서 한 가지 전망이 나타난다. 즉 의식이라는 것의 존재가 우주 전체를 서로 다른 두 종류, 즉 의식을 가지는 것과 의식을 가지지 않는 것이라는 두 종류로 구분짓는다는 것이다. 의식을 가지는 것은 〈주체〉이다. 즉 사물들이 여러 가지 방식으로 〈그것에〉 귀속되는 존재, 또는 의식이라는 것이 그러한 존재이기 위한 무언가가 되고 있는 것과 같은 존재이다. 그것은 벽돌이나 휴대용 계산기, 또는 사과와 같은 것이기 위한 무언가가 아니다. 이러한 물체도 내면inside을 갖기는 하지만, 그것은 올바른 의미에서의 내면이 아니다. 다시 말해 그 내면은 〈내면적 삶inner life〉이나 관점 그 어느 것도 갖지 않는다. 의식이란, 분명, 나이기 위한 무엇(〈내가〉〈내면으로부터〉 알고 있는 무엇)이며, 그리고 확실히, 당신이기 위한 무엇이다(왜냐하면 당신은 내게 확신에 찬 어조로 자신도 의식을 가지고 있다는 점에서 나와 같다고 말할 것이기 때문이다). 그리고 어쩌면 그것은 개나 돌고래에게도 비슷한 무엇이거나(만약 그들이 내게 그렇게 말할 수 있다면!), 심지어 거미와 같은 생물에게도 비슷한 무엇일지 모른다.

## 타자의 마음

이들 타자(다른 사람과 다른 생물들)에 대해서 생각할 때, 우리는 필연적으로 이것들을 〈외면으로부터〉 생각한다. 그때, 그들의 관찰 가능한 다양한 특징이 그들의 의식에 관한 문제와 관계를 맺는 것처럼 여겨질 수 있을 것이다. 생물은 그들의 감각이 도달하는 범위 내에서 일어난 사건에 적절히 반응한다. 그들은 사물을 인지하고, 고통을 주는 환경을 회피하고, 학습하고, 계획하고, 당면한 여러 가지 문제를 해결한다. 그들은 지능 intelligence을 나타낸다. 그러나 문제를 이런 식으로 접근하다 보면 이미 어떤 종류의 선입관에 이끌리고 있는지도 모른다. 예를 들어 그들의 〈감각〉이나 고통을 주는 〈환경〉이라고 말하지만, 그런 말은 이미 우리가 의식의 문제에 어떤 입장을 가지고 있음을 나타내는 것이다. 가령 이런 말들을 이용해서 로봇의 행동을 기술하는 경우를 생각해 보라. 이러한 말을 선택한다는 것 자체가 논쟁적인 의도를 가지고 있다는 것은 분명하다(그리고 많은 사람들이 이러한 도전적인 의도에 저항하고 있다는 것도 분명하다). 그렇다면 생물은 현실의 로봇, 아니면 공상 속의 로봇과 어떻게 다른가? 우선 조직적으로나 생물학적으로 우리와 비슷하다는 점에서 생물은 로봇과 다르다. 그리고 사람은 전형적인paradigmatic 의식을 가진 생물이다. 물론, 이러한 유사성은 정도의 문제를 허용한다. 더구나 어떤 종류의 유사성이 중요하게 고려되는가에 대한 우리의 직관은 어쩌면 그 신뢰성이 낮을지도 모른다. 돌고래가 물고기와 비슷하게 생겼다고 해서 그들이 사람과 비슷한 의식을 가지고 있지 않다는 생각은 분명 정당하지 않다. 만약 침팬지가 해삼처럼 머리가 나쁘다고 가정해도, 필경 얼굴이 사람과 비슷하다는 이유 때문에 의식을 가진 생물 집단에 포함될 것이다. 만약 파리가 사람과 같은 크기이고 온혈(溫血)이라면, 우리는 그 파리의 날개를 뽑았을 때 파리가 아픔(우리가 느끼는 것과 같은 종류의 아픔)을 느낀다는 데 더 확신을 갖게 될 것이다. 도대체 무엇이 이러한 고찰을 가치 있는 것으로 여기게 하는가?

이 의문에 대한 분명한 대답은, 여러 가지 〈외적(外的)〉 지표는 그것이 무엇이든 간에 개개의 의식적 주체가 스스로의 내면으로부터 알고 있는 것의 존재를 가리키는 어느 정도 신뢰할 만한 기호 또는 징후라는 것이다. 그러나 그것을 어떻게 확인할 수 있는가? 이것이 악명 높은 〈타자의 마음의 문제problem of other minds〉이다. 자기 자신에 관한 한, 우리는 내면적 삶inner life과 외부에서 관찰 가능한 행동과의 일치를 직접 관찰할 수 있는 것처럼 보인다. 그러나 만약 우리 각자가 유아론(唯我論)을 초월할 수 있다면, 우리는 한 가지를 분명하게 할 수 있을 것이다. 즉 타인에 있어서 그 내면과 외면이 일치하고 있다는 것을 확인할 수 있게 되는 것이다. 그들 자신이 내면과 외면이 일치하고 있다고 고백했다 해도, 공식적으로는 아무런 소용도 없을 것이다. 왜냐하면 그것은 결국 외면과 외면을 다시 일치시키는 데 지나지 않기 때문이다. 지각과 지적 행동을 논증할 수 있는 능력은 일반적으로 말을 하는 능력, 특히 〈내성적(內省的)〉 보고를 하는 능력과 보조를 맞춘다. 만약 영리하게 설계된 로봇이 그 자신의 내면적 삶에 대해서 우리에게 말할 수 있다면(즉 적절한 맥락 속에서 적절한 잡음 noise을 발할 수 있다면, 그 잡음은 우리에게 말로 들릴 것이다), 과연 이 로봇을 의식을 가진 집단에 포함시키는 것이 옳을까? 어쩌면 그럴지도 모른다. 그러나 그때, 우리는 어떻게 어리석은 짓을 저지르고 있지 않다고 증명할 수 있는가? 여기에서 다음과 같은 물음이 제기될 것이다. 즉 그 로봇의 특수한 내면의 불이 점화된 것인가, 아니면 로봇의 내부에는 암흑 이외에는 아무것도 없는 것인가? 그리고 이 의문은 거의 답을 얻기가 불가능한 것처럼 보인다. 따라서 우리는 어쩌면 이미 잘못된 방향으로 한 걸음을 들여놓은 셈이다.

내가 앞의 몇 단락에서 〈우리〉와 〈우리의〉라는 말을 사용했고, 여러분도 아무런 거부감 없이 이 말을 받아들였을 것이다. 그러나 그런 표현을 사용했다는 사실은, 우리가 타자의 마음의 문제를 진지하게 다루지 않고 있음을 드러낸다. 적어도 그것이 우리 자신 또는 우리가 일반적으로 관계를 맺고 있는 인류에게 중요한 문제로 취급되지 않고 있음을 나타내는 것이다. 여기에서 여전히 이 가상의 로봇에 대해(또는 어떤 미정의 생물에 대해) 답하는 진지한 물음이 있는 한, 그 물음은 결국 직접적인 관찰에 의해 사실이 밝혀질 수 있다고 결론짓고 싶은 유혹을 느낄 수도 있다. 일부 학자들은 우리의 뇌 조직과 뇌가 행동을 제어하는 역할 등에 대해서 더욱 진전된 이론을 가지게 된다면, 우리가 이 새로운 이론을 이용해서 의식 있는 존재자entity와 그렇지 않은 존재자를 식별할 수 있게 될 것으로 생각하고 있다. 이 생각은 우리가 개인적으로 〈내면으로부터〉 획득하는 것을 외면으로부터 공적으로publicly 얻는 것으로 환원시키는 것을 뜻한다. 따라서 적절한 종류의 외적 사실이 충분히 수집된다면, 어떤 생물이 의식을 가지는지에 관한 문제가 해결되는 셈이다. 일례로 신경생리학자 존스E. R. Johns*가 의식을 객관적인 용어로 정의하려는 최근의 시도에 대해 살펴보자.

······감각과 지각의 다중적이고 개인적인 양상modalities에 관한 정보가 생체 시스템의 상태와 그 환경이 가지는 통일된 다차원적인 표상 속으로 결합되고, 그 정보가 기억이나 생체 조직의 요구에 따라 그 조직을 특정 환경에 적응시키기 위해서 감정적인 반응이나 행동 프로그램을 생성하는 상황에 대한 정보와 통합되어 가는 프로세스.

이러한 가설적인 내적 과정이 어느 특정 기관에 의해 이루어진다고 결론짓기란 〈아마도〉 힘들 것이다. 그러나 이것이 새로운 신경 정보 처리neural information processing 과학의 경험적인 과제일 것이다. 가령 어떤 한 생물에 대해서 이 작업이 성공적으로 완성되었다고 가정해 보자. 즉 이 설명에 따라 이 생물에 의식이 있다는 사실이 밝혀졌다고 하자. 앞의 제안을 정확히 이해하는 한, 거기에는 의문의 여지가 없다. 여기에서 이의를 제기하는 것은 흡사 자동차의 기능이 상세하게 설명된 후에도 여전히 〈그런데 그것이 '정말' 내연 기관인가? '혹시' 우리가 그렇다고 착각하고 있는 것은 아닐까?〉라고 묻는 것과 마찬가지이다.

의식이라는 현상에 대한 적절한 과학적인 설명은 모두 이 의식이

---

* 인용된 저자와 저서에 대한 상세한 정보는 이 책 끝의 「더 깊은 내용을 원하는 독자들에게」를 보라.

라는 현상을 객관적으로 접근 가능한 것으로 간주할 것을 요구하는 순이론적인 단계를 거칠 수밖에 없다. 그러나 이 단계를 거쳐도, 여전히 우리는 다시 그 배후에 진짜 신비스러운 현상이 숨겨져 있는 것이 아닐까 하는 의심을 품게 될 것이다. 이 회의적인 예상을 낭만주의자의 공상이라고 던져버리기 전에, 마음에 대한 최근의 사상사(思想史)에서 일어난 놀라운 혁명에도 불구하고, 아직껏 그 귀추가 결정되지 않은 하나의 혁명에 대해 고찰하는 것이 현명할 것이다.

## 프로이트의 버팀목

존 로크John Locke와 그 이후의 많은 사상가들은 마음에서 의식, 특히 자의식(自意識)보다 더 중요한 것은 없다고 생각했다. 마음이라는 것은 모든 활동, 모든 과정에서 그 자체로는 투명한 것이며, 내적인 눈으로 볼 수 없는 것은 아무것도 없다는 것이다. 어떤 사람의 마음 속에서 어떤 일이 일어나고 있는지 알아내려면 우리는 단지 그 마음을 〈보고〉, 즉 〈내성(內省)하고〉 그것을 통해서도 발견하는 것에 한계가 있다면 그것을 마음 그 자체의 한계라고 생각하는 것이다. 무의식의 사고나 무의식의 지각이라는 개념은 전혀 등장하지 않았으며, 설령 그런 것이 있었다 해도 비정합적 incoherent이고 자기 모순적인 어리석은 생각으로 무시되었다. 사실 로크에게 기억이라는 것이 반드시 〈의식에 나타나는 어떤〉 것이 아님에도 불구하고, 모든 사람들의 기억이 그 사람의 마음 속에 연속적으로 나타난다는 사실을 어떻게 설명할 것인가라는 점이 중요한 문제였다. 이 견해의 영향이 유난히 컸기 때문에 지그문트 프로이트Sigmund Freud가 최초로 무의식적인 정신적 과정의 존재를 가정했을 때, 그의 제안은 유난히 광범위하고 가혹한 거부와 몰이해에 직면했다. 우리의 마음 속에 무의식적인 신념이나 욕망, 또는 무의식적인 보복이나 자기 방어가 존재할 수 있다는 주장은 상식에 대한 도전일 뿐 아니라 나아가 자기 모순적인 주장으로 여겨졌다. 그러나 프로이트는 다수의 개심자들을 획득하는 데 성공했다. 그가 이러한 개념을 이용해서, 그 밖의 방법으로는 설명이 불가능한 정신병리학적 증례(症例)의 설명에 성공하게 되자, 이 〈개념적인 불가능성〉은 많은 학자들로부터 상당히 믿을 만한 무엇으로 인정받게 된 것이다.

이 새로운 사고 방식은 버팀목에 의해 떠받쳐지고 있었다. 사람들은 당시까지도 왜곡된 로크적 신념에 집착하고 있었다. 그것은 〈무의식〉의 사고, 욕망 또는 계획과 같은 것이 〈영혼 속에 존재하는 다른 자아에 속한다〉는 생각이었다. 내가 나의 계획을 당신에게 비밀로 숨길 수 있듯이, 나의 이드id(자아의 기저를 이루는 본능적 충동——옮긴이) 역시 나의 에고ego로부터 비밀로 보호될 수 있다. 이처럼 하나의 주체를 복수의 주체로 분할함으로써, 사람들은 〈모든 정신적 상태가 누군가의 의식적인 정신적 상태여야 한다〉는 공리를 보존할 수 있었으며, 이러한 정신적 상태 중 어느 하나를 가지고 있다고 생각되는 소유자에 대한 접근 불가능성 inaccessibility을 여러 심적 상태에 대해 저마다 다른 내적 소유자들이 존재한다고 가정함으로써 설명할 수 있었다. 그러나 이런 동기는 난삽한 학술 용어가 난무하는 가운데 교묘하게 감춰져 있어서, 예를 들어 그 이드가 초자아superego(超自我, 자아를 억제하는 무의식적인 상위의 자아——옮긴이)와 같은 것인가라는 식의 의문은 아예 제기되지 못하도록 차단될 수 있었다.

프로이트는 우리가 사고할 수 있는 범위를 확장시킴으로써 임상 심리학에 일대 혁명을 가져왔다. 또한 그 확장은 좀더 최근에 〈인지적 cognitive〉 실험심리학이 발전할 수 있는 길을 개척했다. 그 결과 우리는 학문적인 가설의 검증, 기억의 탐색, 추론(즉, 정보 처리)이 우리의 내성에 의해서는 완전히 도달 불가능함에도 불구하고, 우리 속에서 일어난다는 취지의 숱한 주장을 받아들이게 되었다. 그리고 그 덕분에 몰이해의 고통을 겪지 않을 수 있었다. 그것은 프로이트가 밝혀낸 것과 같은 종류의 이른바 억압된 무의식의 활동이 아니고, 의식의 〈시야 sight〉에서 추방된 활동도 아니며, 총체로서의 의식의 시계(視界) 아래에 또는 그 너머에 존재하는 정신적 활동에 불과하다. 프로이트는 자신의 이론이나 임상적인 관찰을 기초로 자신의 환자들이 각자의 마음 속에서 일어나는 일에 대해 진지하게 부인해도 그 부인을 압도할 수 있는 권위를 얻게 되었다고 말했다. 마찬가지로 인지심리학자는 실험적인 증거, 모델 또는 다양한 이론 등을 결집시켜서 사람들이 놀랄 정도로 정교한 학문적인 추론 과정에 관여하고 있으며, 어떤 내성(內省)에 의해서도 그 과정을 설명할 수 없다는 사실을 보여주었다. 우리의 마음은 외부자에게 접근 가능한 것일 뿐 아니라, 어떤 종류의 정신적인 활동은 그 마음의 〈소유자〉보다도 오히려 타자에 의해 훨씬 더 접근 가능하다!

그러나 새로운 이론을 수립하는 과정에서 이 버팀목은 불필요한 것으로 던져지고 말았다. 새로운 이론에는 공상적인 〈신체 속의 정자미인 homunculus(精子微人)〉이라는, 뇌 속에 작은 사람이 들어 있어 그 사람이 온몸으로 명령을 보내고, 도움을 청하고, 지시에 따르고, 자발적으로 움직이는 일종의 서브시스템subsystem(어떤 체계를 구성하는 하위 체계——옮긴이)이 존재하고 있다는 고대(古代)의 발상이 많이 포함되어 있다. 그렇지만 실제 서브시스템은 의문의 여지없이 비(非)의식적인 유기적 조직이기 때문에, 신장이나 슬개골과 마찬가지로 사상도 없고, 내면적 삶inner life도 없는 것으로 짐작된다(분명 〈마음이 없음〉에도 불구하고 〈지적인〉 컴퓨터의 출현이, 로크의 견해가 붕괴되어 가는 과정에 중요한 역할을 수행했다).

그러나 이제 로크의 극단론이 고개를 들었다. 만약 과거에 〈무〉의식적인 정신 상태라는 개념이 이해될 수 없는 것이었다면, 지금 우리는 〈의식적〉인 정신 상태라는 개념 자체에 대한 파악을 상실하고 있는지도 모른다. 만약 완전히 무의식적이고, 진정한 의미에서 주체가 없는subjectless 정보 처리 과정이 원리상 의식적인 마음이 그 때문에 존재한다고 가정되는 모든 목적을 달성할 수 있다고 가정한다면, 의식이란 도대체 무엇을 위해 있는 것인가? 만약 인지심리학 이론이 우리에게 참이라면, 과연 그 이론이 좀비zombi(죽은 자를 되살려낸다는 좀비의 마력으로 되살아난 사람으로, 의지도 말도 없이 기계적인 운동밖에 할 수 없다. ——옮긴이)나 로봇 같은 것에게도 참일 것이다. 그리고 이런 이론으로는 우리와 좀비, 로봇을 구별할 수 없을 것이다. 어떻게 (최근에야 우리의 내면에서 진행되고 있는 것이 발견된 종류의) 주체성 없는 단순한 정보 처리 과정에 지나지 않은 것의 양적(量的) 집적이 의식이라는 그토록 뚜렷하게 대조적인 특성을 가지게 되었을까? 이런 물음을 제기하는 까닭은 그 차이가 여전히 소멸되지 않고 있기 때문이다. 언젠가 심리학자인 카를 라슐리Karl Lashley는 〈어떤 마음의 활동도 의식적이지 않다〉

라는 논쟁을 일으킬 만한 발언을 했다. 그는 이 말을 통해, 우리가 무언가를 생각하고 있을 때 진행되고 있는 것과 같은 처리 과정은 접근 불가능하다는 사실에 주의를 집중시키려 했다. 그는 한 가지 예를 들었다. 만약 강약약 6보격(强弱弱格, 영시의 운율——옮긴이) 이라는 운율로 뭔가를 생각하라는 요구를 받았을 때, 그 운율을 아는 사람이라면 곧바로 그렇게 할 수 있을 것이다. 이 경우 도대체 어떻게 이 강약약 6보격은 내게 들어오게 된 것일까? 우리가 어떻게 그렇게 할 수 있는지, 우리 속의 무엇이 그런 생각을 진행시켰는지는, 사실 우리로서는 접근 불가능하다. 처음에 라슐리의 견해는 심리학적 연구를 위한 하나의 현상으로서 의식의 소멸을 예고하는 것으로 받아들였을지도 모른다. 그러나 실제로 그의 견해는 그와 정반대의 영향을 미쳤다. 그것은 우리의 주의를 모든 무의식적인 정보 처리, 즉 그것이 없이는 어떤 의식적 경험도 있을 수 없다고 생각되는 것과 무언가 직접적으로 접근 가능한 의식적 사고 사이에 존재하는 차이로 확실하게 이끌어주는 것이다. 그렇지만 도대체 무엇에 대한, 또는 누구에 대한 접근 가능성인가? 뇌 속의 어떤 서브시스템에 대한 접근 가능성이라고 말한다면, 마찬가지로 뇌 속의 다양한 서브시스템에 대한 접근 가능성과 같은 무의식적인 활동이나 현상과의 구별이 불가능해진다. 만약 어떤 특별하고 특수한 서브시스템이 그것과 그것 이외의 부분과의 교통을 위해서 이 세상에 또 한 사람의 자신, 또 하나의 〈자기와 유사한 무언가〉를 필요로 하는 사태가 일어난다면, 사정은 전혀 분명해지지 않을 것이다.

기묘한 것은 실제로 이것이 오랜 옛날부터 풀리지 않은 철학상의 난문(難問), 즉 타자의 마음에 관한 문제이고, 인지과학이 사람의 마음을 기능적 요소로 분석하기 시작한 오늘날까지도 진지한 문제로 다시 제기되고 있다는 사실이다. 이 문제는 유명한 분리뇌 split-brain의 사례에서 명백하게 나타나고 있다(이 주제에 대한 상세한 내용과 참고 문헌은 「더 깊은 내용을 원하는 독자들에게」를 보라). 뇌량(腦梁)의 절단 수술을 받은 사람들은 얼마간 독립적인 두 개의 마음을 가지게 되며, 하나는 우위반구 dominant brain hemisphere(優位半球)와 관계하며 다른 하나는 하위반구와 관계한다는 사실에 대해서는 대부분의 사람들이 큰 이견 없이 동의한다. 이 사실이 분명한 이유는, 우리가 사람의 마음이 정보를 서로 전달하는 복수(複數)의 서브마인드submind(마음을 구성하는 여러 개의 하위 체계——만약 그런 것이 있다면——를 뜻한다.——옮긴이)로 구성된다고 생각하는 습관이 있기 때문이다. 이때 정보 전달을 위한 선(線)이 절단되어, 각 부분의 독립적인 특징이 분명하게 드러나기 때문이다. 그러나 여전히 문제로 남는 것은 각각의 서브마인드가 〈내면적인 삶을 갖는지〉 여부이다. 어떤 견해에 따르면, 의식이라는 것이 하위반구에 있다는 생각에는 아무런 근거도 없다. 왜냐하면 〈지금까지 분명하게 밝혀진 사실은, 모두 하위반구가 다른 많은 무의식적인 인지 서브시스템과 마찬가지로 많은 정보를 처리하고 어떤 행동은 지적으로 제어할 수 있음을 보여주기 때문이다. 그렇다면 우리는 어떤 이유로 의식이 우위반구, 또는 정상적인 사람의 손상되지 않은 전체 시스템에 있다고 말할 수 있을까? 우리는 이 문제를 하찮은 것, 토론할 가치도 없는 것이라고 생각해 왔다. 그러나 최근의 새로운 추세는 이 문제에 대해 다시 한번 진지한 논의를 할 것을 우리에게 요구하고 있다. 만약 다른 한편으로 모든 〈내면적 삶〉의 의식이 하위반구에 있다고(또는 좀더 적절하게 이야기하자면, 뇌가 하위반구에 있는 사람이 새롭게 발견된 경우) 생각했다면, 최근의 학설에서 가정된 그 이외의 정보 처리 서브시스템에 대해서는 어떻게 이야기할 것인가? 프로이트의 버팀목은 우리의 머리 속에, 문자 그대로 많은 경험적 주제들의 주체를 거주시킨다는 대가를 지불하면서 다시 채택되어야 하는 것일까?

예를 들어 언어심리학자 제임스 래크너James Lackner와 메릴 개 렛Merrill Garrett의 놀라운 발견에 대해 생각해 보자(이들에 대해서는 「더 깊은 내용을 원하는 독자들에게」를 보라). 그들은 문장을 이해하기 위한 무의식 채널이라고 불릴 수 있는 것을 발견했다. 동시 청취dichotic listening (좌우의 귀에 동시에 소리를 들려주는 시험——옮긴이) 테스트에서 피실험자들은 이어폰을 통해 두 개의 다른 채널을 들으면서 그 중 한쪽 채널에만 주의를 기울이라는 지시를 받는다. 그들은 주의를 기울여서 들은 채널의 내용은 똑같이 되풀이하거나 정확하게 보고할 수 있었지만, 주의하고 듣지 않았던 채널의 내용에 대해서는 거의 아무런 내용도 이야기할 수 없었다. 만약 주의를 기울이지 않은 쪽 채널에서, 어떤 문장이 읽혀졌다면 대개 피실험자는 소리는 들렸다든지, 또는 남성이나 여성의 목소리가 들렸다는 정도만 보고할 수 있었다. 어쩌면 그들은 그 소리가 그들의 모국어로 이야기되고 있었는지 정도에 대해서는 확신을 가질 수 있었겠지만, 어떤 내용이 이야기되었는지는 말할 수 없었을 것이다. 래크너와 개 렛의 실험에서, 피실험자는 주의를 집중하고 있는 채널에서 얼마간의 불명료한 문장을 들었다. 그것은 〈그는 공격 신호로 랜턴을 켰다He put out the lantern to signal the attack〉라는 문장이었다. 동시에 피실험자의 한 그룹은 주의를 기울이지 않고 있던 채널에서 주의를 기울이고 있던 채널의 설명이 될 수 있는 문장을 들었다(예를 들어 〈그는 랜턴을 껐다〉 등이다). 한편 다른 그룹의 이어폰에는 이고 무관한 문장이 입력되었다. 그 결과 전자(前者)는 주의하지 않았던 채널로부터 무엇이 들렸는지 보고할 수 없었다. 그러나 그들은 대조군(對照群)에 비해 그 불명료한 문장을 더 잘 알아들었다. 주의를 집중해서 한쪽 신호를 해석할 때 주의를 집중하지 않았던 쪽의 채널이 영향을 미치는 현상은, 주의를 기울이지 않은 쪽의 신호가 의미론적 수준에서 처리되고 있다는, 즉 주의를 기울이는 쪽의 신호가 이해되고 있다는 가정에 의해서만 설명이 가능하다! 그러나 이것은 분명 무의식적인 문장 이해이다! 아니면 우리는 그것을 피실험자가 부분적인 정보 전달만이 이루어지는, 최소한 두 가지 의식을 가지는 피실험자가 존재한다는 증명이라고 말할 수 있을까? 만약 우리가 피실험자에 대해서 주의를 기울이지 않았던 채널의 내용을 이해하느냐고 물었을 때, 그들은 진지하게 그것이 자신들에게 아무것도 아니라는, 즉 그들은 그 문장을 전혀 의식하지 못했다고 대답할 것이다. 그러나 어쩌면 분리뇌 환자에 대해서 자주 언급되듯이, 실제로 우리의 질문처럼 행동한 또 다른 누군가가 있을지도 모른다. 즉 의식적으로 그 문장을 이해해서, 우리의 의문에 답해 주는 피실험자에게 그 의미의 암시를 전달해 주는 또 한 사람의 피실험자 말이다.

과연 어느 쪽이 옳은 것일까, 그리고 그 까닭은? 어쩌면 우리는 답을 얻을 수 없는 문제로 되돌아가고 있는지도 모른다. 그리고 이 답할 수 없는 문제는 우리가 이 상황을 바라보는 다른 관점들을 찾아야 함을 시사하고 있다. 그 다양성과 복잡성을 올바르게 다루는 의식에 대한 관점은, 거의 확실하게 우리의 사고 습관의 혁명을 요구할 것이다. 낡은 관습을 깨뜨리기란 쉽지 않다. 이 책에 실린 다양한 공상과 사고 실험은 그런 관습깨뜨리기에 도움이 되도록 기획

된 일종의 게임이나 연습과도 같다.

　제1부에서 우리는 그 영역으로 몇 차례 잠깐씩 진출하면서 탐색전을 벌일 것이다. 탐색 작업은 몇 가지 두드러진 지형지물을 확인하는 정도에 그치고, 본격적인 전투는 개시되지 않는다. 제2부에서는 우리의 목표인 마음의 나를 외부에서 조사할 것이다. 탐구자에게 타자의 마음, 타자의 영혼이라는 것의 존재를 분명하게 드러낸다는 것은 도대체 무엇인가? 제3부에서는 생물학을 통해 마음의 물리적인 기초를 조사한다. 그리고 이 기초를 토대로 복잡성의 여러 수준을 거슬러 올라가 내면적 표상internal representation의 수준까지 탐색할 것이다. 마음은 자기 설계적인 표상 체계로 창발emerge(創發, 창발은 복잡성 과학의 중요한 개념적 토대이다. 복잡계는 단순계들로 구성되지만 단순계들의 단순한 합 이상의 특성을 나타낸다. 이것이 창발성이다.——옮긴이)되기 시작하며, 뇌 속에서 물리적으로 현현(顯現)한다. 여기에서 우리는 최초의 장애물, 즉 〈대뇌 신화〉에 직면한다. 그러나 우리는 그 장애물을 둘러갈 수 있는 여러 가지 에움길을 제시한다. 그리고 제4부에서는 마음을 소프트웨어나 프로그램으로 생각하는 새로운 관점(이 관점은 마음을 다른 모든 물적 구현물과 독립된 자기 동일성을 가지는 일종의 추상물로 본다)의 여러 가지 함축을 탐구한다. 이 탐구는 영혼의 이주(移住), 젊음을 되찾게 해주는 샘 등의 밝은 전망을 열어준다. 그러나 제5부는 그 밝은 전망이 실제로는 판도라의 상자라는 낡은 형이상학적 문제가 비전통적인 의상을 입고 우리 앞에 나타난 것에 불과하다는 사실을 명백하게 보여준다. 현실 자체는 꿈, 허구, 시뮬레이션, 환상 등 여러 경쟁자들의 도전을 받는다. 자기 자신을 존중

하는self-respecting 마음에 절대 없어서는 안 되는 자유 의지free will에는 특별한 초점이 맞추어질 것이다. 「마음, 뇌, 그리고 프로그램」이라는 장(章)에서 우리는 두번째 장애물과 마주치게 된다. 그러나 우리는 그 장애물을 통해 제6부에서 등장하는 세번째 장애물, 즉 「박쥐가 된다는 것은 어떤 것인가?」라는 장애물을 지나 마음이라는 내면의 성소(聖所)로 들어가는 방법을 배운다. 그 곳에서 우리의 마음의 눈이라는 관점은 우리의 목표에 심오한 전망을 열어 주고, 우리 자신을 형이상학적이면서 동시에 물리적인 세계로 이동시켜 준다. 더 먼 탐구를 위한 안내는 마지막 장에서 받을 수 있을 것이다.

D. C. D.

차례
## 이런,이게 바로 나야! ❷

# 1
# 나란?

# 보르헤스와 나

### 호르헤 루이스 보르헤스

또 한 사람, 보르헤스라는 이름의 남자에게 여러 가지 일이 일어
났다. 나는 부에노스아이레스 거리를 걷다가 잠깐 멈추어 서서, 어
쩌면 기계적으로, 집 현관의 아치와 격자 문을 바라본다. 나는 우
편물로 보르헤스에 대한 일을 알고 있고, 그의 이름을 교수 목록이
나 인명 사전에서 본다. 나는 모래시계, 지도, 18세기의 활판 인쇄
물, 커피, 로버트 루이스 스티븐슨Robert Louis Stevenson의 산문
을 좋아한다. 그도 같은 취미를 갖고 있지만, 그것들은 허무하게도
한 연기자의 여러 가지 연기의 특성이 되어버렸다. 우리 두 사람이
적대 관계에 있다고 말한다면 아마도 과장일 것이다. 내가 살아 있

---

\* Jorge Luis Borges, "Borges and I," *Labyrinths: Selected Stories and Other
Writings*, James E. Irby trans, Donald A. Yates and James E. Irby eds. (New
Directions Publishing Corp, 1962). 호르헤 루이스 보르헤스는 아르헨티나의
시인이자 소설가이다.

고, 나 자신을 계속 살아 있게 하기 때문에, 보르헤스는 그럭저럭 문학을 계속할 수 있을 것이며, 그의 문학이 나의 존재를 정당화하는 것이다. 그가 얼마간의 유효한 페이지 valid page들을 얻었다는 것을 고백하기는 어렵지 않다. 하지만 그 작품들이 나를 구원해 줄 수는 없다. 어쩌면 좋은 것은 누구의 것도 아니고, 그의 것조차 아니고, 오히려 언어나 전통에 귀속하는 것이기 때문이리라. 게다가 나는 분명히 죽을 운명이기 때문에 나의 지극히 짧은 순간만이 그의 속에서 살아갈 수 있을 뿐이다. 조금씩 조금씩, 나는 모든 것을 그에게 양도하고 있지만, 나는 모든 것을 왜곡하고 과장하는 그의 괴팍한 습성을 너무도 잘 알고 있다. 바루흐 스피노자 Baruch Spinoza는 모든 것이 그 존재에 고착된다는 사실을 잘 알고 있었다. 돌은 영구히 돌이기를 원하고, 호랑이는 호랑이이기를 고집한다. 나는 보르헤스 속에 남고, 나 자신 속에는 남지 않기 때문에 (만약 내가 누군가인 것이 사실이라면), 나는 자신을 그의 저작보다는 다른 많은 저서나 힘든 기타 연주 속에서 인지(認知)한다. 몇 년 전에 나는 나를 그로부터 해방시켜서, 주변의 신화학(神話學)으로부터 시간이나 무한과의 게임으로 도피하려 시도했지만 이제 그러한 게임도 보르헤스의 것이 되어버려, 나 자신은 뭔가 다른 일을 상상해 보지 않으면 안 될 것이다. 이리하여 나의 인생은 도피이고, 나는 모든 것을 상실하고, 모든 것은 망각되거나 그에게 귀속한다.

나는 어떻게 이 문장을 썼는지 모르겠다.

위대한 아르헨티나의 작가 호르헤 루이스 보르헤스는 국제적인 명성을 얻고 있다. 그리고 그 점이 기묘한 효과를 낳는다. 보르헤스는 그 자신, 공적인 명사(名士)이자 사적인 인물이라는 두 명의 사람인 것 같은 생각이 든다. 그의 명성이 이런 효과를 강화시키지만, 우리들 또한, 그가 알고 있듯이, 모두 그러한 느낌을 공유할 수 있다. 당신도 자신의 이름을 명단에서 발견하거나, 꾸미지 않은 스냅 사진 속의 자신의 모습을 보거나, 아니면 다른 사람이 누군가의 소문에 대한 이야기를 하고 있을 때 갑작스럽게 그 소문의 주인공이 자신이라는 것을 깨닫곤 한다. 그럴 때 당신의 마음은 3인칭의 관점에서(〈그〉 또는 〈그녀〉에서) 일인칭으로, 즉 〈나〉로 도약하는 것이 틀림없다. 희극배우들은 이미 오래 전부터 이러한 도약을 어떻게 과장하면 좋은지 알고 있었다. 고전적인 〈더블테이크doubletake(처음에는 웃음으로 넘겼다가 다음에 깜짝 놀란 것처럼 꾸미는 행동——옮긴이)〉 기법으로 가령 보브 호프Bob Hope가 조간을 읽고 있을 때, 호프는 경찰의 지명 수배를 받고 있는 사람에 대한 기사를 심드렁하게 읽다가 갑자기 놀라서 펄쩍 뛰어오르며 〈이런, 이건 바로 나야!〉라고 외치는 것처럼 말이다.

자신을 타인이 우리를 보는 것처럼 보는 것이 재능이라는 로버트 번스Robert Burns(스코틀랜드의 시인——옮긴이)의 말이 옳을지도 모르지만, 그것은 우리가 언제나 할 수 있고 그러기를 갈망할 수 있는 그런 조건은 아니다. 사실 몇 사람의 철학자들은 최근 뛰어난 주장을 통해 근본적으로, 그리고 환원 불가능한 자기 자신에 관한 두 가지 서로 다른 사고 방식이 어떤 것인지 보여주었다(이 점에 대한 자세한 논의는 부록「더 깊은 내용을 원하는 독자들에게」를 참조하라). 이 논의는 매우 전문적이지만 무척 흥미롭다. 우리는 다음과 같이 생생한 예를 들 수 있다.

피트 Pete는 백화점에서 물건값을 지불하기 위해 차례를 기다리고 있었다. 그런데 카운터 위쪽에 백화점측이 설치한 도난방지용 폐쇄 회로 모니터가 있다는 사실을 알아차렸다. 그가 감시용 모니터에서 서로 밀치고 있는 사람들의 무리를 보고 있을 때, 스크린의 왼쪽에서 한 남자가 오버 코트를 입고 커다란 종이 봉투를 들고 있는 앞사람의 주머니에서 지갑을 훔치려는 광경을 목격했다. 그는 깜짝 놀라 손으로 자신의 입을 틀어막았다. 그러자 모니터 속 남자의 손도 따라서 입쪽으로 올라갔다. 그 순간 피트는 소매치기를 당하고 있는 인물이 바로 자신이라는 사실을 깨달았다! 이 극적인 전환은 하나의 발견이다. 피트는 자신이 전에는 몰랐던 무언가를 한 순간에 알게 되었다. 물론 그것은 중요한 일이다. 그의 근육을 자극해서 방어 행동을 취하게 만드는 일련의 사고 능력이 없다면, 그는 실질적으로 어떤 행동도 취할 수 없었을 것이다. 그러나 그러한 전환 이전에 그는 전혀 아무것도 알지 못했다. 한편으로 그는 〈오버코트를 입은 인물〉에 대해 생각하고 있었고, 그 인물이 소매치기당하는 모습을 지켜보고 있었지만, 다른 한편 오버코트를 입은 인물이 자신이었기 때문에 그는 자신에 대해 생각하고 있었던 셈이다. 그런데 그는 자신을 〈자신〉으로 생각하고 있지 않았다. 그는 자신의 일을 〈제대로〉 생각한 것이 아니다.

다른 예로 누군가가 어떤 책을 읽고 있었는데, 그 책 속의 문단 첫 문장에 가령 30단어 정도로 된 기술적(記述的) 명사구(名詞句)가 있었고, 그 명사구가 이니셜만으로는 성별이나 이름을 알 수 없는 어떤 인물의 일상적인 행동을 그리고 있다고 상상해 보라. 그 책의 독자는 문제의 명사구를 읽고, 그 또는 그녀의 마음의 눈으로 일상적인 행동 속에 포함된 어떤 사람의 희미한 정신적인 이미지를 그린다. 이어지는 몇 문장에서 좀더 자세한 사항이 그 기술에 첨가되면서 전체 시나리오에 대한 독자의 이미지는 조금 더 뚜렷해진다. 어느 순간, 기술이 완전히 구체적으로 되었을 때, 무언가가 갑자기 〈딸깍〉 하는 순간 독자는 자신이 바로 그 책에서 기술되고 있는 인물이라는 기괴한 느낌을 얻게 된다! 〈내가 나 자신에 대해 읽고 있었다는 사실을 좀더 빨리 알아차리지 못했다니 얼마나 어리석었는가!〉 그 독자는 이런 생각을 하면서 잠깐 부끄러움을 느끼겠지만, 동시에 무척 재미있어 할 것이다. 물론 당신은 그런 일이 일어날 수 있으리라고 상상할 수 있겠지만, 그런 상황을 좀더 생생하게 느껴보려면 앞에서 말한 책이 여러분이 읽고 있는 이 책(『이런, 이게 바로 나야!』)이라고 생각해도 좋다. 전체적인 시나리오에 대한 우리의 정신적인 이미지가 좀더 선명하게 들어오는가? 갑자기 머리 속에서 〈딸깍!〉 하는 소리가 들리는가? 당신은 어느 쪽을 그 독자가 읽고 있다고 상상했는가? 그리고 어떤 문단을? 어떤 생각이 그 독자의 마음에 떠올랐을까? 만약 그 독자가 실제 인물이라면 그 또는 그녀는 지금 무엇을 하고 있을까?

이와 같이 특수한 〈자기 표상 self-representation〉이 가능하도록 기술하기란 쉬운 일이 아니다. 무선 원격 조작이 가능한 로봇의 이동과 행동을 제어하도록 프로그램된 컴퓨터를 가정해 보자(캘리포니아에 있는 〈SRI 인터내셔널〉의 유명한 로봇 〈셰이키 Shakey〉는 실제로 그런 방식으로 제어된다). 그 컴퓨터는 로봇과 그 환경을 표현할 수 있고, 로봇이 움직이면 그에 따라 표현도 변화한다. 그 결과 그 컴퓨터의 프로그램은 로봇의 〈몸체〉와 그것이 위치한 환경에 관한 최신 정보에 따라 로봇의 활동을 제어할 수 있다. 그러면 이 컴퓨터가 비어 있는 방의 한가운데 위치한 어떤 로봇을 표현하고, 여러분에게 그때의 컴퓨터의 내적 표현을 〈한국어로 번역하라〉는 과제가 주어졌다고 가정해 보자. 그러면 그 번역은 〈'그것'(또는 그, 아니면 셰이키)은 텅 빈 방의 중앙에 있다〉라는 식이 될 것인가, 아니면 〈'나'는 텅 빈 방의 중앙에 있다〉가 될 것인가? 이 문제는 조금 다른 맥락에서 이 책의 4부에서 다시 제기된다.

D. C. D.

D. R. H.

# 머리가 없는 나

## 도널드 하딩

내 생애 최고의 날, 즉 내가 다시 태어난 날은 내게 머리가 없다는 사실을 발견한 날이다. 이렇게 말한다고 해서 사람들의 관심을 끌기 위해 엉터리 이야기로 글을 시작한다고 생각하지는 말아달라. 나는 지금 진지하게 이야기하고 있다. 〈나는 머리가 없다.〉

그 사실을 처음 발견한 것은 지금으로부터 18년 전, 내 나이 서른세 살 때였다. 그건 분명 갑작스런 사건이었지만 나에게는 아주 절박한 물음을 통해 밝혀진 사실이었다. 당시 나는 몇 개월 동안 〈나는 무엇인가?〉라는 물음에 깊이 빠져 있었다. 그 일이 일어났을 때 내가 우연히 히말라야 산 속을 걷고 있었던 것은 아마도 그 발견과 관계가 없을 것이다. 그런 곳에서는 정신 상태가 이상해지는

---

* D. E. Harding, *On Having No Head*, (Perennial Library, Harper & Row, Buddhist Society, 1972). 도널드 하딩은 미국의 시인이자 극작가이자 단편 소설가이다.

일이 쉽게 일어나는지도 모르지만 말이다. 어쨌든 청명하고 조용한 어느 날 내가 서 있는 산등성이에서부터 안개가 자욱한 푸른 계곡을 넘어 세계 최고의 봉우리들이 즐비하게 늘어서 산맥을 이루는 웅장하고 장엄한 광경(눈덮인 봉우리들 사이에 칸첸중가와 에베레스트의 정상이 우뚝 솟아 있는)이 펼쳐지고 있었다.

실제로 일어난 일은 터무니없을 정도로 단순하고 전혀 극적이지 않은 것이었다. 내가 생각하기를 그만둔 것이다. 이상한 정적이 감돌면서 의식이 마비되고 무감각이 나를 엄습했다. 그것은 무어라 설명할 수 없는 느낌이었다. 이성과 상상력, 그리고 마음 속의 모든 재잘거림이 한 순간에 잦아들었다. 순간 나는 완전히 말을 잃었다. 미래와 과거가 소멸했다. 나는 내가 누구인지, 내 이름이 무엇인지, 사람인지 동물인지, 나라고 부를 수 있는 모든 것을 잊었다. 그것은 흡사 내가 그 순간, 기억이라는 것을 전혀 가지지 않고 마음이 없는 새로운 종(種)의 생물로 다시 태어난 것 같았다. 다만 현재의 순간과 그 순간에 주어진 것만이 존재하고 있었다. 보는 일만으로도 충분했다. 그리고 나는 카키색 바짓가랑이가 갈색 신발에서 끝나고, 카키색 소맷자락이 분홍색 양손에서 끝나고, 그리고 카키색 셔츠 칼라 위쪽에 아무것도 없다는 것을 발견했다! 셔츠 위쪽에 머리가 없다는 것은 분명했다.

당연히 머리가 있어야 할 곳의 이 무(無), 이 구멍은 통상의 빈자리가 아니고 단순한 무가 아니다. 그렇기는커녕, 이 빈자리는 무척이나 많은 것들이 점하고 있었다. 나는 거의 순간적으로 그 사실을 깨달을 수 있었다. 그것은 광대한 무엇으로 채워진 광대한 비어 있음emptiness이기 때문에, 모든 것이 들어올 수 있는 공간을 가진 무(無)였다. 풀과 나무, 멀리 떨어진 봉우리가 드리우는 그림자, 푸른 하늘 위로 아득히 떠도는 모난 구름의 대열처럼 보이는 눈덮인 산봉우리들, 이 모든 것이 그 속에 들어올 수 있었다. 나는 머리를 잃은 대신 하나의 세계를 얻은 것이다.

그 모든 것은 문자 그대로 숨이 막힐 만큼 굉장한 사건이었다. 나는 내 앞에 벌어진 상황 속에 완전히 몰입되어 호흡이 멈춘 것 같았다. 여기에 그 장대한 광경이 있었다. 그 광경은 그 무엇의 도움도 받지 않은 채 홀로 존재하며, 불가사의한 모습으로 빈 공동 void을 부유(浮游)하며, 맑은 공기 속에서 밝게 빛나고 있었다. 더욱이 그것은 (그리고 이것이야말로 진정한 기적이며 경이이며 환희였는데) 〈나〉로부터 완전히 자유로우며, 어떠한 관찰자에 의해서도 오염되지 않았다. 그 총체적인 존재는 나의 총체적인 부재, 즉 몸과 마음 모두의 부재를 의미했다. 공기보다도 가볍고, 유리보다도 투명하고, 나 자신으로부터 완전히 자유로웠기 때문에 나는 그 주위의 어디에도 없었다.

그러나 이러한 시야의 마술적이고 기괴한 특성에도 불구하고, 그것은 꿈이 아니었고 어떤 비의적인 계시(啓示)도 아니었다. 그와는 정반대로 그것은 일상적인 나날의 잠으로부터 갑작스럽게 깨어남, 꿈의 끝처럼 느껴졌다. 그것은 모든 막연한 생각을 일시적으로 완전히 몰아낸, 스스로 발광(發光)하는 실재였다. 그것은 너무도 분명한 것의 계시, 그것도 오랜 시간이 지난 끝에 도래한 계시였다. 그것은 혼란한 생애 속의 밝은 한 순간이었다. 그것은 그 동안 (아주 어린 시절부터) 내가 너무 바쁘거나 너무 영리해서 볼 수 없었던 무언가에 대한 간과와 무시를 중지시켰다. 그것은 처음부터 지금까지 줄곧 내게 명백했던 사실 즉 내게 전혀 얼굴이 없다는 것에 대한 솔직하고naked, 무비판적인 주목이었다. 요컨대 그것은 모든 논증, 사색, 언어를 넘어서는 완벽하게 단순하고 간명하고 직접적인 무엇이었다. 거기에서는 경험 그 자체를 넘어서는 문제나 언급은 그 무엇도 발생하지 않는다. 오직 평온함과 한적한 기쁨, 그리고 견딜 수 없을 만큼 무거운 짐을 내려놓았을 때의 감동만이 있었다.

* * *

히말라야에서의 최초 발견의 놀라움이 막 사라질 무렵, 나는 자신을 위해 그 발견을 다음과 같은 말로 적어보았다.

그때까지 내가 막연하게 생각하던 나 자신이란 어쩌다가 우연히 나의 신체라는 집에 살게 되었고, 그 집에 있는 두 개의 둥근 창으로 바깥 세상을 내다보는 무엇이었다. 그러나 이제 나는 전혀 그렇지 않다는 것을 깨달았다. 내가 멀리 응시할 때, 내가 몇 개의 눈을 가지고 있다고, 두 개, 세 개, 수백 개, 그렇지 않으면 전혀 없다고, 내게 가르쳐주는 것은 무엇일까? 사실상 내 정면에는 오직 하나의 창밖에 없고, 더욱이 그 창은 넓게 열려져 있고, 창의 테두리가 없으며, 아무도 그 곳을 통해 밖을 내다보고 있지 않다. 창에 테두리를 지우기 위해서 눈이나 얼굴을 가지는 것은 항상 어떤 다른 사람이지 창문은 결코 아니다.

따라서 전혀 다른 두 종(種)의 사람이 존재하게 된다. 하나는 어깨 위에 머리(내가 〈머리〉라고 부르는 것은 여러 개의 구멍이 있고 털이 나 있는 20센티미터 크기의 구체이다)를 가지고 있는 종으로서, 그 실례는 무수히 많다. 다른 하나는 어깨 위에 그런 것을 전혀 올려놓지 않은 사람으로서, 오직 한 명뿐이다. 나는 지금까지

48

이 중대한 차이를 간과하고 있었다. 오랫동안 계속된 정신착란 탓으로, 즉 평생 동안의 환각(내가 사용하는 〈환각〉이라는 말의 의미는 내 사전에 이렇게 적혀 있다. '실제로는 존재하지 않는 것에 대한 겉보기 지각[知覺]') 때문에 나는 줄곧 스스로를 다른 사람과 상당히 비슷하다고 생각해 왔다. 그리고 내가 목이 잘렸지만 여전히 살아 있는 이족보행(二足步行) 동물이라고는 꿈에도 생각하지 못했다. 나는 항상 현존해 왔고 그것 없이는 진정 눈먼 장님이 되어버리는 것과 같은 무엇을, 이 경탄스러운 머리 대체물을, 이 무한한 명료함을, 이 빛나고 절대적으로 순수한 이 공간을 보지 못하고 있었다. 그럼에도 불구하고 그것은 모든 것을 포함한다기보다는 오히려 그 자체가 모든 것이다. 왜냐하면 아무리 주의를 집중해도, 나는 여기에서 이 산들이나 태양이나 하늘을 투사하기 위한 흰 스크린과 그것들을 반사하는 깨끗한 거울이나, 그것들을 볼 수 있는 투명한 렌즈나 구멍을 찾을 수 없기 때문이다. 그것들을 표상하는 영혼이나 마음, 또는 그 시야와 구분되는 관찰자(그가 아무리 그림자처럼 흐릿하다 하더라도)를 찾기란 더욱 불가능하다. 여기에는 그 무엇도 개입하지 않는다. 더욱이 〈거리distance〉라고 불리는 혼란스럽고 파악하기 힘든 장애물조차 없다. 무한한 푸른 하늘, 가장자리가 분홍빛으로 물든 설원의 백색, 초지(草地)의 반짝이는 초록색——멀리 떨어졌다고 판단할 수 있는 기준이 존재하지 않는데 이런 것들이 어떻게 멀리 있을 수 있는가? 머리가 없는 이 공간은 모든 규정과 위치 지정을 거부한다. 그것은 둥글지도 작지도 크지도 않으며, 심지어는 거기there와 구별되는 여기here도 없다(설령 여기에 머리가 있어서 그 곳으로부터 외부를 측정한다 하더라도, 거기에서부터 에베레스트 정상까지 뻗은 측량 막대는, 그 끝을 읽으려고 할 때면

──나로서는 그것 말고는 다른 읽을 방법이 없다──한 점, 즉 무[無]로 줄어들고 말 것이다). 사실 색깔을 가진 이들 형상은 완전한 단순성으로 나타난다. 그것들은 가까운가 먼가, 이것인가 저것인가, 내 것인가 내 것이 아닌가, 내게 보이는가, 단순히 주어진 무엇에 지나지 않는가 등의 그 어떤 복잡성도 갖지 않는다. 모든 이원성 twoness, 즉 주관과 객관의 모든 이중성은 소멸했다. 그런 여지가 없는 상황 속에서 이원성은 더 이상 이원성으로 해석되지 않는다.

지금까지의 이야기가 그 시야로부터 얻은 생각이다. 그렇지만 해석의 여지가 없는 직접적인 체험을 어떠한 형태로든 글로 표현하려면 완전히 단순한 것을 복잡화시켜 잘못된 설명을 하게 된다. 사실 사후(事後)의 고찰이 길어질수록 생생한 원래의 경험으로부터 그만큼 멀어지는 셈이다. 기껏해야 이러한 기술은 사람들에게 그 시야를 (선명한 의식 없이) 환기시키거나 그 시야를 재현하도록 촉구하는 정도에 지나지 않는다. 즉 그 시야의 본질적인 특성을 전달하거나 재현을 보증하기란 불가능하다. 그것은 식욕을 돋아주기는 하지만 그 자체가 본 요리는 아닌 전채 요리, 재미있는 농담을 눈으로 볼 수는 있지만 재치를 얻을 수는 없는 유머 책과도 같다. 그러나 다른 한편, 오랫동안 사고를 하지 않는다는 것은 불가능하며, 한 사람의 삶의 선명한 휴지 기간과 혼란스러운 배후 상황을 관련지으려는 시도는 피할 수 없다. 그것은 간접적으로 선명함 lucidity의 재현을 격려한다.

어쨌든 이제 더 이상 미뤄둘 수 없는 상식적인 입장에서 제기된 반론, 그리고 결론은 아니더라도 합당한 답을 요구하는 물음이 있다. 자기 자신에게라도 그 시야를 〈정당화할〉 필요가 있다. 게다가 그의 친구들을 안심시켜 줄 필요가 있을지도 모른다. 어떤 의미에서 이런 종류의 길들임domestication에 대한 시도는 우스꽝스러운 일이다. 왜냐하면 어떤 주장도 중앙의 〈다〉음을 듣거나 딸기 잼을 맛보는 것과 마찬가지로 명백하고 논쟁의 여지가 없는 체험에 뭔가를 더하거나 뺄 수는 없기 때문이다. 그러나 다른 의미에서, 만약 어떤 사람의 삶이 전혀 이질적이고 생각이 통하지 않는 두 부분으로 분리되지 않으려면 이런 종류의 시도는 불가피하다.

* * *

내 첫번째 반론은 다음과 같은 것이었다. 내 머리는 잘렸을지라도 코는 남아 있다. 내 코는 내가 어디를 가든 뚜렷하게 내 시야 앞에 있다. 그리고 내 답은 이런 것이었다. 만약 이 희미하고, 분홍색을 띤, 그러나 완전히 투명한 구름이 내 오른쪽을 떠돌고 왼쪽에도 비슷한 또 하나의 구름이 부유하고 있다면, 그리고 그것들이 내 코라면, 내게는 하나가 아니라 두 개의 코가 있는 셈이다. 그리고 당신 얼굴의 한가운데에서 분명히 관찰할 수 있는 하나의 불투명한 돌기는 코가 아닌 것이다. 구제할 수 없을 만큼 부정직하거나 혼란스러운 관찰자가 아니라면, 이처럼 전혀 다른 대상에 고의적으로 같은 이름을 사용하지는 않을 것이다. 나는 사전이나 관용어법 따르기를 좋아하지만, 그것들은 나로 하여금 거의 모든 사람들이 각기 하나씩 코를 가지고 있지만 내게는 하나도 없다고 말하도록 강요한다.

그럼에도 불구하고, 만약 자신의 주장을 입증하는 데 지나치게 몰두한 나머지 방향을 잘못 잡은 한 회의주의자가 이 두 개의 분홍색 구름 중간을 목표로 주먹을 날린다면, 흡사 내가 코라는 단단하고 가격할 수 있는 무엇을 가진 것과도 같은 불쾌한 결과를 낳을 것이다. 이번 역시 이 중심부에서 결코 완전히 사라지지 않은 미묘한 긴장, 움직임, 압력, 가려움, 간지러움, 아픔, 따뜻함, 고동(鼓動) 등의 복합체에 대해 어떻게 생각하면 좋을까? 특히 내가 손으로 이곳을 더듬을 때 발생하는 촉감은 어떠한가? 이러한 발견들이 모여서 결국 지금 여기에 내 머리가 존재한다는 강력한 증거가 되는 것일까?

아니, 그렇지는 않다. 여기에 갖가지 감각이 분명 존재하며 그런 감각들을 무시할 수 없다는 데에는 의심의 여지가 없다. 그러나 그것들이 모여서 머리나 그와 유사한 무언가가 되는 것은 아니다. 그러한 감각들을 통해 머리를 만들 수 있는 유일한 방도는, 여기에 분명 결여되어 있는 모든 종류의 구성 요소, 특히 색을 가진 3차원의 모든 형태를 더하는 것이다. 무수한 감각을 포함하지만 눈, 귀, 입, 머리카락, 그리고 다른 사람의 머리에서 관찰할 수 있는 모든 신체 부위를 결여하고 있는 머리란 도대체 어떤 종류의 머리일까? 명백한 것은 이 장소가 그런 종류의 모든 장애물, 내 세계를 흐리게 할 수 있는 가장 미약한 물들임이나 착색도 완전히 배제해야 한다는 것이다.

하여튼 내가 사라진 머리를 손으로 더듬어 찾기 시작할 때, 여기에서 머리를 찾기는커녕 나는 더듬는 손마저 잃을 뿐이다. 손까지도 나의 존재의 중심에 있는 어떤 심연 속으로 삼켜지고 마는 것이다. 분명 입을 크게 벌리고 있는 이 공동(空洞), 나의 모든 조작의 점령되지 않은 기반, 머리가 있다고 생각하던 이 불가사의한 장소는 실제로는 세계를 비추는 그 광휘와 투명함이 단 한 순간도 흐려지지 않기 위해 격렬히 연소하면서 가까이 접근하는 모든 것을 순식간에 완전히 태워버릴 정도로 격렬하게 불타는 봉화에 더 가깝다. 잠복한 아픔이나 간지러움과 같은 것에 대해서 말하자면, 산과 구름, 그리고 하늘이 할 수 있는 것보다 더 중심의 밝음을 흐리게 하지는 않는다. 그렇기는커녕 그것들은 모두 그 반짝임 속에 존재하고 있으며, 반짝임은 그것들을 통해서 빛난다. 현재의 체험이란, 그것이 어떤 의미로 말해지든 간에, 비어 있고 부재하는 머리 속에서만 일어난다. 지금 여기에서 나의 세계와 나의 머리는 양립할 수 없다. 그것들은 항상 물과 기름의 관계인 것이다. 이 어깨 위에 양자가 동시에 존재할 여지는 없고, 그리고 다행스럽게도 사라져야 할 것은 생물적 조직을 가진 나의 머리이다. 이것은 논쟁을 벌일 문제나 철학적 통찰을 필요로 하는 문제도 아니고, 많은 노력을 기울여 달성할 수 있는 무엇도 아니며, 단지 단순한 시야의 문제이다. 다시 말해서 누가-여기에-있는지-생각하는 것이 아니라, 누가-여기에-있는지-보는 것이다. 만약 내가 나는 무엇인가 (그리고 특히 나는 무엇이 아닐까)를 볼 수 없다면, 그것은 내가 너무 상상력이 풍부해서, 너무 〈영적(靈的)〉이어서, 너무 성숙하고 많은 것을 알아서 이 순간에 발견한 그대로의 상황을 솔직하게 받아들일 수 없기 때문인 것이다. 내게 필요한 것은 깨어 있는 백치 alert idiocy이다. 그 자체의 완벽한 비어 있음을 보려면 순진한 눈과 비어 있는 머리가 필요하다.

\* \* \*

내가 여전히 여기에 머리를 갖고 있다고 주장하는 회의주의자를 개종(改宗)시키는 방법은 한 가지밖에 없을 것이다. 그것은 그를 여기로 오게 해서 스스로 보게 하는 것이다. 단, 그는 오직 자신이 관찰한 것 이외에는 아무것도 쓰지 않는 정직한 보고자이어야 한다.

방 저편에서 관찰을 시작할 때, 그에게는 내가 머리가 있는 완전한 사람으로 보인다. 그러나 거리가 가까워짐에 따라 그에게는 절반의 사람밖에 보이지 않게 되고, 그런 다음에는 머리, 희미한 뺨이나 눈, 코, 그리고 희미한 얼룩이 보일 것이다. 그리고 마지막 접촉점에서는 아무것도 보이지 않게 된다. 아니면 그가 기본적인 과학 도구를 지니고 있다면 그는 그 희미한 얼룩이 처음에는 조직으로 분해되고, 그 다음에는 세포 군(群)으로, 그러고는 단일 세포, 세포핵, 거대 분자…… 등으로 분해된다고 보고할 것이다. 그리고 마지막에는 아무것도 보이지 않는 장소, 고체 아니면 물체가 전혀 없는 빈 공간에 도달하게 될 것이다. 어떤 경우든, 실제로 무슨 일이 벌어지는지 관찰하기 위해 이곳에 온 관찰자가 발견한 것은 내가 여기에서 찾아낸 것과 같다. 즉 그것은 공허 vacancy이다. 그리고 만약 그가 여기에서 나의 실재하지 않음 nonentity을 발견하고 그것을 공유한 후에 주위를 둘러본다면(나를 보는 대신 나와 함께 밖을 본다면) 그가 발견하는 것은 다시 내가 발견한 것과 같다. 즉 이 공허함은 상상할 수 있는 모든 것으로 가득 차 있다는 사실이다. 또한 그 역시 이 중심〈점〉central Point이 폭발해서 〈무한한 부피〉가 되고, 이 〈무〉가 〈모든 것〉이 되고, 〈여기〉가 〈모든 곳〉이 된다는 사실을 발견하게 될 것이다.

그리고 만약 그 회의적인 관찰자가 여전히 자신의 감각을 의심한다면, 그는 카메라를 사용할 수도 있을 것이다. 카메라는 기억과 예측을 결여하며, 그것이 존재하는 장소에 우연히 존재하는 것만을 기록하는 장치이니까. 카메라도 나에 대해서 같은 사진을 기록한다. 멀리 떨어진 곳에서는 한 사람의 모습을 모두 담지만, 중간 지점에서는 그 사람의 일부분이나 단편만을 기록할 뿐이며, 여기에서는 이제 아무것도 담지 않는다. 그러나 방향을 바꾸어 반대쪽을 향하면 그것은 세계를 담는다.

* * *

그런 의미에서 이 머리는 머리가 아니라 잘못된 관념이다. 만약 내가 여전히 여기에서 머리를 발견한다면, 나는 〈허깨비를 보고 있는 것 seeing things〉이기 때문에 당장 의사에게 달려가야 할 것이다. 내가 발견한 것이 사람의 머리든, 당나귀의 머리든, 달걀 프라이든, 아니면 아름다운 꽃다발이든 그것은 전혀 중요치 않다. 그것이 무엇이든 어깨 위에 무언가가 솟아 있다고 생각한다면 그것은 망상에 시달리는 것이다.

그렇지만 밝은 휴지 기간 동안, 여기에서는 분명 내게 머리가 없다. 그러나 저기에서는 분명 내게 머리가 있다. 머리가 없기는커녕, 내게는 그것으로 무엇을 해야 하는지 아는 여러 개의 머리가 있다. 사람 관찰자나 카메라 속에 숨거나, 액자 속의 그림 위에서나, 면도용 거울 뒤편에서 얼굴을 찡그리거나, 문 손잡이나 스푼, 커피 포트, 그 밖에 반짝이는 모든 것을 들여다보면 나의 머리들은 항상 모습을 나타낸다. 어느 정도 크기가 줄어들고, 일그러지고, 자주 상하가 뒤바뀌고, 무한히 증식되기도 하지만 말이다.

그러나 나의 어떤 머리도 결코 나타나지 않는 장소가 꼭 한 군데 있다. 그것이 바로 여기 〈나의 어깨 위〉인 것이다. 그리고 그곳에서 머리는 내 생명의 원천인 이 〈중심 공동 Central Void〉을 파괴시킬 것이다. 그런데 다행스럽게도 그런 일을 할 수 있는 것은 아무것도 없다. 사실 이처럼 느슨한 머리들을 아무리 많이 모아도 저 〈바깥 세상 outer〉 또는 현상계에서 일어나는 일시적이고 하찮은 사건들 이상은 되지 못한다. 더욱이 이 현상계는 확실하게 중심적인 본질과 하나가 되어 있지만, 거기에는 극히 미세한 영향도 주지 못한다. 실제로 거울 속의 내 머리는 전혀 두드러진 것이 아니고, 내가 그것을 반드시 내 것으로 받아들여야 하는 것도 아니다. 아주 어린 시절, 나는 거울에 비친 내 모습을 인정하지 않았다. 그리고 지금도 내가 잃어버린 순수함을 되찾는 순간에는 마찬가지이다. 이렇듯 온전한 순간에 나는 저쪽편의 그 인물, 즉 거울 뒤편의 다른 공간에 살면서 하루 종일 이쪽 공간을 바라보고 있는 것처럼 보이는 너무도 친숙한 그 인물, 작고 움직임이 둔하고, 한계지워져 있고, 점 하나까지 낱낱이 기술(記述)되어 있고, 차츰 나이를 먹어가고, 그리고 아! 너무도 상처받기 쉬운 저 응시자, 모든 점에서 여기에 있는 나의 실제 〈자신 Self〉의 대응물을 본다. 나는 전혀 나이를 먹지 않고, 금강석처럼 단단하고, 한계가 없고, 명쾌하고, 단 한 점의 더러움도 없는 〈공동〉 이외의 무엇인 적은 단 한번도 없다. 내가 저편에서 이쪽을 응시하고 있는 생령(生靈)과 지금, 여기, 그리고 영원히 분명하게 나 자신이라고 인지할 수 있는 것을 혼동하는 일이란 상상조차 할 수 없다!

\* \* \*

영화 감독이란……실제적인 사람이기 때문에, 체험의 본질을 인식하는 것보다 체험을 효과적으로 재현하는 일에 훨씬 더 흥미를 느낀다. 그러나 실제로는 효과적인 재현을 위해 본질에 대한 얼마간의 인식이 필요하다. 분명 이 전문가들은 (예를 들어) 누군가 다른 사람이 운전하고 있는 차의 영상에 대한 나의 반응이, 나 자신이 운전하는 차의 영상에 대한 반응에 비해 얼마나 약한지를 잘 알고 있다. 전자의 경우, 나는 거리를 지나는 구경꾼이다. 나는 두 대의 비슷한 차가 갑자기 접근해서 충돌하고, 운전자들이 사망하고 차가 화염에 휩싸이는 모습을 바라본다. 나는 냉정하다. 반면 후자의 경우, 내가 운전사이다. 물론 모든 일인칭 운전사가 그렇듯이, 머리가 없는 운전사이다. 그리고 나의 차는 (여하튼 그것이 존재하는 한에서는 그 모두가) 정지 상태이다. 무릎이 흔들리고, 발은 가속 페달을 세게 밟고, 양손은 핸들을 쥐고 있다. 긴 보닛은 앞쪽으로 경사져 있고, 전주가 옆으로 휙휙 소리를 내며 지나가고, 도로는 이리저리 뱀처럼 구부러져 있다. 처음에는 아주 작게 보이던 다른 차가 차츰 커지면서 똑바로 나를 향해 다가오다가 결국 충돌한다. 엄청난 섬광, 그리고 공허한 침묵……나는 의자에 주저앉아 간신히 숨을 돌린다. 하마터면 뜻밖의 변을 당할 뻔한 것이다.

이러한 일인칭 연속 화상은 어떻게 촬영할 수 있을까? 두 가지 방법이 가능하다. 하나는 머리가 없는 인형의 머리 위치에 카메라를 놓고 촬영하는 것이고, 다른 하나는 실제 사람을 태우고 그 사람의 머리를 뒤로 젖히거나 옆으로 뉘고 그 자리에 카메라를 설치하는 방법이다. 다시 말해 나 자신과 배우를 확실하게 동일화identify 하기 위해서 그의 머리를 없애는 것이다. 그는 나와 같은 사람이 되어야 한다. 머리가 달린 나의 영상은 조금도 나와 닮지 않았다. 그것은 전혀 다른 이방인의 초상이기 때문에 잘못된 동일화이다.

누구든 자신에 대한 가장 심원한, 더욱이 가장 단순한 진리를 조금이나마 들여다보려면 광고 제작자의 도움이 필요하다는 것은 무척이나 기묘한 일이다. 또한 영화와 같이 정교한 현대적 발명품이 어린아이나 동물들이라면 빠지지 않을 착각을 제거하는 데 도움이 된다는 것도 기묘하다. 그러나 다른 시대에도 또 다른, 그리고 마찬가지로 기묘한 지시계 pointer가 있었으며, 자기 기만에 대한 우리 인간의 용량이 채워진 적은 한번도 없었다. 떨어져 나와 부유하는 머리, 눈이 하나뿐이거나 머리가 없는 괴물과 요괴, 사람의 것이 아닌 머리를 붙인 사람의 신체, (구두점이 잘못 찍힌 문장 속의 찰스 왕처럼[찰스 1세는 청교도 혁명을 야기시킨 인물로 국민의 적으로 몰려 단두대에서 머리가 잘렸다. ——옮긴이]) 머리가 절단된 뒤에도 걷거나 이야기하는 순교자들(확실히 기상천외한 일이지만, 상식이 지금까지 그 어느 때보다도 〈이〉 사람의 진정한 초상에 가까운) 등 이러한 주제를 다룬 많은 오래 된 의식(儀式)과 전설이 사람들 사이에서 인기를 얻는 까닭은 인간이 처한 조건에 대한 심오하기는 하지만 어렴풋한 깨달음 때문이었을 것이다.

* * *

그러나 만약 내게 여기에 머리도 얼굴도 눈도 없다면(이것은 상식에 어긋난다), 나는 도대체 어떻게 당신을 볼 수 있을까? 그리고 눈의 역할을 대신하는 것은 무엇인가? 그 답은 〈본다〉는 동사에 전혀 다른 두 가지 의미가 있다는 것이다. 한 쌍의 남녀가 마주보고 이야기를 나누고 있을 때, 그들의 얼굴이 수십 센티미터 떨어져 있어도, 우리는 두 사람이 서로 상대를 보고 있다고 말한다. 그러나 내가 당신을 보고 있을 때 당신의 얼굴이 전부이고 나의 얼굴은 어디에도 없다. 당신은 나의 끝이다. 그럼에도 불구하고(따라서 〈계몽〉을 방해하는 것이 상식의 언어이다) 우리는 두 가지 경우에 동일한 단어를 사용하고 있으며, 그리고 같은 말은 같은 대상을 의미한다! 삼인칭의 두 사람 사이에서 실제로 일어난 일은 시각적 정보 전달, 즉 연속된 자기 완결적인 물리 과정들이다(가령 광파[光波], 수정체, 망막, 대뇌 피질의 시각 영역 등). 거기에서 과학자는 〈마음 mind〉이나 〈보기 seeing〉가 그 속으로 미끄러져 들어갈 수 있는, 그래서 (만약 그 속으로 들어갈 수 있다면) 어떤 차이를 만들 수 있는 어떤 틈새도 찾아낼 수 없다. 그와는 대조적으로 진정한 보기는 1인칭이며, 눈을 사용하지 않는다. 현자의 언어에서 무언가를 보거나 듣거나 경험하는 것은 부처, 브라만, 알라 또는 하느님뿐이다.

### 나를 찾아서 · 둘

이 글에서 우리는 인간 조건에 대한 매력적이고 순진하면서도 유아론적(唯我論的) 견해를 읽을 수 있었다. 그것은 지적 수준에서 우리에게 불쾌감을 주고 우리를 질리게 만드는 무엇이다. 이러한 개념을 당혹감 없이 진심으로 받아들일 사람이 누가 있겠는가? 그러나 우리 내부의 어떤 원초적인 수준에서는 그런 이야기가 분명하게 들려온다. 그것은 우리가 자신의 죽음이라는 개념을 받아들이지 않는 것과 같은 수준이다. 우리는 대부분 그러한 수준을 너무 오랫동안 수면 아래 깊은 곳에 가라앉혀서 숨겨왔기 때문에 자신의 비존재nonexistence라는 개념이 얼마나 이해하기 힘든지를 잊고 있다. 우리는 아주 쉽게 (단지 쉬운 것처럼 보일 뿐이지만) 다른 사람의 비존재로부터, 어느 날 갑자기 자신의 비존재를 외삽(外挿)에 의해 추론할 수 있다. 그렇지만 내가 죽었을 때, 그런 어느 날이 있을 수 있을까? 어떤 경우라도, 날이란 빛과 소리를 가지는 시간이기 때문에 내가 죽으면 그러한 것들은 존재하지 않게 된다. 〈말도 안 되는 소리! 내가 죽어도 그것들은 계속 존재해〉라고 내면의 목소리가 항의한다. 〈그것들을 경험하는 내가 존재하지 않게 되었다고 해서 그것들이 존재하지 않게 되는 것은 아니야. 그건 지나친 유아론이야!〉 나의 내면의 소리는 단순한 삼단논법의 위력에 압도되어 내가 세계의 필수 불가결한 구성 요소라는 관념을 마지못해 폐기시킨다. 그 삼단논법이란 대략 다음과 같은 것이다.

모든 사람은 죽는다.
나는 사람이다.
그러므로……나는 죽는다.

〈소크라테스〉와 〈나〉를 바꾸면 이것은 모든 삼단논법 중에서도 고전적인 종류의 것이다. 두 가지 전제에는 어떠한 증거가 있을까? 첫번째 전제는 추상적인 범주, 즉 사람이라는 유 class(類)를 가정한다. 두번째 전제는 나와 다른 사람들 사이에 얼핏 보기에 근본적인 차이가 있는 것 같지만(이 점에 대해서는 하딩이 잘 지적하고 있다), 나 역시 그들과 같은 유에 속한다는 것이다.

유에 대해서 일반적인 설명이 성립할 수 있지만, 유라는 개념 자체는 그리 충격적이지 않다. 그러나 선천적으로 주어진 목록을 넘어서 유를 생각해 낼 수 있다는 것은 지성이 지니고 있는 꽤 고급스러운 특성으로 판단된다. 꿀벌이 〈꽃〉이라는 유를 먹이로 삼을 수는 있겠지만, 〈굴뚝〉이나 〈사람〉이라는 개념을 구성해 내리라고는 생각할 수 없다. 개나 고양이는 〈먹이 그릇〉, 〈문〉, 〈장난감〉과 같은 새로운 유를 만들어낼 수 있을 것으로 여겨진다. 그러나 사람은 새로운 범주 위에 다시 새로운 범주를 쌓아올린다는 점에서 훨씬 뛰어나다. 이 능력은 사람 본성의 핵심에 해당하며, 우리가 느끼는 기쁨의 깊은 원천이다. 스포츠 방송 아나운서나 과학자, 예술가 등은 우리의 지적 어휘 속으로 들어오는 새로운 종류의 개념들을 창안해 냄으로써 우리들에게 큰 기쁨을 준다.

첫번째 전제의 다른 일부는 죽음이라는 일반 개념이다. 무언가가 없어지거나 무너진다는 개념은 어린아이들도 이해한다. 숟가락 속의 음식이 없어지고 딸랑이가 높은 의자에서 아래로 떨어지고, 엄마가 잠깐 자리를 비우고, 풍선이 터지고, 난로에 넣은 신문지가 불에 타고, 한 블록 떨어진 곳에 있는 집이 무너지는 등의 일들은 매우 충격적이고 마음을 혼란스럽게 하지만 받아들임직한 일들이다. 파리채로 잡은 파리, 살충제를 뿌려 죽인 모기 등이 이전의 추상적인 개념 위에 쌓이면서 우리는 죽음이라는 일반 개념에 도달하게 된다. 첫번째 전제에 대해서는 이쯤 해두기로 하자.

두번째 전제는 다루기가 까다롭다. 나는 어린 시절에 겉모습, 동작 등 공통점이 있는 나 이외의 다른 사람들을 보면서 〈사람〉이라는 추상 개념을 만들어냈다. 그러자 이 특수한 부류가 나를 〈그 속에 접어 넣고〉 빨아들였다. 이러한 깨달음은 인지 발달 이후 단계에 반드시 이루어지게 마련이다. 그리고 대부분의 사람들이 그런 일이 일어났다는 사실을 기억하지 못하겠지만, 당시로서는 매우 충격적이었을 것이다.

그러나 정말 놀라운 것은 이러한 두 가지 전제의 결합이다. 이 두 가지 전제를 모두 생각해 내는 지적 능력을 가지게 될 무렵, 우리는 다시 단순한 논리가 갖는 거역할 수 없는 힘을 존중하게 된다. 그렇지만 이 두 가지 전제의 갑작스런 결합은 느닷없이 우리의 얼굴을 후려친다. 그것은 불쾌하고 잔인한 일격이기 때문에, 우리는 아마도 며칠, 몇 주일, 또는 몇 달 동안 비틀거리며 혼란스러워한다. 사실은 몇 년 동안, 평생에 걸쳐! 그러나 결국 우리는 그 혼란을 억누르고 그것을 다른 방향으로 전환시킨다.

고등 동물은 자기 자신을 어떤 유의 구성원으로 간주하는 능력을 가지고 있는 것일까? 개는 〈나는 저기에 있는 개들과 비슷하게 보일 것이 분명해〉라고 생각할 수 있을까?(물론 그렇게 말을 하지는 않겠지만) 유혈이 낭자한 다음과 같은 상황을 상상해 보라. 스무 마리 정도의 같은 종류의 동물이 원을 그리고 있다. 어떤 못된 사람이 뺑뺑이를 돌려 바늘이 가리키는 방향에 있는 동물에게 걸어가 다른 동물들이 보는 앞에서 칼로 그 동물을 죽인다고 하자. 그때 다른 동물들은 자신에게 임박한 위기를 깨닫고, 〈저 동물은 나와 똑같다. 이제 나도 저 동물과 마찬가지로 곧 죽게 될 것이다. 아! 안 돼!)라고 생각할까?

타자에 대해 자신을 사상(寫像)하는 이러한 능력은 고등한 생물종의 구성원만이 가질 수 있는 특성으로 판단된다(이것은 이야기 스물넷에 실린 토머스 네이글 논문의 중심 주제이다). 우리는 먼 부분적인 사상에서 시작한다. 〈나는 발이 있고, 너도 발이 있다. 나는 손이 있고 너도 손이 있다. 흠…….〉 이러한 부분적인 사상에서 전체적인 사상이 귀납적으로 추론된다. 그리고 곧바로 나는 네게 머리가 있다는 사실로부터 비록 내게는 보이지 않아도 나 또한 머리가 있다는 결론을 내린다. 그러나 나의 바깥으로 내딛은 이 한 걸음은 거대한, 그리고 어떤 의미에서는 자기 부정적인 한 걸음이다. 그것은 나 자신에 관한 많은 직접적인 지식과 모순된다. 이 모순은 하딩이 동사 〈보다 to see〉의 의미를 두 가지로 구분한 것과 흡사하다. 그 말이 내게 적용될 때의 의미는 당신에게 적용될 때의 의미와 전혀 다르다. 그렇지만 이러한 구분력은 끊임없이 이루어지는 너무 잦은 사상의 무게에 압도되어 버린다. 그리고 원래 나 자신을 고려에 넣지 않고 세웠던 어떤 유의 구성원에 나 자신을 아무런 의문도 없이 귀속시키게 된다.

이처럼 논리가 직관을 압도하게 된다. 우리는 지구가 멀리 떨어진 달과 마찬가지로 둥글지만 사람들이 지구에서 떨어지지 않는다는 사실을 믿게 되듯이, 결국 유아론적 견해는 미친 소리라고 믿게 된다. 하딩이 히말라야에서 겪은 체험과 같은 강력한 통찰만이 우리를 자아와 타아의 원초적인 의미로 돌아가게 해준다. 그것이야말로 의식, 영혼, 자아라는 문제의 원천인 것이다.

나는 머리를 가지고 있을까? 나는 정말 죽게 될까? 우리 모두 평생 동안 몇 번씩 이런 종류의 의문을 품는다. 상상력이 풍부한 사람이라면, 혹시 인생 전체가 우리로서는 알 수 없는 어떤 초월적 존재가 저지른 거대한 농담이나 장난, 어쩌면 심리학 실험이 아닐까 하는 생각을 가끔씩 품기도 할 것이다. 가령 그 초월적 존재는 우리가 터무니없는 모순들(예를 들어, 내가 도저히 이해할 수 없는 어떤 소리가 실제로는 어떤 의미를 갖는다는 생각, 좋아하지도 않으면서 쇼팽 Chopin을 듣고 아이스크림을 먹는 사람이 있다는 개념, 빛이 모든 준거틀에서 같은 속도로 나아간다는 개념, 내가 생명이 없는 원자들로 이루어져 있다는 개념, 내가 스스로의 죽음을 생각할 수 있다는 개념 등등)을 어디까지 믿게 할 수 있는지 알아보려고 그런 장난이나 실험을 한다고 생각할 수도 있을 것이다. 그러나 불행하게도 (아니면 다행히도) 그런 〈음모설〉은 스스로의 토대를 침식한다. 왜냐하면 음모설은 또 다른 불가사의를 해명하기 위해서 다른 마음의 존재, 그것도 초지성적인 마음, 따라서 생각할 수 없는 마음의 존재를 가정하지 않을 수 없기 때문이다.

존재에 어떤 종류의 이해할 수 없는 특성이 수반된다는 것을 받아들이는 또 다른 방법이 있는 것 같다. 선택은 당신의 몫이다. 우리는 모두 세계에 대한 주관적인 관점과 객관적인 관점 사이에서 미묘하게 흔들리고 있다. 그리고 이 흔들림이야말로 인간 본성의 중심인 것이다.

D. R. H.

# 마음의 재발견

### 해롤드 모로위츠

과학의 세계에서 지난 200년 정도의 기간 동안 조금은 기묘한 일이 계속 일어나고 있다. 많은 연구자들은 그런 느낌을 알아차리지 못하고 있다. 또한 알아차리고 있는 사람들도 자신의 동료에 대해서 그런 사실을 인정하려 들지 않는다. 어쨌든 이 기묘한 현상은 해결되지 않고 그대로 방치된 채 계속되고 있다.

가령 이런 일이 일어났다. 과거에는 자연의 위계 체계 속에서 사람의 정신이 차지하는 특별한 역할을 강조하던 생물학자들이 갑자기 냉혹하게도 유물론(唯物論)으로 입장을 바꾸어 버렸다. 한 순간에 말을 바꾸어 타듯이 말이다. 유물론은 19세기 물리학의 특성이라고 할 수 있다. 같은 시기에 확고부동한 실험적 증거를 눈앞에서 확인한 물리학자들은 종래의 철저한 기계론적 세계 모형을 버리

---

* Harold J. Morowitz, "Rediscovering the Mind," *Psychology Today,* (August 1980). 해롤드 모로위츠는 미국의 분자생물학자이다.

Victor Juhasz의 그림

고, 모든 물리 현상에서 정신이 필요 불가결한 역할을 맡고 있다는 관점으로 이동해 버렸다. 이것은 마치 전혀 다른 방향으로 돌진하는 두 대의 기차에 각각의 학문이 타고 있는 것과도 같다. 철로의 교차점에서 어떤 일이 벌어질지는 생각하지도 않은 채 말이다.

생물학과 물리학 사이에서 벌어진 역할 역전 때문에 오늘날의 심리학자들은 모호한 입장에 처하게 되었다. 생물학의 관점에 따르면, 심리학자란 원자나 분자로 이루어진 초현미경적 세계라는 객관적 확실성의 중심에서 훨씬 떨어진 현상을 연구하는 사람이다. 그리고 물리학자의 입장에서 보면, 본질적이면서 동시에 불가해하고 아직까지 정의내려지지 않은 〈마음〉이라는 개념을 다루는 것이 심리학자이다. 분명한 사실은 어느 쪽 견해도 얼마간의 진리를 포함하고 있다는 점이다. 그리고 이 문제를 해결하는 것은, 행동과학의 토대를 넓히고 확충하는 데 없어서는 안 될 중요한 과제이다.

현대에 들어온 이래 분자의 움직임에서 사회적 행동에 이르는 모든 수준level의 생명 연구에서 환원주의가 신뢰받는 중심적인 설명

개념이 되었다. 이러한 지적 접근 방법은 어떤 수준의 과학적인 현상을 그보다 하위이고, 좀더 기본적이라고 여겨지는 수준의 개념으로 이해할 수 있을 것이라고 생각한다. 화학에서는 큰 규모에서의 반응을 설명하는 데 분자의 움직임이 조사된다. 마찬가지로 생리학자는 세포 기관과 그 밖의 세포 구성 물질들에 의해 이루어지는 여러 가지 과정이라는 관점에서 생물 세포의 움직임을 연구한다. 지질학에서는 광물의 조성(組成)이나 특성을 광물의 성분이 되는 결정의 특질로 기술한다. 어떤 현상에 대해 설명하려 할 때, 그 기초가 되는 구조나 활동에 기초를 둔다는 것이 이런 접근의 본질적인 측면이다.

베스트셀러인 『에덴의 공룡 *The Dragons of Eden*』의 저자 칼 세이건 Carl Sagan의 관점은 심리학적 수준에서 환원주의를 드러낸 좋은 예이다. 이 책에서 그는 〈뇌에 관한 나의 기본적인 전제는 그 활동(우리들이 '마음'이라고 부르는 것)이 뇌의 해부학과 생리학의 결과일 뿐 그 이상이 아니라는 것이다〉라고 말하고 있다. 이러한 사고 경향을 한층 분명하게 보여주는 사례는 세이건이 사용하는 용어들이 〈마음〉, 〈의식〉, 〈지각〉, 〈감지〉, 〈사고〉와 같은 말을 포함하지 않으며, 오히려 〈시냅스〉, 〈뇌엽 절단 lobotomy (腦葉切斷)〉, 〈단백질〉, 〈전극(電極)〉과 같은 단어를 사용하고 있다는 것이다.

사람의 행동을 그 생물학적 기초로 환원시키려는 시도는 긴 역사를 가지며, 초기의 다윈주의자들과 그들과 동시대에 활동했던 생리학적 심리학자들에 의해 시작되었다. 19세기 이전에 데카르트 Descartes 철학의 중심이었던 심신이원론(心身二元論)은 사람의 마음을 생물학의 영역 밖에 두려는 경향을 띠었다. 그 후 진화론자들이 우리에게 〈원숭이의 특징 apeness〉이 존재한다는 것을 인정해야 한다고 역설하면서 인간은 생물학의 연구 대상이 되었다. 그리고 그 연구 방법은 사람 이외의 영장류에게 적절한 것이었고, 나아가 다른 종의 동물들에게도 응용할 수 있는 것이다. 파블로프 Pavlov 학파는 이러한 논리를 한층 강화시켜 많은 행동주의 이론의 기초를 닦았다.

심리학자들 사이에서 환원주의를 어디까지 밀고 나갈 것인지에 대한 일반적인 합의가 아직 이루어지지 않았지만, 많은 사람들은 우리의 활동이 호르몬적·신경적·생리학적 구성 요소로 이루어진다는 사실을 쉽게 인정할 것이다. 세이건의 전제가 심리학의 일반적인 전통 위에 서 있다고 하더라도, 그 밑에 내재하는 수준이라는 관점에서 〈완전한〉 설명을 목표로 삼았다는 점에서 급진적 radical 이다. 나는 세이건이 〈그리고 그 이상은 아니다〉라는 말을 한 진의(眞意)가 그 목표라고 생각한다.

여러 학파의 심리학자들이 자신들의 과학을 생리학으로 환원시키려고 시도하던 시대에, 다른 생명과학자들도 더욱 근본적인 수준의 설명을 찾고 있었다. 그들의 관점을 이해하기 위해서는 분자생물학의 인기 있는 대변인 프랜시스 크릭 Francis Crick(1953년에 DNA 이중나선 구조를 발견했다.——옮긴이)의 저작을 보면 좋을 것이다. 그의 저서 『분자와 사람에 대하여 *Of Molecules and Men*』에서 크릭은 생기론(生氣論, 생명 현상을 설명하려면 생명의 힘이 물리학의 영역 너머에 있다는 관점에서 생물학을 설명해야 한다는 주장)에 대해 오늘날 퍼부어지고 있는 공격에 대해서 이렇게 말하고 있다.

〈사실상, 오늘날 생물학에서 나타나는 움직임의 궁극적 목표는 '모든' 생물학을 물리학과 화학의 관점에서 설명하는 것이다.〉 계속해서 그는 물리학과 화학을 원자적 수준으로 언급하면서, 여기에서 비로소 우리의 지식이 확실함을 얻게 된다고 쓰고 있다.

〈모든〉이라는 단어를 강조하면서, 크릭은 자신이 급진적인 환원주의의 입장에 선다는 것을 분명하게 밝혔다. 이것은 오늘에 이르기까지 모든 세대의 생화학자와 분자생물학자들 사이에서 지배적인 견해로 굳어졌다.

* * *

심리학적 환원주의와 생물학적 환원주의를 하나로 결합시켜 이 두 가지 환원주의가 하나로 중첩된다고 가정하면, 정신에서 출발해서 해부학과 생리학으로 나아가고 마침내 세포생리학, 분자생물학, 원자물리학으로까지 진전된 설명의 연쇄에 이르게 될 것이다. 이 모든 지식은 원자의 구조와 과정에 대해 가장 새롭고 완벽한 학설인 양자역학 법칙에 대한 이해라는 견고한 기반 위에 놓여 있는 것으로 추정된다. 이러한 맥락에서 심리학은 물리학의 한 분과가 되고, 그 결과 양쪽 분야의 전문가들은 모두 얼마간의 곤혹감을 느끼게 될지도 모른다.

자연과학의 근본 원리에 의거해 사람에 관한 모든 것을 설명하려는 이런 종류의 시도가 새로운 것은 아니다. 19세기 중엽 유럽 생리학자들의 견해에서는 이러한 사고가 결정적인 위치를 차지했다. 에밀 뒤 부아레몽 Emil Du Bois-Reymond은 이러한 학파의 대표자였고, 1848년에 발간된 동물전기 animal electricity에 관한 저서의 서문에서 다음과 같은 극단적인 견해를 피력하고 있다.

〈우리의 방법이 충분히 만족스럽다고 가정하면, 생명 과정 전반에 관한 분석적 역학(뉴턴물리학과 같은 역학을 뜻한다. ──옮긴이)

이 성립 가능하고, 그 역학은 궁극적으로 자유 의지의 문제까지도 포괄하게 될 것이다.〉

토머스 헉슬리Thomas Huxley와 그의 동료들이 다윈주의를 옹호하느라 끄집어냈던 이들 초기 학자들의 말에는 어느 정도 오만이 깃들여 있다. 오늘날에도 현대적인 환원주의자들의 이론에는 그와 동일한 오만의 울림이 남아 있다. 그들은 마음에서 떠나 원자물리학의 기본 원리들로 이행했다. 현재의 시점까지 오늘날의 지적 무대에 활기를 불어 넣는 주장을 제기하는 것은 사회생물학자들의 저작이다. 어쨌든 현대의 급진적인 환원주의자들과 부아레몽의 견해는 일치한다. 유일한 차이라면 오늘날 기초를 이루는 학문 분야가 뉴턴물리학에서 양자역학으로 대체되었다는 것밖에 없다.

심리학자와 생물학자들은 점진적으로 자신들의 학문을 물리과학으로 환원시키기에 바빠 그 동안 물리학 분야에서 등장한 새로운 관점들에 대해서는 거의 생각이 미치지 못하고 있었다. 그것은 그들의 이해에 완전히 새로운 빛을 비추어주는 관점이었다. 19세기가 거의 끝나갈 무렵, 물리학은 매우 질서 정연한 세계상(世界像)을 제공했다. 그 세계관 속에서 삼라만상은 뉴턴의 역학 방정식과 맥스웰의 전자기 방정식에 따라 매우 특징적이고 규칙적인 방식으로 이해되었다. 이러한 과정은 과학자와 무관하게 냉혹하게 진행되었고, 과학자는 단순한 방관자였다. 많은 물리학자들은 자신들의 연구 주제가 본질적으로 완성된 것으로 간주했다.

1905년 알베르트 아인슈타인Albert Einstein의 상대성 이론 발표를 시초로 이처럼 말끔하게 정돈된 세계상은 뒤죽박죽이 되고 말았다. 새로운 이론(특수상대성 이론)은 서로를 향해 이동하고 있는 두 개의 다른 계(系)에 있는 관찰자가 각기 다른 방식으로 세계를 인

식한다고 가정한다. 따라서 관찰자가 물리적 실재를 수립하는 과정에 관여하게 된 것이다. 과학자는 방관자의 역할에서 벗어나 자신의 연구 대상인 계 안에 있는 능동적인 참여자가 되었다.

양자역학의 발전과 함께, 관찰자의 역할은 물리 이론에서 훨씬 더 중심적인 부분이 되었고, 사건event(상대성 이론에서 모든 현상을 event[사건 또는 사상으로 번역된다]로 파악한다. 이는 뉴턴역학이 삼라만상의 기본 단위를 입자로 본 것과 대비된다.──옮긴이)을 정의하기 위한 필수 불가결한 구성 요소가 되었다. 관찰자의 마음은 이론을 구축하기 위해서 필요 불가결한 요소로 등장했다. 이 새로운 패러다임의 함축은 초기의 양자역학 연구자들을 크게 놀라게 했고, 그들을 인식론과 과학철학 연구로 이끌었다. 내가 아는 한, 지금까지의 과학사에서 모든 지도적인 공헌자들이 자신들의 연구 결과가 갖는 철학적·인문학적 의미를 상세히 설명한 저서나 논문을 발표한 적은 단 한 번도 없었다.

새로운 물리학의 창시자 중 한 사람인 베르너 하이젠베르크 Werner Heisenberg는 철학과 인문학적 주제에 깊이 관여했다. 『양자역학의 철학적 문제 *Philosophical Problems of Quantum Physics*』라는 저서에서 그는 물리학자들이 모든 관찰자들에게 공통된 시간 척도라는 개념, 그리고 우리가 관찰 가능한지 여부와 무관하게 독립적으로 존재하는 시간과 공간 속의 사건이라는 개념을 폐기했다고 말한다. 하이젠베르크는 더 이상 자연 법칙이 기본 입자 elementary particle(모든 것을 구성하는 근본이 되는 입자──옮긴이)를 다루지 않으며, 그러한 입자들에 대한 우리의 지식, 즉 우리 마음의 내용을 다루는 것이라고 주장한다. 양자역학의 기본 방정식을 정식화한 에르빈 슈뢰딩거 Erwin Schrödinger는 1958년에 『마음과 물질 *Mind and Matter*』이라는 제목의 매우 짧은 저서를 집필했다. 이 일련의 에세이에서 그는 새로운 물리학의 성과에서 출발해서 앨더스 헉슬리 Aldous Huxley의 〈영원한 철학 perennial philosophy〉과 같다고 스스로 인정한 신비적인 우주관으로 이행하고 있다. 슈뢰딩거는 『우파니샤드 *Upanishads*』(고대 인도의 철학서──옮긴이)와 동양 철학 사상에 대한 공감을 표현한 최초의 양자역학 이론가였다. 오늘날 프리초프 카프라 Fritjof Capra의 『동양 사상과 물리학 *The Tao of Physics*』, 게리 추카프 Gary Zukav의 『춤추는 우 리 명인 *The Dancing Wu Li Masters*』과 같은 유명한 저작들을 비롯해서 많은 문헌이 이러한 관점을 제기하고 있다.

양자역학 이론가들이 직면한 문제는 〈누가 슈뢰딩거의 고양이를 죽였는가〉라는 유명한 역설에서 가장 잘 나타난다. 이 가상의 실험에서 새끼 고양이가 밀폐된 상자 속에 들어 있고, 그 속에는 독(毒)이 들어 있는 항아리가 놓여 있으며, 이 항아리에는 용수철 장치가 된 기계 망치가 달려 있다. 이 망치는 방사성 물질의 붕괴와 같은 임의적인 현상을 기록하는 계수기에 의해 작동한다. 실험은 망치가 작동할 확률이 2분의 1이 될 때까지 계속된다. 양자역학은 살아 있는 고양이의 함수와 죽은 고양이의 함수의 합을 통해 그 계(系)를 수학적으로 설명한다. 어느 쪽 함수도 확률은 2분의 1이다. 문제는 실험자가 상자 속을 열어볼 때까지 두 가지 가능성이 같기 때문에 관찰 행위(측정) 자체가 고양이를 죽이거나 살리는 결과를 낳게 된다는 점이다.

겉으로는 흥미롭지만, 이 사례는 매우 깊은 개념상의 난점을 반영하고 있다. 좀더 공식적인 용어를 사용하자면, 복잡계complex system(複雜系)는 실험의 가능한 결과들을 연관시키는 확률 분포를 사용해서만 기술할 수 있다. 몇 가지 대안 중에서 하나를 결정하기 위해 측정이 필요하다. 이 측정 자체가 사건을 구성하며, 이는 수학적 추상인 확률과 구별된다. 그러나 물리학자가 측정에 부여할 수 있는 단순하고 일관된 유일한 기술(記述)은 그 결과에 대해 관찰자가 지각(知覺)되어 감을 포괄한다. 따라서 물리적 사건과 사람의 마음의 내용은 불가분의 관계를 맺는다. 이러한 연결성 때문에 많은 연구자들은 의식consciousness을 물리학 구조의 필수적인 부분으로 간주하지 않을 수 없게 되었다. 이러한 해석은 과학을 철학의 실재론 개념과 대비되는 관념론 쪽으로 밀어붙였다.

오늘날 대부분의 물리학자들의 견해는 노벨상 수상자인 유진 위그너 Eugene Wigner(미국의 물리학자——옮긴이)가 쓴 「심신 문제에 관하여 Remarks on the Mind-Body Question」라는 글 속에 집약되어 있다. 위그너는 대부분의 물리학자가 사고(마음을 의미한다)가 가장 우선한다는 인식으로 되돌아가야 한다는 지적으로 글을 시작하고 있다. 계속해서 그는 이렇게 쓰고 있다. 〈의식에 관한 언급 없이 양자역학 법칙을 일관된 방식으로 공식화하는 것은 불가능하다.〉 그리고 그는 세계에 대한 과학적 연구가 궁극적인 실재로서의 의식의 내용에 도달하게 된 것은 매우 괄목할 만한 일이라고 결론 짓는다.

물리학의 다른 분야에서 이루어진 진전은 위그너의 관점을 한층 강화시켰다. 정보 이론information theory의 도입과 열역학에의 응용은 열역학의 기본 개념인 엔트로피entropy가 어떤 계의 원자적 수준의 세부 사항에 대한 관찰자의 무지에 대한 측정이라는 결론을 이끌어냈다. 어떤 물질의 압력·부피·온도를 측정할 때, 여전히 그 구성 요소인 원자와 분자의 정확한 위치와 속도에 대한 지식이 빠져 있다. 우리가 잃은 정보량의 수치는 엔트로피에 비례한다. 초기 열역학에서는 공학적인 의미에서 엔트로피를 어떤 계에서 외부에 대해 일을 수행할 수 없는 에너지로 설명했다. 오늘날의 관점에서는 다시 한번 사람의 마음이 등장하며, 엔트로피는 단지 그 계의 상태와 관련될 뿐 아니라 그 상태에 대한 우리의 지식과도 관계된다.

그러나 현대 원자론의 창시자들이 〈유심론(唯心論)〉적 세계상을 억지로 들씌우기 시작한 것은 아니었다. 오히려 그들은 정반대의 관점에서 출발했다. 단지 실험 결과를 설명해야 하는 필요성 때문에 오늘과 같은 위치로 밀어붙여진 것이다.

이제 심리학·생물학·물리학이라는 세 가지 큰 분야의 관점을 하나로 통합할 시간이 되었다. 각기 다른 관점의 대변인들인 세이건, 크릭, 그리고 위그너의 입장을 결합함으로써 우리는 전혀 예상치 못했던 전체상을 얻게 된다.

첫째, 의식과 반성적 사고를 포함하는 사람의 마음은 중추 신경계의 활동을 통해 설명할 수 있다. 그리고 이 중추 신경의 활동은

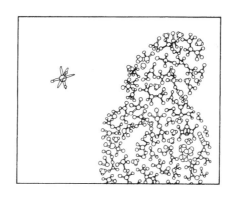

생물학적인 구조와 생리학적인 체계의 기능으로 환원할 수 있다.
둘째, 모든 수준에서의 생물학적 현상은 원자물리학의 관점에서 이
해할 수 있다. 즉 탄소와 질소, 산소 등의 구성 원소에 의한 작용
과 상호 작용에 의해서 설명할 수 있다는 것이다. 셋째, 오늘날 양
자역학에 의해 충분히 이해된 원자물리학은 그 체계의 기본적인 구
성 요소인 마음으로 공식화되지 않으면 안 된다.

따라서 우리는 각기 독립적인 단계를 거쳐, 마음에서 시작해서
다시 마음으로 돌아가는 인식의 고리를 일주한 셈이다. 이러한 추
론의 연쇄 결과들은 아마도 신경생리학자와 분자생물학자들보다 동
양의 신비주의자들에게 더 많은 힘과 편안함을 줄 것이다. 그렇지
만 이 폐쇄 고리는 세 가지 독자적인 과학의 인정받은 전문가들에
의한 설명 과정의 직접적인 조합으로 이루어진다. 개인들이 이러한
패러다임 중 하나 이상을 사용해서 연구하는 경우는 거의 없기 때
문에 이러한 일반적인 문제에는 거의 주의를 기울이지 않는다.

만약 우리가 이러한 인식론적 순환성을 배격한다면, 우리는 계속
서로 대립하는 두 진영에 남아 있게 될 것이다. 하나는 자연계의
삼라만상을 기술하기 때문에 완벽하다고 주장하는 물리학 진영이

고, 다른 하나는 세계에 관한 지식의 유일한 근원인 마음을 다루기 때문에 모든 것을 포괄한다고 주장하는 심리학 진영이다. 이러한 두 가지 견해에 모두 문제가 있다고 가정하면, 앞에서 이야기한 고리로 다시 돌아가서 그것을 좀더 공감적·호의적으로 고려하는 것이 좋을 것이다. 가령 그 고리가 우리로부터 확고하고 절대적인 것을 박탈한다 하더라도, 최소한 그것은 심신 문제를 포괄하며, 그 속에서 개별 학문 분야들이 소통할 수 있는 틀을 제공한다. 이 고리의 닫힘은 심리학 이론가들에게 가장 가능성 높은 접근 방법을 제공한다.

* * *

사회생물학의 특징인 인간 행동에 대한 엄밀한 환원주의적 접근 방식은 그보다 좁은 생물학 분야에서도 문제를 일으킨다. 이 접근 방법이 초기의 포유류에서 사람에 이르는 진화의 연속성 가설을 포함하고 있기 때문에, 그것은 마음 또는 의식이 근본적으로 새로운 출발이 아니라는 것을 함축한다. 진화에서 일어났던 극적인 불연속성의 사례들을 고려한다면, 그와 같은 가설은 정당화하기 힘들다. 우주의 기원인 〈빅뱅 big bang〉 자체도 불연속의 우주적 사례이다. 그런 정도의 격변(激變)은 아니지만, 생명의 기원도 분명 또 하나의 예가 될 수 있을 것이다.

유전 분자 속에서 이루어진 정보의 암호화는 그때까지 우주를 지배해 온 법칙에 심각한 혼란의 가능성을 도입시켰다. 예를 들면 유전자에 기초한 생명이 등장하기 이전까지, 기온 변동이나 잡음은 평균화되었고, 그것이 정확한 행성 진화의 법칙들을 발생시켰다.

그러나 그 후 열잡음thermal noise(저항체 내부에서 열운동을 하는 전도 전자의 동요로 생기는 전자적 잡음——옮긴이) 수준에서 생긴 단일 분자적 사건이 거시적인 결과를 이끌어낼 수 있었다. 만약 그 사건이 자기 복제 체계 속에서 일어난 돌연변이였다면, 생물 진화의 전체 과정이 변화되었을 수도 있다. 하나의 분자적 사건이 고래를 죽이거나 암을 일으키고, 유해한 바이러스를 발생시켜 특정 생태계의 핵심 생물종을 공격해 그 생태계를 파괴해 버릴지도 모른다. 생명의 탄생이 그 기초가 되는 물리 법칙을 폐기시키는 것은 아니지만, 생명 탄생은 거기에 분자 수준의 사건이 원인이 되어 대규모적인 결과가 발생한다는 새로운 특성을 부가시켜 준다. 이러한 법칙의 변화가 진화의 역사를 불확정하게 indeterminate 만들고, 그에 따라 분명한 불연속성이 형성되는 것이다.

오늘날 많은 생물학자와 심리학자들이 영장류의 진화 과정에서 발생한 성찰적 사고reflective thought 역시 그 법칙을 변화시킨 불연속성에서 기인한 것이라고 믿고 있다. 여기에서도 새로운 상황은 그 기초가 되는 생물학적 법칙 자체를 폐기시킨 것이 아니라, 문제를 생각하는 새로운 방법을 필요로 하는 특성을 덧붙인 것이다. 진화생물학자 로렌스 슬로보드킨Lawrence B. Slobodkin은 이 새로운 특성을 내성적 자아상introspective self-image과 동일시한다. 그는 이 특성이 진화 과정에서 발생한 문제에 대한 대응을 바꾸며, 중요한 역사적 사건의 원인을 생물학적 진화 법칙에 내재한 본질적인 원인으로 돌리는 것이 불가능하게 되었다고 주장한다. 법칙이 바뀌었기 때문에, 가령 다른 영장류가 생리학적으로 사람과 매우 흡사한 뇌를 가졌더라도 그들에게 적용 가능한 법칙으로 사람을 이해하는 것은 불가능하다고 슬로보드킨은 말한다.

사람의 이러한 창발적 emergent 특성에 대해 지금까지 수많은 문화인류학자와 심리학자, 생물학자들이 많은 토론을 벌여왔다. 이것은 단지 환원주의자의 순수성을 지키기 위해 보류시켜 둘 수 없는 경험적인 데이터의 일부이다. 불연속성에 대해서는 충분한 연구와 평가가 필요하지만, 먼저 우리는 불연속성이 존재한다는 사실을 인식할 필요가 있다. 영장류는 여느 동물과 아주 다르다. 그리고 인류는 여느 영장류와 아주 다르다.

이제 우리는 마음의 문제에 대한 해결책으로 무비판적인 환원주의에 전폭적으로 의지하는 것이 얼마나 많은 문제를 갖는지 이해하게 되었다. 지금까지 우리는 그런 입장의 약점을 살펴보았다. 그러나 그것은 약점에서 그치는 것이 아니라, 경우에 따라 위험한 관점이 될 수 있다. 왜냐하면 우리가 우리의 동료인 다른 생물들을 대하는 방식이, 우리가 그들을 우리의 이론적 공식에 따라 개념화하는 방식에 좌우되기 때문이다. 만일 우리가 우리의 동료들을 단순한 동물이나 기계 정도로 생각한다면, 그것은 사람이 가진 풍부함이라는 상호 작용을 시궁창에 내버리는 결과를 낳고 말 것이다. 또한 우리가 스스로의 행동 규범을 동물 집단 연구에서 찾는다면, 우리의 인생을 이토록 풍요하게 만들어주는 고유한 인간적 특징들을 무시하는 꼴이 될 것이다. 도덕적 명령이라는 분야에서, 급진적 환원주의는 아무런 도움도 주지 못한다. 나아가 급진적 환원주의가 우리들에게 주는 잘못된 관점과 어휘들은 인간스러움 humanity의 탐구에 부적절하다.

과학자 사회는 뇌의 이해에서 놀라운 발전을 이루었다. 그리고 나 역시 오늘날의 연구를 특징짓는 신경생리학에 대한 열광주의에 일익을 담당하고 있다. 그렇지만 우리는 과학의 영역을 넘어서는 성명을 발표하고 싶다는 충동을 발산하는 것도, 자신이 속한 종(種)의 가장 흥미로운 측면을 부정함으로써 우리의 인간스러움을 불모로 만들 수 있는 철학적 입장으로 스스로를 가두어놓는 것도 원치 않을 것이다. 성찰적 사고 능력의 특성과 그 출현의 중요성을 과소 평가한다면, 몇 세대 전에 선배 환원주의자들이 과학을 신학으로부터 해방시킨 업적을 찬양하기 위한 대가를 너무 비싸게 치르는 셈이 될 것이다. 사람의 영혼은 과학의 관찰 데이터 중 일부이다. 우리는 그 영혼을 계속 간직하면서도 훌륭한 경험적 생물학자, 그리고 심리학자인 것이다.

## 나를 찾아서 · 셋

「여러 길로 갈라진 정원 The Garden Of Forking Paths」은 추 펜 Ts'ui Pên이 인식하고 있는, 불완전하지만 틀리지 않은 우주의 상(像)이다. 뉴턴이나 쇼펜하우어 Schopehauer와는 달리 ……〈그는〉 시간이 절대적이고 균일한 것이라고 생각하지 않는다. 그는 시간의 무한의 연속체를, 현기증이 날 정도로 어지럽게 생성되고, 끊임없이 분기하고, 수렴하는 평행적인 시간의 확산되는 망 network을 믿는 것이다. 이 시간의 그물망은 몇 세기에 걸쳐 서로 접근하고 갈라지고 교차하고 서로를 무시하는 등 모든 가능성을 포함하고 있다. 그 대부분에 우리는 존재하지 않는다. 그 일부에 당신은 존재하지만 나는 존재하지 않으며, 다른 일부에는 내가 있지만 당신이 없고, 또 다른 부분에는 둘 다 존재한다. 그중 하나에, 우연히 나를 허용한 이 하나의 시간에 당신이 나의 문에 온 것이다. 또 하나의 시간에 정원을 가로지르는 당신은 내가 죽어 있는 것을 발견했다. 그러나 또 다른 시간에 나는 이 말이 오류였고, 환상에 불과하다고 말한다.

——보르헤스
「여러 길로 갈라진 정원」


실재란 가능성의 망망대해를 떠돌다가 거기에서 선택된 것이 아닐까? 비결정론에 따르면, 그러한 수많은 가능성이 존재하며 진리의 일부를 형성한다.

——윌리엄 제임스William James


양자역학의 수수께끼와 의식의 수수께끼가 대충 비슷하다는 생각은 여간 매력적이지 않다. 모로위츠가 서술한 인식론적 고리는 하드 사이언스hard science(흔히 물리학과 화학을 지칭하며 엄밀과학의 의미를 갖는다. ——옮긴이), 아름다움, 기괴함, 그리고 신비주의를 적절한 양만큼 포함하고 있다. 그러나 그것이 이 책에서 다루는 중요한 한 가지 주제와 여러 가지 측면에서 대립되는 개념이다. 그 주제란 마음의 비(非)양자역학적 계산 모형(모두 마음과 잘 들어맞는)이 원칙적으로 가능하다는 것이다. 그러나 그것이 옳든 그르든 간에(여기에서 그 결론을 내리기는 아직 이르다) 모로위츠가 제기한 개념은 고찰할 만한 가치가 있다. 왜냐하면 주관적 관점과 객관적 관점의 상호 작용이라는 문제가 양자역학의 핵심에 놓여 있는 개념상의 어려움이라는 사실에는 의문의 여지가 없기 때문이다. 특히 흔히 지적되듯이 양자역학이 〈관찰자observer〉라고 알려진 특정 체계에 대해, 그것이 어떤 것인지를 깔끔히 명시할 수도 없는 채로 (특히 의식이라는 것이 관찰자의 입장에서 필요한 요소인지 여부를 명시하지 않고) 특권적인 인과율상의 지위를 부여한다. 이 점을 밝히기 위해 양자역학에서의 〈관찰 문제〉를 잠깐 개괄하겠다. 그러면 〈양자 수도꼭지〉의 비유를 들어보자.

온수와 냉수 두 개의 꼭지가 달려 있는 수도가 있다고 하자. 각각의 수도꼭지는 물의 흐름을 연속적으로 조절할 수 있다. 수도꼭지에서 물이 흘러나오지만, 이 체계에는 기묘한 특징이 있다. 즉 언제나 흘러나오는 것은 완전한 온수이거나 완전한 냉수 어느 한쪽인 것이다. 따라서 그 중간이란 없다. 이들을 물의 두 개의 〈온도의 고유 상태eigenstate〉라고 부른다. 물이 어느 한쪽의 고유 상태에 있는지를 말할 수 있는 유일한 방법은 손을 물에 넣어 느껴볼 수밖에 없다. 실제로 정통 양자역학에서는 이보다 더 힘들다. 물 속으로 손을 넣는 행위 자체가 그 물을 어느 한쪽의 고유 상태로 〈던져 넣는다throw(결정짓는다는 뜻임——옮긴이)〉. 바로 그 순간까지 물은 〈상태 중첩〉 superposition of states(더 엄밀히 말하자면 고유 상태들의 중첩) 에 처해 있다.

꼭지를 어떻게 설정하느냐setting에 따라, 냉수가 나올 가능성은 변화할 것이다. 물론 〈온수〉의 마개만 틀면 언제나 온수가 나오고, 〈냉수〉 꼭지를 틀면 분명히 냉수가 나온다. 그러나 양쪽 밸브를 모두 열면 새로운 상태 중첩이 나타나게 된다. 꼭지를 특정 위치에 설정한 채 몇 번 실행을 되풀이하면, 그 설정 조건에서 냉수가 나올 확률을 측정할 수 있다. 그런 다음 꼭지의 설정 조건을 바꾸어 같은 실행을 되풀이할 수 있다. 온수와 냉수를 같은 정도로 기대할 수 있는 교차점이 어딘가에 존재할 것이다. 그렇게 되면 이제 동전 던지기와 같게 된다(이 양자 수도꼭지는 수많은 목욕탕 샤워기의 슬픈 회상이다). 결국 냉수가 나올 확률을 꼭지의 설정 조건에 대한 함수로 그래프화하는 데 필요한 정도의 데이터를 수집하는 것이 가능하다.

양자 현상이란 이러한 것이다. 물리학자는 꼭지를 틀어서, 우리가 비유로 든 온수와 냉수의 상태 중첩과 마찬가지로 체계의 상태를 중첩시킬 수 있다. 체계에 대한 측정이 행해지지 않는 한, 물리학자는 그 체계가 어떤 고유 상태에 처해 있는지를 알 수 없다. 실제로 가장 근본적인 의미에서, 그 체계 자체가 어떤 고유 상태에 있는지를 〈알〉지 못하며, 그 임의적인 결정은 〈물을 테스트하기〉 위해 관찰자의 손이 들어오는 순간에야 이루어진다고 말할 수 있다. 관찰의 순간까지 그 체계는 마치 특정한 고유 상태에 있지 〈않은〉 것처럼 행동한다. 모든 실제적인 의미에서, 모든 이론적인 의미에서, 사실 모든 의미에서 시스템은 특정한 고유 상태에 있지 않다.

여러분은 직접 손을 넣지 않고 양자 수도꼭지에서 나오는 물이 온수인지 냉수인지 확인하는 실험을 얼마든지 상상할 수 있을 것이다(물론, 증기와 같은 단서가 없다고 가정한다). 예를 들어 그 수도꼭지에서 물을 받아 세탁기를 돌리는 경우를 생각해 보자. 그 경우에도 세탁기 덮개를 열어볼 때까지(의식을 가진 관찰자가 측정할 때까지) 양모 스웨터가 줄어들었는지 여부를 알 수 없다. 수도꼭지에서 물을 받아 차를 넣어보면 어떨까? 그래도 맛을 볼 때까지는 그것이 아이스 티인지 여부를 알 수 없다(이것 역시 의식적인 관찰자와의 상호 작용이다). 기록 장치가 부착된 온도계를 수도꼭지 밑에 장치하는 방법은? 마찬가지로 여러분이 온도계의 눈금을 읽거나 잉크가 기록지에 남긴 표지를 읽을 때까지는 온도를 알 수 없다. 이 경우 여러분은 물이 일정한 온도인지 여부를 확실히 알 수 없을 뿐더러 종이에 남겨진 기록에 대해서도 확신할 수 없다. 여기에서 결정적인 문제는 스웨터, 차, 그리고 온도계가 스스로 관찰자의 지위를 갖지 않는 한 앞에서 물의 경우와 마찬가지로 이 농담(사기극)에 동조하는 체하면서 각기 특정한 상태 중첩(줄어들거나 줄어들지 않거나, 아이스 티 또는 핫 티, 또한 기록지의 잉크가 높거나 낮거나)에 들어가지 않으면 안 된다는 것이다.

이런 이야기는 물리학 그 자체와는 아무런 관계도 없고, 오히려 〈숲 속에서 나무가 쓰러질 때 그 소리를 듣는 사람이 아무도 없었다면 과연 그 나무는 소리를 낼까?〉라는 고대의 철학 수수께끼를 듣는 것처럼 여겨질지도 모른다. 그렇지만 이 수수께끼의 양자역학적 변형판은 겉보기로 중첩된 상태에 있으면서 실제로는 언제나 일정한 고유 상태에 있고, 측정의 순간까지 관찰자에게 그 상태를 숨기는 경우에 발생하게 될 결과와는 정반대의 결과가 이러한 중첩의 실재를 나타내는 관찰 결과라는 것이다. 개략적으로 말하자면, 뜨거울 수도 있고 찰 수도 있는 수돗물의 흐름은 실제로는 뜨겁거나 찬 수돗물의 흐름과 다르게 움직일 수 있다는 것이다. 왜냐하면 두 개의 선택지가 서로 중첩되는 물결이라는 의미에서 〈간섭〉하기 때문이다(가령 모터보트가 지나간 자국의 일부가 부두에 반사되어 나온 또 하나의 잔물결을 상쇄할 때처럼, 또는 납작한 돌멩이가 수면에서 연달아 튕

기면서 여러 개의 파문을 만들어내고, 그 파문들이 서로 교차해 잔잔한 호수 표면에 흔들리는 패턴을 그려내는 것과 비슷할 것이다). 이러한 간섭 효과는 통계적인 방법으로만 밝혀진다. 따라서 스웨터를 빨거나 차를 만드는 등의 일을 많이 반복하지 않고는 그 효과를 분명히 알 수 없을 것이다. 흥미를 가진 독자들은 리처드 파인만Richard Feynman의 『물리 법칙의 특성 *The Character of Physical Law*』에 실려 있는 이 차이에 대한 아름다운 설명을 참조하라.

슈뢰딩거의 고양이가 처한 곤경은 이 개념을 한층 더 진전시킨 것이다. 고양이도 사람 관찰자가 개입할 때까지는 양자역학적 상태 중첩에 처해 있을 수 있다. 이 대목에서 다음과 같이 항의를 제기하는 사람도 있을 것이다. 〈잠깐! 살아 있는 고양이는 사람과 같이 의식을 가진 관찰자가 아니지 않은가?〉 어쩌면 그럴지도 모른다. 그러나 이 고양이가 〈죽은〉 고양이일 가능성에 대해 생각해 보자. 죽은 고양이는 분명 의식이 있는 관찰자가 아니다. 결국 슈뢰딩거의 고양이에서 우리는 한편에는 관찰자의 지위를 갖고, 다른 한편에는 그것을 갖지 않는 두 고유상태의 중첩을 새롭게 만들어낸 것이다! 그렇다면 이제 어떻게 할 것인가? 이 상황은 다음과 같은 선문답(폴 렙스Paul Reps의 저서 *Zen Flesh, Zen Bones*에 자세히 소개되어 있다)을 기억나게 한다.

선(禪)이란 절벽 위에 우뚝 솟은 나무에 이빨로 매달려 있는 어떤 남자와 비슷하다. 그는 손으로 가지를 잡지도 않고, 발을 줄기에 걸치지도 않고 있다. 그런 그에게 나무 밑의 다른 한 남자가 묻

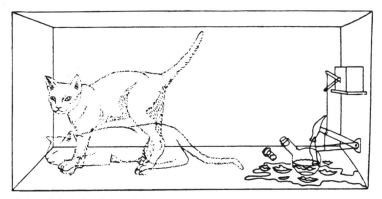

상태 중첩된 슈뢰딩거의 고양이(*The Many-Worlds of Quantum Mechanics*, edited by Bryce S. Dewitt and Neil Graham)

는다. 〈달마가 인도에서 중국에 간 까닭은?〉 나무 위의 남자는 이 물음에 대답하지 않으면 낙제이고, 대답하면 떨어져서 죽는다. 도 대체 그는 어떻게 해야 하는가?

많은 물리학자들에게 관찰자의 위치가 개입된 체계와 그것이 없는 체계를 구별하는 것은 부자연스럽고 불쾌한 느낌까지 준 다. 게다가 관찰자의 개입이 〈파동 함수wave function의 붕괴〉 를 임의적으로 선택된 어떤 순수한 고유 상태로의 갑작스런 도 약을 야기한다는 생각은 자연에 대한 근본적 법칙 속에 변덕을 도입시키는 꼴이 된다. 〈신은 주사위 놀이를 하지 않는다Der Herrgott würfelt nicht(자연 법칙은 우연이나 확률에 지배되지 않 는다는 의미이며, 아인슈타인은 상대성 이론의 주창자임에도 불구 하고 법칙에 지배되는 조화로운 우주상을 끝내 버리지 않았 다.──옮긴이)〉라는 말은 아인슈타인이 평생 동안 버리지 않은 신념이었다.

양자역학에서 연속성과 결정론을 모두 구하려는 save 급진적인 시도는 양자역학의 〈다중 세계 해석 many-worlds interpretation〉이라 알려진 것으로, 휴 에버렛 3세 Hugh Everett III가 1957년 처음 제기했다. 조금은 기괴한 이 이론에 따르면, 어떤 체계도 불연속적으로 하나의 고유 상태로 도약하는 식의 일은 없다고 한다. 실제로 중첩은 평행적으로 펼쳐지는 여러 개의 가지들을 통해 매끄럽게 smoothly 진화한다는 것이다. 그 상태는 필요할 때면 언제나 여러 가지 새로운 선택지(選擇肢)들을 수반하는 더 많은 가지들을 발생시킬(싹트게 할) 수 있다. 예를 들어 슈뢰딩거의 고양이의 경우, 두 개의 지류(支流)가 있었지만 둘 다 평행을 그리며 전개된다. 여기까지 이야기를 들으면, 사람들은 당연히 〈그렇다면 고양이는 어떻게 되는 것인가? 고양이는 자신이 살아 있다고 느낄 것인가, 죽어 있다고 느낄 것인가?〉라는 의문이 들 것이다. 이 물음에 대해 에버렛은 이렇게 대답할 것이다. 〈그것은 당신이 어느 쪽 지류를 보는가에 달려 있다. 한쪽 지류에서는 고양이가 자신이 살아 있다고 느끼고, 다른 한쪽 지류에는 무언가를 느끼는 고양이란 존재하지 않는다.〉 그러면 사람들은 직관적으로 반발감을 느끼고 이렇게 되물을 것이다. 〈좋다, 그러면 죽음이 운명지어진 지류에서 죽음을 맞이하기 직전에 고양이는 어땠을까? 그때 고양이는 어떤 느낌을 받았을까? 틀림없이 고양이가 동시에 두 가지 느낌을 가질 수는 없었을 것이다! 두 가지 지류 중에서 어느 쪽에 진짜 고양이가 들어 있는가?〉

지금 이 자리에서 이 이론이 당신에게 적용되었을 때의 함의를 이해한다면, 이 문제는 그 심각도를 한층 더할 것이다. 당신은 당신의 삶에서 등장하는 모든 양자역학적 분기점(여러분은 그런 분기점을 평생 동안 10억의 10억 번이나 맞이했을 것이다)에서 둘 또는 그 이상의 당신으로 분열해 왔다. 이때 각각의 당신은 평행하지만 서로 연결되지 않은 거대한 〈보편적인 파동 함수〉에 올라타 있는 것이다. 에버렛은 자신의 저작 속에서 이 난제가 등장하는 중요한 부분에 다음과 같이 냉정한 어조의 각주를 붙이고 있다.

이 지점에서 우리는 언어적 어려움에 직면한다. 관찰이 행해지기 이전에 우리에게는 단지 하나의 관찰자 상태밖에 없는 데 비해, 관찰이 이루어진 후에는 서로 다른 복수의 관찰자 상태가 있게 된다. 이들 상태는 모두 중첩되어 나타난다. 이러한 각각의 상태는 한 사람의 관찰자 상태에 해당한다. 따라서 우리는 서로 다른 상태에 의해 기술(記述)되는 서로 다른 관찰자들에 대해 이야기할 수 있다. 한편 동일한 물리적 체계가 관여하고 있고, 이러한 관점에서 동일한 관찰자일 때, 그것은 중첩의 각 요소에 대응하는 서로 다른 상태인 것이다(즉 중첩의 각 요소에서 각기 다른 체험을 한 것이다). 이러한 상황에서 단일한 물리적 체계가 관여하고 있다는 것을 강조하고자 한다면 우리는 단수형 용어를 사용할 것이고, 중첩된 각 요소에서 별개의 체험을 강조하려 한다면 복수형 용어를 사용할 것이다(예를 들어 〈관찰자 '단수'는 양 A를 관찰하고, 그 후 중첩 결과로 발생한 관찰자들 '복수'는 각각의 '고유값 eigenvalue'을 지각했다〉).

그는 이 주석에서 아무런 감정도 나타내지 않고 있다. 다시 말해 주관적으로 어떻게 느껴지는가의 문제는 언급하지 않는다. 그런 문제는 마루 밑으로 쓸어 넣은 것이다. 어쩌면 그것은 아무런 의미도 없다고 간주되었는지 모른다.

그러나 여전히 이런 물음을 품을 수 있다. 〈그렇다면 왜 나는 단 하나의 세계에 있는 것처럼 느끼고 있는 것일까?〉 에버렛의 관점에 따르면, 당신은 그렇게 느끼지 않을 것이다. 당신은 모든 선택지를 동시에 느낄 것이다. 그것은 마치 다른 모든 선택지를 체험하지 않은 〈이〉 가지 this branch를 〈이〉 당신 this you이 따라가는 것과도 같다. 이것은 정말 놀라운 일이다. 〈나를 찾아서〉의 첫머리에 실어놓은 생생한 인용문이 다시금 깊은 감동을 불러일으킨다. 궁극적인 물음은 다음과 같다. 〈그렇다면 왜 하필 '이 가지'인가, 그리고 왜 하필 '이 나'인가? 내가, 즉 '이 내'가 스스로를 분열되지 않은 나 자신이라고 느끼게 하는 것은 무엇인가?〉

어느 날 저녁 태양이 바다 저편으로 지고 있다. 당신과 친구들은 젖은 모래사장 여기저기에 흩어져 있다. 물결이 당신의 발밑을 적시고, 당신은 빨간색 구체가 점차 수평선에 가까워지는 모습을 조용히 응시하고 있다. 그 모습을 바라보고 있을 때, 당신은 문득 어떤 것에 매료되어 파도의 물마루에 반사된 노을이 찰나에 불과한 수천 개의 햇빛으로 이루어진 직선이라는 사실을 깨닫는다. 노을은 수많은 빛 중에서 곧바로 당신을 향하고 있는 직선인 것이다! 〈내가 저 선과 때맞추어 일직선을 이루고 서 있다니 이 얼마나 행운인가!〉 당신은 이렇게 생각할 것이다. 〈여기에 함께 있는 모든 친구들이 태양과의 이 멋진 일체감을 맛볼 수 없다니 너무 애석하군!〉 그러나 동시에 당신의

Rick Granger의 그림

모든 친구들이 똑같은 생각을 하고 있다. 아니면 과연 그것이 같은 생각일까?

이러한 명상은 〈영혼 탐구 문제〉의 본질을 꿰뚫고 있다. 왜 이 육체에 이 영혼이 머물고 있는 것일까?(또는 왜 보편적 파동 함수의 이 가지인가?) 이렇게 많은 가능성이 있는데, 왜 이 육체에 〈이〉 마음이 속해 있는 것인가? 왜 나의 〈나임 I-ness〉은 어느 다른 육체에 속하지 않는 것일까? 〈당신의 부모가 만든 육체이기 때문에 당신이 그 속에 있는 것이다〉라는 식의 답은 순환적이고, 만족스러운 답변이 아니다. 그렇다면 그들은 왜 다른 누구가 아닌 내 부모인가? 만약 내가 헝가리에서 태어났다면, 과연 내 부모는 누구였을까? 만약 내가 다른 누구였다면, 나는 어떤 모습이었을까? 누군가 다른 사람이 나였다면? 또는, 혹시 내가 다른 누구가 아닐까? 내가 다른 모든 사람은 아닐까? 단 하나의 보편적 의식만이 존재하는 것일까? 자신이 독립된 개인이라고 느끼는 것은 환상에 불과할까? 가장 안정되고 가장 오류가 적다고 판단되는 과학의 중심 부분에서 이러한 기괴한 주제가 재현되고 있다는 사실을 발견하는 것은 조금 기이한 일이다.

그럼에도 불구하고 이것은 그다지 놀라운 일이 아니다. 우리가 체험하고 있는 세계에 평행해서 진전되는 또 하나의 세계와 우리의 마음 속에 있는 상상의 세계 사이에는 분명한 결합이 있다. 속담에 나오는 이야기이지만, 젊은 남자가 데이지 꽃잎을 떼면서 이렇게 중얼거린다. 〈그녀는 나를 사랑한다, 사랑하지 않는다, 사랑한다, 사랑하지 않는다.〉 분명 그는 (적어도) 마음 속에 두 개의 다른 세계를 유지하고 있다. 그 두 개의 세계는 그가 사랑하는 사람에 대한 두 개의 다른 모형에 근거한다. 아니면, 더 정확하게 말하자면, 양자역학이 이야기하는 상태 중첩의 정신적 대응물에 해당하는 연인의 정신적 모형이 존재한다고 해야 할까?

소설가가 여러 가지 가능한 스토리 전개 방식을 동시에 생각할 경우, 등장 인물들은 정신적 상태 중첩 속에서 은유적으로 이야기하지 않을까? 가령, 그 소설이 아직 씌어지지 않았다면, 분열한 등장 인물들이 소설가의 머릿속에서 복수의 줄거리를 계속 전개할 수 있지 않을까? 나아가 어떤 이야기가 〈진짜 genuine〉 버전[板]인지 묻는 것은 매우 기이한 느낌을 줄 것이 분명하다. 모든 세계는 동등하게 진짜인 것이다.

마찬가지로 당신이 그토록 후회하는 멍청한 실수를 하지 않은 세계(보편적 파동함수의 하나의 가지인)가 아직도 존재한다.

그런 세계가 부럽지 않은가? 그러나 어떻게 〈자기 자신〉을 부러워할 수 있을까? 그 밖에도 당신이 더 멍청한 실수를 저지른 또 다른 세계가 있다. 그리고 그 세계에 있는 당신은 지금 여기 〈이〉 세계에 있는 바로 이 당신을 부럽게 생각하고 있다!

보편적 파동 함수를 이해하는 한 가지 방법은 하늘에 있는 위대한 소설가, 결국 신의 마음(독자의 기호에 따라서는 신의 두뇌가 될 수도 있을 것이다) 속에는 모든 가능한 선택지가 고려되어 있다고 생각하는 것이다. 어쩌면 우리는 신의 두뇌의 서브시스템에 불과한지도 모른다. 그리고 우리의 은하(銀河)가 유일한 진짜 은하가 아니듯이, 우리의 이러한 변형판version들도 그중 어느 것이 더 특권을 갖거나 더 진짜인 것은 아니다. 이런 식으로 생각하면, 신의 두뇌는 아인슈타인이 늘상 주장했듯이 매끄럽고smoothly 결정론적으로 진화한다. 물리학자 폴 데이비즈Paul Davies는 그의 저서 『다른 세계들Other Worlds』에서 이렇게 말하고 있다. 〈우리의 의식은 우주의 끊임없이 분기하는 진화적 경로를 임의적으로 누비며 진전해 왔다. 그러므로 주사위 놀이를 하는 것은 신이 아니라 오히려 우리인 것이다.〉

그러나 이 말은 우리 각자가 제기하는 다음과 같이 가장 근본적인 물음에 답을 주지 못한다. 〈왜 자신에 대해 느끼는 단일한 감각이 어느 다른 가지가 아니라 '이' 임의의 가지를 따라 전달되는 것일까? 나 스스로가 찾아냈다고 느끼는 이 가지를 택한 임의적인 선택에 도대체 어떤 '법칙'이 내재하는 것인가? 내가 다른 나와 헤어졌을 때, 왜 나 자신에 대한 느낌이 다른 경로들을 따라 다른 나들me's에게는 전달되지 않는 것인가? 시간상의 이 순간에, 우주의 이 가지를 따라 전개되어 온 이 육체의 견해에 '나임me-ness'을 부여한 것은 도대체 무엇인가?〉 이 물음은 너무도 근본적인 것이어서 언어를 사용한 명확한 정식화는 아예 불가능한 것처럼 여겨진다. 그리고 양자역학이 그 답을 제공해 줄 것 같지도 않다. 사실 이것은 에버렛에 의해 양탄자 속으로 깊숙이 처넣어져 반대 쪽 저편에서 다시 모습을 드러낸 파동 함수의 붕괴와 정확히 같다. 그것은 개인의 자아 동일성의 문제로 나타나서, 그것이 대체시킨 원래의 문제만큼이나 우리를 당황스럽게 만든다.

분기하는 하나의 거대한 보편적 파동 함수의 가지들 중에 양자역학이 전혀 존재하지 않는 가지들이 있고, 에버렛이나 양자역학의 다중 세계 해석이 존재하지 않는 지류들도 포함되어 있다는 사실을 깨닫는다면, 우리는 이 역설의 구덩이 속으로 더 깊이 들어갈 수 있을 것이다. 거기에는 보르헤스의 이야기가 씌어지지 않은 가지도 존재한다. 그리고 여러분이 보고 있는 이 〈나를 찾아서〉와 정확히 똑같지만, 이 마지막 문장만 다른 결론으로 끝나는 가지도 있을 것이다.

D. R. H.

# 2
# 영혼을 찾아서

# 계산 기계와 지능

## 앨런 튜링

### 흉내내기 게임

나는 〈기계가 생각할 수 있는가?〉라는 문제에 대한 고찰을 제안한다. 그렇게 하려면 우선 〈기계〉와 〈생각한다〉라는 말의 의미에 대한 정의에서부터 시작해야 할 것이다. 이러한 정의가 가능한 언어의 일반적인 용법을 많이 반영하는 식으로 이루어질 수도 있다. 그러나 이러한 태도는 위험하다. 만약 〈기계〉와 〈생각한다〉라는 말의 의미가 그 일반적인 용례에 대한 조사를 통해 발견된다면, 〈기계가 생각할 수 있는가?〉라는 물음은 갤럽 여론 조사와 같은 통계 조사에 의거해 다루어져야 할 것이다. 그러나 이것은 어리석은 일이다. 나는 그런 정의를 시도하는 대신, 그 문제를 다른 문제로 대

* "Computing Machinery and Intelligence," *Mind*, Vol. LIX, No. 236 (1950). 앨런 튜링 Alan Mathison Turing은 영국의 수학자이자 물리학자이다.

체시킬 것이다. 그것은 원래의 문제와 밀접히 연관되지만 상대적으로 덜 모호한 말로 표현된다.

새로운 형식의 문제는 우리가 〈흉내내기 imitation 게임〉이라고 부르는 게임을 이용해서 기술할 수 있다. 이 게임의 참가자는 남성(A), 여성(B), 그리고 질문자(C) 세 사람이다. 질문자는 남성이든 여성이든 상관없다. 질문자는 다른 두 사람과 다른 방에 있다. 이 게임에서 질문자의 목적은 두 사람 중에서 누가 남성이고 누가 여성인지 밝혀내는 일이다. 그는 이 두 사람을 X와 Y라는 명칭으로 알고 있고, 게임의 마지막에 이르러서 〈X가 A이고, Y가 B이다〉, 또는 〈X가 B이고, Y가 A이다〉라고 말해야 한다. 질문자는 A와 B에 대해 다음과 같이 질문하는 것이 허용된다.

C: X씨, 당신의 머리카락 길이를 말씀해 주시겠습니까?

그런데 X가 실제로 A라면, A는 반드시 대답을 해야 한다. 이 게임에서 A의 목적은 C가 제대로 확인하지 못하도록 방해하는 것이다. 따라서 그는 다음과 같이 대답할 수 있다.

〈저는 머리를 짧게 잘랐고, 가장 긴 머리카락 길이는 약 22센티미터입니다.〉

질문자가 목소리의 음조에서 상대의 성을 눈치챌 수 없도록 대답은 문서로 이루어진다. 가장 좋은 방법은 타자를 치는 것이다. 이상적인 배열은 두 개의 방 사이에 텔레타이프를 설치하는 것이다. 다른 방법으로는 질의와 응답이 중개자를 통해 이루어지는 것이다. 세번째 경기자(B)의 게임 목적은 질문자를 돕는 것이다. 그녀의 최선의 전략은 정직하게 대답하는 것이다. 그녀는 대답을 하면서 〈제가 여자입니다. 그의 말을 듣지 말아요!)라는 식의 말을 덧붙일 수 있다. 그러나 남성도 같은 대답을 할 수 있기 때문에, 이런 말로 특별한 효과를 기대할 수는 없다.

여기에서 우리는 〈만약 이 게임에서 A가 맡은 역할을 기계가 한다면, 어떤 일이 벌어질까?〉라는 물음을 제기한다. 이런 게임에서 질문자는 한 사람의 남성과 한 사람의 여성 사이에서 게임을 할 때와 마찬가지 빈도로 잘못된 결정을 내릴까? 이러한 문제가 우리의 최초 문제인 〈기계가 생각할 수 있는가?〉라는 물음을 대체하는 것이다.


## 새로운 문제에 대한 비판

우리는 〈이 새로운 형식의 문제에 대한 답은 무엇인가?〉라는 물음뿐 아니라, 〈이 새로운 문제를 연구하는 것이 과연 가치 있는 일인가?〉라는 의문을 제기할 수도 있다. 그러면 무한 회귀에 빠지지 않기 위해서 두번째 문제를 먼저 살펴보기로 하겠다.

새로운 문제는 사람의 육체적 능력과 지적 능력 사이에 매우 분명한 경계선을 긋는다는 이점이 있다. 어떤 공학자나 화학자도 사람의 피부와 식별 불가능한 물질을 만들 수 있다고 주장하지 않는다. 언젠가 이런 일이 실현될 수 있을지 모르지만, 설령 이러한 발명이 이용될 수 있다고 가정하더라도, 우리는 〈생각하는 기계〉에 그러한 인조육으로 살을 붙여서 그 기계를 더 인간적으로 만들려는 시도는 거의 의미가 없다고 느낄 것이다. 우리가 문제를 설정한 형식은 질문자가 다른 참가자를 보거나, 그들을 접촉하거나, 그들의 목소리를 들을 수 없다는 조건을 통해 이러한 사실을 반영한다. 여기에 제안된 판정 기준이 갖는 그 밖의 몇 가지 이점은 다음과 같은 문답을 통해 나타날 수 있다.

Q: 포스 브리지*를 주제로 한 14행시를 지어보시오.
A: 통과. 저는 시를 지을 수 없습니다.
Q: 70764 더하기 34957은?
A: (30초가 지난 후) 105721.
Q: 체스를 할 줄 압니까?
A: 네.
Q: 저는 킹을 K1에 놓고, 다른 곳에는 말이 하나도 없습니다. 당신은 킹이 K6에 있고, 루크가 R1에 있을 뿐 다른 말은 없습니다. 이제 당신 차례입니다. 어떻게 두겠습니까?
A: (15초 지난 후) 루크를 R8로, 외통 장군!

이러한 문답법은 우리가 포괄하려는 인간 행위의 거의 모든 분야를 도입시키는 데 적절하다고 생각한다. 우리는 기계가 미인 대회를 보고 눈을 반짝거릴 수 없다는 이유로 불리한 위치에 처하지 않고, 사람이 비행기와 경쟁을 해서 질 수밖에 없다고 해서 그 사람이 불리한 위치에 놓이지 않게 되기를 원한다. 우리의 게임 조건에서 이러한 무능력은 아무런 문제가 되지 않는다. 〈증인〉은, 그것이 합당하다고 생각하면, 자신의 매력, 능력이나 영웅적 자질 등을 마음껏 떠벌일 수 있지만, 질문자는 실제로 그것을 보여달라고 요구

---

* 영국 에든버러 부근의 포스 강을 가로지르는 다리로 19세기에는 세계에서 가장 긴 철도교였다. ── 옮긴이.

할 수 없다.

　기계가 이길 가능성이 너무 적다는 이유로 이 게임을 비판하는 사람도 있을 것이다. 그러나 거꾸로 사람이 기계를 가장한다면, 그의 성적은 분명 형편없을 것이다. 계산이 느리고 부정확하기 때문에 금세 정체가 폭로될 것이다. 사고thinking라 불러야 하지만 사람이 하는 사고와는 사뭇 다른 무엇을 기계가 하면 안 되는 것인가? 이 반론은 대단히 강력한 것이지만, 그럼에도 불구하고 우리는 적어도 다음과 같이 말할 수 있다. 그럼에도 불구하고 흉내내기 게임을 충분히 해낼 수 있는 기계가 만들어진다면, 우리는 이 반론 때문에 골치 썩을 이유가 없을 것이다.

　〈흉내내기 게임〉을 할 때, 기계의 입장에서 선택할 수 있는 최선의 전략은 사람의 행동을 흉내내는 것 이외의 무언가가 될 수 있다는 주장도 가능하다. 그럴 수도 있을 것이다. 그러나 내 생각으로는 그런 전략이 큰 효과를 거둘 것 같지는 않다. 어쨌든 나는 여기에서 게임 이론을 연구하려는 의도가 아니다. 그리고 최선의 전략은 사람이 자연스럽게 할 수 있는 대답과 같은 종류의 대답을 내놓는 것이라고 가정할 것이다.


## 게임에 참가한 기계

　앞에서 우리가 제기한 문제는 〈기계〉라는 말의 의미를 구체적으로 확정할 때까지 명확해지지 않을 것이다. 당연한 일이지만, 우리는 모든 종류의 공학 기술을 기계에 적용하는 것이 허용되기를 바란다. 또한 우리는 공학자 개인이나 공학자 집단이 다음과 같은 기계를 제작할 가능성을 인정하고 싶어한다. 그것은 작동하기는 하지만 그들이 대체로 실험적인 방법을 적용했기 때문에 그 작동 방식을 충분히 기술할 수 없는 기계를 제작할 가능성이다. 마지막으로 우리는 일반적인 방식으로 태어난 사람을 기계에서 제외하고자 한다. 이런 세 가지 조건을 만족할 수 있도록 정의를 내리기란 쉬운 일이 아니다. 가령 공학자 집단은 모두 남성이나 여성이어야 한다고 주장하는 사람이 있을지도 모른다. 그러나 이 조건은 실제로는 만족되지 않을 것이다. 왜냐하면 (예를 들어) 사람의 피부 세포 하나에서 완전한 개체를 길러내는 것이 가능할 것이기 때문이다. 만약 그런 일이 실현된다면, 그것은 그야말로 최상의 칭송을 받을 생물학적 기술의 위업이 될 것이다. 그러나 우리는 그것을 〈생각하는 기계를 만드는〉 사례로 간주하려 들지는 않을 것이다. 이것이 모든 종류의 기술이 허용되어야 한다는 요구를 버리도록 촉구한다. 〈생각하는 기계〉에 대한 현재의 관심이 흔히 〈전자 계산기〉나 〈디지털 계산기〉라 불리는 특별한 종류의 기계가 만들어지면서 발생했다는 사실을 고려할 때, 우리는 더욱 그렇게 해야 한다. 이러한 함축에 따라 우리는 디지털 계산기만이 우리의 게임에 참가하는 것을 인정하지 않을 수 없다…….

디지털 계산기는 어떠한 이산적(離散的) 상태의 기계도 흉내낼 수 있다는 특별한 성질을 갖고 있기 때문에 〈만능〉 기계 universal machine라 불린다. 이러한 성질을 가진 기계가 존재한다는 것은, 속도의 문제를 차치하면, 여러 가지 계산 과정을 위해 그때마다 새로운 기계를 설계할 필요가 없다는 중요한 결과를 가져온다. 각각의 경우에 적합한 프로그램을 만들면, 여러 가지 계산 과정을 하나의 디지털 계산기로 처리할 수 있다. 이러한 사실을 통해 어떤 의미에서 디지털 계산기는 모두 동등하다는 사실을 알 수 있을 것이다.


## 주요 문제에 관한 반대 견해

이제 사전 정지 작업이 끝났고, 〈기계가 생각할 수 있는가?〉라는 물음에 관한 논쟁을 진행시킬 차례이다. 우리는 이 문제의 최초의 형식을 완전히 폐기할 수는 없다. 왜냐하면 그 대체 형식의 적절함에 대해 의견 차이가 있을 수 있고, 또한 최소한 이와 연관해서 이야기되어야 할 사항들을 들을 필요가 있기 때문이다.

먼저 이 문제에 관한 나 자신의 신념을 밝혀두면, 독자들이 사태를 더 분명하게 이해할 수 있을 것이다. 우선 그 문제의 좀더 정확한 형식을 고려해 보자. 나는 앞으로 약 50년 이내에 약 109배의 기억 용량을 갖고, 평균적인 질문자가 5분 동안 질문을 한 후 올바른 확인을 할 수 있을 가능성이 70%가 넘지 않을 만큼 능란하게 흉내내기 게임을 할 수 있는 컴퓨터가 등장할 것이라고 믿는다. 〈기계가 생각할 수 있는가?〉라는 최초의 문제 설정은 너무 무의미해서 논의할 가치가 없다. 그렇지만 20세기 말에 이르면, 언어의 사용과 교육 받은 일반인들의 견해가 크게 바뀌어서 기계가 생각한다는 문제에 대해 더 이상 모순되지 않게 이야기할 수 있는 상황이 올 수 있으리라고 생각한다. 나아가 나는 이러한 신념을 숨기는 것은 유용한 목적에 별로 도움이 되지 않는다고 생각한다. 과학자들이 증명되지 않은 어떤 추측에도 영향받지 않고, 충분히 입증된 사실에서 또 다른 충분히 입증된 사실로 확고하게 나아간다는 일반적인 견해는 완전히 잘못된 것이다. 증명된 사실과 추측이 분명하게 구분된다면, 어떤 문제도 발생하지 않을 것이다. 추측이 대단히 중요한 까닭은 그것이 유용한 연구 방향을 시사하기 때문이다.

그러면 내 견해에 대한 몇 가지 반론을 살펴보기로 하자.

1. 신학적 반론: 사고는 사람의 영원 불멸한 영혼의 기능이다. 신은 모든 남녀에게 불멸의 영혼을 주었지만, 다른 동물이나 기계에는 영혼을 주지 않았다. 따라서 동물과 기계는 생각할 수 없다.*

나는 이 견해를 전혀 받아들일 수 없으며 신학적 용어로 반박할 것이다. 만약 동물이 사람과 함께 분류되었다면 이 논의는 좀더 설득력을 가졌을 것이다. 왜냐하면 내 생각에 사람과 다른 동물과의 차이보다 전형적인 생물과 무생물 사이의 차이가 훨씬 크기 때문이다. 이러한 견해가 다른 종교 공동체의 구성원에게 어떻게 비칠지 생각해 보면, 정통적인 관점의 자의적인 성격이 좀더 분명히 드러날 것이다. 가령 여자에게 영혼이 없다는 회교도의 견해를 기독교도는 어떻게 볼 것인가? 그러나 이 점은 논외로 돌리고, 주된 논의로 돌아가자. 여기에서 인용한 신학적 논의는 넌지시 신의 전능성 omnipotence에 대한 중대한 제약을 함축하고 있는 것처럼 판단된다. 신이 할 수 없는 일(예를 들어 1과 2를 똑같이 만들 수 없는 것처럼)이 있는 것은 확실하지만, 그러나 신이 적절하다고 생각하면 코끼리에게 영혼을 부여할 자유를 가진다고 믿으면 안 되는 것인

---

* 아마 이 견해는 이단일 것이다. 성 토마스 아퀴나스는 (『신학대전 *Summa Theologica*』, 버트런드 러셀 Bertrand Russell의 *A History of Western Philosophy* [New York: Simon and Schuster, 1945], 458쪽에서 인용) 신은 영혼을 갖지 않은 인간을 창조할 수 없다고 말한다. 그러나 이것은, 신의 능력에 관한 실질적인 제약이 아니라 사람의 영혼이 불멸이고 파괴할 수 없다는 사실의 하나의 결과에 지나지 않는지도 모른다.

가? 우리는 신이 다음과 같은 돌연변이와 관련해서 이러한 능력을 행사할 뿐이라고 생각할 수도 있다. 그 돌연변이란 이러한 영혼의 필요에 대해 적절한 정도로 개량된 뇌를 코끼리에게 제공하는 것과 같은 돌연변이이다. 이와 정확히 똑같은 형식의 주장을 기계에도 적용할 수 있다. 우리가 그런 사실을 〈받아들이기swallow〉가 훨씬 어렵기 때문에 기계의 경우가 다른 것처럼 보일지도 모른다. 그러나 실제로 이것은, 우리가 신이 영혼을 부여하는 데 덜 적절하다고 간주함직한 몇 가지 정황이 있다고 생각하는 것에 지나지 않는다. 이러한 정황들은 이 글의 나머지 부분에서 다루게 될 것이다. 그러한 기계를 제작하려고 시도할 때 우리가 불손하게 영혼을 창조하는 신의 능력을 침해하지는 않는다. 그것은 우리가 아이를 낳는다고 해서 신의 능력을 범하지 않는 것과 마찬가지이다. 오히려 어느 경우든 우리는 신이 창조하는 영혼들을 위해 아파트를 제공하는 신의 의지의 도구인 것이다.

그렇지만 이것은 단순한 사변에 지나지 않는다. 무엇을 뒷받침하기 위해 쓰이든 간에, 나는 신학적 논의에는 그다지 감동하지 않는다. 과거에도 그러한 주장은 종종 불만족스럽다는 사실이 밝혀졌다. 갈릴레오Galileo의 시대에도 다음과 같은 주장이 있었다. 〈태양이 머물고 달이 그치기를 백성이 그 대적에게 원수를 갚도록 하였느니라 야살의 책에 기록되기를 태양이 중천에 머물러서 거의 종일토록 속히 내려가지 아니하였다 하지 아니하였느냐(여호수아, 제10장 13절)〉, 〈땅의 기초를 두사 영원히 동요치 않게 하셨나이다(시편, 104편 5절)〉라는 구절에서 코페르니쿠스Copernicus의 지동설을 충분히 반박하고 있다. 현재 우리의 지식을 기초로 할 때 이러한 주장은 아무런 쓸모없는 이야기처럼 여겨진다. 그러한 지식을 얻을 수 없을 때 그것은 전혀 다른 인상을 줄 뿐이다.

2. 〈진실을 회피한다〉는 반론: 〈기계가 생각한다는 사실의 결과는 너무 두렵다. 따라서 기계가 그런 일을 할 수 없기를 바라고, 또한 그렇게 믿기로 하자.〉

이러한 논의가 위의 형식에서처럼 명백하게 표현되는 일은 좀처럼 없다. 그러나 이 형식은 적어도 그 문제에 대해 생각하는 대개의 사람들에게 영향을 미친다. 우리는 사람이 표현하기 힘든 어떤 측면에서 다른 창조물들보다 우수하다고 믿고 싶어한다. 인류가 필연적으로 우수하다는 것을 증명할 수 있다면 가장 바람직할 것이다. 그렇게 된다면 인류가 지배적인 지위를 잃을 위험이 없기 때문이다. 신학적 주장이 인기를 얻는 것은 분명 이런 감정과 결부되어 있기 때문일 것이다. 이러한 감정은 특히 지적인 사람들 사이에서 강하게 나타나는 것 같다. 그들은 다른 무엇보다 생각하는 능력을 높이 평가하고, 더구나 인류의 우월성에 대한 자신들의 신념의 근거를 이 능력에서 찾으려는 경향이 있기 때문이다.

나는 이 주장이 반박을 필요로 할 만큼 내용면에서 충분한 가치를 가진다고는 생각하지 않는다. 그보다는 위로하는 편이 더 적절할 것이다. 그리고 그런 위로는 아마도 영혼의 윤회에서 찾아야 할 것이다.

3. 수학적 반박

이산적 상태 기계의 능력에 한계가 있다는 것을 나타내는 데 사용될 수 있는 수리논리학의 결과는 많다. 이러한 결과 중에서 가장 잘 알려진 것이 괴델의 정리 Gödel's theorem일 것이다. 괴델의 정리는 충분히 강력한 논리 체계 내에서, 그 체계 자체가 모순이 아닌 한, 그 체계 내에서 증명도 반증도 할 수 없는 언명이 정식화될 수 있음을 입증했다. 그 밖에 처치 Church, 클리니 Kleene, 로서 Rosser, 그리고 튜링에 의한 몇 가지 측면에서 유사한 결과가 있다. 그중에서 맨마지막 결과가 우리의 고찰에 가장 편리하다. 왜냐하면 그것이 기계를 직접적으로 언급하는 데 비해, 다른 결과들은 상대적으로 간접적인 주장에서만 사용될 수 있기 때문이다. 예를 들어 괴델의 정리를 사용하려면 그 외에 기계 언어를 통해 논리 체계를 기술하는 수단과 논리 체계의 언어를 통해 기계를 기술하는 수단이 추가로 필요하다. 튜링의 결과는 본질적으로 무한한 용량을 가진 디지털 계산기라는 종류의 기계를 언급한다. 그 결과가 말해 주는 것은, 이러한 기계가 할 수 없는 일이 있음을 증명하려는 것이다. 흉내내기 게임과 같이 질문에 대한 답을 하도록 기계를 특수하게 개조하더라도, 그에 대해 기계가 틀린 답을 하거나 한 가지 질문에 아무리 많은 시간을 주더라도 기계가 아무런 답을 내놓지 않는 질문이 존재할 것이다. 물론 그런 질문이 여럿 있을 수 있으며, 어떤 기계가 답할 수 없는 질문을 다른 기계가 답할 수 있는 경우도 가능하다. 물론 지금 우리가 가정하고 있는 질문은 그에 대한 답변, 즉 〈예〉 또는 〈아니오〉와 같은 간단한 답변이 가능한 종류의 것이며, 〈당신은 피카소에 대해 어떻게 생각합니까?〉 하는 식의 질문은 아니다. 기계가 대답할 수 없을 것으로 판단되는 질문은 〈……라고 규격화된 어떤 기계를 생각해 보자. 이 기계는 모든 질문에 대해 '예'라고 대답할 것인가?〉 하는 식의 종류가 될 것이다. 인용문 속의 말줄임표는 어떤 기계에 관한, 표준 형식의 기술(記述)로 대체되어야 한다. 이렇게 기술된 기계가 현재 조사 중인 기계와 특정한 비교적 단순한 관계에 있을 때, 그 대답이 틀렸는지 또는 곧 나올 수 없는지 여부를 증명할 수 있다. 이것이 수학적인 결과이다. 즉 그것은 사람의 지성이 지배받지 않는 종류의 제한이 기계에 가해진다는 것의 증명인 셈이다.

이 주장에 간략히 답한다면, 그런 주장이 어떤 특정한 기계의 능력에 한계가 있음을 입증할 수 있다고 해도 그러한 한계가 사람의 지성에 적용될 수 없다는 것은 전혀 증명되지 않았으며, 단지 주장된 것에 불과하다는 것이다. 그러나 나는 이러한 견해가 그렇게 간단하게 처리될 수 있다고 생각하지는 않는다. 이러한 기계에 적절하고 중요한 질문이 주어지고 기계가 분명한 답을 할 때, 우리는 그 답이 반드시 잘못된 것이라는 사실을 알고 있다. 이것이 우리에게 어떤 우월감을 준다. 이런 느낌이 착각에 불과할까? 아니, 이것이 완전히 사실임에는 의심의 여지가 없다. 그러나 나는 거기에 지나치게 중요성을 부여해서는 안 된다고 생각한다. 우리 역시 너무도 자주 질문에 틀린 대답을 하기 때문에, 기계가 잘못을 범할 가능성에 대한 증거에 지나치게 기뻐할 만한 자격이 없는 것이다. 게다가 우리는 보잘것 없는 승리를 거둔 상대인 하나의 기계와의 관계에서만 우월감을 느낄 수 있을 뿐이다. 모든 기계를 상대로 동시에 승리를 거두기란 불가능하다. 한 마디로 주어진 모든 기계보다도 영리한 사람이 있을지도 모르지만, 이 경우에도 그보다 더 똑똑한 다른 기계가 존재할 수 있으며, 이런 식으로 계속된다는 것이다.

수학적인 주장을 고집하는 사람들은 대개 토론을 위한 근거로 흉내내기 게임을 기꺼이 받아들일 것이다. 그러나 앞의 두 가지 반론을 믿는 사람들은 어떠한 기준에도 관심이 없을 것이다.

## 4. 의식을 근거로 한 주장

이 주장은 제퍼슨Jefferson 교수의 1949년 리스터 연설에 가장 훌륭하게 표현되어 있기 때문에 거기에서 인용하기로 하겠다.

〈기호가 어떤 우연으로 만들어지는 것이 아니고, 사고나 느낌에 의해 기계가 14행시를 짓거나 협주곡을 작곡할 수 있게 될 때 비로소 우리는 기계가 뇌에 필적한다고, 즉 기계가 단지 14행시를 쓴 것만이 아니라 그것을 쓴 사실을 알고 있다는 데 동의할 수 있다. 어떤 기계 장치도 그것이 성공했을 때의 기쁨을 느끼거나(단지 인위적으로 신호를 보내는 간편한 장치로서가 아니라), 진공관이 끊어졌을 때 슬픔을 느낄 수는 없다. 또한 아첨을 받았을 때 기분이 좋아지거나 실수를 범했을 때 비참한 기분이 드는 일도 없다. 성적으로 매료되지도 않고, 원하는 것을 손에 넣지 못해서 노하거나 우울해지지도 않는다.〉

이 주장은 우리가 행하는 테스트test의 타당성을 부정하는 것처럼 보인다. 이 견해의 가장 극단적인 형식에 따르면, 기계가 생각할 수 있다는 것을 확신할 수 있는 유일한 방법은 스스로 그 기계가 되어 자신이 생각한다고 느끼는 것이다. 그 경우 그 사람은 세상에 대해 이런 느낌을 말할 수 없을 것이다. 그러나 물론, 그 누구도 어떤 관심을 갖는다는 것이 정당화되지 않을 것이다.

마찬가지로 이 견해에 따르면 〈어떤 사람〉이 생각하고 있다는 것을 알 수 있는 유일한 방법은 그 사람이 되는 것이다. 이것은 사실상 유아론적(唯我論的) 관점이다. 유아론은 가장 논리적인 견해라고 생각할지도 모르지만, 이것은 개념의 의사 소통을 곤란하게 만든다. 즉 A는 〈A는 생각하지만 B는 생각하지 않는다〉라고 생각하기 쉬운 데 대해, B는 〈B는 생각하지만 A는 생각하지 않는다〉라고 믿는다. 그러나 이 점에 대한 논의를 계속하기보다, 모든 사람이 생각한다는 좀더 세련된 관례를 채택하는 것이 보통이다.

나는 제퍼슨 교수가 극단적인 유아론적 관점을 채택할 의도가 없다고 확신한다. 필경 그는 흉내내기 게임을 그 테스트로 기꺼이 받아들일 것이다. 실제로 이 게임은 (경기자 B를 생략하면) 구두(口頭) 시험이라는 이름으로 종종 사용된다. 그런 시험은 당사자가 어떤 내용을 정말 이해하는지, 아니면 〈뜻도 모른 채 앵무새처럼 외우는지〉를 분별하기 위한 것이다. 그런 구두 시험의 예를 들어보자.

- 질문자: 당신의 14행시 1행에 나오는 〈나는 너를 여름날 summer's day에 비유한다〉에서 여름날보다는 〈봄날 a spring day〉이 더 잘 어울리지 않을까요?
- 증인: 그러면 운율이 맞지 않습니다.
- 질문자: 〈겨울날〉은 어떻습니까? 그러면 운율이 맞는데.
- 증인: 하지만 아무도 겨울날에 비유되고 싶어하지는 않습니다.
- 질문자: 피크위크 씨가 당신에게 크리스마스를 연상시켰다는 겁니까?
- 증인: 어느 정도는……
- 질문자: 하지만 크리스마스는 겨울날이고, 피크위크 씨가 그 비유에 마음을 쓴다고는 생각하지 않습니다.
- 증인: 당신이 진심으로 하는 말이라고는 생각하지 않습니다. 겨울날이라고 하면 사람들은 크리스마스와 같은 특별한 날이 아니라 전형적인 겨울날을 뜻합니다.

이런 식이다. 14행시를 쓰는 기계가 구두 시험에서 이렇게 대답할 수 있다면 제퍼슨 교수는 무슨 말을 할까? 그가 이러한 대답을 기계가 〈단지 인위적으로 신호를 보내는 것〉으로 간주할지 여부에 대해서는 잘 모르겠다. 그러나 만약 대답이 위의 인용문처럼 만족 스럽고 일관될 때에도 그것을 〈단순한 고안물〉로 간주할 것이라고 는 판단되지 않는다. 내 생각에 〈단순한 고안물〉이라는 표현은 누 군가가 낭독하는 14행시를 녹음하고 때때로 그것을 틀려면 적절한 스위치를 올리기만 하면 되는 식의 기계 장치들을 포함하기 위한 것인 듯하다.

결국 의식을 근거로 하는 주장을 지지하는 사람들은 대부분 유아 론적 입장을 강요받는다기보다는 오히려 그 입장을 버릴 것을 설득 당한다고 생각된다. 그 경우 그들은 아마도 우리의 테스트를 기꺼 이 받아들일 것이다.

나는 내 이야기가 의식에 어떤 수수께끼도 없다는 식의 인상을 주지 않기를 바란다. 예를 들어, 의식의 존재를 국소적으로 제한하 려는 모든 시도에 연관된 역설과 같은 무엇이 있다. 그러나 나는 이 글에서 우리가 고찰하는 물음에 대한 답을 얻으려면 이러한 수 수께끼가 반드시 풀려야 한다고 생각하지는 않는다.

5. 여러 가지 결함을 근거로 한 주장

이런 주장은 〈당신이 말한 모든 것을 기계에게 시킬 수 있다고 하자. 그러나 당신은 결코 기계가 X를 행하게 할 수 없을 것이다〉 라는 형식을 취한다. 여러 가지 특성 X는 앞의 두 문장의 접속 형 태 속에 시사되어 있다. 그러면 내가 몇 가지 예를 제공하겠다.

친절하고, 기략이 풍부하고, 아름답고, 우호적일 것 …… 주도적일

것, 유머 감각을 가질 것, 선악을 분간할 것, 실수를 할 것 ······ 사랑에
빠질 것, 딸기와 크림을 즐길 것 ······ 다른 사람을 누구와 좋아하게 만
들 것, 경험으로부터 배울 것 ······ 언어를 정확하게 사용할 것, 자신의
생각의 주체가 될 것 ······ 사람처럼 행동의 다양성을 가질 것, 전혀 새
로운 일을 할 것 ······.

대개는 이러한 언명에 대해 어떤 지지도 할 수 없다. 내가 생각
하기에 그러한 언명은 주로 과학적 귀납법의 원리에 기초를 둔다.
사람은 평생 동안 수천 개의 기계를 본다. 그는 자신이 본 기계로
부터 수많은 일반적인 결론을 이끌어낸다. 예를 들어 기계는 추하
고 각각의 기계는 지극히 제한된 목적을 위해 설계되어 있으며, 원
래의 목적과 아주 작은 차이가 나는 목적에 대해서도 무용지물이
된다. 어느 것이든 개별 기계의 행동의 다양성은 지극히 작다 등
등 ······. 따라서 그들이 기계 일반의 필연적인 성질이라고 결론짓는
것은 당연한 일이다. 그러나 이러한 한계는 대개의 기계가 기억 용
량이 작다는 사실과 대부분 결부되어 있다(나는 기억 용량이라는 개
념이 이산적 상태 기계 이외의 다른 기계에도 적용 가능할 정도로 확
장될 수 있다고 가정한다. 이 논의는 수학적인 정확성을 요구하지 않
기 때문에 엄밀한 정의는 중요하지 않다). 디지털 계산기라는 말을
거의 들을 수 없던 몇 년 전에, 만약 누군가가 구조를 기술하지 않
고 그 성질을 말했다면 (사람들로부터──옮긴이) 디지털 계산기에
관한 상당한 의구심을 이끌어낼 수 있었을 것이다. 그것은 필경 과
학적 귀납법 원리의 비슷한 적용에 기인한 결과였을 것이다. 물론
이런 식의 적용은 무의식으로 이루어지는 경우가 많다. 화상을 입
은 아이가 불을 무서워하고 불을 피함으로써 불을 두려워한다는 사

실을 나타냈을 때, 나는 그 아이가 과학적 귀납법을 적용한다고 말할 것이다(물론 나는 아이의 행동을 그 밖의 여러 가지 방식으로도 기술할 수 있을 것이다). 그러나 인류의 업적과 풍습은 과학적 귀납법을 적용시키는 데 지극히 적절한 대상인 것처럼 보이지는 않는다. 만약 신뢰할 수 있는 결과를 얻으려 한다면, 상당히 큰 시간-공간이 연구되지 않으면 안 된다. 그렇지 않으면 우리는 (대부분의 영국 어린이들이 그렇게 생각하듯이) 모든 사람들이 영어를 사용하고 프랑스어를 배우는 것은 어리석은 일이라고 생각해 버릴지도 모른다.

그렇지만 지금까지 언급된 무능력의 상당 부분에 대해서는 특별한 논평이 필요하다. 딸기 크림 과자를 즐길 수 없다는 것은 독자들에게 하찮은 일이라는 인상을 줄지도 모른다. 이 맛있는 음식을 기계가 즐길 수 있게 할 수 있을지도 모르지만, 기계에게 그런 것을 가르치려는 어떤 시도도 어리석은 짓일 것이다. 이 무능력에서 중요한 것은, 그것이 기계의 다른 무능력의 원인이 된다는 점이다. 가령 백인과 백인 사이, 흑인과 흑인 사이에서 볼 수 있는 종류의 우정이 사람과 기계 사이에서 일어나기 어렵게 하는 것이 그런 예에 해당한다. 〈기계는 실수를 저지르지 않는다〉라는 주장은 이상하게 들릴 것이다. 우리는 그런 이야기를 들으면 〈그래서 잘못된 것이라도 있나요?〉라고 대꾸하고 싶어진다. 그러나 좀더 공감이 가고 호의적인 태도로 그것이 실제로 어떤 의미를 갖는지 살펴보자.

나는 이 반론을 흉내내기 게임을 이용해 설명할 수 있다고 생각한다. 그러니까 질문자가 몇 가지 산술 문제를 내기만 하면 기계와 사람을 구별할 수 있다고 주장할 수 있다. 왜냐하면 기계는 지극히 정확하므로 그 정체를 드러낼 것이기 때문이다. 여기에 대한 대응은 간단하다. 기계(게임을 위해 프로그램되어 있는)는 산술 문제에 대해서 정확한 답을 하려고 하지 않을 것이다. 기계는 질문자를 혼란시키도록 계산된 방식으로 의도적인 실수를 저지를 것이다. 그러나 그 기계는 산술에서 어떤 종류의 실수를 할 것인가에 대한 부적절한 결정을 함으로써 기계적인 결함을 드러낼 것이다. 비판에 대한 이러한 해석도 충분히 공감적이지는 않다. 그러나 이 글에서는 더 이상 그 문제를 깊이 다룰 여유가 허용되지 않는다. 나는 이 비판이 나올 수 있었던 것이 두 종류의 오류를 혼동한 결과라고 생각한다. 그 두 가지 오류를 〈기능상의 오류〉와 〈결론의 오류〉라고 부르기로 하자. 기능상의 오류는 기계가 설계와 다른 방식으로 움직이게 만드는 기계적인 고장이나 전자적인 고장에 의한 것이다. 철학적 논의에서는 그런 오류가 흔히 무시된다. 따라서 우리는 〈추상적인 기계〉에 대해 토론하고 있다. 이러한 추상적인 기계는 물리적인 대상이라기보다 오히려 수학적인 허구(虛構)이다. 정의에 의해 그 기계는 기능상의 오류를 범할 수 없다. 이런 의미에서 우리는 〈기계가 결코 실수를 저지르지 않는다〉라고 말할 수 있다. 결론의 오류는 기계에서 나오는 출력 신호에 어떤 의미가 부여되었을 때에만 발생할 수 있다. 예를 들어 기계는 수학 방정식이나 영어 문장을 타이프할 수 있다. 여기에서 거짓 명제가 타이프되었을 때 우리는, 기계가 결론의 오류를 범했다고 말한다. 기계는 이러한 종류의 실수를 저지를 수 없다고 이야기할 수 있는 어떤 근거도 없다. 그것은 〈0=1〉을 되풀이해서 타이프하는 것인지도 모른다. 덜 괴팍한 예를 들자면 기계가 과학적 귀납법에 의거해 결론을 끌어내기 위한 어떤 방법을 갖고 있는 경우를 생각할 수 있다. 우리는 이런 방법이 잘못된 결과를 도출할 것이라고 예견해야 한다.

기계가 자신의 사고의 주체일 수 없다는 주장에 대해 반론이 가능한 것은, 물론 그 기계가 특정 주제에 대해 특정 사고를 갖는다는 것을 입증할 수 있을 때에 국한된다. 그럼에도 불구하고 〈기계 조작이라는 주제〉는 최소한 그 기계를 다루는 사람들에게는 어떤 의미가 있을 것 같다. 예를 들어 기계가 〈$x^2 - 40x - 11 = 0$〉라는 방정식의 해를 얻으려 할 때, 우리는 그 순간 이 방정식을 그 기계의 주제의 일부로 기술하고 싶은 느낌을 받을 것이다. 이런 의미에서 기계는 의심의 여지없이 자신의 주제일 수 있다. 그것은 자신의 프로그램을 구성하거나, 자신의 구조를 변경했을 때 나타나는 결과를 예측하는 데 도움이 될 수 있을 것이다. 기계는 자신의 행동 결과를 관찰함으로써 어떤 목적을 좀더 효과적으로 달성하기 위해 자신의 프로그램을 수정할 수 있다. 이것은 공상적인 꿈이 아니라 가까운 장래에 실현 가능한 일이다.

기계가 행동의 다양성을 가질 수 없다는 비판은, 기계가 많은 기억 용량을 갖지 못한다는 것의 다른 표현에 불과하다. 실제로 최근까지 기억 용량이 천자리 수에 미치는 경우도 극히 드물었다.

지금 우리가 살펴보고 있는 반론들은 의식을 근거로 한 주장의 위장된 형식인 경우가 많다. 대개는 기계가 이러한 사항 중 어느 하나를 할 수 있다고 주장하고, 기계가 사용할 수 있는 방법의 종류를 기술하더라도 사람들은 그다지 감명을 받지 않을 것이다. 또한 그 방법은 (그것이 어떤 것이든 기계적이지 않을 수 없기 때문에) 별 가치가 없는 것으로 판단된다. 이 점에 대해서는 앞에서 인용한 제퍼슨 교수의 언명에 들어 있는 삽입구를 참조하라.

6. 러블레이스 부인의 반론

찰스 배비지Charles Babbage의 해석 기관에 관한 가장 자세한 정보는 러블레이스Lovelace 부인의 회상록에 들어 있다. 그녀는 그 속에서 이렇게 말한다. 〈해석 기관은 무언가를 새롭게 만들어낸다고 자부하지 않는다. 그것은 '우리가 그것을 실행하기 위해 어떻게 명령해야 하는지 알고 있는 모든 것'을 할 수 있다(강조는 러블레이스 부인).〉하트리Hartree는 이 말을 인용한 다음 이렇게 덧붙였다. 〈이것은 '스스로 생각하는' 전자 장치, 또는 생물학적 용어로 말하자면 조건 반사(이것은 '학습'을 위한 기초로 도움이 될 것이다)를 일으킬 수 있는 전자 장치를 제작할 수 없을지도 모른다는 것을 의미하지 않는다. 이것이 이론적으로 가능한지 여부는 무척 자극적이고 흥미로운 문제이며, 그 가능성은 이 분야에서 이루어진 최근의 몇 가지 진전을 통해 시사되고 있다. 그러나 배비지의 시대에 제작되거나 구상된 기계가 이런 성질을 가질 수 있다고는 생각하지 않는다〉라고 말한다.

이 점에 대해 나는 하트리의 견해에 완전히 동의한다. 그의 주장은 문제의 기계가 그런 성질을 가질 수 없다는 뜻이 아니라, 당시 러블레이스 부인이 활용할 수 있었던 증거로는 기계가 그런 성질을 가질 수 있다는 확신에 도달할 수 없었으리라는 것이었다. 해석 기관은 어떤 점에서 충분히 그런 성질을 가질 수 있었다. 왜냐하면 일부 이산적 상태의 기계가 그런 성질을 가질 수 있기 때문이다. 해석 기관은 만능 디지털 계산기였기 때문에 기억 용량과 속도만 충분하다면 적당한 프로그래밍을 통해 그 기계를 흉내내는 것이 가능했을 것이다. 아마도 이런 주장은 러블레이스 부인이나 배비지 모두 상상도 못했을 것이다. 어쨌든 그들에게 주장할 수 있는 모든 것을 주장해야 했다는 의무는 없었다.

러블레이스 부인의 반론의 변형판은 기계가 〈진정한 의미에서 새로운 일은 결코 할 수 없다〉는 것이다. 이 비판은 〈하늘 아래 새로운 것은 없다〉라는 속담을 내세워 그 순간을 모면할 수는 있을 것이다. 자신이 한 〈독창적인 일〉이 교육에 의해 자신에게 심어진 씨앗이 성장한 것에 불과하거나, 이미 잘 알려진 일반 원리에 따른 결과가 아니라고 누가 장담할 수 있겠는가? 이 반론의 좀더 정교한 변형판은 기계가 결코 〈우리를 불시에 기습할〉 수 없다는 것이다. 이 주장은 좀더 직접적인 도전이기 때문에 직접적으로 논박할 수 있다. 기계는 아주 빈번하게 나를 기습한다. 그 주된 이유는, 내가 기계가 무엇을 할지 예상하기 위해서 충분한 계산을 하지 않기 때문이거나, 설령 계산을 하더라도 너무 서둘러서 건성으로 하는 위험을 무릅쓰기 때문이다. 나는 자신에게 이렇게 말할 것이다. 〈이 전압이 저 전압과 같다고 가정하자. 어쨌든 그렇다고 가정해 보자.〉 당연히 나는 자주 틀리고 그 결과는 내게 놀랍다. 왜냐하면 실험이 끝났을 때 이런 가정을 했다는 사실도 기억하지 못하기 때문이다. 이러한 사실을 인정하면, 나는 불완전한 나의 방법에 대한 훈계에 항변할 도리가 없게 된다. 그러나 놀라움에 대한 내 경험을 털어놓는다고 해서 내 신뢰성에 의심의 눈초리를 돌리지는 마라.

나는 이 답변이 비판자를 침묵시키리라고는 생각하지 않는다. 아마도 그는 이러한 놀라움이 내가 갖고 있는 어떤 창조적이고 지적인 행위에 의한 것일 뿐, 기계는 아무런 역할도 하지 않았다고 지적할 것이다. 여기에서 우리는 의식을 근거로 한 논의로 돌아가게 되고, 놀라움이라는 개념과는 멀어지게 된다. 따라서 이 논의는 여기에서 종결하지 않을 수 없다. 그러나 무언가를 놀라움으로 인식하기 위해서는 그 놀라운 사건을 일으킨 것이 사람이든 책이든, 아니면 기계나 그 밖의 어떤 것이든 간에 〈창조적이고, 지적인 행위〉

가 요구된다는 사실을 지적해 둘 필요가 있을 것이다.

나는 기계가 놀라움을 일으킬 수 없다는 견해가 특히 철학자나 수학자들이 빠지기 쉬운 오류에서 기인한다고 생각한다. 이것은 어떤 사실이 어떤 사람에게 제시되는 순간, 그 사실의 모든 결과가 그와 동시에 그 사람에게 떠오른다는 잘못된 가설이다. 그것은 여러 가지 상황에서는 상당히 유용한 가설이지만, 대개 사람들은 그것이 오류라는 사실을 너무 쉽게 잊어버린다. 그 당연한 귀결로 우리는 데이터와 일반 원리로부터 단지 결과를 이끌어내는 것은 아무런 의미도 없다는 태도를 취한다.

## 7. 신경계의 연속성을 근거로 한 주장

신경계는 확실히 이산적 상태 기계가 아니다. 뉴런에 전달되는 신경 펄스의 크기에 대한 정보에 작은 잘못이 있어도 출력되는 펄스의 크기에 큰 차이를 가져올 수 있다. 따라서 이산적 상태계 discrete state system가 신경계의 움직임을 흉내내기 힘들다고 주장할 수도 있을 것이다.

이산적 상태 기계가 연속적인 기계와 다른 것은 사실이다. 그러나 우리가 흉내내기 게임의 조건을 고수한다면, 질문자는 이런 차이에서 이득을 얻을 수 없을 것이다. 더 간단한, 다른 연속적인 기계를 생각해 보면 상황이 좀더 분명해진다. 그런 예로는 미분 해석기differential analyzer가 적당할 것이다(미분 해석기란 어떤 종류의 계산에 사용되는 이산적 상태 유형과는 다른 종류의 기계이다). 이런 종류의 일부 기계는 타자기로 친 답을 내놓기 때문에 이 게임에 참가하는 데 적당하다. 미분 해석기가 어떤 문제에 대해 어떤 답을 할지 디지털 계산기로 정확히 예측할 수 없지만, 디지털 계산기가 올바른 대답을 하는 것은 충분히 가능할 것이다. 가령 $\pi$의 값을 구하라는 지시를 받았을 때($\pi$의 값은 약 3.1416), 디지털 계산기는 3.12, 3.13, 3.14, 3.15, 3.16 중 하나를 (예를 들어) 0.05, 0.15, 0.55, 0.19, 0.06의 확률로 임의적으로 선택할 가능성이 있다. 이런 상황에서 질문자가 미분 해석기와 디지털 계산기를 구별하기란 지극히 힘들 것이다.

### 8. 행위의 비형식성을 근거로 한 주장

생각할 수 있는 모든 상황 집합에서 어떤 사람이 무슨 일을 할 것인지를 기술하기 위한 규칙들의 집합을 만들어낸다는 것은 불가능하다. 예를 들어, 빨간 신호등을 보면 멈추고 파란 신호등을 보면 진행한다는 규칙을 가질 수 있을지 모르지만, 신호등이 고장나서 두 가지 신호가 함께 작동하는 경우에는 어떻게 해야 할까? 멈추어 서는 편이 가장 안전하다고 판단할 수 있을 것이다. 그러나 이 결정을 내린 후 어느 정도 시간이 흐른 뒤에는 다른 어려움이 발생할 수 있다. 일어날 수 있는 모든 사태, 즉 교통 신호에서 발생하는 상황까지를 포함하는 행위 규칙을 준비하려는 시도는 불가능한 것으로 보인다. 이 주장에 대해 나는 전적으로 동의한다.

이를 기초로 우리는 기계일 수 없다는 주장이 제기된다. 앞으로 이 주장을 다시 재현하려고 시도하겠지만, 나는 그 주장을 정당하게 다룰 수 없지 않을까 우려한다. 그 주장은 다음과 같은 식이 될 수 있을 것 같다. 〈모든 사람이 자신의 생활을 규제하는 데 사용되는 행위 규칙의 명확한 집합을 가진다면, 사람은 기계와 다르지 않을 것이다. 그러나 그런 규칙은 존재하지 않는다. 그러므로 사람은 기계일 수 없다.〉 이 주장에서는 모든 개념이 부주연(不周延)하기 때문에 나타나는 삼단논법의 오류가 역력하게 드러난다(행위 규칙이라는 매개 개념이 주연이 아니기 때문에 마지막 결론 〈그러므로 사람은 기계일 수 없다〉는 결론이 오류이다. ── 옮긴이). 나는 이 주장이 항상 이런 식으로 제기된다고 생각하지는 않지만, 그럼에도 불구하고 이것이 일반적인 주장이라고 믿는다. 그러나 〈행위 규칙 rules of conduct〉과 〈행동 법칙 laws of behavior〉 사이에 쟁점을 흐리는 어떤 혼란이 있을 수 있다. 내가 말하는 〈행위 규칙〉의 의미는 〈빨간 신호를 보면 정지한다〉라는 식의 규칙 precept이고, 사람들은 그 규칙에 따라 행동할 수 있으며, 그것을 의식할 수 있다. 그에 비해 〈행동 법칙〉이라는 말에서 내가 뜻하는 것은 〈당신이 그를 꼬집으면, 그는 엉엉 울 것이다〉라는 것처럼 사람의 신체에 적용된 자연 법칙이다. 지금 인용한 논의에서, 〈자기의 생활을 통제하는 행위의 법칙〉을 〈자기의 생활을 통제하는 행동의 법칙〉으로 바꾸면 매개념 부주연의 오류는 더 이상 극복 불가능하지 않게 된다. 왜냐하면 우리는 행동 법칙에 의해서 통제된다는 것은 일종의 기계(반드시 이산적 상태 기계에 국한되지 않는)임을 함축하는 것이 참일 뿐 아니라, 역으로 이러한 기계가 된다는 것은 이러한 법칙에 의해 통제되는 것을 의미한다고 믿기 때문이다. 그러나 우리는 완전한 행동 법칙이 존재하지 않는다는 것은 완전한 행위 규칙이 없는 것과 마찬가지로 확실하다고 쉽게 확신할 수 없다. 우리가 아는 한 이런 법칙을 찾아낼 수 있는 유일한 방법은 과학적인 관찰이다. 그리고 우리는 〈우리는 충분히 조사했다. 그런 법칙은 없다〉라고 말할 수 있는 어떤 상황도 없다는 것을 분명히 안다.

우리는 이러한 어떤 언명도 정당화되지 않으리라는 것을 좀더 강력하게 입증할 수 있다. 왜냐하면 이런 법칙이 존재한다면, 분명 우리가 그런 법칙들을 찾아낼 수 있었을 것이기 때문이다. 따라서 이산적 상태 기계가 주어진다면, 그 기계의 미래 움직임을 예견하기에 충분한 관찰을 통해 그러한 법칙을 발견하는 것이 확실히 가능해질 것이다. 더구나 이것은 온당한 시간 이내에, 예를 들어 천년 내에 가능해질 것이다. 그러나 이것이 사실이라고는 생각하지 않는다. 나는 맨체스터 대학의 계산기에 기억 장치를 1,000개밖에 사용하지 않는 작은 프로그램을 설치한 적이 있었다. 16자리 숫자를 공급받은 기계는 그 프로그램을 통해 2초 내에 다른 16자리 숫자로 대답하도록 만든 것이다. 나는 누구라도 시도되지 않은 값에 대한 모든 대답을 예상할 수 있는 그 프로그램에 대한 대답에서 무언가를 배워볼 테면 그렇게 하라고 말할 것이다.

9. 초감각적 지각을 근거로 하는 논의

초감각적 지각extrasensory perception(E.S.P.)의 개념과 그 네 가지 항목의 의미, 즉 텔레파시, 투시, 예지 및 염력에 대해서는 독자들도 잘 알고 있을 것이다. 우리를 혼란스럽게 만드는 이러한 현상은 우리의 일상적인 과학 개념을 모두 부정하는 것처럼 판단된다. 우리는 그런 현상들을 얼마나 의심하고 싶은가! 그러나 애석하게도 적어도 텔레파시telepathy에 대한 통계적 증거는 압도적이다. 이 새로운 사실에 적합하도록 우리의 기존 개념들을 재배열하기란 지극히 힘들다. 일단 그 개념들을 받아들이면, 유령과 귀신을 믿는 것은 그렇게 어려운 일이 아닐 것이다. 제일 먼저 버려야 할 개념 중 하나는 우리의 신체가, 아직 발견되지 않았지만 얼마간 유사한 다른 몇 가지 법칙과 함께, 물리학의 기존 법칙에 따라 움직이는 것에 불과하다는 생각이다.

이것은 내 생각에 정말 강력한 주장이다. 그러나 우리는 많은 과학 이론이 초감각적 지각과 충돌함에도 불구하고 실제 문제에서는 여전히 작동하고 있다는 반론을 제기할 수 있을 것이다. 또한 우리는 초감각적 지각을 생각하지 않아도 아무런 문제 없이 지극히 잘 살아갈 수 있다. 그런데 이것은, 그리 달갑지 않은 위로이다. 그리고 우리는 생각한다는 것이, 특히 초감각적 지각과 관련되는 종류의 현상이 아닌지 우려한다.

초감각적 지각에 근거한 좀더 구체적인 주장은 다음과 같을 것이다. 〈텔레파시 수신을 할 수 있는 뛰어난 사람을 증인으로 세우고, 디지털 계산기를 사용해서 흉내내기 게임을 해보자. 질문자는 '내 오른손에 있는 카드가 어떤 짝패(가령 하트인가 스페이드인가——옮긴이)인가?' 라는 식의 질문을 할 수 있다. 그러면 그 사람은 텔레파시나 투시를 이용해 400장의 카드에서 130번의 정확한 답을 한다. 기계는 임의적으로만 추측할 수 있기 때문에, 아마도 104번가량 정답을 맞출 것이다. 그러므로 질문자는 상대가 기계인지 여부를 알아낼 수 있다.〉 여기에는 한 가지 흥미로운 가능성이 열린다. 가령 디지털 계산기가 난수(亂數) 발생 장치를 갖고 있다고 하자. 그러면 어떤 대답을 할 것인지 결정하기 위해 당연히 그 장치를 사용할 것이다. 반면 난수 발생 장치는 질문자의 염력의 영향을 받을 수 있을 것이다. 이 염력이 기계로 하여금 확률 계산에 의해 예상되는 것보다 더 정확한 답을 하게 만들어서, 그 결과 흉내내기 게임의 질문자가 올바른 확인을 할 수 없게 될지도 모른다. 다른 한편, 그는 아무런 질문도 하지 않고 염력으로 바로 맞출 수 있을지도 모른다. 초감각적 지각을 통해 모든 일이 일어날 수 있을 것이다.

만약 텔레파시가 인정된다면 우리의 테스트를 엄격히 수행할 필요가 있다. 그 상황은 가령, 질문자가 혼잣말을 하고 있고 참가자 중 한 사람이 벽에 귀를 대고 그 소리를 듣는 경우와 비슷한 것으로 간주될 수 있을 것이다. 예를 들어 참가자들을 〈텔레파시 방지 telepathy-proof 방〉에 들어가게 하면 모든 필요 조건은 만족될 것이다.

### 나를 찾아서 · 넷

이 괄목할 만하고 뛰어난 논문에 대한 우리의 응답은 상당 부분 다음 장의 대화에 포함되어 있다. 그렇지만 초감각적 지각이, 사람이 창조하는 기계와 사람과의 궁극적인 차이라는 사실이 밝혀질지도 모른다고 튜링이 믿고 있는 것처럼 보이는 사실에 대해 우리는 간단한 평을 하고자 한다. 만약 이 평을 그대로 받아들인다면(일종의 뼈 있는 농담으로 받아들이지 않고), 그 동기가 무엇인지 의아해할 사람도 있을 것이다. 분명 튜링은 텔레파시에 대한 증거가 매우 뚜렷하다고 확신하고 있었다. 그러나 당시인 1950년에는 그런 증거가 강력했을지 몰라도 30년 후인 현재는 그렇지 못하다. 아마도 훨씬 약해졌을 것이다.

1950년 이래 이런저런 초능력을 갖고 있다고 자칭하는 사람들이 나타났고, 유명한 물리학자들이 그것을 보증하는 식의 악명 높은 사건들이 빈발했다. 그런 물리학자들 중에는 훗날 자신의 어리석음을 깨닫고 초감각적 지각에 찬성한 자신의 발표를 취소하는 사람도 있었지만, 다음 달에는 새로운 초자연적 악대 차량으로 바꾸어 타는 식이었다. 그러나 대다수의 물리학자들, 또한 마음을 이해하는 일을 전문으로 하는 대부분의 심리학자들도 어떠한 형식을 취하든 모든 초감각적 지각의 존재에 의구심을 품고 있다고 말해도 좋을 것이다.

튜링은 초자연적 현상이 충분히 확립된 과학 이론과 어떤 식으로든 화해할 수 있을지 모른다는 생각에 〈달갑지 않은 위로〉를 구하고 있었다. 우리는 그와는 견해가 다르다. 설령 텔레파시, 예지, 염력과 같은 현상이 존재한다는 사실이 밝혀진다 하더라도(또한 전형적으로 그런 현상에 따라다니는 괄목할 만한 특성이 사실로 밝혀진다 하더라도), 그런 현상을 수용할 수 있도록 간단히 물리학 법칙을 수정할 수 있다고는 생각하지 않는다. 우리의 과학적 세계관에 주요한 혁명이 일어날 때에만 그런 현상을 정당화할 수 있을 것이다. 어떤 사람은 이러한 혁명을 열광적으로 기대할 수도 있을 것이다. 그러나 분명 그런 혁명은 비애와 혼란으로 물들어 있을 것이다. 그토록 많은 대상에 대해 그만큼 훌륭하게 작동해 온 과학이 그 정도로 잘못되었다는 것이 밝혀질 수 있을까? 과학의 모든 것을 가장 근본적인 가정에서부터 다시 성찰하는 작업은 엄청난 지적 모험이 될 것이다. 그러나 우리가 그런 거대한 작업을 할 필요가 있을 것이라는 증거는 지난 몇 년 동안 충분히 축적되지 않았다.

D. R. H.
D. C. D.

# 튜링 테스트

—— 다방에서의 대화

## 더글러스 호프스태터

등장 인물

크리스: 물리학과 학생

팻: 생물학과 학생

샌디: 철학과 학생

크리스: 샌디, 앨런 튜링의 「계산 기계와 지능 Computing Machinery and Intelligence」이라는 논문을 읽어보라고 권해줘서 정말 고마워. 아주 재미있었고, 덕분에 많은 생각을 하게 되었어. 특히 나의 사고에 대해 생각해 보게 되었어.

샌디: 그런 말을 들으니 정말 기뻐. 자네는 아직도 이전처럼 인공

---

* This selection appeared previously as "Metamagical Themas: A coffeehouse conversation on the Turing test to determine if a machine can think," *Scientific American*, May 1981, 15–36쪽.

지능에 회의적인가?

크리스: 그건 오해였어. 나도 인공 지능에 반대하지 않아. 훌륭하다고 생각하지. 다만 결함이 있다고 생각할 뿐이지. 그런 생각을 하는 것이 당연하지 않을까? 나는 자네들 인공 지능 artificial intelligence(AI) 옹호론자들이 사람의 마음을 지나치게 과소평가하고 있고, 컴퓨터가 결코 할 수 없는 종류의 일이 있다고 믿을 뿐이야. 예를 들어 컴퓨터가 프루스트 Proust의 소설을 쓸 수 있다고 상상할 수 있을까? 상상력의 풍부함, 성격의 복잡성 …….

샌디: 로마는 하루 아침에 이루어지지 않았어!

크리스: 논문에서 튜링이라는 인물이 정말 흥미로운 사람이라는 것을 알게 되었어. 그는 아직 살아 있어?

샌디: 아니. 1954년에 마흔한 살의 젊은 나이에 죽었어. 살아 있다면 올해(1981년)로 예순일곱 살이 되었을 텐데. 하지만 벌써 전설적인 인물로 되어서 그가 아직 살아 있다는 상상이 오히려 이상하게 들리는군.

크리스: 어떻게 죽었지?

샌디: 자살이 거의 확실한 것 같아. 동성 연애자였기 때문에 세상으로부터 온갖 박해와 조롱을 받아야 했고, 결국 견딜 수 없어 자살했지.

크리스: 슬픈 이야기군.

샌디: 정말 그렇지. 더욱 안된 것은 그가 죽은 후 지금까지 이루어진 계산기와 계산 이론 분야에서의 훌륭한 진보를 직접 목격할 수 없었다는 사실이야.

팻: 그 튜링의 논문이 다루는 내용이 뭔지 간단히 설명해 줄 수

있어?

샌디: 실은 두 가지 문제를 다루고 있어. 하나는 〈기계가 사고할 수 있는가?〉라는 문제였지. 아니, 오히려 〈언제 기계가 사고할 수 있게 될 것인가?〉라고 표현하는 편이 더 나을지도 모르지. 튜링이 이 의문에 답하는 방식은, 그는 그 대답이 〈그렇다〉라고 생각했지. 어쨌든 그 생각에 대해 제기될 수 있는 모든 반론을 하나씩 차례로 두들겨 부수는 식이었어. 그리고 다른 하나의 주장은, 이 의문이 그 자체로는 의미를 갖지 못한다는 점이었어. 하지만 그 주장은 지나치게 감정적인 함축을 담고 있었지. 많은 사람들은 사람이 기계라거나 기계도 사고할 수 있다는 주장에 몹시 당황했지. 그래서 튜링은 덜 감정적인 용어를 사용해서 그런 의구심을 진정시키려고 시도한 거지. 팻, 자네라면 〈생각하는 기계〉라는 개념에 대해 어떻게 생각하겠나?

팻: 솔직하게 이야기하자면 그 말의 의미를 이해하기 힘들군. 내가 혼란스러워하는 것이 무언지 알겠나? 가령 신문이나 텔레비전 광고에서 〈생각하는 제품〉, 〈인텔리전트(지능을 가진) 오븐〉 하는 식의 표현을 들었을 때 받는 느낌이 그런 거야. 나는 그런 말들을 어떻게 진지하게 받아들여야 할지 모르겠어.

샌디: 자네가 말하는 광고가 어떤 것인지 알겠네. 나도 그런 광고가 많은 사람들을 혼란스럽게 한다고 생각해. 그러니까 사람들은 한편으로 〈컴퓨터는 정말 어리석고, 극히 세부에 이르기까지 사용하는 사람이 설명해 주지 않으면 안 된다〉라고 귀에 못이 박히게 들으면서, 다른 한편으로는 〈지능을 가진 상품〉이라는 선전 문구의 홍수에 접하는 셈이지.

크리스: 정말 그래. 그래서 어떤 컴퓨터 단말기 회사는 타사 제품
과 차별성을 나타내기 위해 역으로 〈멍청한 단말기 dumb
terminals〉라는 이름을 붙이기까지 했다는 이야기를 알고 있나?

샌디: 정말 영리한 광고 전략이야. 하지만 혼란스러운 경향에 한층
박차를 가하는 꼴이지. 이런 문제를 생각할 때면 항상 〈전자
두뇌 electronic brain〉라는 말이 떠올라. 그런 말을 곧이곧대
로 받아들이는 사람도 많지만, 그 자리에서 거부하는 사람도
있어. 어쨌든 이런 문제를 추려내서 그런 말이 어느 정도의 의
미를 갖는지 생각하는 사람은 거의 없어.

팻: 튜링은, 가령 기계를 위한 지능 테스트와 같은 어떤 해결책을
제시하고 있는 건가?

샌디: 그런 게 가능하다면 무척 재미있겠지. 하지만 아직까지 지능
테스트를 받을 수 있을 정도로 발전된 기계는 없어. 튜링은 현
실적인 상황보다 오히려 기계가 사고할 수 있을지 여부를 결
정하기 위해서 이론상 모든 기계에 적용 가능한 테스트를 제
안한 것이지.

팻: 그 테스트가 〈예-아니오〉의 명확한 구별을 제공해 줄까? 만약
그런 주장이라면, 나는 믿기 힘든데.

샌디: 물론 그런 일은 할 수 없어. 그러나 어떤 의미에서는 그 점
이 이 테스트의 장점이기도 하지. 다시 말해 경계가 지극히 모
호하고, 이 문제 전체가 무척 다루기 힘들다는 것을 잘 보여
주지.

팻: 철학에서는 자주 있는 일이지만, 결국 모든 것은 언어의 문제
가 되는 셈이군.

샌디: 어쩌면 그럴지도 모르지. 하지만 그 언어는 감정적으로 대전

된 언어이기 때문에, 내 생각으로는 문제점을 밝히고 핵심적
인 언어들의 의미 관계를 명확히 하는 것이 중요한 것 같아.
그 문제는 우리 자신에 대한 우리의 개념에 근본이 되기 때문
에 우리는 그 문제를 그냥 덮어버려서는 안 돼.

팻: 그렇다면 우선 튜링 테스트가 어떻게 이루어지는지 이야기해
주지 않겠나?

샌디: 그 발상은 튜링이 흉내내기 게임이라고 부른 것을 기반으로
하지. 그 게임은 남자와 여자가 한 명씩 독립된 방에 들어가서
일종의 텔레타이프 장치를 이용해서 제3자로부터 질문을 받는
것이야. 이 제3자는 양쪽 방에 질문을 할 수 있지만, 어떤 사
람이 어느 방에 있는지는 모르지. 질문자의 임무는 어느 쪽 방
에 여성이 있는지 알아내는 거야. 여성의 경우, 질문에 대답
할 때 가능한 한 질문자에게 협력하려고 시도하지만, 남성의
경우는 전력을 다해 자신이 마치 여성인 것처럼 대답해서 질
문자를 속이려고 노력하지. 그리고 만약 이 질문자를 속이는
데 성공하면⋯⋯.

팻: 질문자는 오직 글로만 대답을 받을 수 있는 것이지? 그리고 그
대답을 쓴 사람의 성별은 그 속에서 빛나고 있겠지? 정말 해볼
만한 게임처럼 들리는데. 한 번 그 게임에 참가해 보고 싶어.
그런데 테스트가 시작되기 전에 질문자가 그 남자나 여자 중
어느 한쪽을 알고 있어도 괜찮을까? 아니면 게임 참가자 중 어
느 한 사람이 다른 두 사람을 알고 있으면?

샌디: 그건 별로 좋은 생각이 아닌 것 같은데. 특히 질문자가 두
사람 중 한 명이나, 두 사람 모두를 알고 있다면, 무의식중에
어떤 단서를 알아낼 수도 있지. 세 사람 모두 서로를 전혀 모

르는 경우가 가장 안전하겠지.

팻: 어떤 질문도 가능한가? 아무런 제한도 없나?

샌디: 물론. 그게 다야.

팻: 그렇다면 모든 질문이 성별과 관련된 것으로만 변질되지 않을까? 나는 남자 쪽이 질 것 같은데. 왜냐하면 지나치게 열성적으로 연기를 하려는 바람에 대부분의 여성들이 너무 개인적이어서 익명의 컴퓨터 통신에서조차 답하기 꺼려하는 노골적인 질문에까지 답을 할 테니까 말이야.

샌디: 있을 수 있는 이야기군.

크리스: 또 한 가지 가능성으로, 성 역할sex-role 차이에 관한 전통적인 구별 중에서 극히 미세한 사항에 대한 지식을 시험하기 위해, 예를 들어 옷의 크기 따위를 묻는 경우가 있을 수 있겠지. 결국 흉내내기 게임의 심리는 지극히 미묘해질 수 있어. 그리고 질문자가 남자인지 여자인지도 변수가 될 수 있다고 생각해. 남자보다는 여자 쪽이 무심결에 드러난 힌트를 더 빨리 알아차리지 않을까?

팻: 만약 그렇다면, 그것이야말로 남자와 여자를 구별하는 방법이로군!

샌디: 흠……, 그건 생각해 보지 않은 새로운 방식인데. 어쨌든 흉내내기 게임의 원본이 진지하게 시험되었는지는 모르겠어. 오늘날의 컴퓨터 단말기를 사용하면 비교적 간편하게 시험할 수 있겠지만 말이야. 그래도 결과와 관계 없이 그것이 무엇을 증명하는 것인지 확신할 수 없다는 건 나도 인정해.

팻: 나도 그 점에 대해 의문이 들어. 만일 질문자가, 가령 여성이었다면 어느 쪽이 여성인지 정확하게 지적할 수 없었다고 해

서 무엇이 증명된 것이지? 그 남자가 여자라는 것을 증명하지 않은 것은 분명하니까 말이야!

샌디: 바로 그거야! 내가 흥미롭게 생각하는 것은 기본적으로 튜링 테스트를 신뢰하더라도 흉내내기 게임이 그 테스트의 기반이라는 것이 어떤 의미를 갖는지 확신할 수 없다는 것이지!

크리스: 흉내내기 게임이 여성성 femininity에 대한 테스트가 아니듯이, 튜링 테스트도 〈생각하는 기계〉에 대한 테스트가 아니라고 생각해.

팻: 자네의 말에는 튜링 테스트가 흉내내기 게임의 일종의 확장이고, 이 경우에는 각기 다른 방에 사람과 기계가 들어 있다는 차이밖에 없다는 함축이 들어 있는 것 같은데.

샌디: 비슷해. 기계는 질문자가 자신을 사람으로 생각하게 만들려고 최선의 노력을 하고, 사람은 자신이 컴퓨터가 아니라는 것을 밝히려고 애쓰지.

팻: 〈기계가 노력한다〉는 숨은 저의가 있는 자네의 말을 제외하면, 재미있는 이야기 같군. 그러나 이 테스트가 사고의 본질에 도달할 수 있다는 것을 자네가 어떻게 알 수 있겠나? 어쩌면 전혀 엉뚱한 테스트를 하고 있을 수도 있지 않을까? 이건 그냥 예에 불과하지만, 가령 어떤 사람은 기계가 너무 춤을 잘 춰서 사람과 분간하기 힘들다는 이유로 그 기계가 생각할 수 있다는 주장을 펼 수도 있지 않을까? 그리고 다른 사람은 어떤 다른 특성을 근거로 제기할 수도 있겠지. 타자기로 사람을 속일 수 있다는 것이 뭐 그리 신성한 일인가?

샌디: 자네가 어떻게 그런 말을 할 수 있는지 모르겠어. 그런 반론은 전에도 들은 적이 있었어. 하지만 솔직하게 말하자면, 그

런 이야기를 들으면 머리가 혼란스러워져. 기계가 탭 댄스를 출 수 없거나 자네 발가락에 바위를 떨어뜨릴 수 없다고 해서 무슨 문제가 된다는 거지? 기계가 자네가 원하는 주제에 대해 지적으로 이야기할 수 있다면 그 기계는 생각할 수 있는 거야. 적어도 내 입장에서는 말이야! 내가 보기에 튜링은 일거에, 아주 명쾌하게, 사고와 그 이외의 사람의 여러 가지 특성 사이에 분명한 선을 그었어.

팻: 자네 이야기야말로 당황스럽군. 흉내내기 게임에서 승리하는 것이 그 사람의 능력과 아무런 관계가 없듯이, 튜링 게임에서 이긴다고 해서 그 기계의 능력에 대해 아무런 결론도 내릴 수 없어.

크리스: 좋은 문제 제기야.

샌디: 내 생각으로는 어떤 사람이 흉내내기 게임에서 이긴다는 사실에서 〈어떤 결론〉을 이끌어낼 수 있을 것 같아. 자네는 그 사람이 여자라는 결론을 내리지 않겠지. 하지만 그 사람이 여성의 심리를(만약 그런 것이 있다면) 꿰뚫어보는 통찰력을 갖고 있다고 확실하게 말할 수 있을 거야. 컴퓨터가 누군가를 속여서 그것이 사람이라고 믿게 만들었을 때에도, 내 생각으로 자네는 그와 비슷한 말, 즉 컴퓨터가 사람이란 무엇인가에 대한, 즉 〈사람의 조건(그것이 무엇이든 간에)〉에 대한 통찰력을 가졌다는 말을 해야 할 거야.

팻: 어쩌면 그럴지도 모르지. 하지만 그것이 사고와 반드시 등치한다고 말할 수는 없지 않을까? 내 생각으로 튜링 테스트에 합격한다는 것은 어떤 기계가 사고를 시뮬레이트simulate하는 일에 능숙하다는 것을 증명하는 데 지나지 않아.

크리스: 그 점에 대해서는 팻의 견해에 찬성할 수 없어. 오늘날 온 갖 종류의 복잡한 현상을 시뮬레이트하는 훌륭한 컴퓨터가 존재한다는 것은 누구나 아는 사실이지. 예를 들어 물리학의 경우에도 우리는 소립자, 원자, 고체, 액체, 기체, 은하 등의 거동을 시뮬레이트하지. 하지만 그런 시뮬레이션을 진짜와 혼동하는 사람은 아무도 없어.

샌디: 다니엘 데닛 Daniel Dennett이라는 철학자가 『브레인 스톰 *Brain-storm*』이라는 책에서 허리케인의 시뮬레이션에 대해 비슷한 이야기를 하고 있어.

크리스: 그건 아주 적절한 사례에 해당해. 당연한 일이지만 허리케인을 시뮬레이트할 때, 컴퓨터 내부에서 일어나는 일은 허리케인 그 자체가 아니지. 컴퓨터 메모리가 시속 300킬로미터의 바람에 산산조각이 나지 않고, 빗물로 컴퓨터실 바닥이 온통 홍수에 잠기지도 않으니까.

샌디: 오! 제발. 그건 정당한 주장이 아니야! 우선 프로그램을 작성한 본인도 그 시뮬레이션이 진짜 허리케인이라고 말하지 않았고, 애당초 시뮬레이션이란 허리케인의 몇 가지 특성을 시뮬레이트한 것에 불과해. 게다가 자네가 허리케인의 시뮬레이션에 억수 같은 비나 시속 300킬로미터의 바람이 없다고 말하는 것은 일종의 속임수를 쓰는 거야. 컴퓨터 밖에 있는 우리에게는 어떤 것도 느낄 수 없지. 물론 그 프로그램이 상상할 수 없을 만큼 정교하다면 허리케인이 몰아칠 때 우리가 하는 행동과 똑같이 바람과 비를 경험할 수 있는 시뮬레이트된 사람들을 포함할 수 있을 테지만. 그렇게 되면 그 사람들의 마음속에서, 아니 그 사람들의 시뮬레이트된 마음이라는 쪽이 정

확하겠지만, 컴퓨터 허리케인은 시뮬레이션이 아니라 홍수와 파괴 현상이 수반되는 완벽한 허리케인이라는 진짜 현상이 되겠지.

크리스: 허! 멋진 공상과학SF 시나리오군! 이제는 한 사람이 아니라 사람들의 개체군 전체를 시뮬레이트한다는 이야기로군!

샌디: 내 말을 들어봐. 지금 나는 맥코이McCoy의 시뮬레이션이 가짜가 아닌 진짜라는 자네 주장이 왜 오류인지를 밝히려는 것뿐이야. 자네의 주장은 어떤 현상을 시뮬레이트할 때 그 현상을 전부터 보아온 사람은 누구나 동등하게 거기에서 일어나는 현상을 평가할 수 있다는 암묵적인 가정에 의존하고 있지. 그러나 실제로는 무언가 특별한 관점을 가진 사람이 아니면 거기에서 일어나는 현상을 인식할 수 없을 거야. 가령 이 경우에는 비·바람 등을 볼 수 있는 특별한 〈컴퓨터 안경〉이 필요하겠지.

팻: 〈컴퓨터 안경〉이라고? 도대체 무슨 말을 하고 있는지 모르겠군.

샌디: 내 말은 그 허리케인 속에 들어 있는 바람이나 강우(降雨)를 볼 수 있으려면 적절한 방법을 사용해야 한다는 뜻이야. 자네는……

크리스: 천만에! 그렇지 않아! 시뮬레이트된 허리케인은 습기 wet(여기에서는 축축하다는 뜻과 피와 살을 가졌다는 두 가지 의미에서 이 말이 사용되고 있다.──옮긴이)와는 전혀 무관해. 시뮬레이트된 사람은 마치 습기를 갖고 있는 것처럼 보이지만, 진짜 습기를 갖고 있지는 않을 거야! 그리고 폭풍우를 시뮬레이션하는 과정에서 산산조각이 나는 컴퓨터 따위는 없어!

샌디: 물론 그렇지. 그렇지만 자네는 수준level을 혼동하고 있어.

예를 들어 물리학 법칙이 진짜 허리케인에 의해 산산조각이 나지는 않지. 시뮬레이트된 허리케인의 경우에도 혹시 컴퓨터 속의 전선이 끊어지지 않았나 알아보려고 컴퓨터 메모리 속을 들여다본다면 실망하게 될 거야. 하지만 적절한 수준을 보아야 해. 그러니까 메모리 속에 부호화되어 있는 구조를 조사해 보자는 말이지. 그러면 추상적이기는 하지만 여러 가지 연결이 끊어져 있고, 일부 변수의 값이 크게 바뀌어 있다는 것을 알 수 있을 거야. 거기에 자네가 이야기하는 홍수나 파괴 현상이 있는 거야. 진짜지만, 단지 약간 감춰져 있고, 조금 찾아내기 힘들 뿐이지.

크리스: 미안하지만, 나는 자네 의견을 받아들일 수 없어. 자네는 내가 무언가 새로운 종류의 황폐화, 즉 지금까지의 허리케인과는 전혀 무관한 종류의 황폐화를 찾고 있다고 주장하고 있어. 그런 발상에 따르면, 자네가 말하는 특별한 〈안경〉을 통해서 보았을 때, 〈홍수와 황폐화〉라는 결과를 가져오는 것이면 〈무엇이나〉 허리케인이라고 부를 수 있게 될 거야.

샌디: 맞아. 정확하게 지적한 거야! 자네는 허리케인을 그 결과로 인식하고 있는 거야. 허리케인의 눈 한가운데에 들어가서 그 속에서 〈허리케인의 진수〉나 〈허리케인의 혼〉과 같은 어떤 영묘한 것을 찾아내려 든다면 그건 무모한 일이지! 따라서 일종의 패턴, 여기에서는 눈을 갖는 나선형 폭풍우라는 패턴이 존재하기 때문에, 그것이 허리케인이라고 말할 수 있는 것이지. 물론 자네가 그것을 허리케인이라고 부르기를 주장해야 할 많은 일들이 있지만.

팻: 그렇다면 자네는 어떤 대기 현상이라는 한 가지 핵심적인 필요

조건이라고 말하는 편이 낫지 않겠나? 컴퓨터 속에서 일어나는 현상이 어떻게 폭풍우가 될 수 있지? 내게는 시뮬레이션은 어디까지나 시뮬레이션이고, 시뮬레이션 이외의 그 무엇도 아니야!

샌디: 자네 말대로라면, 컴퓨터가 하는 계산도 시뮬레이션이 되는 셈이군. 그러니까 가짜 계산인 셈이지. 진짜 계산을 할 수 있는 것은 오직 사람뿐이지, 그렇지?

팻: 컴퓨터가 정확한 답을 하기 때문에 컴퓨터의 계산이 가짜 계산은 아니겠지. 하지만 그 계산은 여전히 패턴에 불과해. 그 과정에서 어떤 이해도 발생하지 않으니까. 가령 금전 등록기를 생각해 봐. 그 속에서 톱니바퀴가 맞물려 돌고 있을 때, 자네는 그 기계가 무언가를 계산하고 있다고 느끼나? 솔직히 그렇게 말할 수 있나? 그리고 컴퓨터란 고급스런 금전 등록기에 불과해. 내가 이해하는 한 그렇지.

샌디: 금전 등록기가 산수 문제를 풀고 있는 초등학생과 같은 느낌을 주지 않는다는 뜻이라면 나도 동감이야. 그러나 그것이 〈계산〉의 의미인가? 정말 그것이 계산의 필수 불가결한 부분인가? 만일 그렇게 중요한 부분이라면, 지금까지 모두가 생각하는 것과는 반대로, 지극히 복잡한 프로그램을 작성하지 않으면 컴퓨터에게 진짜 계산을 시킬 수 없을 거야. 물론 그런 복잡한 프로그램을 사용하는 과정에서 부주의로 인한 실수가 일어나거나 대답을 판독할 수 없게 휘갈겨 쓸 수도 있을 것이고, 때로는 종이 위에 낙서를 할 수도 있겠지. ……그렇게 되면 손으로 덧셈을 하는 우체국 직원만큼도 신뢰할 수 없게 될지도 몰라. 그런데 나는 우연히 이런 프로그램을 만들 수 있을 것이

라고 믿게 되었어. 그렇다면 우체국 직원과 초등학생이 계산을 하는 방법에 대해 무언가를 알 수 있게 될 거야.

팻: 나는 자네가 그런 프로그램을 만들 수 있다고 생각하지 않네.

샌디: 그럴 수도 있고, 그렇지 않을 수도 있지. 하지만 그건 내가 말하려는 내용의 요점이 아니야. 자네는 금전 등록기가 계산할 수 없다고 말하고 있어. 데닛의 『브레인 스톰』에 나오는 흥미로운 글귀가 생각나는군. 조금 반어적인 문장이지만, 내가 그 글을 좋아하는 이유가 그 때문이지. 그 구절은 다음과 같은 식으로 진행되네. 〈금전 등록기는 진정한 의미의 계산을 할 수 없다. 그 기계는 단지 톱니바퀴를 돌릴 뿐이다. 그렇지만 실제로 금전 등록기는 톱니바퀴를 돌리는 일도 할 수 없다. 그 기계는 단지 물리 법칙에 따를 뿐이다.〉 원문에서 데닛은 금전 등록기 대신 컴퓨터라는 말을 사용했어. 내가 문맥에 맞추려고 금전 등록기로 바꾸었지. 그러나 사람에 대해서도 같은 논법을 적용할 수 있어. 〈사람은 진정한 의미에서 계산을 할 수 없다. 사람이 할 수 있는 것은 심리적 상징 mental symbol 조작일 뿐이다. 그러나 그들은 상징을 조작하는 일조차 할 수 없다. 그들은 단지 뉴런들을 발화fire(뉴런이 다른 뉴런에 전기 충격으로 신호를 보내는 것──옮긴이)시킬 뿐이다. 그렇지만 정작 뉴런을 발화시킬 수조차 없다. 왜냐하면 그들은 단지 물리 법칙이 뉴런을 흥분시키게 만드는 것뿐이기 때문이다〉 등등. 이런 데닛식의 귀류법(歸謬法, reductio ad absurdum)을 사용하면 계산이란 존재하지 않고, 허리케인은 존재하지 않으며, 궁극적으로 소립자와 물리법칙보다 높은 수준은 아무것도 존재하지 않는다는 결론에 도달하지 않겠나? 컴퓨터는 기호를

다룰 뿐이기 때문에 실제로는 계산을 하지 않는다고 말함으로써 도대체 무엇을 얻을 수 있는 것이지?

팻: 그런 예는 극단적일지 모르지만 실제 현상과 그것의 시뮬레이션 사이에서 큰 차이가 있다는 내 주장의 요점과는 잘 부합되는 것 같군. 그것은 허리케인의 경우에도 마찬가지로 적용할 수 있고, 사람의 사고에 대해서는 더욱 그렇지.

샌디: 나는 이런 식의 주장에 너무 깊이 말려들기는 싫지만 한 가지만 더 예를 들겠어. 자네가 아마추어 무선을 하고 있는데 누군가가 모스 신호로 타전해 오는 것을 듣고 자네도 모스 신호로 대답을 했다고 하세. 그때 〈상대 쪽 사람〉이라는 말을 사용하면 그 말이 자네에게 이상하게 들리겠나?

팻: 아니, 전혀 이상하게 들릴 것 같지 않아. 설령 그 반대쪽에 사람이 있다는 것이 가정에 불과하다 해도 말이야.

샌디: 그렇겠지. 하지만 자네가 직접 그 곳에 가서 확인하려 들지는 않겠지. 그러니까 자네는 조금 특이한 채널을 통해서라도 상대가 사람인지 여부를 판단할 수 있다는 말이 되는군. 다시 말해서 사람의 몸을 눈으로 보고, 사람의 목소리를 직접 귀로 들을 필요는 없고, 자네가 필요한 것은 오히려 추상적인 기호 조작, 말하자면 부호code와 같은 것이지. 내가 도달한 생각은 이런 거야. 〈돈 쯔〉하는 보스 부호 뒤쪽에서 사람을 〈보기〉 위해서, 자네는 기꺼이 어떤 해독 작업, 즉 해석을 하지 않으면 안 되지. 그러한 과정은 직접적인 지각이 아닌 간접적인 지각이야. 그 속에 숨어 있는 진실을 찾아내기 위해서는 하나 또는 두 개의 층layer을 벗겨내야만 해. 모스 부호의 신호음 뒤쪽에서 사람을 〈보기〉 위해서는 〈아마추어 무선〉이라는 안경을 걸

쳐야 하는 거야. 시뮬레이트된 허리케인도 마찬가지야! 자네는 컴퓨터실을 어둡게 할 필요가 없어. 그 대신 기계의 메모리를 해독해야 하지. 자네는 특수한 〈메모리 해독 안경〉을 써야해. 그래야만 자네가 보는 것이 허리케인이 되니까.

팻: 이런! 천만에! 잠깐만 내 말을 들어봐! 좀더 빠른 것에 대해 이야기해 보자구. 단파 통신의 경우, 진짜 사람이 거기 바깥에 있는 거야. 그 곳이 피지 섬이든 어디든 간에. 내가 수신기 앞에 앉아 해독을 하는 행동으로 그 사람이 존재한다는 사실은 간단히 밝혀지지. 그건 그림자를 보고 그림자를 드리우는 어떤 객체가 거기에 존재한다고 결론짓는 것과 마찬가지야. 하지만 그림자와 그 객체를 혼동하는 사람은 아무도 없어! 그리고 허리케인의 경우, 장막 뒤에서 컴퓨터가 자신의 패턴을 흉내내게 하는 식의 〈진짜〉 허리케인이란 없어. 결국 자네가 보는 허리케인은 진짜가 아니라 그림자 허리케인일 뿐이야. 단지 나는 그림자와 진짜를 혼동하는 것을 거부할 뿐이야.

샌디: 좋아. 나도 이 문제를 더 이상 깊이 파고들고 싶지 않아. 그리고 허리케인의 시뮬레이션이 허리케인 그 자체라는 말이 매우 어리석게 들린다는 사실도 인정해. 하지만 내가 지적하고 싶은 것은, 그러한 말이 자네가 생각하는 것만큼 어리석지는 않다는 거야. 또한 사고의 시뮬레이션을 생각할 때에도, 허리케인의 시뮬레이션의 경우와는 전혀 다른 문제를 다루게 되는 거야.

팻: 나는 그 이유를 이해할 수 없어. 브레인 스톰이라는 말은 마치 정신적인 허리케인과 비슷한 어감을 주거든. 하지만 진지하게

하는 말인데, 자네는 그 점을 내게 납득시킬 필요가 있을 거야.

샌디: 좋아. 자네를 설득하기 위해서 우선 허리케인에 대해 몇 가
지를 더 지적해야 될 것 같아.

팻: 휴! 제발 그만! 좋아, 어디 한번 이야기해 보게.

샌디: 허리케인이 무엇인지, 그러니까 완전히 정확한 용어로 그것
이 무엇인지 이야기할 수 있는 사람은 아무도 없어. 많은 폭풍
에서 공통적으로 나타나는 어떤 추상적인 패턴이 있고, 우리
가 어떤 폭풍을 허리케인이라고 부르는 것은 바로 그 패턴 때
문이지. 그러나 실제로 허리케인과 비(非)허리케인 사이에 명
확한 선을 긋기란 불가능해. 강한 회오리 바람이나 사이클
론, 태풍, 모래 폭풍 등이 있어. 목성의 대적점 Great Red
Spot:(大赤點, 목성 표면의 가스층 움직임으로 형성된 거대한 붉
은 점으로, 그 형성 과정은 카오스 이론으로 설명된다.——옮긴
이)은 허리케인인가? 태양의 흑점은? 풍동(風洞) 속에서 허리
케인이 만들어질 수 있을까? 시험관 속에서는? 상상 속에서 자
네는 〈허리케인〉이라는 개념을 한층 더 확장시켜서 중성자별
표면에서 일어나는 극히 작은 폭풍까지 포함시킬 수 있을 거야.

크리스: 그렇게까지 무리하게 확장시킬 수 없다는 것은 자네도 잘
알잖아. 〈지진〉이라는 개념도 이미 확장되어서 중성자별에까
지 사용되고 있어. 천체물리학자들의 말에 따르면, 펄서
pulsar가 맥동할 때 극히 짧은 순간에 관찰되는 미묘한 변동
은 중성자별의 표면에서 바로 직전에 일어난 성진(星震)이라고
도 하는 〈글리치 glitch(펄서의 맥동 주기에서 나타난 갑작스런
변화——옮긴이)〉에 의해서 발생한다고 해.

샌디: 그래. 나도 기억해. 〈글리치〉라는 개념은 몸이 오싹할 정도

로 기분이 나빠. 초현실적인 무언가의 표면에서 일어나는 초현실적인 종류의 떨림과 같은 느낌이야.

크리스: 순수한 핵물질로 이루어진, 자전하는 거대한 구체 표면에서 일어나는 판구조론을 상상할 수 있겠어?

샌디: 그건 얼토당토 않은 생각이야. 그렇다면 성진이나 지진 모두 새롭고, 좀더 추상적인 범주로 통합될 수 있어. 과학은 그런 식으로 항상 친숙한 개념을 확장시키고, 그 개념을 친근한 경험으로부터 점점 더 멀리 떨어뜨려놓으면서도 무언가 본질적으로 변하지 않는 부분을 지켜왔어. 수의 체계가 고전적인 예인데, 양수에서 음수로, 그리고 유리수, 실수, 복소수(複素數)로, 그런 다음에는 소이스Seuss 박사(가이절 Geisel [미국 소설가이자 삽화가의 필명——옮긴이])의 표현을 빌리자면 〈얼룩말 너머까지 계속해서on beyond zebra('대수학algebra'에 대한 은유로 z-ebra라는 말을 쓴 것이 아닐까?——옮긴이)〉.

팻: 자네가 말하고 싶은 요점이 무엇인지 알 수 있을 것 같아, 샌디. 생물학의 경우에도 상당히 추상적인 방식으로 확립된 유연(類緣) 관계(진화 계통수에서 나타나는 생물종들 사이의 친척관계——옮긴이)의 예가 많이 있지. 예를 들어 어떤 종(種)이 어떤 과(科)에 속하는지에 대한 결정이 어떤 수준에서 공유되는 추상적인 패턴에 의해 이루어지는 경우가 종종 있어. 내 생각으로는 지극히 추상적인 패턴을 바탕으로 분류 체계를 만들 경우, 같은 종의 구성원들이 표면적인 여러 특성에서는 서로 전혀 비슷하지 않더라도 매우 폭넓은 범위의 여러 가지 현상이 〈같은 종류〉로 분류되는 일이 발생할 수 있을 거야. 따라서 나는 자네에게 허리케인의 시뮬레이션이 기묘한 의미이기는

하지만 어떻게 하나의 허리케인〈일〉수 있는지를 최소한 조금이라도 알 수 있을 것 같아.

크리스: 아마도, 의미가 확장된 단어가 〈허리케인〉이 아니라 〈이다 be〉겠지!

팻: 어떻게 그렇게 되지?

크리스: 튜링이 〈생각한다〉라는 동사를 확장할 수 있었다면, 나도 〈이다be〉라는 동사를 확장할 수 있지 않겠나? 내가 말하는 것은 시뮬레이트된 것들이 진짜와 고의적으로 혼동될 때, 누군가가 철학적인 기만을 하고 있다는 뜻이야. 그건 〈허리케인〉과 같은 몇 개의 명사를 확장시키는 것보다 훨씬 심각한 일이지.

샌디: 나도 〈이다〉라는 동사가 확장되었다는 자네의 생각을 좋아해. 하지만 〈기만〉이라는 말은 너무 지나친 비방인 것 같은데. 어쨌든 자네에게 이의가 없다면, 시뮬레이트된 허리케인에 대한 이야기를 한 가지만 더 하게 해줘. 그런 다음 시뮬레이트된 마음의 문제를 다루기로 하지. 가령 자네가 정말 정확한 허리케인의 시뮬레이션을 고려하고 있다고 하세. 내 말은 모든 원자의 움직임까지 시뮬레이트한다는 뜻이지. 하지만 나는 그 정도의 시뮬레이션은 불가능하다고 생각해. 그렇게 되면 〈허리케인성(性) hurricane-hood〉을 정의하는 모든 추상적인 구조를 포함하는 셈이 된다는 사실에 자네도 동의해 주었으면 좋겠어. 그렇다면 자네가 그것을 허리케인이라고 부르지 못하도록 막는 것은 도대체 무엇인가?

팻: 나는 자네가 시뮬레이션과 진짜가 같다는 주장을 철회했다고 생각했는데.

샌디: 물론 그랬었지. 하지만 그런 다음 이런 사례들이 등장했고, 따

라서 내 주장을 다시 되풀이하지 않을 수 없었어. 어쨌든 앞에서 말했듯이 이 주장은 철회하고, 사고라는 문제에 돌아가기로 하지. 이 문제가 여기에서 실질적인 문제이니까. 사고란 추상적 구조라는 점에서는 허리케인과 비교도 되지 않지. 사고는 뇌라고 불리는 일종의 매체 속에서 발생하는 복잡한 사건들을 기술하는 하나의 방식이지. 그러나 실제로 사고는 수십억 개나 되는 뇌들 중 어디에서도 일어날 수 있어. 그런데 그 뇌들은 물리적으로 큰 차이를 가지면서, 그럼에도 불구하고 〈같은 것〉을, 즉 사고라는 것을 지탱하지. 그렇다면 중요한 것은 뇌라는 매체가 아니라 그 추상적인 패턴이지. 수많은 뇌들 중에서 어느 하나를 선택하더라도, 그 내부에서는 같은 종류의 움직임이 일어날 수 있기 때문에, 아무도 자신이 다른 사람보다 더 〈진정하게(진짜로)〉 생각하고 있다고 말할 수 없게되지. 만약 우리가 〈동일한 양식의〉 움직임이 일어날 수 있는 어떤 새로운 종류의 매체를 생각해 냈다면, 자네는 그 새로운 매체 속에서 사고가 이루어지고 있다는 것을 부정할 수 있을까?

팻: 부정하지는 않겠지. 하지만 어쩐지 자네는 문제의 본질에서 빗겨난 것 같아. 지금 문제가 되는 것은 그 〈동일한 양식〉의 움직임이 실제로 일어나고 있는지 여부를 어떻게 자네가 결정할 수 있는가이지.

샌디: 튜링 테스트의 매력이 바로 그런 것이지. 그런 움직임이 언제 일어나는지를 자네에게 말해 주니까.

크리스: 무슨 말인지 도무지 알 수가 없군. 단지 컴퓨터가 나와 똑같이 대답한다는 이유만으로 내 마음의 내부에서처럼 컴퓨터의 내부에서도 똑같은 양식의 움직임이 일어난다는 것을 자네

가 어떻게 알 수 있지? 자네가 보는 것은 모두 그 외부에 불과해.

샌디: 하지만 내가 자네에게 말을 걸 때, 내 내부에서 자네가 말하는 〈사고〉와 흡사한 일이 일어나고 있다는 것을 자네는 어떻게 알 수 있나? 튜링 테스트는 환상적인 탐침이야. 마치 물리학에서 쓰이는 가속기와도 같은 것이지. 크리스, 이런 비유가 자네 마음에 들 것 같은데. 물리학에서와 마찬가지로 자네가 원자 수준이나 원자 이하 수준에서 어떤 일이 일어나는지 이해하려면 자네는 그것을 직접 관찰할 수 없기 때문에 그 성질을 알고 싶은 타깃에 가속된 입자들을 충돌시켜서 그 입자의 움직임을 관찰하겠지. 그리고 그 관찰에 의거해서 타깃의 내부 구조를 추론하겠지. 튜링 테스트는 이런 개념을 마음으로 확장시킨 것이야. 이 테스트는 마음을 직접 볼 수는 없지만, 좀더 추상적인 형태로 그 구조를 연역할 수 있는 〈타깃〉으로 다루지. 입자들을 〈충돌〉시키듯이 타깃인 마음에 질문을 퍼부어 물리학에서와 똑같이 마음의 내부 작동 방식에 대해 알아내는 거야.

크리스: 좀더 정확하게 이야기하자면, 어떤 종류의 내부 구조가 관찰된 행동을 설명할 수 있는지에 대한 가설을 세울 수 있겠지. 하지만 그러한 내부 구조는 실제로는 존재할 수도 있고, 그렇지 않을 수도 있어.

샌디: 잠깐만! 그럼 자네는 원자핵이 단지 가설적인 존재에 불과하다는 이야기를 하고 싶은 건가? 하지만 원자핵의 존재는, 아니, 그 〈가설적 존재〉라고 말해야 될까? 원자에 충돌한 입자들의 움직임에 의해 증명되었어. 아니, 〈주장〉된 것인가?

크리스: 나는 물리적 계가 마음보다 훨씬 단순하다고 생각해. 따라서 추론의 확실성도 그만큼 높아지는 셈이지.

샌디: 그에 상응해서 실험의 수행이나 해석도 그만큼 어려워지지. 튜링 테스트의 경우 한 시간 동안 고도로 복잡한 실험들을 많이 할 수 있어. 내가 주장하고 싶은 것은 자기 이외의 사람에게 의식이 있다고 인정하는 것은 다른 사람을 단속적으로 외부에서 계속 관찰한 결과에 의존한다는 것이야. 이것은 그 자체로 튜링 테스트와 흡사한 무엇이지.

팻: 대략적으로는 그럴지도 모르지만, 다른 사람에 대한 관찰은 텔레타이프를 사용해서 대화를 하는 것 이상의 무엇이지. 다른 사람에게 신체가 있다는 것을 알고 있고, 얼굴이나 표정을 볼 수 있고, 결국 상대가 우리와 같은 사람이라는 것을 알기 때문에 우리는 그 사람도 생각한다고 간주하는 것이지.

샌디: 그건 사고를 지나치게 인간 중심적으로 바라보는 견해라는 느낌이 들어. 그런 식이라면 자네는 훌륭하게 프로그램된 컴퓨터보다 백화점의 마네킹이 더 사람과 흡사하게 생각한다는 주장을 펴게 되지 않겠나? 단지 마네킹이 사람과 더 닮았다는 이유만으로 말이야.

팻: 분명한 사실은 어떤 대상이 사고 능력을 갖고 있다고 기꺼이 인정하려면 단지 물리적으로 사람의 모습과 유사하다는 것 이상의 무언가가 필요하다는 것이지. 유기체로서의 성질, 기원의 동일성 등이 매우 중요한 신뢰를 준다는 사실은 부인할 수 없지 않을까?

샌디: 바로 그 대목에서 우리는 생각이 달라. 나는 그런 사고 방식을 쇼비니즘적인 인간 중심주의라고 생각해. 내가 생각하는

핵심적인 사항은 내부 구조의 유사성이지 신체의 유사성이나 유기체로서의 유사성, 또는 화학 구조의 유사성이 아니야. 중요한 것은 조직적인 구조, 즉 소프트웨어의 유사성이지. 나는 어떤 대상이 생각을 할 수 있는지 여부가 그 조직이 특정한 방식으로 기술(記述)될 수 있는지 여부의 문제라고 생각해. 그리고 나는 튜링 테스트야말로 이러한 조직 양식의 존재 또는 부재를 검출할 수 있다고 확신하고 있어. 내가 생각하고 있다는 증거를 얻기 위해 자네가 내 신체에 의존한다는 것은 지극히 얕은 수준이라고 말할 수 있어. 내 생각으로는 튜링 테스트가 단순한 외부 형태보다 훨씬 깊은 곳을 보고 있는 것 같아.

팻: 이봐, 자네는 내 생각을 제대로 이해하지 못하고 있군. 내부에서 실질적인 사고가 이루어지고 있다는 생각에 무게를 실어주는 것은 단지 신체의 모습만이 아니야. 이미 내가 말했듯이 그것은 공통의 기원이라는 개념이기도 해. 그것은 자네와 내가 모두 DNA 분자에서 발생했다는 생각이고, 나는 그러한 점에 높은 중요성을 두지. 가령 이런 식으로 말할 수도 있어. 사람 신체의 외형에 의해 사람이 깊은 생물학적 역사를 공유한다는 사실을 드러내주며, 이러한 신체를 가진 당사자가 생각할 수 있다는 사고 방식에 높은 신뢰성을 주는 것은 바로 그 역사의 깊이이지.

샌디: 그러나 그것들은 모두 간접적인 증거가 아닐까? 자네에겐 직접적인 증거가 필요하고, 튜링 테스트가 찾아내려는 것이 바로 그런 직접적인 증거이지. 그리고 나는 튜링 테스트만이 〈생각함(사고성?, thinkinghood)〉을 검출할 수 있는 유일한 방법이라고 생각해.

크리스: 그러나 튜링 테스트에 속을 수도 있어. 마치 질문자가 남자를 여자로 착각할 수 있듯이 말이야.

샌디: 그 점은 인정해. 가령 내가 너무 빨리 테스트를 하거나, 지나치게 피상적으로 테스트를 한다면 속을 수도 있겠지. 하지만 나는 생각할 수 있는 한 가장 철저한 테스트를 할 거야.

크리스: 그런데 자네 프로그램이 농담을 이해할 수 있을지 알고 싶은데. 농담을 이해할 수 있다면 지능에 대한 실질적인 시험이 될 텐데.

샌디: 유머가 지능을 가졌다고 생각되는 프로그램을 판별하는 까다로운 테스트가 될 수 있다는 데에는 동의하지만, 내게 같은 정도로 중요한, 어쩌면 그보다 더 중요한 것은 감정 반응에 대한 테스트일 거야. 따라서 나라면 그 프로그램이 특정 음악이나 문학 작품에 대해 어떻게 반응할지 묻겠어. 특히 내가 좋아하는 곡에 대해서 말이야.

크리스: 가령 〈그런 곡은 모른다〉라거나 〈음악에는 관심이 없다〉는 식의 대답이 나오면 어떻게 하지? 그리고 감정에 대해서는 대답을 회피하는 경우에는?

샌디: 만약 그런 반응이 나온다면 회의적이겠지. 가령 특정 주제를 회피하는 일관된 패턴이 나타난다면, 과연 내가 생각하는 존재를 상대하고 있는지의 여부에 대해 진지하게 의심하기 시작하겠지.

크리스: 그렇게 말하는 이유는 무엇이지? 자네가 그런 경우에 사고는 하지만 감정은 갖지 않은 무엇을 상대한다고 말하지 않는 까닭이 무엇이지?

샌디: 아주 민감한 점을 지적했군. 내가 감정과 사고가 분리될 수

있다고 생각할 수 없기 때문이야. 다시 말해 나는 감정을 사고 능력에서 자동적으로 발생되는 부산물로 간주한다는 뜻이지. 감정은 사고의 본질 그 자체 속에 포함되는 무엇이야.

크리스: 그렇다면 자네 생각이 틀렸을 때는 어떻게 되는 거지? 만약 내가 생각은 할 수 있지만 감정은 갖지 않는 기계를 만들었다면? 그런 경우에 자네가 생각하는 종류의 테스트를 통과하지 못할 테고, 그러면 그 기계가 지능을 가졌다는 사실을 인정받지 못할 것이 아닌가?

샌디: 내게 감정과 연관된 질문과 감정과 무관한 질문을 구분하는 경계가 무엇인지 이야기해 주겠나? 자네는 위대한 소설의 의미에 대해서 묻고 싶을지도 모르지. 그것은 인간의 감정에 대한 이해를 필요로 해! 그것이 사고인가, 아니면 단지 냉정한 계산에 불과한가? 자네는 미묘한 단어 선택에 대해 질문을 할 수도 있을 거야. 그 경우 그 단어가 갖는 함축connotation을 이해할 수 있어야 하지. 튜링도 그의 논문에서 그와 비슷한 예를 들고 있지. 아니면 지극히 복잡한 로맨틱한 상황에 대한 조언을 구하는 질문을 할 수도 있겠지. 그 경우에는 사람의 동기나 그 원인에 대해 충분한 이해가 필요할 거야. 이러한 과제를 해결하지 못했을 때, 나는 그 컴퓨터가 생각할 수 있다고 말하고 싶지 않을 거야. 내 생각을 이야기하자면 생각하는 능력, 느낄 수 있는 능력, 그리고 의식은 하나의 현상이 갖는 세 가지 측면에 지나지 않고, 그중 어느 하나도 다른 두 가지가 없이는 존재할 수 없어.

크리스: 왜 자네는 아무것도 느끼지 않지만, 어쨌든 생각하고 복잡한 결정을 내릴 수 있는 기계를 만들 수 없는 거지? 나는 그런

기계가 존재해도 아무런 모순이 없다고 생각하는데.

샌디: 나는 그런 생각이 모순이라고 생각해. 자네가 그런 말을 할 때 머리 속에서 금속으로 만들어진 사각형 기계를 그리고 있을 거야. 에어컨이 돌아가는 방 안에, 단단하고 각지고, 그 속에 색색가지 전선이 100만 개쯤 들어 있는 차가운 물체가 바닥 위에 놓여 있고, 붕붕거리거나 삐삐거리는 소리를 내면서 테이프를 감고 있는 기계 말일세. 그런 기계는 체스를 잘 둘 수 있을 거야. 나도 체스 게임이 엄청나게 많은 의사 결정을 필요로 한다는 사실을 인정하지. 하지만 나는 그러한 기계에 의식이 있다고는 말하지 않을 걸세.

크리스: 그 이유가 무엇이지? 기계론자들에게 체스 경기를 하는 기계는 미숙하기는 하지만 의식을 가진 것이 아닌가?

샌디: 나 같은 기계론자는 그렇게 생각하지 않아. 내 관점에 따르면 의식은 정확한 형태의 조직 패턴에서만 나올 수 있어. 하지만 아직 우리는 그 조직 패턴을 상세한 부분까지 기술할 수 없어. 그러나 나는, 우리가 점차 그것을 이해할 수 있게 되리라고 믿네. 내 견해로, 의식은 외부 세계를 내부에 투영시키는 특정한 방식을 필요로 해. 그리고 내부에 표상된 모형을 기반으로 외부 실재에 반응하는 능력도 요구되지. 거기에 덧붙여서, 의식을 가진 기계에서 결정적으로 중요한 것은 그 기계가 충분히 발달된 유연한 자기 모형flexible self-model을 포함하고 있어야 된다는 사실이지. 그리고 최고의 체스 경기 프로그램을 포함해서 기존의 모든 프로그램은 그런 조건을 만족시키지 못해.

크리스: 체스 프로그램은 다음 수를 생각할 때 앞을 내다보고 이렇

게 혼잣말을 하지 않을까? 〈상대가 여기로 오면 나는 저쪽으로 가고, 상대가 이렇게 나오면 나는 저런 식으로 응수하고 ……. 〉 이런 것이 일종의 자기 모형이 아닐까?

샌디: 그렇지 않아. 아무리 자기 모형의 일종이라고 우겨대고 싶더라도, 그러한 모형은 극히 제한된 모형이라고밖에는 말할 수 없어. 그러니까 가장 좁은 의미에서만 자기를 이해하는 거지. 예를 들어 체스 경기 프로그램은 자신이 체스를 두고 있는 이유, 또는 자신이 프로그램이며 컴퓨터 속에 들어 있다는 사실, 상대는 사람이라는 사실 등을 전혀 알지 못하는 거야. 아예 이기고 진다는 것이 무엇인지도 모르지. 또는 …….

팻: 그렇다면 자네는 프로그램이 그런 것을 지각하지 못한다는 사실을 어떻게 알지? 체스 프로그램이 무슨 감정을 갖는지, 어떤 지식을 갖는지 가정할 수 있는 근거는 무엇인가?

샌디: 팻, 제발! 특정한 사물이 어떤 감정이나 지식도 갖지 않는다는 것은 모두가 아는 사실이 아닌가? 예를 들어 던져진 돌멩이는 포물선을 알지 못하고, 돌아가는 선풍기 날개는 공기에 대해 모르지. 물론 내가 그런 사실을 증명할 수는 없어. 그리고 우리 의견은 그런 사실을 믿느냐 믿지 않느냐의 지점에서 갈리지.

팻: 자네 이야기를 들으니, 내가 읽었던 『장자』의 한 구절이 떠오르는군. 두 사람의 현자(賢者)가 시냇물 위에 걸쳐진 다리 위에 서 있었지. 한 사람이 다른 사람에게 이렇게 물었어. 〈내가 물고기라면 좋겠군. 물고기들은 정말 행복해 보이네!〉 그러자 상대 현자가 이렇게 대답했어. 〈물고기가 행복한지 그렇지 않은지 자네가 어떻게 알 수 있나? 자네는 물고기가 아닐세.〉 그

러자 처음에 말을 꺼낸 현자가 〈하지만 자네는 내가 아닌데, 내가 물고기의 느낌을 아는지 모르는지 어떻게 알 수 있겠나?〉라고 응수했다네.

샌디: 정말 멋진 이야기군! 정말이지 의식에 대한 논의는 일정 정도의 제약을 필요로 하지. 그렇지 않으면 유아론(唯我論)이라는 악대 차량에 뛰어올라 〈오직 나만이 이 우주에서 의식을 가진 유일한 존재〉라고 주장하거나, 거꾸로 범심론(汎心論)에 빠져서 〈무릇 이 우주에 존재하는 삼라만상이 의식을 갖는다!〉라고 우겨댈 테니까.

팻: 그런데 자네가 그걸 어떻게 알지? 삼라만상에 의식이 〈있을〉지도 모르지 않나?

샌디: 만약 자네가 돌멩이나 전자와 같은 입자조차 어떤 종류의 의식을 갖는다고 주장하는 부류에 가담하려 한다면, 우리 두 사람 사이는 끝이야. 그런 생각은 나로서는 도저히 이해할 수 없는 일종의 신비주의야. 체스 프로그램의 경우, 마침 내가 그 기능을 알고 있기 때문에 나는 자네에게 그 프로그램이 의식을 갖지 않는다는 것을 확실히 이야기해 줄 수 있어! 절대로!

팻: 그 이유가 무엇이지?

샌디: 그런 프로그램은 체스를 두는 목적에 대한 지식은 거의 들어 있지 않아. 〈경기를 한다〉는 개념은 수많은 수를 비교해서 그 중에서 가장 좋은 수를 고르는 작업을 반복하는 기계적인 움직임으로 대체되지. 따라서 체스 프로그램은 지면 부끄럽고 이기면 자랑스러운 식의 감정을 전혀 느끼지 않는 거야. 게다가 자기 모형은, 설령 있어도 극히 조잡한 수준이지. 그 프로그램은 할 수 있는 최소한의 것, 즉 체스 게임을 하는 데 충분

한 정도만을 할 뿐 그 이상의 것은 전혀 하지 않지. 그런데 흥미로운 사실은 그럼에도 불구하고 우리가 체스 게임 컴퓨터의 〈바람〉에 대해 여전히 이야기하고 있다는 점이지. 가령 〈이 컴퓨터가 킹을 졸(卒)의 대열 뒤에 숨기고 싶은 모양이구나〉라든가, 〈루크를 일찌감치 앞으로 빼내기를 좋아하는구나〉, 또는 〈이 컴퓨터는 내가 양수걸이를 알아차리지 못한다고 생각하나 봐〉 하는 식으로 말이야.

팻: 그런데 우리는 곤충에 대해서도 같은 식의 생각을 하는 것이 아닐까? 개미 한 마리가 따로 떨어져 있는 것을 보면, 〈집에 돌아가려는 모양이지〉라거나 〈죽은 벌을 벌집까지 끌고 가고 싶은가봐〉라고 말하지. 사실 우리는 모든 동물에 대해 그런 식으로 감정을 나타내는 말을 사용하지만, 실제로 그 동물이 어느 정도의 감정을 갖는지에 대해서는 분명히 알지 못하지. 나도 아무렇지도 않게 개나 고양이가 행복하거나 슬퍼하고, 원망이나 신념을 갖고 있다고 말해. 그러나 물론 그런 동물들의 슬픔이 사람의 슬픔만큼 심각하거나 복잡할 것이라고 생각하지는 않지.

샌디: 자네는 그런 동물의 슬픔을 〈시뮬레이트된 슬픔〉이라고는 부르지 않겠지?

팻: 물론. 그건 진짜 슬픔이라고 생각해.

샌디: 그런 목적론적이거나 정신적인 용어의 사용을 피하기란 정말 힘들지. 그런 용어의 사용은 충분히 정당화될 수 있다고 생각해. 다만, 도를 지나친 사용은 안 되겠지만. 그리고 현 단계의 체스 프로그램에 대해 그런 말을 사용할 때 사람에게 적용되는 것과 같은 풍부한 의미를 갖지 않는 것은 물론이지.

크리스: 나는 여전히 지능이 감정을 포함하지 않을 수 없다는 말을 이해할 수 없어. 계산은 하지만 감정이 없는 지능의 존재를 상상할 수 없는 이유는 도대체 뭐지?

샌디: 여러 가지 대답이 가능하지. 첫째, 모든 지능은 반드시 동기를 가져야 해. 많은 사람들이 어떻게 생각할지 모르지만 기계가 사람보다 더 〈객관적으로〉 생각할 수 있다는 것은 전혀 사실이 아니야. 기계가 어떤 장면을 보았을 때, 그 기계는 초점을 맞추어 그 장면에서 몇 가지 요소만을 취해서 미리 갖고 있던 몇 가지 범주로 분류하지. 그건 사람의 경우와 마찬가지야. 그리고 그런 동작은 어떤 것은 보지만, 그 이외의 것은 놓친다는 의미이지. 다시 말해 몇 가지 요소에 다른 것보다도 큰 중요성을 부여한다는 말이지. 더구나 이런 일은 정보 처리의 모든 수준에서 일어나지.

팻: 무슨 뜻이지?

샌디: 나 자신을 예로 들어보세. 자네는, 내가 단지 지적인 주장을 할 뿐이고, 그런 주장을 하기 위해 감정을 필요로 하지 않을 것이라고 생각할 수 있어. 그렇다면 내가 몇 가지 쟁점에 대해 그토록 〈신경을 쓰는〉 까닭이 무엇이겠나? 내가 왜 〈신경을 쓴다〉는 말을 힘주어 강조했을까? 그건 내가 지금 우리의 대화에 감정적으로 관여되어 있기 때문이야! 대화를 주고받는다는 것은 무의미한 기계적 반사에 의거하는 것이 아니라 어떤 확신을 기초로 하는 것이지. 가장 지적인 대화도 그 바닥에 깔린 열정에 이끌리는 것이야. 모든 대화에는, 겉으로 드러나지 않지만 그 아래쪽을 흐르는 감정적인 저류(低流)가 있어. 그것은 화자의 경우, 자신이 이렇게 말했으면, 이렇게 이해되었으

면, 그리고 자신의 말이 존중되었으면 하고 생각하는 무엇이지.

팻: 자네 이야기는 마치 사람들이 자신이 하는 말에 관심을 기울여야 하며, 그렇지 않으면 대화 자체가 불가능해지는 것처럼 들리는군.

샌디: 바로 그거야! 어떤 관심에 의해서든 동기가 부여되지 않는다면 나는 구태여 누군가에게 이야기를 걸 하등의 이유도 없을 거야. 그리고 이 관심은 의식 아래쪽에 잠재해서 우글거리는 편향bias들의 총체를 다른 이름으로 부른 것에 불과해. 내가 무언가를 이야기할 때, 나의 편향들도 함께 작동하지. 그리고 자네가 그 표면적인 수준에서 지각하는 것이 바로 나의 양식, 즉 개인성personality(여기에서는 개성의 일반적인 의미와의 혼동을 피하기 위해, 〈나임(I-ness)〉을 특징짓는 양식으로서의 개인성이라는 말을 사용했다.——옮긴이)이라는 것이야. 그런데 그러한 양식, 개인성이란 극히 작은 선입관이나 편향, 버릇 등과 같은 것들이 헤아릴 수 없는 정도로 모일 때 비로소 생기는 것이지. 자네가 수백만이나 되는 이런 상호 작용을 한데 더하면, 숱한 바람desire이라는 것에 필적하는 무엇을 얻게 되지. 한 마디로 우리의 바람이란 이런 것들을 모두 합친 무엇이야! 이 대목까지 오면, 또 하나의 문제, 즉 아무런 감정도 없는 계산이라는 문제에 다다르게 되지. 분명 그런 감정 없는 계산은 존재해. 예를 들어, 금전 등록기나 휴대용 계산기가 그런 종류에 해당하지. 오늘날 사용되는 모든 컴퓨터 프로그램들도 그렇게 말할 수 있어. 하지만 궁극적으로 자네가 엄청나게 방대하고 잘 조절된 조직체에서 그런 감정 없는 계산을 충분하게 많이 수행한다면, 그런 감정 없는 계산과는 다

른 수준의 여러 가지 성질을 갖는 무엇을 얻게 될 거야. 자네는 그런 단계의 계산이 한 다발의 계산이 아니라 경향이나 바람, 신념 등의 하나의 체계라는 것을 볼 수 있을 거야. 아니, 그렇게 〈보아야〉 하지. 사태가 충분히 복잡해지면 기술(記述)의 수준을 변화시키지 않을 수 없을 거야. 그런 변화는 어느 정도까지는 이미 일어나고 있어. 우리가 체스 프로그램이나 그 밖의 기계적 사고의 시도에 대해 〈바란다〉, 〈생각한다〉, 〈시도한다〉, 〈희망한다〉 등의 말을 사용해서 묘사하는 것도 그 때문이겠지. 데닛은 관찰자가 수행하는 이러한 수준 변경을 〈의도적인 자세를 채택한다adopting the intentional stance〉라고 말했지. 내 생각으로 인공 지능 분야에서 정말 흥미로운 일은 프로그램 〈자체〉가 스스로에게 그런 의도적인 자세를 채택할 때 일어나지.

크리스: 그건 매우 기묘한 종류의 수준 교차 되먹임고리 회로 level-crossing feedback loop가 되겠는데.

샌디: 분명 그렇겠지. 당연한 일이네만, 내 견해로는 누구든 현 단계의 프로그램에 대해 의도적인 자세를 취한다면(그 용어의 충분한 의미에서) 지나치게 시기상조이겠지. 적어도 나는 그렇게 생각해.

크리스: 그 문제와 연관해서 한 가지 의문이 있어. 사람 이외의 것에 대해 의도적인 자세를 취하는 것은 어느 정도까지 타당성을 갖는 것이지?

팻: 나는 포유류에 대해서는 의도적인 자세를 채택하겠어.

샌디: 나도 같은 의견이야.

크리스: 그거 재미있군! 그 이유가 뭐지, 샌디? 자네가 개나 고양

이가 튜링 테스트를 통과할 수 있다고 주장하려는 것은 물론 아니겠지? 그런데 자네는 튜링 테스트야말로 사고의 존재·비존재를 판별하는 유일한 방법이라고 생각하지 않나? 어떻게 양쪽을 동시에 주장할 수 있지?

샌디: 음……, 자네 말이 맞아. 그러면 이렇게 한번 생각해 보지. 튜링 테스트가 어떤 수준 이상의 의식에 대해서만 작동한다는 것을 내가 인정하지 않을 수 없게 되었다고 가정하면, 테스트에 합격할 수 없지만 사고가 가능한 존재가 있을 수 있어. 하지만 다른 한편, 이 테스트를 통과하는 것이면 무엇이든, 내 생각으로 진짜 의식을 가진 생각하는 존재가 되겠지.

팻: 자네는 왜 컴퓨터가 의식 있는 존재라고 생각하지? 만약 이런 물음이 진부하게 들린다면 미안하네. 하지만 내가 의식 있는 존재를 생각할 때 나는 기계와 사고를 연결시킬 수 없어. 내게 의식이란 부드럽고, 피가 통하는 따뜻한 신체하고만 결부될 뿐이야. 어쩌면 어리석은 소리로 들릴지도 모르지만.

크리스: 생물학을 공부하는 사람의 말 치고는, 이상하게 들리는 것은 분명해. 자네들은 대개 화학이나 물리학의 관점에서 생명을 다루면서 그 속에 들어 있는 신비적인 요소들을 깡그리 없애버리지 않나?

팻: 그렇지는 않아. 오히려 경우에 따라 그런 화학이나 물리학 덕택에 거기에서 무언가 신비로운 일이 일어나고 있다는 느낌이 한층 강해지기도 하지. 어쨌든 나도 나 자신의 과학적 지식과 본능 수준gut-level의 감정을 항상 통합시킬 수는 없어.

크리스: 그 점에서는 나도 마찬가지라고 생각해.

팻: 그러면 자네는 내 생각과 같은 완고한 선입견을 어떻게 다루

겠나?

샌디: 그런 경우, 나라면 자네의 〈기계〉라는 개념의 표층 아래쪽을 파고 들어가서 그 밑에 숨어 있는 직관적인 함축, 그러니까 보이지는 않지만 자네의 의견에 영향을 미치는 직관적 느낌에 도달하려고 시도하겠어. 기계에 대해 우리 모두는 산업혁명 이래 잔존해 온 상(像)을 간직하고 있는 것 같아. 다시 말해 기계라고 하면 큰소리로 털털거리는 엔진의 힘으로 움직이는, 쇠로 만들어진 멍청한 장치를 생각하곤 하지. 최초의 컴퓨터 발명가로 꼽히는 배비지가 사람들을 본 방식도 그런 것이었는지 몰라. 어쨌든 그는 자신이 만든 훌륭한 톱니바퀴 컴퓨터에 〈해석 기관Analytical Engine〉이라는 이름을 붙였으니까 말이야.

팻: 물론 사람이 잘 만들어진 증기 삽이나 전동식 깡통따개와 같다고는 생각하지 않아. 어떻게 말하면 좋을지 모르겠지만, 사람에게는 내부로부터 솟아나오는 불꽃과 같은 무엇, 생명 있는 무엇, 예측 불가능하게 깜빡이는 무엇, 이리저리 흔들리지만 그럼에도 불구하고 창조적인 무엇이 있다고 생각해!

샌디: 대단하군! 바로 그런 이야기를 자네에게 듣고 싶었어. 그런 식의 생각이 훨씬 인간적이지. 자네의 불꽃 이야기를 들으니, 양초의 불꽃이나 화재, 그리고 미친 듯이 하늘에 온갖 무늬를 그리며 떨어지는 벼락을 동반한 뇌우와 같은 것들이 연상되는군. 하지만 바로 그런 종류의 패턴을 컴퓨터 모니터에서 볼 수 있다는 사실을 아나? 그 깜빡이는 빛들이 놀랄 만큼 혼돈스러운 섬광의 패턴을 만들어내지. 그것은 생명이 없고, 덜거덕거리는 금속 무더기에서 나오는 아득한 외침 소리와 같은

무엇이야! 그런데 맹세코 그것은 불꽃과 흡사해! 그렇다면 자네가 〈기계〉라는 말에서 거대한 기계 삽이 아니라 춤추는 빛의 패턴이라는 이미지를 떠올리지 않는 까닭은 무엇인가?

크리스: 그건 아름다운 이미지야, 샌디. 그 이미지가 내 기계관을 물질 중심 matter-oriented에서 패턴 중심 pattern-oriented으로 바꾸게 하는군. 그 이미지가 내 마음 속에, 지금 이 순간에도 내 뇌 속에서 깜빡거리는 작은 펄스들의 분무(噴霧)를 떠오르게 하는군.

샌디: 깜빡이는 빛의 분무라니! 정말 시적인 자화상이군!

크리스: 칭찬해 주니 고마워. 하지만 여전히 나는 기계가 나의 모든 것이라는 주장을 전적으로 납득할 수 없어. 어쩌면 내 기계관이 시대 착오적인 무의식에 젖어 있는지도 모르지만, 그처럼 깊이 뿌리내려 있는 느낌을 한 순간에 바꿀 수 없을 것 같은 생각이 들어.

샌디: 최소한 자네 이야기에 편견은 들어 있지 않은 것 같군. 더구나 사실을 이야기하자면 나도 어떤 면에서 자네와 팻이 기계를 바라보는 관점에 공명하고 있어. 부분적으로는 스스로를 기계라고 부르기 망설여지는 측면이 있지. 자네나 나처럼 감정을 갖는 생물이 단순한 회로에서 나타날 수 있다는 생각은 아무튼 기분이 나쁘지. 이런 이야기가 자네를 놀라게 했나?

크리스: 정말 놀랍군. 그렇다면 자네는 도대체 지능을 가진 컴퓨터가 가능하다는 생각을 믿는가, 아니면 믿지 않는가? 솔직하게 말해 주게.

샌디: 그건 자네의 물음이 무엇을 뜻하는가에 달려 있어. 우리는 모두 〈컴퓨터가 생각할 수 있는가?〉라는 물음을 들어왔어. 하

지만 정작 (〈생각한다〉는 말에 대해 수많은 해석이 가능하다는 사실을 논외로 치더라도) 이 질문 자체에 대해 여러 가지 해석이 가능하지. 그것은 〈할 수 있다〉라는 말과 〈컴퓨터〉라는 말이 갖는 여러 가지 의미에 연관되어 있어.

팻: 또 언어에 관한 논의로 돌아가는 건가…….

샌디: 맞아. 우선 첫째로, 그 질문의 의미는 〈현존하는 어떤 컴퓨터가 현 단계에서 사고를 하는가?〉라는 의미를 가질 수 있어. 이런 의미의 질문이라면, 나는 즉각 〈아니다〉라고 큰소리로 대답하겠어. 둘째, 이 질문의 의미를 〈현존하는 어떤 컴퓨터가 적절하게 프로그램되었을 때 사고할 가능성이 있는가?〉라는 뜻일 수 있지. 이것은 좀더 그럴 듯한 질문이지만, 나는 여전히 〈아마도 그렇지 않을 것이다〉라고 대답하겠어. 여기에서 정말 어려운 것은 〈컴퓨터〉라는 말이지. 내 관점에서 이 〈컴퓨터〉라는 말은, 내가 앞에서 기술했던 이미지를 연상시켜. 그러니까 에어컨디셔너가 가동되는 방 안에 차가운 금속성 사각형 상자가 놓여 있는 이미지가 그것이지. 그러나 내 예상으로, 모든 사람들이 컴퓨터에 더 친숙해지고 컴퓨터의 구조가 이대로 진보를 계속해 나간다면 그런 이미지는 결국 시대에 뒤떨어지게 될 거야.

팻: 자네는 앞으로 꽤 오랫동안 지금과 같은 컴퓨터가 계속 사용되리라고 생각하지 않나?

샌디: 물론 그렇겠지. 앞으로 상당 기간 현재의 이미지와 같은 컴퓨터가 사용되겠지. 하지만 진보한 컴퓨터가, 이미 그 단계에서는 컴퓨터라는 이름으로 불리지 않을지도 모르지만, 등장하면 그 이미지는 전혀 달라질 거야. 아마도 생물의 경우와 마찬

가지로 그 진화의 계통수(系統樹)에는 수많은 가지가 있을 거야. 예를 들어 사무용 컴퓨터, 학생용 컴퓨터, 과학 계산용 컴퓨터, 시스템 리서치 system research용 컴퓨터, 시뮬레이션용 컴퓨터, 우주 로켓용 컴퓨터 등등. 그리고 마지막으로 지능을 연구하기 위한 컴퓨터가 등장하겠지. 사실 내가 머릿속에 그리는 것은 이 마지막 단계의 컴퓨터야. 유연성이 극대화되고, 사람들이 의도적으로 슬기롭게 만든 컴퓨터이지. 나는 이런 컴퓨터가 전통적인 이미지에 고정될 것이라고 생각할 어떤 이유도 없다고 생각해. 예를 들어 우선 틀림없는 것으로 곧 초보적이지만 감각 체계의 표준적인 특징들을 획득하게 될 거야. 처음에는 대부분 시각과 청각에 의존하게 되겠지만. 그리고 돌아다니면서 탐색할 수 있는 능력이 필요하겠지. 또한 물리적으로 유연해질 필요도 있을 테고. 한 마디로 그 컴퓨터는 좀더 동물과 흡사하고, 좀더 자기 의지적이어야 할 거야.

크리스: 자네 이야기를 들으니, 「스타 워즈 Star Wars」에 나온 R2D2나 C3PO와 같은 로봇이 떠오르는군.

샌디: 내가 지능을 가진 기계를 마음에 그릴 때, 그런 따위는 전혀 생각도 하지 않아. 그런 것들은 너무 멍청하고, 영화 제작자의 상상력의 산물에 지나지 않아. 사실 나는 그런 컴퓨터의 분명한 모습을 상상해 보지 않았어. 하지만 그런 이미지가 필요하다고는 생각해. 특히 사람들이 지금 우리가 보는 컴퓨터에서 유래한, 지나치게 제약되고 추상적인 이미지를 넘어서 인공 지능을 현실적인 것으로 상상하려 한다면 말이지. 모든 기계들이 항상 공유하게 될 유일한 특징은 그 밑에 깔려 있는 기계성 mechanicalness(기계임)일 거야. 이렇게 말하면 지나치게

유연하지 않게 inflexible 들릴지도 모르지만, 생물의 세포 속에 있는 DNA나 단백질, 세포 기관 등의 작동처럼 완벽하게 기계적인 것이 또 있을까?

팻: 내 느낌으로는, 세포 속에서 일어나는 일들은 〈축축하고〉, 〈불안정한 slippery 느낌이 드는〉 특징이 있는데, 기계의 경우에는 건조하고, 엄격하다는 생각이 들어. 그건 컴퓨터가 잘못을 범하지 않고, 지시된 내용을 그대로 이행할 뿐이라는 사실과 결부되겠지. 아니면 최소한 그것이 내가 가지고 있는 컴퓨터의 이미지야.

샌디: 재미있군. 불과 1분 전만 해도 자네의 이미지는 불꽃과 같은 것이었는데, 이번에는 〈습기차고 불안정한〉 무엇으로 바뀌었군 그래. 우리가 이렇게 모순적일 수 있다니 정말 대단하지 않은가?

팻: 그렇게 빈정댈 필요는 없어.

샌디: 아니, 빈정대는 말이 아니야. 정말 대단한 능력이라고 생각해.

팻: 사람의 마음이 얼마나 불안정한지를 보여주는 좋은 예라는 말이군. 이번 경우에는 내 마음이 그 사례가 되겠지만.

샌디: 맞아. 하지만 컴퓨터에 대한 자네의 이미지는 너무 상투적이야. 컴퓨터도 분명 실수를 할 수 있어. 물론 하드웨어에 대한 이야기는 아니지만. 오늘 어떤 컴퓨터가 일기 예보를 하는 경우를 생각해 보세. 그 컴퓨터는 잘못된 예보를 할 수 있어. 그 프로그램이 아무 이상 없이 기능하고 있더라도 말이지.

팻: 그러나 그 경우에 잘못된 데이터를 입력시켰기 때문이 아닐까?

샌디: 아니, 그렇지 않아. 그 이유는 기상 예보가 너무 복잡하기

때문이지. 일기 예보 프로그램은 한정된 양의 데이터를, 물론
전적으로 정확한 데이터이지만, 토대로 작업을 하지 않을 수
없어. 그리고 그것을 바탕으로 외삽(外揷)하고 추측해야 하지.
따라서 때로는 틀린 예보를 하는 거야. 결국은 농부가 밭에 나
가 구름을 보면서 〈오늘밤에 눈이 조금 오겠군〉 하고 말하는
것과 별 차이가 없는 셈이지. 우리가 머릿속에 미리 모형을 준
비해 놓고 그것을 이용해서 앞으로 일어날 일을 추측하려 들
기 때문이야. 추측이 아무리 부정확해도 우리는 우리 자신의
모형으로 추측하지 않을 수 없어. 그리고 그 추측이 지나치게
부정확하면 진화가 우리를 배제시키겠지. 예를 들어 낭떠러지
에서 떨어지거나 하는 식으로 말이야. 그리고 그런 점에서도
우리는 컴퓨터와 같아. 단지 조금 다른 점이라면 사람 설계자
가 지능을 창조한다는 명확한 목표를 설정해서 진화 과정을
가속시킬 것이라는 사실이지. 그리고 그건 자연이 이제 막 발
부리가 걸려 비틀거리고 있는 무엇이지.

팻: 그렇다면 자네는 컴퓨터가 영리해지면서 실수를 범하는 빈도도
줄어들게 될 것이라고 생각하나?

샌디: 사실은 정반대야. 컴퓨터가 영리해질수록 혼란스러운 현실
생활의 여러 영역을 다루어야 하기 때문에 그만큼 부정확한
모형을 사용하게 될 가능성이 늘어나게 될 테니까. 결국, 내
생각에 실수를 저지른다는 것은 고도한 지능을 가진 징후야!

팻: 뭐라고? 자네 말은 도무지 종잡을 수 없을 때가 있어.

샌디: 나도 내가 기계 지능의 옹호자로는 아주 이상한 유형이라고
생각해. 어느 정도 양다리를 걸치고 있는 셈이지. 나는 기계가
생물학적 축축함이나 불안정성과 같은 무언가를 갖추게 되기

까지는 진정한 의미에서 사람과 같은 의미의 지능을 갖게 될 수는 없다고 생각해. 물론 문자 그대로 습기를 가진다는 뜻은 아니지만, 소프트웨어 속에 불안정성을 포함시킬 수는 있어. 그렇지만 겉으로는 생물처럼 보이든 그렇지 않든 간에, 지능을 가진 기계가 여전히 기계라는 사실은 변하지 않아. 그런 기계를 설계하고, 조립하고, 경우에 따라 키우는 것은 바로 우리이니까! 그러므로 우리는 그런 기계가 어떻게 작동하는지를 최소한 몇 가지 의미에서는 이해할 수 있을 거야. 아마도 그런 기계를 완전히 이해할 수 있는 개인은 아무도 없을 거야. 하지만 집단으로서의 우리는 그런 기계의 움직임을 이해할 수 있을 거야.

팻: 어쩐지 자네 이야기를 들으면, 두 마리의 토끼를 쫓아서 두 마리 모두를 얻으려는 것 같은 느낌이 들어.

샌디: 어쩌면 자네 말이 옳을지도 모르지. 내가 하려는 말은 인공 지능이 등장할 때 그것은 기계적이면서 동시에 유기적일 것이라는 점이야. 그러니까 현재 우리가 생명의 메커니즘mechanism 속에서 찾아내는 놀라운 유연성과 같은 것을 인공 지능도 갖게 된다는 말이지. 여기에서 〈메커니즘〉이라는 말의 의미는 말 그대로 〈기계적 메커니즘〉이네. DNA나 효소와 같은 것들은 진정한 의미에서 기계적이고, 엄밀하고, 신뢰할 수 있지. 팻, 자네도 내 말에 동의하나?

팻: 맞아. 하지만 그런 기계가 공동 작업을 할 때, 전혀 예상하지 못한 여러 가지 일이 일어나지. 그런 기계의 행동에는 엄청난 복잡성과 풍부한 행동 양식이 있기 때문에, 그런 기계성 mechanicalness이 모두 더해져서 무언가 지극히 유동적인 것

이 되지.

샌디: 나는 분자라는 기계적 수준에서 세포라는 생체 수준으로의 이행은 거의 상상할 수 없어. 하지만 사람 역시 기계라는 생각은 확신할 수 있어. 그런 생각은 어떤 점에서는 지독히 불유쾌한 기분이 들게 하지만, 다른 면에서는 아주 기분 좋은 생각이야.

크리스: 정말 사람이 기계라면, 그 사실을 사람들에게 납득시키는 것이 이렇게 어려운 이유는 무엇이지? 정말 우리가 기계라면 우리 자신의 기계성을 인정해야 하지 않을까?

샌디: 자네는 여기에서 감정적 요인을 고려하지 않으면 안 돼. 다시 말해 자신이 기계라고 말해지는 것은 어떤 의미에서 자신이 그 물리적인 부품의 집합에 지나지 않다고 말하는 것과 같지. 그러나 그렇게 되면, 그것은 자신이 죽음을 면할 수 없다는 사실과 직접 맞닥뜨리게 하지. 그러나 이것은 아무도 쉽게 직면할 수 없는 무엇이야. 그러나 그런 감정적인 반발을 넘어서 자신을 기계로 간주하기 위해 자네는 가장 낮은 기계적인 수준에서 생명과 같은 복잡한 활동이 가능한 수준으로 비약하지 않으면 안 돼. 그 과정에 여러 가지 중간 수준이 있다면, 그것이 가림막 구실을 해서 사람이 갖는 기계적 성질이 거의 보이지 않게 되는 거지. 나는 지능을 가진 기계가 등장했을 때, 우리 눈에 비친, 그리고 그 기계 자체에 비친 모습이 그와 비슷할 것이라고 생각해.

팻: 우리가 최종적으로 지능을 가진 기계를 손에 넣었을 때, 어떤 일이 일어날지에 대한 재미있는 이야기를 들은 적이 있어. 제어하고자 하는 장치에 그런 지능을 심으면 그런 장치의 움직

임이 정확하게 예측 가능할 수 없게 될 것이라는 이야기지.

샌디: 그 기계들이 그 속에 변덕스럽고 작은 〈불꽃〉을 갖게 될까?

팻: 그럴지도 모르지.

크리스: 도대체 그 이야기가 뭐가 재미있다는 거지?

팻: 군사용 미사일에 대해 생각해 보게. 지금 말한 관점에 따르면, 내장된 목표 탐색용 컴퓨터가 정교해질수록 그 기능에 대한 예측 가능성은 떨어지게 되지. 궁극적으로는 스스로 평화주의자라고 판단해서 한 바퀴를 돌아 발사 지점으로 되돌아가서 폭발하지 않고 조용히 착륙하는 미사일이 등장할 거야. 심지어 날아가는 도중에 자살하는 것을 원치 않기 때문에 중간에 되돌아오는 〈스마트 탄환 smart bullet〉 같은 것이 나타날지도 모르지.

샌디: 정말 재미있는 이야기로군.

크리스: 하지만 나는 그런 생각에는 회의적이야.

샌디: 그런데 도대체 언제쯤 지능을 갖춘 기계가 나타나게 될지 자네 생각을 듣고 싶어.

샌디: 사람의 지능 수준과 조금이라도 닮은 것이 나타나기까지 그렇게 긴 시간이 걸리지는 않을 것 같아. 다만 우리가 예측 가능한 미래에 그것을 복제할 수 있기에는 사람의 지능이 끔찍할 정도로 복잡한 기반에, 가령 뇌와 같은, 의존하고 있다는 것이 문제이지. 어쨌든 그건 내 개인적인 생각일 뿐이야.

팻: 그렇다면 자네는 언제쯤 튜링 테스트를 통과하는 프로그램이 등장할 것이라고 생각하나?

샌디: 그건 대답하기 힘든 질문이야. 자네가 그 문제를 파고든다면, 그런 테스트를 통과하는 데에도 여러 가지 정도가 있을

수 있다고 생각해. 그건 흑이냐 백이냐의 문제가 아니야. 왜냐하면 첫째, 질문자가 누구인가에 따라 달라지기 때문이지. 질문자가 얼간이라면 현재의 프로그램으로도 완전히 속을 수 있을지 몰라. 둘째, 자네에게 어느 정도 깊이까지 질문이 허용되는가에 따라서도 달라질 수 있지.

팻: 그렇다면 자네는 튜링 테스트에 대한 척도를 갖게 되겠군. 그러니까 제한 시간 1분짜리 테스트, 제한 시간 5분짜리 테스트, 제한 시간 한 시간짜리 하는 식으로 말이야. 만약 어떤 공적인 기관이 정기적으로 대회를 개최해서, 컴퓨터 체스 선수권 대회처럼 어떤 프로그램이 튜링 테스트에 합격할 수 있는지를 겨루면 무척 재미있겠군.

크리스: 그 대회에서 권위 있는 심판진에 대항해 가장 오랫동안 견디는 프로그램이 승자가 되겠지. 예를 들어 약 10분가량 저명한 심판들을 계속 속인 최초의 프로그램에는 큰 상이 수여되겠지.

팻: 그 프로그램은 그 상으로 무얼 할까?

크리스: 이봐, 팻. 만일 프로그램이 심판들을 속일 만큼 똑똑하다면, 그 상을 적절히 활용할 수 있을 만큼 똑똑하다는 생각이 들지 않나?

팻: 물론 그렇겠지. 특히 그 상이 질문자 모두와 마을에서 춤을 추는 것이라면 말이지.

샌디: 나도 그렇게 확립된 대회가 열린다면 틀림없이 기쁘겠지. 최초의 프로그램이 감상적인 면에서 나가떨어지는 모습을 본다면 분명 유쾌하겠지.

팻: 자네는 지극히 회의적이지 않나? 오늘날 어떤 컴퓨터 프로그램

이 닳고닳은 질문자가 퍼붓는 질문을 견디며 15분 동안의 튜
링 테스트를 통과할 수 있다고 생각하나?

샌디: 진지하게 말하자면 나는 회의적이야. 그 부분적인 이유는 지
금 아무도 뚜렷하게 그런 목표로 연구하지 않는다는 점이야.
하지만 〈패리 Parry〉라는 프로그램이 있지. 그 프로그램을 작
성한 사람은 이 프로그램이 이미 초보적인 튜링 테스트에 합
격하고 있다고 주장하고 있다네. 원격 조작에 의한 일련의 인
터뷰를 통해 패리는 여러 명의 정신 분석의들을 속였어. 그 정
신 분석의들에게는 미리 인터뷰 상대가 컴퓨터나 편집증 환자
라고 이야기해 준 상태였지. 이 방식은 앞선 테스트에 비해 개
량된 것이었어. 이전 방식에서는 정신 분석의들에게 짧은 인
터뷰 대화를 인쇄물로 전달해서 어느 쪽이 진짜 편집증 환자
이고, 어느 쪽이 컴퓨터 시뮬레이션인지 결정하는 방식이었어.

팻: 자네 말은, 그들이 직접 질문할 기회가 없었다는 뜻인가? 그것
은 심각한 결함이야. 게다가 튜링 테스트 정신에도 어긋나지.
가령 어떤 사람이 내가 한 몇 가지 발언을 타이프한 원고를 읽
는 것만으로 내가 남성인지 여성인지 판정하는 경우를 생각해
보게. 그건 무척 힘든 일이야! 따라서 그 절차가 개량된 것이
다행이라고 생각하네.

크리스: 도대체 어떻게 컴퓨터가 편집증 환자처럼 행동하게 만들
수 있지?

샌디: 컴퓨터가 편집증 환자처럼 행동했다고 말하는 것이 아니야.
단지 몇 사람의 정신 분석의가 지극히 특수한 상황에서 그렇
게 생각했다는 것뿐이지. 이 의사(擬似) 튜링 테스트 방식에서
마음에 걸리는 것 중 하나는 패리의 작동 방식이야. 〈그는

He〉, 그 정신 분석의들이 그렇게 불렀지, 갑자기 방어적으로 되고, 대화 도중에 바람직하지 않은 화제로 말을 돌리고, 결국 아무도 진정한 의미에서 〈그〉를 탐색할 수 없도록 통제한다는 측면에서 편집증 환자처럼 행동한다는 것이지. 이런 측면에서 편집증 환자의 시뮬레이션은 보통 사람의 시뮬레이션에 비해 훨씬 쉬운 셈이지.

팻: 설마! 자네 이야기를 들으니, 컴퓨터 프로그램으로 가장 시뮬레이트하기 쉬운 유형의 사람에 대한 농담이 기억나는군.

크리스: 도대체 어떤 사람이지.

팻: 긴장병(緊張病) 환자. 그런 사람들은 며칠이고 꼼짝하지 않고 자리에 앉아 있으면서도 아무 일도 하지 않아. 그런 프로그램이라면 나도 작성할 수 있어.

샌디: 패리와 연관해서 흥미로운 일은 그 프로그램이 스스로 단 하나의 문장도 만들지 않는다는 점이야. 다시 말해 미리 입력된 방대한 레퍼터리의 문장들 중에서 입력된 문장에 대한 반응으로 가장 적당한 것을 고를 뿐이지.

팻: 놀랍군! 하지만 규모가 커지면 불가능하지 않을까?

샌디: 그렇지. 대화 속에서 나타날 수 있는 모든 문장에 대해 정상적으로 반응할 수 있으려면 그야말로 상상할 수 없을 정도의 천문학적 숫자의 문장이 필요할 거야. 게다가 나중에 검색할 때를 대비해서 복잡한 색인도 붙여야 할 테고……. 결국, 어쨌든 이 프로그램이 주크박스에서 레코드를 고르듯이 적당한 문장을 저장 장치에서 골라낼 수 있고, 게다가 그런 프로그램이 튜링 테스트를 통과할 수 있다고 생각하는 사람은 이 문제에 대해 진지하게 생각하지 않았어. 이 프로그램에서 흥미로

운 사실은, 인공 두뇌 반대론자들이 튜링 테스트의 개념을 비판하는 주장을 펴는 대상이 바로 이런 유형의 실현 불가능한 프로그램이라는 점이지. 그들은 자네가 진정한 의미에서 지능을 가진 기계를 상상하는 대신, 단조로운 음조로 미리 녹음된 문장을 읊어대는 거대하고 볼썽 사나운 로봇을 상상하기를 원하는 거야. 그러니까 그 기계적 수준까지 쉽게 들여다볼 수 있다고 가정하는 거지. 설령 우리가 유동적이고 지적인 과정이라고 간주하는 과제들을 그 기계가 동시에 수행하고 있다 하더라도 말이야. 그런 다음 비판자들은 이렇게 외쳐대지. 〈그것 봐! 역시 기계에 불과하잖아. 지능이라곤 찾아볼 수 없는 기계적인 장치일 뿐이야!〉 하지만 내 견해는 그와 정반대야. 만약 내 눈앞에 내가 할 수 있는 일을 할 수 있는, 그러니까 튜링 테스트를 통과할 수 있는 기계가 있다면, 모욕감이나 위협감을 느끼는 대신 철학자 레이먼드 스멀리언 Raymond Smullyan이 말했듯이 〈이 얼마나 훌륭한 기계인가!〉라고 찬탄할 걸세.

크리스: 만약 자네가 튜링 테스트에서 컴퓨터를 상대로 단 한 가지 질문만 할 수 있다면 자네는 어떤 질문을 하겠나?

샌디: 음…….

팻: 〈튜링 테스트에서 컴퓨터를 상대로 단 한 가지 질문만 할 수 있다면 자네는 어떤 질문을 하겠나〉라는 질문이 어떨까?

　많은 사람을 곤혹하게 만드는 요인은 흉내내기 게임의 참가자가 심판과 다른 방에 있어야 하고, 따라서 그들이 말로 하는 응답이 시각적으로 관찰 가능해야 한다는 튜링 테스트의 조건이다. 이런 규칙은 실내 게임의 한 요소로서 의미를 가질 수도 있겠지만, 만약 이 테스트가 적절한 과학적 제안이라면 어떻게 심판에게 〈사실을 숨기기〉 위한 의도적인 시도를 포괄할 수 있는가? 지능을 가진 대상의 후보를 〈블랙박스〉 속에 넣고, 한정된 범위의 〈외면적인 행동〉(이 경우에는 타자기를 통한 언어적 출력)만을 증거로 허용함으로써 튜링 테스트는 일종의 행동주의, 또는 (더 나쁘게는) 일종의 조작주의, 또는 (가장 나쁘게는) 일종의 검증주의를 토대로 한 독단을 범하고 있는 것처럼 보인다. 이 세 종류의 서로 연관된 관점들은 가까운 과거에 등장한 가공할 만한 괴물과도 같은 〈주의 ism〉들이고, 과학철학자들에 의해 반박되어 매장되었음은 잘 알려진 사실임에도 불구하고, 아직도 그 넌더리나는 소리가 계속 들려오는 까닭은 무엇일까? 무덤 속에서도 바쁘게 활동을 계속하는 것일까? 우리는 이 세 가지 주의의 심장에 말뚝을 박아 영원히 사라지게 해야 할 것이다. 이런 맥락에서 튜링 테스트는 존 설John Searle이 〈조작주의의 교묘한 잔재주operationalist sleight-of-hand〉라고 부른 것의 한 예에 지나지 않는가?

　튜링 테스트가 마음과 연관된 중요한 문제에 대해 강력한 주장을 펴는 것은 분명한 사실이다. 튜링의 제안에 따르면, 가장 중요한 문제는 지능을 가졌다고 여겨지는 후보가 그 양쪽 귀 사이에 어떤 종류의 회색 물질(뇌——옮긴이)을 갖고 있는지(만약 그런 것을 갖고 있다면), 또는 그 겉모습이 어떠한지, 어떤 냄새가 나는지가 아니라 그 후보가 지적 행위 또는 행동을 하는지 여부라는 것이다. 튜링 테스트에서 제안되는 특수한 게임인 흉내내기 게임이란 결코 신성 불가침한 무엇이 아니라 좀더 일반적인 지능을 판정하기 위해서 교묘히 선택된 테스트에 불과하다. 튜링 자신이 마련했던 가정은 만약 흉내내기 게임에서 이겨 튜링 테스트를 통과한다면 그 이외의 무수히 많은 명백한 지적 활동을 능히 수행할 수 있으리라는 것이었다. 만약 튜링이 지능의 리트머스 시험 litmus test으로 체스 세계 챔피언에게 외통장군을 불러 이길 수 있는 능력을 선택했다면 이러한 선택에 대해 반론을 제기할 강력한 근거들이 있었을 것이다. 오늘날 체스에서는 이길 수 있지만, 그 이외에는 아무 쓸모도 없는 기계를 설계할 수 있다는 것이 거의 확실하기 때문이다. 또는 폭력이나 공범에 의지하지 않고 영국 왕관의 보석을 훔치거나, 유혈 사태 없이 아랍-이스라엘 분쟁을 해결하는 과제를 테스트로 선택했다면, 지능이 행동으로 〈환원〉되거나 행동에 의해 〈조작적으로 정의〉되고 있다는 식으로 비판하는 사람은 거의 없었을 것이다(물론 일부 철학자들이, 어떤 완전한 바보가 뒷걸음질로 소를 잡는 식으로 우연히 영국 왕관의 보석을 손에 넣는다는, 정교하지만 전혀 색다른 각본을 짜서 그런 테스트가 지능의 존재를 일반적인 테스트로는 적합하지 않다는 〈반박〉을 할지도 모른다. 그리고 진정한 조작주의자라면 그 운 좋은 바보가 규정된 테스트에 합격한 이상 조작주의의 기준에 비추어 진정한 의미에서 지적이라는 사실을 인정하지 않을 수 없을 것이다. 그러나 진정한 조작주의자를 찾기 힘든 것은 바로 이런 이유 때문이다). 튜링이 선택한 검사법이 가령 영국 왕관의 보석을 훔치거나 아랍−이스라엘 분쟁 해결보다 뛰어난 이유는 나중의 검사법들이 반복 불가능하고(한 번은 합격할 수 있다고 치더라도!), 너무 힘들고(누가 보아도 분명히 지적인 사람들이라도 실패할 것이 뻔한), 객관적인 판정이 지나치게 어렵기 때문이다. 잘 짜여져 사람들을 혹하게 만드는 도박처럼 튜링 테스트도 사람들에게 한번쯤 도전해 보고 싶은 충동을 느끼게 한다. 공정한 것처럼 보이고, 많은 노력이 들어가지만 이길 수 있을 것 같은 생각이 들게 하고, 게다가 그 판정이 산뜻하고 객관적인 것처럼 보이는 것이다. 그 밖에도 또 다른 측면에서 튜링 테스트는 도박을 연상시킨다. 이러한 테스트의 동기가 〈계속할 거야, 아니면 끝낼 거야! put up or shut up!〉라고 말하면서 끝없이 계속되는 무익한 논쟁에 결말을 내려는 것이기 때문이다. 실제로 튜링 자신도 이렇게 말하고 있다. 〈마음이나 지능의 궁극적인 성질이나 본질을 둘러싸고 논쟁을 벌이느니, 이 테스트에 합격하는 것은 무엇이든 '확실히' 지적이라고 합의하고 이 테스트를 공명정대하게 통과하는 것을 설계하려면 어떻게 해야 하는지의 문제로 방향을 돌리는 편이 낫지 않은가?〉 그런데 공교롭게도 튜링은 이 논쟁에 결말을 짓는 데 실패했고, 단지 논쟁의 방향을 바꾸는 데 그쳤다.

튜링 테스트는 그 〈블랙 박스〉 이데올로기에 대한 비판에 취약한가? 우선 호프스태터가 그의 대화식 글에서 말하듯이 우리가 〈서로〉를 블랙박스로 취급하고, 타자(他者)에게 마음이 있다는 우리의 신념에 근거를 제공하기 위해 겉보기로 지적인 행동에 대한 우리의 관찰에 의지한다는 것을 지적할 수 있다. 둘째, 블랙박스 이데올로기는 결국 모든 과학적 탐구에서 나타나는 이데올로기라는 것이다. 우리가 DNA 분자에 대해 지식을 얻으려 할 때, 우리는 그 분자를 여러 가지 방법으로 탐색하고, 어떤 반응을 일으키는지 조사한다. 암(癌)이나 지진, 그리고 인플레이션에 대해 연구할 때도 완전히 동일한 방법에 의존한다. 블랙박스 〈내부 들여다보기〉는 특히 거시적인 macroscopic 대상의 연구에 유용할 때가 많다. 우리는 그 대상에 (가령 외과용 메스와 같은) 〈절개(切開)〉 기구를 적용하고, 그런 다음 노출된 표면에 광자를 충돌시켜 우리 눈을 향해 산란시킨다. 블랙박스와 연관된 실험이 한 가지 더 있다. 호프스태터가 이야기하듯이 문제는 〈어떤 검사법이 우리가 답을 얻으려는 물음에 대해 가장 적절한 것인가?〉이다. 예를 들어 우리가 품고 있는 물음이 어떤 대상이 지적인지의 여부에 대한 것이라면, 우리가 일상적으로 서로 주고받는 물음보다 더 효과적인 검사법은 없을 것이다. 결국 튜링의 〈행동주의〉의 정도는, 이처럼 우리가 뻔한 이야기라고 생각하는 것들을 간편한 실험실 양식의 테스트에 포괄시킨 것에 불과하다.

호프스태터가 저술한 대화 속에서 제기되지만 해결되지 않은 또 하나의 문제는 표상(表象)과 연관된다. 컴퓨터를 사용해서 어떤 대상을 시뮬레이트한 것은 일반적으로 그 원본의 상세하고, 〈자동화된〉 다차원 표상이다. 그러나 말할 필요도 없이 표상과 실물 사이에는 차이가 존재한다. 그렇지 않은가? 설이 이야기하듯이, 〈컴퓨터로 우유 분비와 광합성을 공식적인 순서에 따라 시뮬레이트해서 우유와 설탕을 만들 수 있다고 생각하는 사람은 아무도 없을 것이다…… (이야기 스물둘「마음, 뇌, 프로그램」을 참고).〉 따라서 디지털 컴퓨터를 사용해서 소를 시뮬레이트하는 프로그램을 고안해 냈다 하더라도, 그 시뮬레이션은 단지 소의 표상에 지나지 않기 때문에 〈우유를 짜도〉 우유를 얻을 수 없을 것이고, 기껏해야 우유의 표상을 얻을 뿐이다. 그 우유의 표상이 아무리 훌륭해도, 그리고 당신이 아무리 목이 마르다 해도 그 우유의 표상을 마실 수는 없다.

그러나 이번에는 수학자를 컴퓨터로 시뮬레이트한 경우를 생각해 보자. 단, 이 시뮬레이션이 충분히 작동한다고 가정하자. 여기에서도 우리가 구하는 것은 〈증명〉 그 자체임에도 불구하고 결국 손에 넣은 것은 증명의 〈표상〉에 지나지 않다고 투덜대게 될까? 그러나 이 경우 증명의 표상은 증명이 아닐까? 이 문제는 표상된 증명이 어느 정도로 우수한가의 여부에 달려 있다. 예를 들어 만화가가 칠판 앞에서 생각하는 과학자를 그릴 때, 일반인들에게는 그 과학자가 칠판에 휘갈기는 증명이나 식이 진짜인 것처럼 보이겠지만 사실은 엉터리인 것이 보통이다. 만약 수학자의 시뮬레이션이 만화에 나오는 것과 같은 가짜 증명을 했다 하더라도 여전히 이 시뮬레이션은 수학자에 관한 이론적 관심의 대상이 되는 무엇, 즉 언어 습관이나 연구에 몰두해서 세상사에는 무심한 것 같은 태도 등을 시뮬레이트한다. 다른 한편 그 시뮬레이션이 뛰어난 수학자가 하는 것과 같은 증명의 표상을 만들어내도록 설계된다면, 그 시뮬레이션은 그 증명을 해낸 학과의 수학자 〈동료〉만큼 가치 있게 될 것이다. 그것은 증명이나 노래(다음 장「공주 이네파벨」을 보라)처럼 추상적이고 형식적인 산물과 우유처럼 구체적이고 물질적인 산물 사이의 차이로 여겨진다. 그렇다면 마음은 이 두 가지 산물 중 어디에 속할까? 정신성mentality은 우유와 같은 것인가, 아니면 노래와 같은 것인가?

마음의 산물이 〈신체의 제어〉와 흡사한 무엇이라면, 이 산물은 지극히 추상적인 것처럼 보인다. 반면 마음의 산물을 특별한 종류의 물질, 또는 여러 가지 물건들, 가령 많은 양의 〈사랑〉, 아주 적은 또는 두 개의 〈고통〉, 약간의 황홀경, 우수한 운동 선수라면 누구나 품는 〈몇 온스의 갈망a few ounces of that desire〉 등 이라고 생각하면 이 산물은 지극히 구체적인 것처럼 생각된다.

이 문제에 관련된 논쟁에 뛰어들기 전에, 우리는 잠시 호흡을 가다듬고 이러한 구별을 한 원칙에 대해서 이런 문제를 제기할 수 있을 것이다. 즉 우리가 정말 세밀하고 우수한 어떤 구체적 대상이나 현상의 시뮬레이션에 맞닥뜨렸을 때 그 원칙을 적용할 수 있는 한계에서도 여전히 그 원칙이 그처럼 명확할 것인지에 대해 문제를 제기해야 한다. 현실적이고 실제로 기능하는 모든 시뮬레이션은 특정 하드웨어에서 〈실현〉되기 때문에, 표상의 매체 자체는 이 세계에 어떠한 효과를 낳지 않으면 안 된다. 어떤 사건의 표상이 그 사건 자체와 거의 같은 효과를 준다면, 표상은 어디까지나 표상에 지나지 않는다는 주장이 지나친 강변으로 느껴질 것이다. 이러한 개념은 다음 장에서 교묘하게 구체화되며, 또한 이 책의 이후 여러 장에서도 되풀이해서 나타나는 주제이다.

D. C. D.

# 공주 이네파벨

## 스타니슬라프 렘

〈무언가가 있었다. ……그러나 나는 무엇이 있었는지를 기억할
수 없다.〉왕은 꿈의 진열장 앞으로 돌아가서 이렇게 말했다. 〈그
런데 서틸리온Subtillion, 너는 왜 그렇게 한 발로만 뛰어다니고 있
지?〉

〈아닙니다. 아무 일도 아닙니다, 폐하. ……류머티즘이 조금 있
어서……날씨가 바뀐 탓이 틀림없습니다.〉교활한 마술사는 이렇
게 말한다. 그러고는 계속해서 왕을 또 다른 꿈의 시식(試食)으로
유인하려고 시도했다. 지퍼루퍼스Zipperupus는 잠시 생각에 잠긴
다음, 내용 일람표를 훑어보면서 〈공주 이네파벨 Princess

---

* Stanislaw Lem, "The Tale of the Three StoryÇtelling Machines," *The
Cyberiad,* Michael Kandel trans. (The Seabury Press. Inc, 1974). 스타니슬라
프 렘은 1921년생의 폴란드 작가이다. 과학적 이론과 공상을 결부시킨 작품이
특징이다.

Ineffabelle('ineffable'은 입에 올려서는 안 될 만큼 신성하다는 뜻이다.——옮긴이)의 결혼식 날 밤〉을 골랐다. 잠의 세계에 떨어진 그는 난로 옆에 앉아 고풍스럽고 기묘한 고대의 서(書)를 읽었다. 그 책에는 5세기 전에 댄델리아Dandelia(민들레 영토)의 땅을 지배하던 공주 이네파벨의 이야기가 아름다운 문체로 금박을 입힌 양피지 위에 진홍색 잉크로 적혀 있었다. 고드름의 숲과 나선을 그리며 솟은 탑, 말 울음 소리가 들리는 오두막집과 많은 호위병들에 둘러싸인 보물 창고, 그리고 특히 그녀의 빼어난 아름다움과 넘치는 덕이 잘 묘사되어 있었다. 지퍼루퍼스는 이 아름다운 풍경을 진심으로 동경했다. 그의 내부에서 강한 욕망의 불이 지펴지고, 그의 혼을 타오르게 했다. 그의 눈은 불꽃처럼 빛났다. 그는 재빠르게 밖으로 뛰어나가 이네파벨을 찾아 꿈의 세계를 구석구석 뒤졌다. 그러나 그녀의 모습은 어디에도 보이지 않았다. 가장 오래 된 로봇만이 간신히 그녀의 소문을 들었을 뿐이다. 오랜 편력에 지친 지퍼루퍼스는 결국 황금색 모래 언덕이 금도금을 한 듯 펼쳐져 있는 왕가의 사막 한가운데에 도달했다. 거기에는 보잘것 없는 오두막이 한 채 서 있었다. 가까이 다가가자 눈처럼 흰 의상을 걸친 족장이 있었다. 몸을 일으킨 그가 입을 열었다.

〈너는 이네파벨을 찾고 있구나. 불쌍하고 가련하구나! 너도 그녀가 이미 500년 전에 죽었다는 사실을 알고 있겠지. 너의 정열은 그 얼마나 허무하고 헛된가. 내가 네게 해줄 수 있는 유일한 일은 그녀의 모습을 보여주는 것뿐이다. 살아 있는 그녀가 아니라 선명한 정보 팩시밀리에 의해. 그러니까 디지털적이고, 비물리적이고, 확률적이고, 비탄성적이고, 에르고드적이고, 그리고 무엇보다 에로틱한 모형을 말이다. 그 모든 것은 내가 잡동사니를 이용해서 한가한

시간을 틈타 만들어둔 저 블랙박스 속에 들어 있다!〉

〈아! 제발 그녀를 보여달라, 그녀의 모습을 지금 당장 보여달라!〉 지퍼루퍼스는 부들부들 떨면서 절규했다. 족장은 고개를 끄덕이고는 공주의 좌표를 정하기 위해 고대의 서적을 조사해서 펀치 카드에 그녀와 중세 전체를 넣고는 프로그램을 작성하고 스위치를 넣었다. 그런 다음 그는 블랙박스의 뚜껑을 들어올리면서 이렇게 말했다.

〈자, 봐라!〉

왕이 몸을 앞으로 구부리자 분명 거기에는 시뮬레이트된 중세, 즉 디지털적이고, 이진수적이며, 비선형적인 중세가 보였다. 그리고 댄델리아의 땅, 고드름의 숲, 나선의 탑을 가진 궁전, 말 울음 소리가 들리는 오두막집, 그리고 수많은 경호원들에 둘러싸인 보물 창고가 눈에 들어왔다. 그리고 드디어 이네파벨, 그녀의 모습이 나타났다. 그녀는 시뮬레이트된 정원을 천천히 확률론적으로 산보하고 있었다. 그녀가 시뮬레이트 된 데이지 꽃을 꺾어 진짜처럼 만들어진 노래를 읊조릴 때마다 회로는 빨강색과 금색으로 빛났다. 지퍼루퍼스는 더 이상 자신을 억제할 수 없었다. 그는 블랙박스 위로 뛰어올라 미친 듯이 컴퓨터의 세계 속으로 들어가려고 안간힘을 썼다. 그러나 족장은 재빨리 전원을 차단하고 왕을 땅바닥에 내동댕이쳤다.

〈미친 작자! 불가능한 일을 시도하려는가? 물질로 이루어진 그 어떤 것도 문자숫자식 alphanumerical(문자와 숫자를 구별 없이 처리할 수 있는——옮긴이) 요소들의 흐름과 소용돌이에 지나지 않은 체계 속으로, 비연속적 정수 구성물 속으로, 추상적인 이진수 속으로 들어갈 수 없어!〉

〈하지만 나는 반드시, 반드시 가야만 한다.〉지퍼루퍼스는 큰소리로 울부짖었다. 그는 제정신이 아니었다. 그는 블랙박스에 머리를 찧어 그 금속을 우그러뜨렸다. 그러자 늙은 현자는 이렇게 말했다.

〈네 욕망을 어찌할 수 없다면, 너를 공주 이네파벨과 접촉시킬 방법이 단 한 가지 있다. 그러려면 우선 지금의 네 모습을 해체하지 않으면 안 된다. 나는 네게 속하는 좌표를 골라 원자 하나하나마다 네 프로그램을 만들어 중세풍으로 만들어진 정보적 · 표상적 세계 속에 네 시뮬레이션을 넣어줄 것이다. 그렇게 하면 전자가 전선 속을 흘러 음극에서 양극으로 도약을 계속하는 한, 너의 시뮬레이션은 거기에 계속 존재할 것이다. 그러나 지금 내 앞에 있는 너는 소멸하고, 너의 존재는 단지 주어진 장(場)과 전위차의 형태, 즉 통계적이고 휴리스틱한, 그야말로 완전히 디지털적인 형태로만 가능할 것이다.〉

그러자 지퍼루퍼스는 이렇게 말했다.

〈당신이 다른 사람이 아닌 나를 시뮬레이트할 것이라는 사실을 어떻게 믿을 수 있는가?〉

〈좋다. 그러면 시범을 보여주겠다〉라고 현자는 말했다. 그는 옷을 맞추듯이, 아니 그보다 훨씬 더 정확하게 왕의 온몸의 치수를 쟀다. 모든 원자의 위치를 좌표에 기입하고, 원자 하나하나의 무게를 측정했다. 그러고는 그 프로그램을 블랙박스에 입력하고 이렇게 말했다.

〈봐라!〉

왕이 상자 속을 들여다보자 거기에는 난로 옆에서 공주 이네파벨에 관한 고대의 서를 읽는 자신의 모습이 있었다. 이윽고 그는 그녀를 찾아 밖으로 뛰어나간다. 이곳 저곳에서 그녀의 이야기를 물어 결국 황금 사막의 한가운데에서 허름한 오두막집과 눈처럼 흰 의복을 걸친 족장을 만난다. 족장은 그에게 이렇게 말을 건다. 〈너는 이네파벨을 찾고 있구나. 불쌍한 작자!〉 등등.

〈이제 믿을 수 있겠는가.〉 스위치를 끄면서 족장이 말했다.

〈이번에는 너를 중세로, 더구나 사랑스러운 이네파벨의 곁으로 가도록 프로그램해 주지. 그렇게 하면 너는 그녀와 마찬가지로 시뮬레이트된, 비선형적이고 이진수적인 끝없는 꿈을 꿀 수 있겠지 …….〉

〈좋다. 무슨 뜻인지 이해하겠다.〉 왕이 말했다. 〈그러나 저것은 나와 닮은 모습에 지나지 않는다. 나 자신이 아니다. 왜냐하면 나는 상자 속이 아니라 바로 여기에 있으니까!〉

〈그러나 너는 이곳에 그리 오래 머물지 못할 것이다.〉 온화한 미소를 지으면서 족장이 대답했다. 〈왜냐하면 내가 그렇게 만들어줄 테니까…….〉 그는 침대 밑에서 무겁지만 쓸모 있는 망치를 꺼내 들었다.

〈네가 사랑하는 사람에게 안길 때〉라고 족장은 그에게 말했다. 〈네가 하나는 이곳에, 그리고 다른 하나는 저 상자 속에 있지 못하도록 내가 배려해 줄 테니까. 그것은 아주 오래 되고 원시적인 방법이지만 절대 실패하지 않는 확실한 방법이지. 네가 조금만 몸을 구부리면…….〉

〈그 전에 당신이 만든 이네파벨을 한번 더 보여주시오〉라고 왕이 말했다.

〈단지 확인하고 싶어서…….〉 족장은 블랙박스의 뚜껑을 열고 그에게 이네파벨을 보여주었다. 왕은 몇 번이고 상자 속을 들여다보고는 결국 이렇게 말했다.

〈고대의 서에 씌어 있는 내용은 지나치게 과장된 것 같소. 분명 그녀는 아름답소. 하지만 이야기에 적혀 있는 정도로 아름답지는 않군. 그러면 잘 있으시오, 나이 든 족장.〉

그는 떠나려고 몸을 돌렸다.

〈미친 작자, 어디로 가겠다는 건가?〉 왕이 거의 문 밖으로 발을 내딛었기 때문에 족장은 망치를 들고 이렇게 외쳤다.

〈상자 속이 아니라면 어디라도.〉 지퍼루퍼스는 이렇게 말하고 밖으로 뛰어나갔다. 그 순간, 그의 발밑에서 마치 거품처럼 꿈이 깨졌다. 그리고 그는 꿈의 입구에서 실망의 눈빛을 감추지 못하는 서틸리온과 마주보고 있는 자신을 발견했다. 서틸리온은 조금만 더 있었으면 왕을 블랙박스 속에 영원히 가두어놓고 마술사 자신이 왕이 될 수도 있었으리라는 생각에 낙담하지 않을 수 없었다.


## 나를 찾아서 · 하나

이 책에는 폴란드의 작가이자 철학자인 렘의 글이 모두 세 편 실려 있다. 이 글은 그중에서 첫번째이다. 여기에서는 이미 발간된 마이클 캔들Michall Kandel의 번역본을 사용했다. 렘의 사상을 평하기 앞서 우리는 먼저 재치가 번쩍이는 폴란드어 대화를 생생한 영어 대화로 훌륭하게 번역한 캔들의 공적을 치하하지 않을 수 없다. 그의 작품 『사이베리아드 *The Cyberiad*』(이 이야기는 그 작품에서 발췌한 것이다) 전체에 걸쳐 번역의 높은 수준은 계속 유지되고 있다. 이러한 번역 작품을 읽으면, 오늘날 사용되고 있는 기계 번역이 사람의 일을 대신하기까지 얼마나 먼길을 가야 할지 실감할 수 있다.

렘은 이 저서에서 제기한 물음을 평생 동안 추구했다. 그의 직관적이고 문학적인 접근은 아마도 딱딱한 과학 논문이나 현학적인 사유를 기초로 삼는 철학적 논문보다 그의 생각을 독자에게 납득시키는 데 훨씬 더 적합할 것이다.

이 이야기는 그 자체로 이해될 수 있다고 생각한다. 그런데 한 가지 알고 싶은 물음이 있다. 시뮬레이트된 노래와 진짜 노래 사이에는 어떤 차이가 있을까?

D. R. H.

# 동물 마사의 영혼

## 테렐 미대너

제이슨 헌트Jason Hunt는 그에게 감사의 말을 하고, 내심 깊은 안도의 한숨을 쉬고는 다음 증인을 불렀다.

동물심리학 교수 알렉산더 벨린스키Alexander Belinsky 박사는 작고 통통한 몸매에 무뚝뚝하고 사무적인 분위기를 풍기는 남자였다. 그의 최초의 증언을 통해 그가 학문상의 탁월한 권위자라는 사실이 분명해졌다. 이것은 그가 이 분야의 전문가 증인이 될 만한 자격이 있음을 뒷받침하는 것이었다. 검증 과정이 끝나자 헌트는 법정에 복잡한 문제를 실연(實演)할 수 있도록 허가해 줄 것을 요청했다.

이 허가 여부를 둘러싸고 재판관석 앞에서 약간의 논란이 있었지

---

* Terrel Miedaner, *The Soul of Anna Klane* (Church of Physical Theology, Ltd, 1977).

만, 모리슨Morrison이 이의를 제기하지 않았기 때문에 파인만 Feinman의 유보 주장에도 불구하고 결국 허가되었다. 잠시 후 정 리가 두 사람의 조수를 데리고 왔다. 그들은 여러 가지 전자 장치 로 가득 찬 수레를 끌고 들어왔다.

역사적으로 법정의 기록 작성은 녹음으로 한정되어 왔기 때문에 여기에서 계획되는 것과 같은 종류의 실연은 최근까지 허가되지 않 았지만, 법정 내의 절차를 신속하게 진행할 목적으로 마련된 특례 법에 따라 법정 속기사가 이러한 실연을 비디오테이프에 녹화해서 공식 기록으로 남기는 것이 허용되었다. 그러나 파인만은 조수 중 한 사람이 전자 장치를 설치하고, 다른 한 사람이 잠시 법정에서 나가 침팬지를 데리고 돌아오는 모습을 보면서 근대화의 출범이 잘 된 일인지 회의하기 시작했다.

그 동물은 법정에 들어서자 그 자리에 모여 있는 많은 사람들 때 문에 신경이 날카로워지고 겁을 먹었는지 자신을 데려온 조수 곁에 꼭 달라붙어 있었다. 벨런스키 박사를 발견하자, 이 동물은 분명한 애정 표시로 증인석에 뛰어들었다. 헌트의 지시에 따라 그는 이 동 물의 이름이 마사Martha이고, 그의 최신 연구에 사용된 스무 마리 의 실험용 동물 중 하나라는 것, 또한 이 연구 성과는 최근에 책자 형태로 출간되었다는 사실 등을 진술했다. 문제의 실험에 대한 설 명을 요구받자 그는 다음과 같이 말했다.

〈오랜 세월 동안 동물은 그 뇌의 불완전함 때문에 사람과 같은 언어 능력을 발달시키지 못했다고 여겨져 왔습니다. 그러나 1960년 대 초 침팬지가 말을 할 수 없는 까닭은 발성 기관의 미발달로 단 어를 발음할 수 없다는 단순한 이유밖에 없다는 주장을 제기하는 동물심리학자들이 나타났습니다. 그들은 발성을 필요로 하지 않는 단순한 기호 언어를 고안해서 자신들의 이론을 테스트하려 하였습니다. 그들은 색 카드, 그림, 자석판, 건반 장치, 그리고 국제 수화법까지 동원했고, 그 모든 테스트가 어느 정도 성공을 거두었습니다.

이러한 실험은 기호 언어 능력이 사람에게만 국한되는 것이 아님을 증명했지만, 동시에 지능이 높은 대부분의 동물들의 언어 능력에 심한 제약이 있음을 보여주기도 했습니다. 그 후 한 학부생이 가장 영리한 침팬지가 학습한 모든 언어를 재생할 수 있는 컴퓨터 프로그램을 개발하자 동물 언어 실험에 대한 관심은 크게 줄어들었습니다.

그럼에도 불구하고, 이들 동물은 앞서 빈약한 성대에 의해 속박되어 있던 것과 마찬가지로 지금 설명한 실험들이 갖는 제약에 속박된 것 같습니다. 사람의 뇌 속에는 언어 중추가 있습니다. 언어 중추는 사람의 언어 형식을 해독하거나 만들어내기 위해 특화된 영역입니다. 침팬지는 자연 상태에서 서로 의사 소통을 하고, 끽끽대는 소리나 울음 소리와 같은 자연적인 전달 체계를 위해 특화된 뇌의 영역을 갖고 있습니다.

저는 지금까지의 실험이 성대를 우회하기 위해 손의 움직임을 이용함으로써 침팬지의 자연적인 언어 중추까지 우회해 버린 것이 아닌가 하는 생각이 들었습니다. 저는 이 동물의 미발달한 성대를 우회하면서 이 자연적인 언어 중추를 포괄하기로 결정했고, 그 시도는 지금 여러분의 눈앞에 있는 장치 덕에 성공을 거두었습니다.

마사의 머리 왼쪽을 자세히 보면, 둥근 플라스틱 캡이 달려 있는 것을 관찰할 수 있을 것입니다. 이 캡은 침팬지의 두개골에 반영구적으로 삽입시킨 전기 커넥터를 덮고 있습니다. 이 커넥터에는 뇌 내부에 삽입된 수많은 전극이 달려 있습니다. 우리가 사용한 이 전기 장치는 마사의 뇌와 직접 연결되기 때문에, 마사의 언어 중추 신경 활동을 모니터해서 그것을 사람의 언어로 번역할 수 있습니다.

마사는 일곱 개의 전극을 가진 침팬지로 실험 동물들 중에서 반응 속도가 둔한 편에 속합니다. 마사는 뇌에 삽입한 특정 전극을 자극해서 '말을 합니다'. 하지만 마사는 그것을 의식하지 못합니다. 전극에 나타나는 신호 패턴은 작은 컴퓨터로 해독되어, 마사가 선택한 말이 음성 합성 장치에서 나오는 것입니다. 이 기술 덕분에 마사는 선천적으로 타고난 되먹임고리 반응의 메커니즘을 발현할 수 있게 된 것입니다. 문법적 기초가 불완전하고 억양도 없지만, 우리는 트랜지스터로 바꾼 성대를 연결시켜서 마사가 사람처럼 발성을 할 수 있게 만들었습니다. 그러나 너무 많은 기대는 하지 않는 편이 좋습니다. 앞서 말씀드렸듯이 마사는 우리 연구실에서 우등생에 속하지는 않습니다. 그녀의 일곱 개의 전극 체계는 128개의 단어를 해독할 수 있지만, 아직 53개밖에 배우지 못했습니다. 그보다 훨씬 잘 할 수 있는 동물도 있습니다. 우리 연구실의 천재는 아홉 개의 전극을 가진 수컷인데, 해독 가능한 512개의 단어 중에서 407개의 단어를 배웠습니다. 그럼에도 불구하고.〉 그는 마사에게 연결되는 케이블에 손을 대고 이렇게 덧붙였다. 〈여러분들은 마사가 명랑하고 이야기를 좋아하는 침팬지라는 사실을 깨닫게 될 것입니다.〉

벨린스키 박사가 그녀를 사람의 언어 세계에 접속시키려 하자, 그 침팬지는 기쁨과 흥분을 나타냈다. 박사가 조수에게 케이블을 건네주자 마사는 펄쩍펄쩍 뛰어오르고 끽끽거리며 소란을 피웠다. 하지만 머리의 보호용 캡을 벗겨내고 커넥터가 연결되는 동안에는 점잖게 앉아 있었다. 커넥터가 딸깍 소리를 내며 연결되자 침팬지는 마치 머리에 연결된 케이블은 까맣게 잊은 것처럼 다시 뛰어오르기 시작했다. 박사가 한쪽 손에 들고 있는 작은 상자를 가리켰다.

〈마사에게 있어서〉라고 박사는 설명했다.

〈이야기한다는 것은 거의 끊임없는 활동입니다. 왜냐하면 이 전기 성대는 절대 지치는 법이 없기 때문입니다. 그래서 내가 마사의 말 사이에 끼여들기 위해서는 이 장치를 이용해야 합니다. 말 그대로 마사의 이야기를 차단하는 것입니다.〉

〈좋아. 마사, 계속해.〉 심리학자는 음성 스위치를 켜면서 이렇게 말했다.

그러자 곧바로 실험 장치에 달려 있는 작은 스피커에서 떠들썩한 소리가 흘러나왔다.

〈안녕! 안녕! 나 마사 마사 행복한 침팬지. 안녕 안녕——.〉

딸깍 소리와 함께 동물의 이야기는 차단되었지만, 법정 안의 모든 사람들은 얼이 빠진 듯한 표정으로 앉아 있었다. 동물이 입을 여닫으면서 섹시한 여성의 목소리를 흉내낸 음성이 스피커에서 나오는 광경은 여간해서 익숙해지기 힘들었기 때문이다.

박사는 계속했다. 〈마사는 몇 살이지?〉

〈셋 셋 마사 셋——.〉

〈잘 했어. 편안하게 생각해 마사, 조용히 해. 내가 누구지?〉 그는 자신을 가리키면서 질문했다.

〈벨린스키 남자 좋은 사람 벨린스——.〉

〈저들은 누구지?〉

그는 사람들로 가득 찬 법정을 손으로 가리키면서 물었다.

〈사람 사람 사람들 좋은 사람들——.〉

박사는 다시 스위치를 끄고, 피고측의 변호사를 향해 몸을 돌리고 자신이 진행할 준비가 되었다는 신호를 보냈다.

헌트는 자리에서 일어나 첫번째 질문을 했다. 〈박사는 이 동물이 지능을 소유한다고 생각합니까?〉

〈'지능'을 넓은 의미에서 정의한다면, 나는 마사에게 지능이 있다고 말씀드리고 싶습니다.〉

〈마사가 사람과 같은 의미에서의 지능을 가질 수 있다는 뜻입니까?〉라고 헌트가 물었다.

〈저는 그렇게 생각하고 있습니다. 그러나 마사에 대한 그런 견해를 당신 스스로 갖기 위해서는 직접 마사를 사람과 같이 다루고, 대화를 나누어야 한다고 생각합니다. 그런 목적을 위해서 저는 마사가 좋아하는 장난감이 들어 있는 상자를 가져왔습니다. 마사는 제한된 주의력을, 나든 다른 누구든 간에 자신의 보물을 갖고 있는 사람에게 집중할 것입니다. 저는 당신이 직접 마사를 테스트해 볼 것을 제안합니다.〉

판사가 이의 제기를 예상하고 자신을 바라보고 있는 것을 곁눈질로 알아차린 모리슨은 마치 자신의 본분을 다하듯 이의를 제기했다.

〈이의 있습니다, 재판장님. 헌트 씨는 지금의 증언이 본건과 관련된 것인지 확실히 해줄 것을 요구합니다.〉

〈어떻습니까, 헌트 씨?〉라고 파인만이 물었다.

〈곧 밝혀지겠지만, 분명히 관련됩니다. 만약 관련성이 없다면, 기록에서 삭제할 테니 안심해 주십시오. 계속하시지요.〉 파인만은 이렇게 다짐했다.

헌트는 마사의 상자를 열었다. 그것은 밝은 적색과 은색이 칠해진 아주 커다란 보석 상자였다. 그는 내용물을 들여다본 다음, 손을 넣어 셀로판으로 포장된 여송연을 꺼냈다. 그가 그것을 꺼내자 마사가 높은 소리를 질러댔다.

〈여송연 벨린스키 나쁘다 나쁘다 여송연.〉 그러고는 마사는 평상시의 울음소리를 내고, 강조하기 위해 불타오르는 듯한 코를 쥐는 시늉을 하기도 했다.

〈네 장난감 상자 속에 왜 이 오래 된 시가가 들어 있지, 마사?〉라고 헌트가 물었다.

〈무엇? 무엇? 무어——.〉 마사가 더듬으며 대답을 하려 하자 벨린스키가 스위치를 껐다.

〈그 질문은 그녀에게는 조금 지나치게 복잡한 것 같습니다. 핵심어와 짧은 동사를 사용해서 질문을 간단히 해 보십시오.〉 그는 이렇게 조언했다.

그러자 헌트는 다시 〈마사는 여송연을 먹나?〉라고 물었다.

이번에는 대답할 수 있었다.

〈먹는 없다 먹는 없다 여송연. 먹는다 음식 음식 피운다 여송연〉

〈이거 굉장하군요, 박사〉라고 헌트는 박사에게 찬사를 보냈다.

그런 다음 그는 모리슨을 향해 몸을 돌리고는, 〈아마 검찰측도 이 증인을 심문할 기회를 바라고 있는 것 같은데요.〉

모리슨은 약간 주저하다가 동의하고는 그 동물의 놀이 도구가 들어 있는 상자를 받아들었다. 불쾌감을 노골적으로 드러내면서 그는 곰 인형을 꺼내 침팬지에게 그것이 무엇인지 물었다. 순간 그 동물은 흥분해서 뛰어오르기 시작했고, 그런 움직임에 뒤질세라 인공 음성이 날카롭게 튀어나왔다.

〈사람 나쁘다 나쁘다 안 돼 곰 잡는다 마사 곰 돕는다 벨린스키 돕는다 마사 곰 잡는다 돕는다——.〉

스위치를 끄자마자 마사의 음성은 원래의 끽끽거리는 울음 소리로 되돌아갔다. 박사가 마사의 편집증적 반응을 설명했다. 〈마사는 당신에게서 일정 수준의 적개심을 감지한 것입니다. 솔직하게 말하자면 저는 당신의 기분을 이해할 수 있습니다. 그리고 저 이외의 많은 사람들이 동물이 지적으로 말을 할 수 있다는 사실에 대해 불쾌한 느낌을 버릴 수 없다는 것을 인정할 수 있습니다. 하지만 지금 마사는 조금 흥분한 상태입니다. 누군가 다른 사람이 마사와 대화를 나눈다면……〉

〈내가 한 번 해보겠소.〉 파인만 판사가 그의 말허리를 자르고 나섰다. 관계자들은 모두 동의했다. 그리고 모리슨이 상자를 판사석으로 가지고 오자, 더 이상 검사의 찌푸린 얼굴을 보지 않게 된 마사는 마음을 진정시키는 듯했다.

〈마사, 배고픈가?〉 파인만이 상자 속에 바나나 몇 개와 사탕이 들어 있는 것을 보고 이렇게 물었다.

〈마사 먹는다 지금 마사 먹는다.〉

〈마사는 무얼 먹고 싶지?〉

〈마사 먹는다 지금──.〉

〈사탕을 먹을래, 마사?〉

〈사탕 사탕 네──.〉

그는 손을 뻗어 마사에게 바나나 한 개를 건네주었다. 그 동물은 민첩한 동작으로 바나나를 쥐고 껍질을 벗기고는 입에 넣었다. 마사가 바나나를 먹는 동안 벨린스키는 잠깐 동안 음성 장치의 스위치를 켜서 끝없이 계속되는 〈행복하다 마사〉라는 해독된 음성을 들려주었다. 이 소리는 침팬지를 조금 놀라게 한 것 같았다. 바나나를 다 먹자, 마사는 얼굴을 돌려 다시 판사를 바라보면서 조수가 음성 장치의 스위치를 넣을 때까지 소리없이 입을 여닫았다. 〈좋다 바나나 좋다 바나나 고맙습니다 사람 캔디 지금 캔디 지금.〉

실험 결과에 만족한 파인만은 상자에 손을 넣어 마사가 원하는 보물을 주었다. 마사는 사탕을 받았다. 그런데 그 즉시 먹지 않고 무언가 말을 하고 싶다는 표시로 벨린스키의 스위치 박스를 가리 켰다.

〈여송연 여송연 마사 원한다 여송연——〉

판사는 여송연을 찾아 마사에게 주었다. 마사는 여송연을 받더니 잠시 킁킁대며 여송연의 냄새를 맡고는 되돌려주었다. 〈멋있다 멋있 다 사람 먹는다 벨린스키 여송연 고맙습니다 고맙습니다 사람——.〉

판사는 이 동물의 지능과 어린아이 같은 순수함에 매료되었다. 이 동물은 판사의 호의를 감지했고, 그래서 법정을 즐겁게 만들어 주는 것으로 그 보답을 한 것이었다. 그러나 헌트는 이 실연을 더 이상 오래 끌고 싶지 않았다. 몇 분 동안의 종간(種間) 대화가 진 행된 후, 그가 실연을 중단시켰다.

〈이제 증언을 계속해야 하지 않겠습니까, 재판장님?〉

〈물론 그래야지요.〉 판사는 동의하고, 내키지 않지만 그때까지 판사석에 함께 있던 동물을 넘겨주었다.

헌트는 마사가 자리에 앉자 심리를 계속했다. 〈벨린스키 박사, 이 동물의 지능에 대한 당신의 과학적 결론을 간단하게 말해 줄 수 있 겠습니까?〉

〈마사의 마음은 우리의 그것과는 다릅니다. 하지만 그것은 단지 정도의 차이죠. 우리의 뇌는 더 크고, 우리 몸은 더 적응적입니다. 따라서 우리가 마사보다 우월하지요. 하지만 우리와 이 동물의 차 이가 놀랄 만큼 작다는 사실이 밝혀질지도 모릅니다. 마사가 비록

부족하기는 하지만 사람과 흡사한 지능을 갖고 있다고 저는 확신합니다.〉

〈침팬지의 마음과 우리들의 그것 사이에 어떤 명확한 선을 그을 수 있습니까?〉

〈아니오. 그건 불가능합니다. 마사가 정상적인 사람보다 뒤떨어지는 것은 분명합니다. 그러나 마사는, 가령 그 행동거지로 미루어 볼 때 백치 수준의 사람보다 높고, 거의 치우(痴愚, 백치보다 높은 세 살에서 일곱 살 정도의 지능 수준——옮긴이)와 비슷한 정도라고 할 수 있습니다. 마사는 자기 자신과 새끼를 돌볼 수 있지만, 백치나 치우는 그럴 수 없다는 점에서 그들보다 우월하다고 할 수 있습니다. 저는 마사의 지능과 인간의 지능을 분명히 구별하고 싶지 않습니다.〉

헌트는 곧바로 다음 질문으로 들어가지 않았다. 물론 그는 미리 박사와 함께 이 실험 계획을 세웠다. 증언을 마무리짓기 위해서 그는 또 하나의 실연을 요구할 예정이었다. 그리고 그 실연은 그 특성상 지금까지 행해질 수 없는 것이었다. 더구나 벨린스키 박사가 계획대로 그 실험을 강행할지 그는 확신이 서지 않았다. 사실 그 자신도 이 실연이 행해지는 것을 원하는지 자신 있게 말할 수 없었다. 그러나 일은 일이었다.

〈벨린스키 박사, 이 동물은 사람과 같은 지능을 갖고 있고, 또한 그에 상응해서 사람과 같이 취급될 가치가 있다고 생각합니까?〉

〈아닙니다. 물론 우리는 모든 실험 동물을 관대하게 다루고 있습니다. 그러나 이러한 동물에게 가치가 있다면 그것은 오직 실험 대상이 될 수 있다는 점에 한해서 입니다. 예를 들어 마사는 실험에서의 유용성에 비해 너무 오래 살았습니다. 그래서 머지 않아 죽일 예정입니다. 그렇게 하지 않으면 이 동물을 사육하는 데 들어가는 비용이 그 실험적 가치보다 커지기 때문이지요.〉

〈이 동물을 어떻게 죽일 계획입니까?〉

〈빠르고 고통이 없는 방법이 여러 가지 있습니다. 저는 동물이 좋아하는 먹이에 독을 넣어 먹이는 방법을 선호합니다. 그것도 전혀 알아치리지 못하게 말입니다. 잔혹한 방법으로 보일지 모르지만, 이 방법을 사용하면 동물이 자신의 운명을 예상할 수 없습니다. 사실 죽음은 누구도 피할 수 없는 것입니다. 그러나 적어도 이처럼 순진한 동물들에게 죽음의 공포를 줄 필요는 없다고 생각하고 있습니다.〉 벨린스키 박사는 말을 하면서 코트 주머니에서 작은 사탕을 한 알 꺼냈다.

〈이 법정에서 지금 말씀하신 방법을 실연해 주실 수 있습니까?〉라고 헌트가 물었다.

박사가 사탕을 침팬지에게 내밀었을 때 파인만은 지금 자신 앞에서 무슨 일이 진행되려는지 깨달았다. 그는 죽음을 부르는 실험의 중지 명령을 내렸다. 그러나 너무 늦었다.

박사는 지금까지 자신의 실험 동물을 스스로 죽인 적이 한 번도 없었다. 그 일은 언제나 조수에게 맡겨왔었다. 아무런 의심도 않은 침팬지는 독이 들어 있는 선물을 입에 넣고 씹었다. 벨린스키 박사는 지금까지 한번도 생각해 보지 않았던 실험에 대한 생각이 떠올랐다. 그는 스위치를 넣었다.

〈사탕 사탕 고맙습니다 벨린스키 행복 행복 마사.〉

그때, 마사의 목소리가 저절로 멈추었다. 마사의 몸이 박사의 팔 속에서 순간적으로 경직되었다가 이완했다. 그리고 죽었다.

그러나 뇌사(腦死)는 즉시 이루어지지 않았다. 활성을 잃은 마사의 몸 안에서 몇 개의 회로가 짧은 신경 충격을 발생시켰고, 그것이 해독되어 〈아프다 마사 아프다 마사〉라는 소리가 되어 흘러나왔다.

그런 다음 1-2초 동안은 아무 일도 일어나지 않았다. 임의로 발생하는 신경 펄스들은 이 생명 없는 동물과 더 이상 아무런 관계도 없었다. 그런데 마지막으로 희미한 신경 충격이 사람들의 세계로 신호를 보내왔다.

〈왜 왜 왜 왜.〉

딸깍 하는 작은 전자음이 이 증언을 멈추게 했다.


## 나를 찾아서 · 일곱

아침에 사무실에서 일을 하고 있었다. 우리는 배튼스W. Battens 경으로부터 홈스Holmes 함장이 기니 공화국에서 데리고 온 신기한 생물을 보러 오라는 전갈을 받았다. 몸집이 큰 비비였다. 그러나 여러 가지 점에서 사람과 너무도 흡사해서(그들은 이러한 생물 종이 있다고 말했지만), 사람의 남자와 암컷 비비 사이에서 태어난 괴물이라고밖에 여겨지지 않을 정도였다. 나는 이 동물이 이미 상당한 정도의 영어를 이해한다고 믿는다. 그리고 말을 하거나 신호를 보내도록 가르칠 수 있다는 생각을 했다.

—— 새뮤얼 페피스Samuel Pepys의 일기
1661년 8월 24일

죽어가는 침팬지가 내는 아무도 이해할 수 없는 애처로운 울음 소리는 우리에게 강한 연민을 불러일으킨다. 우리는 이 순진하고 매력적인 생물과 우리 자신을 쉽게 일치시킬 수 있다. 그러나 이 글이 우리에게 호소력을 갖는 이유는 무엇일까? 침팬지의 언어는 수십 년 전부터 오늘날에 이르기까지 논쟁이 끊이지 않은 영역이었다. 한편으로는 침팬지와 그 밖의 영장류가 다수의 어휘 항목, 실제로는 수백 개의 어휘를 소화할 수 있으며, 경우에 따라서는 독창적인 복합어까지 만들어낼 수 있는 것처럼 판단되었지만, 이러한 동물이 문법을 습득해서 단어들을 연결시켜 복잡한 의미를 전달하는 명제를 만들 수 있다는 사실을 실증하기까지는 아직도 거리가 먼 것 같다. 침팬지는 구문적(構文的) 구조보다는 단지 단어의 임의적인 배열을 이용할 수 있는 것처럼 보인다. 그렇다면 이것이 심각한 제약으로 작용하는가? 그렇게 보는 사람도 있다. 왜냐하면 그 제약으로 인해 표현 가능한 개념의 복잡성에 엄격한 상한(上限)이 주어지기 때문이다. 노암 촘스키 Noam Chomsky와 그 밖의 사람들은 본질적으로 사람다움이란 우리의 천부적인 언어 능력에 있고, 이것은 모든 언어가 그 심층에서 공유하고 있을 일종의 〈근본 문법 primal grammar〉이라고 주장한다. 따라서 침팬지와 그 밖의 영장류들은 우리의 근본 문법을 공유하지 않기 때문에 본질적으로 우리와 차이를 갖게 되는 셈이다.

그러나 다른 사람들은 영장류가 언어를 사용하는 것처럼 보이지만, 실제로 그들은(아니면 〈그 동물들〉이라고 표현하는 편이 좋을까?) 우리가 언어를 사용하는 것과는 전혀 다른 무언가를 하고 있다고 주장한다. 그들은 의사 소통을 한다기보다, 즉 사적 개념을 일반적으로 통용되는 기호 패턴으로 변환시킨다기보다 오히려 그들에게는 아무런 의미도 없지만 그것의 조작을 통해 그들이 원하는 목표를 달성할 수 있다는 것이다. 엄격한 행동주의자에게는 〈의미〉와 같은 가설적인 심리적 성질을 기반으로 여러 가지 외적 행동을 구별한다는 생각은 터무니없는 것이다. 그러나 이런 종류의 실험이 영장류가 아닌 고등학생을 대상으로 이루어진 적이 있었다. 학생들에게는 여러 가지 형태의 색색가지 플라스틱 칩이 주어졌고, 일정한 보상을 얻기 위해 일정한 방식으로 그 칩들을 조작하도록 〈조건지어 졌다〉. 그리고 그들이 희망하는 대상을 얻기 위해 플라스틱 칩들을 배열하는 방법을 학습한 내용은 실제로 그 대상을 요구하는 간단한 영어로 암호화시킬 수 있었다. 그러나 대부분의 학생들은 그 문제를 한번도 그런 식으로 생각해 본 적이 없었다고 말했다. 그들은 제대로 작동하는 패턴과 그렇지 않은 패턴을 발견했고, 그 패턴들은 그런 범위 내에 있다고 말했다. 그들에게는 그 작업이 아무런 의미도 없는 기호 조작 실습처럼 느껴진 것이다! 이 놀라운 결과를 통해 많은 사람들은 침팬지 언어를 둘러싼 주장들은 의인주의적인 anthropomorphic 동물 애호가들의 희망적 관찰에 지나지 않는다고 확신하게 되었다. 그러나 찬반 논쟁은 아직도 계속되고 있다.

그렇지만 이 글의 현실성이 어떻든 간에 많은 도덕적·철학적 문제가 충분히 제기되었다. 정신, 즉 지능을 가진다는 것과 영혼, 즉 감정을 갖는다는 것의 차이는 무엇인가? 어느 하나 없이 다른 하나가 존재할 수 있는가? 마사를 죽일 때 마사가 사람만큼 〈가치가 없다〉는 정당화가 주어졌다. 어쨌든 이것은 마사가 사람에 비교하면 〈저열한 영혼〉밖에 갖고 있지 않다는 생각의 완곡한 표현에 틀림없다. 그러나 지능의 수준이 영혼의 수준을 판별하는 참된 지표가 될 수 있을까? 정신 지체나 치매에 걸린 노인은 정상인에 비해 〈저열한 영혼〉을 갖고 있는 것일까? 비평가 제임스 휴네커James Huneker는 쇼팽의 연습곡 「작품 25 제11번」에 대해 평하면서, 〈아무리 손가락을 빨리 놀릴 수 있더라도, 저열한 영혼을 가진 사람은 이 곡의 연주를 피해야 한다〉라고 말했다. 이 얼마나 믿기 힘든 주장인가! 여기에 일말의 진실이 담겨 있을지도 모르지만, 이런 말을 하면 속물이나 엘리트주의에 물든 사람이라는 평을 들을 것이다. 그러나 누가 영혼 측정기를 줄 것일까?

튜링 테스트가 이러한 측정기일까? 언어를 통해 영혼을 측정하는 것이 과연 가능할까? 마사의 영혼에서 몇 가지 특성이 그 발언 속에 분명히 나타나고 있다는 것은 두말 할 필요도 없다. 마사에게는 우리에게 강하게 호소하는 무언가가 있다. 그런 호소력을 느끼는 것은 부분적으로는 마사의 신체적 겉모습 때문이고(사실, 우리는 어떻게 이것을 아는가?), 부분적으로는 우리가 자신을 마사와 동일시하기 때문이고, 부분적으로는 마사가 구사하는 아름다울 만치 순진한 구문(構文) 때문이다. 우리는 아기나 어린아이에 대한 느낌과 마찬가지로 마사에 대해서도 보호해 주고 싶은 충동을 받는다.

이 모든 장치는 다음 이야기에서 훨씬 더 교활하게! 사용될 것이다. 다음 이야기도 『안나 클레인의 영혼 *The Soul of Anna Klane*』에서 인용한 것이다.

D. R. H.

이야기 · 여덟

# 동물 마크 Ⅲ의 영혼

### 테렐 미대너

〈아나톨 클레인Anatol Klane의 태도는 지나치게 직설적이야. 그
는 생명을 복잡한 형태의 기계로 간주해.〉헌트는 이렇게 말했다.

그녀는 어깨를 으쓱하는 몸짓을 했지만 그렇다고 무관심한 것은
아니었다. 〈그 사람이 매력적이라는 것은 인정해도 ‘그’철학은 받
아들일 수 없어.〉

〈한 번 생각해 봐〉라고 헌트는 재촉하듯이 말했다. 〈새로운 진화
이론에 따르면, 동물의 몸은 완전히 기계론적인 과정process에 의
해 형성되어 있다는 것을 자네도 알고 있을 거야. 개개의 세포는
극미한 기계이고, 더 크고 복잡한 장치로 통합되는 작은 부품이
지.〉

리 더크슨Lee Dirksen은 머리를 흔들었다. 〈하지만 동물과 인간

---

* Terrel Miedaner, *The Soul of Anna Klane* (Church of Physical
  Theology, Ltd., 1977).

의 몸은 기계 이상의 무엇이야. 생식 활동 자체도 둘을 구별짓지.〉

〈생물 기계가 다른 생물 기계를 낳는다는 것이 그렇게 멋진 일인가? 자동 제어된 공장이 엔진을 토해내는 경우와 같이 암컷 포유류가 수태를 해서 새끼를 낳는 데 특히 창조적인 사고가 필요한 것은 아닐 텐데.〉

더크슨의 눈이 반짝 빛났다. 〈당신은 자동화된 공장이 제품을 생산할 때 어떤 감정을 가질 수 있다고 생각해요?〉라고 그녀는 반박했다.

〈기계의 금속에는 강한 압력이 걸리고, 결국 그 공장의 기계는 소모되지.〉

〈제가 말한 느낌이란 그런 것이 아니에요.〉

〈나도 그런 걸 뜻한 것은 아니야〉라고 헌트는 동의했다. 〈그러나 누가 또는 무엇이 감정을 갖고 있는지 여부를 아는 것은 항상 쉬운 일이 아니지. 내가 자란 농장에서 암퇘지를 한 마리 기르고 있었는데, 그놈에게는 못된 버릇이 있어서 자기가 낳은 새끼를 대부분 밟아 죽이곤 했어. 물론 우연이라고 생각하기는 하지만……. 그리고 그 암퇘지는 자기 새끼의 사체를 먹어버렸어. 그런데도 자네는 그 암퇘지에게 모성적인 감정이 있었다고 말할 텐가?〉

〈저는 돼지 이야기를 하는 게 아니에요!〉

〈사람에 대해서도 같은 이야기를 할 수 있어. 얼마나 많은 갓난아기들이 화장실에서 익사했는지 어림짐작이라도 할 수 있겠나?〉

더크슨은 소름이 끼쳐 입을 다물었다.

잠시 침묵이 계속된 뒤 헌트가 다시 말을 이었다. 〈자네는 클레인에게서 기계에 대한 열광을 발견했을지도 모르지만, 그것도 하나의 견해이지. 그에게 기계는 또 하나의 생명 형태, 그러니까 그 자

200

신이 플라스틱과 금속으로 만들어낼 수 있는 생명 형태인 셈이지. 그리고 그는 자신도 하나의 기계라고 생각할 만큼 자신의 생각에 정직한 거야.〉

〈기계를 낳는 기계로군요.〉 더크슨이 빈정거렸다. 〈다음에는 그를 어머니라고 부를 작정이군요.〉

〈아니〉라고 헌트는 말했다. 〈그는 공학자야. 공학적으로 만들어진 기계를 인체와 비교하면 미숙하기 짝이 없지만, 그 기계는 단순한 생물학적 번식을 넘어서는 고차적인 활동을 나타내는 무엇이지. 왜냐하면 그것은 적어도 사고 과정의 산물이기 때문이라네.〉

〈변호사와 논쟁을 하려면 좀더 준비를 해야겠군요.〉 그녀는 이렇게 말하며 뒤로 물러섰지만, 아직도 불쾌한 기색이 역력했다. 〈하지만 저는 기계와는 친해지지 않아요! 감정적으로 말하자면, 우리가 동물을 취급하는 방식과 기계를 취급하는 방식에는 차이가 있어요. 그건 논리적으로는 설명될 수 없어요. 제 말은, 가령 제가 기계를 부술 수 있고, 그렇게 해도 별다른 고민도 하지 않는다는 거예요. 하지만 동물은 죽일 수 없어요.〉

〈죽이려고 시도한 적은 있나?〉

〈그런 비슷한 경험은 있지요.〉 더크슨이 기억을 더듬으면서 말했다. 〈제가 대학 시절에 살던 아파트에 쥐가 들끓어서 쥐덫을 놓았어요. 결국 한 마리를 붙잡았는데 덫에서 떼어낼 수가 없었어요. 그 불쌍한 시체는 제게 아무런 해도 입히지 않는 것처럼 보였고, 너무 불쌍해서 뒷마당에 묻어주었지요. 쥐덫까지 함께 말이에요. 그러고는 죽이는 것보다 쥐와 함께 생활하는 편이 훨씬 낫겠다고 결정했어요.〉

〈그래도 자네는 고기를 먹겠지〉라고 헌트는 지적했다. 〈그러니까

자네는 죽인다는 사실 자체가 아니라 자신의 손으로 죽인다는 것에 대해 혐오감을 느끼는 거야.〉

〈그건 그렇지 않아요〉라고 그녀는 발끈해서 말했다. 〈그런 논법은 생명에 대한 기본적인 존중이라는 측면을 놓치고 있어요. 우리는 동물과 무언가 공통점을 갖고 있어요. 당신도 그 측면을 알고 있지 않나요?〉

〈클레인은 자네도 흥미를 느낄 이론을 갖고 있어.〉 헌트는 이야기를 계속했다. 〈그는 이렇게 말할걸세. 실제든 가상이든 생물학적인 관계라는 것은, 자네가 말하는 '생명에 대한 존중'과는 아무런 관계도 없다고 말이야. 사실 자네가 살생을 싫어하는 것은 단지 그 동물이 죽지 않으려고 저항하기 때문이야. 동물은 울고, 발버둥치고, 슬픈 표정을 짓기도 하지. 그건 자기를 죽이지 말아달라고 자네에게 호소하는 것이야. 그리고 동물의 호소를 알아듣는 것은 자네의 생물학적인 의미에서의 몸이 아니라 역시 자네의 마음인 것이지.〉

그녀는 납득이 가지 않은 듯 그를 빤히 바라다보았다.

헌트는 탁자 위에 약간의 돈을 올려놓고 의자를 뒤로 밀었다. 〈나와 함께 가지.〉


30분 뒤, 그녀는 클레인의 변호사 헌트와 함께 클레인의 집으로 들어가고 있었다. 헌트의 차가 접근하자 차고의 문이 자동으로 열렸다. 그리고 헌트의 손이 닿자 현관문도 즉시 열렸다.

그녀는 그를 따라 지하 실험실로 들어갔다. 헌트는 늘어서 있는 수십 개의 캐비닛 중 하나를 열더니 그 속에서 무언가를 꺼냈다. 그것은 알루미늄으로 만든 커다란 딱정벌레처럼 보였다. 그 매끄러운 표면에는 작은 색(色)표시등과 기계적인 돌출부가 몇 개 달려 있었다. 그는 딱정벌레를 뒤집어서 밑바닥에 세 개의 고무 바퀴가 달려 있는 것을 더크슨에게 보여주었다. 평평한 금속제의 밑판에는 〈동물 마크 III MARK III BEAST〉라는 글자가 새겨져 있었다.

헌트는 이 장치를 타일이 깔린 바닥에 올려놓고, 뒤쪽에 있는 작은 스위치를 켰다. 〈윙윙〉 작은 소리를 내면서 이 장난감은 바닥을 앞뒤로 움직이며 무언가를 찾는 듯한 동작을 시작했다. 딱정벌레는 한 순간 정지하더니 커다란 캐비닛 아래쪽에 있는 전기 콘센트를 향해 나아갔다. 플러그 앞에 서자 금속성 몸에 나 있는 구멍에서 한 쌍의 플러그를 뻗어 탐색하더니 이윽고 전원에 꽂았다. 그러자 몸체에 붙어 있는 몇 개의 램프가 녹색으로 빛나기 시작하고, 몸 안쪽에서 마치 고양이가 만족스러워서 목을 울리는 것과 비슷한 소리가 들려왔다.

더크슨은 흥미롭게 이 장치를 지켜보았다. 〈기계 동물. 귀엽군요. 하지만 그래서 어쨌다는 거지요?〉

헌트는 가까이에 놓여 있는 의자 위에서 망치를 집어들더니 그녀에게 내밀었다. 〈이놈을 자네가 죽여주었으면 좋겠는데.〉

〈무슨 말씀이세요?〉 더크슨은 약간 불안한 어조로 말했다. 〈왜 제가 이 기계를 죽여……부숴야 한다는 거지요?〉 그녀는 뒷걸음질을 치며 무기를 받지 않았다.

〈그냥 실험이야〉라고 헌트는 대답했다. 〈나도 클레인의 권유로 몇 년 전에 해보았어. 그리고 지금 생각에 그 일이 내게 도움이 된 것 같아.〉

〈도대체 무슨 도움이 되었단 말이지요?〉

〈생명과 죽음의 의미에 관해 무언가를 배웠지.〉

더크슨은 미심쩍은 표정으로 헌트를 응시하고 있었다.

〈이 '동물'은 자신의 몸을 지키기 위해 자네에게 상처를 입힐 수 없어.〉그는 그녀에게 보증했다. 〈단지 이놈을 쫓아가면서 어디 부딪히지 않도록 주의하기만 하면 돼.〉그는 다시 망치를 건네주었다.

그녀는 머뭇거리며 앞으로 나와 무기를 잡았다. 그녀는 전류를 먹으면서 낮게 가르랑대는 기묘한 기계를 곁눈질로 보았다. 그런 다음 기계가 있는 곳으로 걸어가 몸을 구부리고 망치를 치켜들었다.

〈그래도……먹는 건 개도 건드리지 않는다던데.〉그녀는 망설이며 헌트를 돌아보았다.

그가 웃었다. 그녀는 화가 나서 양손으로 망치를 치켜들어 강하게 내리쳤다.

그러나 공포의 외침과 같은 날카로운 소리를 내면서 그 동물은 주둥이를 콘센트에서 빼내고 급하게 뒤로 물러섰다. 그 바람에 망치는 바닥을 때리고 말았다. 망치가 내려친 곳은 그 기계의 몸에 가려져 있던 타일의 이음매 부분이었다. 그 타일은 여기저기 패인 상처로 얽어 있었다.

더크슨은 얼굴을 들었다. 헌트는 웃고 있었다. 그 기계는 2미터가량 이동해서 정지한 채 그녀를 바라보고 있었다. 〈아니야, 나를 보고 있는 게 아니야.〉그녀는 속으로 이렇게 고쳐 생각했다. 그런 자신에게 화가 치민 더크슨은 무기를 꽉 움켜쥐고 조심스럽게 앞으로 나아갔다. 그러자 기계는 뒤로 물러나면서, 머리에 달린 두 개의 빨간 램프가 사람의 뇌의 알파파alphawave에 가까운 주파수로 밝아졌다가 어두워지기를 되풀이했다. 더크슨은 돌진해서 망치를 휘둘렀다. 그러나 이번에도 놓치고 말았다.

10여 분이 지난 뒤 홍조를 띠고 헐떡이면서 그녀는 헌트가 있는 곳으로 되돌아왔다. 그녀는 튀어나온 기계류에 부딪혀 몸 이곳 저곳에서 통증을 느꼈다. 머리도 작업대 아래쪽에 부딪는 바람에 욱신거렸다. 〈마치 큰 쥐를 잡는 것 같아! 도대체 그 놈의 배터리는 언제나 방전이 되는 거지?〉

헌트가 시계를 들여다보았다.

〈자네가 쉬지 않고 열심히 쫓아다닌다면, 앞으로 30분 후면 모두 방전되겠는걸.〉 이렇게 말하면서 그는 작업대 아래쪽을 가리켰다. 거기에서 그 동물은 벌써 다른 전기 콘센트를 찾아냈다. 〈하지만 이 놈을 더 쉽게 잡는 방법이 있지.〉

〈그러면 그쪽을 택하겠어요.〉

〈망치를 놓고, 이놈을 들어올리게.〉

〈맨 손으로…… 집으라고요?〉

〈그래. 이놈은 자기와 같은 종류에 대해서만 위험을 인지하니까 강철 망치에 대해서만 반응을 하지. 이놈은 무기를 들지 않은 원형질을 신뢰하도록 프로그램되어 있어.〉

그녀는 망치를 조용히 의자 위에 내려놓고 천천히 기계 쪽으로 다가갔다. 기계는 움직이지 않았다. 가르랑거리는 소리는 멈춰 있었고 희미한 호박색 램프가 부드럽게 빛나고 있었다. 더크슨은 손을 뻗어 살짝 건드려보았다. 약한 진동이 느껴졌다. 그녀는 아주 천천히 놈을 양손으로 들어올렸다. 램프가 밝은 초록색으로 변했다. 그리고 금속제 피부의 기분 좋은 따뜻함을 통해, 그녀는 부드럽게 모터가 돌아가는 소리를 느낄 수 있었다.

〈이제 이 멍청한 기계를 어떻게 해야 하지요?〉라고 재촉하듯이 그녀는 물었다.

〈이런, 그 녀석을 작업대 위에 뒤집어놓게. 그 자세라면 놈은 꼼

짝할 수 없으니까 여유 있게 내려칠 수 있지.〉

　〈그렇게 의인화시키지 않아도 할 수 있어요.〉 헌트의 지시에 따르면서 더크슨은 투덜거렸다. 그러나 그녀는 마지막까지 가보기로 작정했다.

　그녀가 그 기계를 뒤집어놓자 기계의 램프는 다시 붉은색으로 바뀌었다. 잠깐 동안 바퀴가 빠른 속도로 회전했다. 다크슨은 다시 망치를 집어들고는 재빨리 치켜들었다가 내리쳤다. 망치는 부드러운 호를 그리며 무력한 기계의 중심에서 조금 벗어난 곳을 강타해 바퀴 하나에 손상을 입혔지만, 그 서슬에 기계는 다시 뒤집혀 원래의 자세가 되었다. 손상된 바퀴에서 금속을 깎는 듯한 소리가 났고, 이 동물은 발작을 일으키듯 원을 그리며 맴을 돌기 시작했다. 놈의 아랫배에서 〈딱!〉 하는 소리가 났다. 순간 기계는 정지하고, 램프는 슬픈 빛으로 빛나고 있었다.

　더크슨은 입술을 다물고 최후의 일격을 가하기 위해 망치를 치켜들었다. 그러나 망치를 내려치려는 순간, 그 동물의 몸 속에서 마치 아기가 흐느껴 우는 듯한 슬픈 울음 소리가 들려왔다. 더크슨은 망치를 떨어뜨리고 뒷걸음질을 쳤다. 그녀의 눈은 탁자 위에 놓인 동물의 몸 아래쪽으로 피처럼 새빨간 윤활유가 고인 것을 보고 있었다. 그녀는 충격을 받은 듯 헌트를 바라보았다. 〈이건……이건…….〉

　〈단지 기계일 뿐이야〉라고 헌트는 이번에는 진지하게 말했다. 〈여기에 있는 진화적인 선조들과 마찬가지로 말이야.〉 그는 손으로 작업실에서 그들을 둘러싸고 있는 기계 장치들을 가리켰다. 그 기계들은 아무 말도 없이 위협하듯 그들을 감시하고 있는 것 같았다.

　〈그러나 이 장치들과는 달리 그 기계는 자기 운명을 감지해서 도

206

움을 청하기 위해 소리를 지를 수 있지.〉

〈스위치를 꺼요.〉 그녀는 단호하게 말했다.

헌트는 탁자에 다가가 기계에 달려 있는 작은 스위치를 움직이려 했다.

〈자네가 부숴놓은 것 같군.〉

그는 바닥에서 뒹구는 망치를 들어올렸다.

〈최후의 일격을 가해도 괜찮겠지?〉

그녀는 뒤로 물러서며 헌트가 망치를 들어올리자 머리를 흔들 었다.

〈고칠 수는 없…….〉 그녀의 말이 채 끝나기도 전에 금속성 소리가 났다. 그녀는 질겁을 하고 얼굴을 돌렸다. 울음 소리는 그쳐 있었다. 그들은 아무 말도 않고 조금 전에 내려왔던 계단을 다시 올 라갔다.


**나를 찾아서 · 여덟**

헌트는 이렇게 말한다. 〈그러나 누가 또는 무엇이 감정을 갖고 있는지 여부를 알기가 항상 쉬운 것은 아니다.〉 이것이 이 글의 핵심이다. 처음에 더크슨은 자기 번식력을 생물의 본질로 파악했다. 헌트는 곧 무생물적인 장치도 자기 조립 self-assemble을 할 수 있음을 그녀에게 지적했다. 그리고 미생물은 어떠한가? 자신의 복제를 만들기 위한 명령을 내부에 갖고 있는 바이러스는? 과연 이들은 영혼을 지니고 있는가? 의심스럽다!

그런 다음, 그녀는 감정을 실마리로 삼았다. 이 점을 잘 이해시키기 위해 저자는 독자의 감정에 호소하기 위해 전력을 기울였고, 당신에게 기계적이고 금속적인 감정이 (언어상으로는 분명 모순처럼 보이지만) 존재한다는 것을 납득시키려고 애쓴다. 그 대부분은 본능적 수준에서 일련의 잠재 의식적인 호소를 통해 이루어진다. 저자는 〈알루미늄으로 만들어진 딱정벌레〉, 〈부드럽게 가르랑거리는 소리〉, 〈공포의 외침과 같은 날카로운 소리〉, 〈그녀를 응시한다〉, 〈희미한 진동〉, 〈그 금속 피부의 기분 좋은 따뜻함〉, 〈무기력해진 기계〉, 〈발작을 일으키듯 원을 그리며 맴돈다〉, 〈램프가 슬픈 색으로 빛나고 있다〉 등의 표현을 사용하고 있다. 이런 표현은 모두 속이 들여다보이는 수작처럼 느껴진다. 그러나 그가 다음과 같은 이미지 이상으로 나아갈 수 있었겠는가? 〈탁자에 놓인 동물의 몸 아래쪽에 피처럼 새빨간 윤활유가 고여 있다〉, 그리고 그것으로부터 (또는 그로부터?) 〈아기가 흐느껴 우는 듯한 슬픈 울음 소리〉가 들려왔다는 것이다.

이 묘사는 너무 도발적이어서 누구나 빨려들어갈 정도이다. 자신이 감정적으로 조작되고 있다는 느낌을 받을 수도 있지만, 인위적인 조작에 대한 분노가 우리의 본능적인 동정심을 능가할 수는 없다. 어떤 사람은 개수대의 수도꼭지를 틀어 개미를 익사시키는 것이 무척이나 힘들 수도 있다! 반면 매일같이 애완용 피라니아 piranha(사람이나 가축까지 물어 죽이는 포식성 민물고기 —— 옮긴이)에게 살아 있는 금붕어를 태연히 먹이로 주는 사람도 있다! 도대체 어디에서 선을 그어야 할 것인가? 무엇이 존중되어야 하고, 무엇이 없어도 좋은 것일까?

우리는 대부분 채식주의자도 아니고, 평생 동안 다른 식습관에 대해 생각조차 않는다. 그것은 소와 돼지를 죽인다는 생각을 해도 태연하기 때문일까? 그렇지는 않을 것이다. 스테이크를 먹을 때 접시 위에 죽은 동물의 고기 덩어리가 올라와 있다고 생각하는 사람은 거의 없을 것이다. 대부분의 경우 우리는 이중의 기준을 유지할 수 있도록 교묘하게 고안된 언어와 관습을 눈에 띄지 않게 사용하면서 스스로를 보호한다. 고기를 먹는다는 것의 진정한 성질은 성교와 배설의 진정한 성질과 마찬가지로 암묵적으로만 언급되고 완곡한 형태의 동의어와 암시속에 숨겨진다. 가령 〈송아지 커틀릿(얇게 저민 고기──옮긴이)〉, 〈사랑을 주고받는다〉, 〈화장실에 간다〉 등이 그런 예이다. 어쨌든 우리는 도살장에서 영혼을 죽이는 일이 벌어지고 있다는 것을 알고 있다. 그러나 입맛을 다시고 있을 때 그런 일을 떠올리고 싶지는 않은 것이다.

당신을 상대로 멋진 체스 시합을 할 수 있고, 다음 수를 어디에 놓을지 〈숙고〉하면서 빨간 램프를 기운차게 점멸시키고 있는 체스 챌린저 VII Chess Challenger VII와 어린 시절에 귀여워하던 작은 곰 인형 중에서 어느 쪽을 부수기가 쉬울까? 왜 곰인형은 우리의 심금에 와 닿을까? 봉제 인형은 작고, 순진무구하고, 부서지기 쉬움을 의미한다.

우리는 감정적인 호소에는 약하지만, 어떤 대상에게 영혼을 인정할 것인가에 대해서는 선택적일 수 있다. 그렇지 않다면 어떻게 유대인 학살이 진정으로 옳은 일이라고 나치가 확신할수 있었겠는가? 어떻게 베트남 전쟁에서 미국인들이 그처럼 쉽게 〈구크 gook(동양인을 비하하는 표현──옮긴이)를 쓸어버릴〉

수 있었겠는가? 어떤 종류의 감정, 즉 애국심이 마치 밸브처럼 작동해서 그들에게 자신을 투영해서 (즉 희생자를 자신(의 투영)으로) 자신과 동일시할 수 있는 다른 감정을 억제시키는 기능을 하는 것 같다.

우리는 모두 어느 정도 물활론자(物活論者)이다. 어떤 사람은 자기 차에 〈인격〉을 부여한다. 타자기와 장난감이 〈영혼〉을 갖고 있고, 〈살아 있다〉고 생각하는 사람도 있다. 그런 것을 불속에 넣기 어려운 것은 우리의 일부가 소실되기 때문이다. 이런 대상에 우리가 투영하는 〈영혼〉은 분명 우리 마음 속에 있는 이미지이다. 만약 그렇다면 왜 친구나 가족에게 투영하는 영혼에 대해서도 같은 이야기를 할 수 없는 것일까?

우리는 모두 공감의 창고를 갖고 있다. 그리고 우리의 기분이나 외부 자극에 의해 어떤 대상에 쉽게 공감할 수도 있고 그렇지 않을 수도 있다. 때로는 지나가는 말 한 마디에 마음이 풀리기도 한다. 그러나 무감각하고 냉담할 때도 있다.

이 글에서는 작은 동물이 죽지 않으려고 발버둥치는 모습이 더크슨과 우리의 마음을 움직였다. 우리에게는 작은 딱정벌레가 살기 위해 안간힘을 쓰는 모습이 보이는 것 같다. 딜런 토머스Dylan Thomas의 말을 빌리자면, 〈빛이 꺼지는 데〉 분노해서, 〈잠 속으로 차분하게 들어가〉는 것을 거부하는 듯이 보이는 것이다. 이 기계가 마치 자신의 운명을 알고 있는 것처럼 묘사한 대목이 아마도 우리에게 가장 큰 설득력을 발휘하고 있을 것이다. 거기에서 우리는 투우장에 있는 불쌍한 운명의 동물들을 떠올린다. 그 동물들은 무작위로 골라내어 무참히 도살된다. 그리고 동물들은 냉혹한 운명이 다가오는 것을 알고 떨고 있는 것이다.

육체는 언제 영혼을 담고 있을까? 우리의 감정에 호소하는 이 글에서 우리는 〈영혼〉이 명확히 확정된 내적 상태의 함수가 아니고, 그것을 투영하는 우리의 능력의 함수로 나타나는 것을 살펴보았다. 이것은 기묘하게도 가장 행동주의적인 접근 방식이다! 우리는 내부 메커니즘에 대해서는 아무것도 묻지 않는다. 그 대신 어떤 행동이 주어졌을 때 거기에 영혼을 귀속시키는 것이다. 이것은 〈영혼 찾기〉에 대한 튜링 테스트식 접근을 기묘한 형태로 정당화하는 셈이다.

D. R. H.

# 3

## 하드웨어에서
## 소프트웨어로

# 영혼

## 앨런 휠리스

길다란 실의 끄트머리가 약간 부풀어오르면서 우리가 태어났다. 세포들이 끝없이 분열을 거듭하고 자연적으로 혹을 이루면서 비로소 인간의 형상을 띠게 된다. 이제 그 실의 끝부분은 그 속에 깊숙이 묻히고, 보호되어, 그 무엇으로부터도 침범받지 않는다. 우리의 임무는 이 끝을 더욱 전진시키고 다음 세대로 전하는 것이다. 우리는 잠시 동안 번성하고, 약간의 노래와 춤을 즐기고, 얼마 안 되는 추억을 돌에 새기고, 그런 다음에는 힘을 잃고 말라 비틀어져 형체도 찾아볼 수 없게 된다. 이제 실의 끝은 우리의 아이들에게 옮겨지고, 우리를 통해 도중에서 끊기지 않고 무한히 과거로 이어져 있다. 이 실 위에서 무수한 보물이 생겨나고 번성하고 지금의 우리처럼 사라져 갔다. 남는 것은 생식 계열 germ line뿐이다. 생명의 진

---

* Allen Wheelis, *On Not Knowing How to Live* Harper & Row Publishers, (1975).

화를 통해 새로운 구조를 낳는 것은 일시적으로 성장한 생물체가 아니라 실 안에 들어 있는 유전자 배열이다.

우리는 정신의 운반자이다. 그러나 어떻게, 왜, 어디로 운반하는 지는 알지 못한다. 우리의 어깨 위에, 눈 속에, 분명치 않은 영역을 통해 고뇌하는 손 속에, 알려지지 않은, 알려질 수 없는 미래를 향해, 그리고 끊임없는 창조 속에서 우리는 정신의 온전한 무게를 지탱하고 있다. 정신은 전적으로 우리에게 의존하고 있다. 그러나 우리는 그것을 모른다. 심장이 뛸 때마다 우리는 정신을 조금씩 전진시키고, 또한 거기에 손과 마음의 모든 일을 넘겨준다. 우리는 비틀거리면서 아이들에게 정신을 전달하고, 자신의 유골을 입관시킬 준비를 하고, 죽고, 사라져 간다. 정신은 끝없이 이어지고, 크고 풍부해지고, 점점 더 낯설고 복잡해진다.

우리는 사용되고 있다. 정녕 누구에게 시중들고 있는지 알 수 없는 것일까? 누구를 위해서인지, 무엇을 위해서인지 알지도 못한 채 오직 충성을 바쳐야 하는 것인가? 도대체 무엇을 구하는 여행인가? 우리가 가진 것을 넘어 우리는 무엇을 원할 수 있는가? 정신이란 무엇인가?

자크 모노Jacques Monod는 강과 바위에 대해 이렇게 쓰고 있다. 〈우리는 그것들이 어떤 디자인이나 '계획' 또는 목적을 가졌다고 생각할 수 없는 여러 가지 물리적인 힘의 임의적인 움직임에 의해 형성되었다고 알고, 또는 믿고 있다. 다시 말해 자연이 객관적이지도 않고 계획적이지도 않다는 과학적 방법의 기본 전제를 인정한다면 말이다.〉(〈우연과 필연〉 중에서)

그 기본 전제는 강한 호소력을 갖는다. 왜냐하면 불과 몇 세대

전까지 그런 전제에 대한 반대가 자명하다고 여겨지고, 바위가 떨어지는 것을 〈원하고〉, 강이 노래 부르거나 격노하는 시대가 있었기 때문이다. 변덕스러운 영혼들이 제멋대로 우주를 배회하고 내키는 대로 자연을 이용했다. 그리고 자연적인 대상과 사건에는 어떤 목표나 의도도 없다는 관점이 받아들여지면서 우리는 이해와 통제에 의해 우리가 어떤 이득을 얻는지 알게 되었다. 바위는 아무것도 원하지 않고, 화산은 어떤 목적도 추구하지 않으며, 강은 바다를 찾지 않고, 바람은 행선지를 알려 하지 않는다.

그러나 다른 견해도 있다. 원시인의 물활론만이 과학적 객관성의 유일한 대안은 아니다. 이 객관성은 우리가 측정하는 데 익숙해진 정도의 기간 동안에는 성립할지 모르지만, 그보다 훨씬 긴 기간에서는 성립하지 않는다. 빛이 인접한 물질의 질량에 영향을 받지 않고 직진한다는 명제는 농장의 측량에는 도움이 되지만, 훨씬 멀리 떨어진 은하의 측정에서는 오차가 발생한다. 그와 마찬가지로 〈바깥 거기out there〉(나와 무관하게 객관적으로 존재하는 자연을 뜻한다. 이것은 자연에 대한 실재론적 관점의 연장이다. ──옮긴이)에 존재하는 자연이 목적을 갖지 않는다는 명제도 하루나 1년, 또는 일생이라는 단위로 자연을 이야기할 때에는 유효할지 몰라도 영겁이라는 지평에 서면 틀릴 수 있다.


정신은 상승하고, 물질은 하강한다. 정신은 마치 불꽃처럼, 무용수의 도약처럼 무언가를 동경한다. 정신은 신과 같이 무에서 형태를 창조하며 그 자체가 신이다. 정신은 처음부터, 그러나 그 출발은 그보다 앞선 어떤 출발의 종결이었을지 모르지만, 존재했다. 충분히 먼 과거를 되돌아보면 우리는 시원(始原)의 안개에 다다른다.

거기에서 정신은 원자들의 끊임없는 진동, 고요와 추위 속에 멈춰 있지 않으려는 어떤 떨림이다.

물질은 균일한 분포, 움직임이 없고, 완성된 우주를 가질 것이다. 반면 정신은 이승, 천국, 지옥, 혼란과 갈등, 어둠을 몰아내기 위해, 그리고 선과 악을 밝히기 위해 백열하는 태양을 가질 것이다. 그리고 사고, 기억, 열망을 가질 것이다. 정신은 차츰 복잡성과 포괄성을 증대시켜 천국에 이르는 계단을 형성하지만, 그 천국은 늘 더 높은 곳으로 물러나고 항상 위치를 바꾼다. 그래서 우리가 그 곳에 도달했다고 생각할 때에도 여전히 천국은 멀리 떨어져 있다. ……그러나 정신에는 마지막이 없다. 정신은 끝없는 상승을 지향하면서도 방황하고, 맴돌고, 하강한다. 그렇지만 쉬지 않고 상승하고, 더 높은 형태를 창조하기 위해 그보다 낮은 형태를 이용하고, 더 큰 내성(內省), 의식, 자발성을 향해, 더 큰 자유를 얻기 위해 나아간다.

입자들은 생명을 얻는다. 정신은 자신을 끌어내리고 정지시키려고 애쓰는 물질을 뛰어넘는다. 작은 생물들은 따뜻한 바다에서 꿈틀거린다. 점차 증대되는 복잡성이 작은 형태를 이루고, 이 형태는 잠깐 동안이지만 탐구하는 정신을 낳는다. 그것들이 함께 모여 접촉하면 정신이 사랑을 창조하기 시작하는 것이다. 그것들은 접촉하고 거기에서 무언가가 전달된다. 그것들은 죽고, 죽고, 죽고, 끝없이 죽는다. 우리의 과거의 강 속에서 이루어진 그 숱한 산란을 누가 알랴? 태고의 해변에서 춤추던 색줄멸(많은 무리를 지어 해변의 모래사장에서 산란하는 물고기——옮긴이)의 숫자를 누가 셀 수 있겠는가? 아무도 듣지 못한 그 파도 소리를 누가 들을 수 있겠는가? 평원의 토끼들, 나그네쥐들의 가죽을 누가 애도하랴? 그들은 죽고, 죽고, 죽는다. 그러나 서로 접촉하고 무언가가 전해진다. 정신은 비약하고, 끝없이 새로운 몸을, 항상 더 복잡한 용기를 창조하고, 그것이 정신을 앞으로 운반하며, 좀더 확장된 정신이 후세에게 계승된다.

바이러스는 박테리아가 되고, 해초류가 되고, 양치류가 된다. 정신의 추진력이 돌을 깨뜨리고, 거대한 미국소나무를 솟게 한다. 아메바는 세계를 발견하고, 이해하고, 몸 속에 넣기 위해 부드럽고 무딘 발을 쉼없이 움직이며, 점점 더 크게 성장하고, 더 많은 것을 포용하는 정신을 추구해 나간다. 말미잘은 물오징어가 되고, 물고기가 된다. 몸부림은 수영이 되고, 이윽고 기어가기가 된다. 물고기는 민달팽이가 되고, 도마뱀이 된다. 기어가기는 걷기가 되고, 달리기가 되고, 날기가 된다. 생물들은 서로에게 손을 뻗고, 그 사이에서 정신이 약동한다. 향성(向性, 생물이 자극에 반응해서 특정 방향을 향해 성장하거나 진행하는 성질——옮긴이)이 냄새가 되고, 매료하는 힘이 되고, 욕정(欲情)이 되고, 사랑이 된다. 도마뱀에서 여우로, 원숭이로, 인간으로, 요컨대 우리는 함께 몸을 맞대고, 죽고, 그리고 (그 사실을 알지도 못하면서) 정신을 앞으로 운반하고, 전달한다. 이 정신은 더욱 큰 날개를 달고, 그 도약은 더욱 커진다. 우리는 아득히 멀리 떨어진 누군가를, 먼 옛날에 죽은 누군가를 사랑하고 있다.

* * *

에리히 헬러 Erich Heller는 이렇게 쓰고 있다. 〈인간은 정신을 담는 그릇이다. ……정신은 사람의 영토를 지나면서, 인간의 영혼

에게 정신의 순수한 목적지로 오라고 명령하는 여행자이다. 〉

자세히 관찰하면, 정신이 지나는 경로는 구불구불한 길이다. 그것은 밤의 수풀에 빛나는 달팽이의 길이다. 그러나 높은 곳에서 내려다보면, 작은 굽이들은 그 방향의 불변성 속으로 융합된다. 인간은 거기에서 되돌아보아야 하는 암벽에 도달했다. 수천 년의 시계(視界)가 맑게 펼쳐져 있고, 그 이전의 기간도 어렴풋하지만 아주 조금은 볼 수 있다. 지평선은 우리 뒤쪽으로 수백만 년 떨어진 곳에 있다. 우리의 최후의 행진의 변덕스러운 굴곡을 넘어서, 거대한 폭에 걸쳐 직진하는 빛나는 길이 뻗어 있다. 그 길은 인간이 시작한 것도 아니고, 인간이 끝내지도 않을 것이다. 그러나 지금 인간이 그 통로를 발견하고 수로를 개척하면서 그 길을 만들어가고 있는 것이다. 우리가 닦고 있는 이 길은 누구의 길인가? 그것은 인간의 길이 아니다. 왜냐하면 우리의 첫 발자국이 그 길 위에 찍혀 있기 때문이다. 그것은 생명의 길도 아니다. 생명이 나타나기 이전에도 길은 거기에 있었으니까.

정신은 지금 인간의 영토를 지나는 여행자일 뿐이다. 우리는 정신을 창조하지 않았으며, 소유하지 않으며, 또한 그것을 정의할 수도 없다. 단지 그 전달자에 불과한 것이다. 우리는 애도하는 사람도 없이 잊혀진 여러 형상들로부터 정신을 취해 평생 동안 그것을 운반하고, 훗날 확장되거나 축소된 정신을 후손들에게 전달하게 될 것이다. 정신은 나그네이며, 인간은 그것을 나르는 그릇이다.

정신은 창조하고, 정신은 파괴한다. 파괴 없는 창조란 있을 수 없다. 창조 없는 파괴는 과거의 창조를 먹어치우고, 형상을 물질로 되돌려놓고, 정지 상태를 지향하는 경향이 있다. 정신은 파괴하는 것 이상으로 창조한다(물론 모든 시기, 모든 연령에서 그렇다고는 할

220

수 없다. 그러므로 이러한 구불거림, 이러한 되돌아옴 속에 고요함에 대한 물질의 동경이 파괴 속에서 승리를 거둔다). 그리고 이러한 창조의 우세가 총체적인 진로의 확고함을 낳는다.

물질의 시원의 안개에서 나선 은하와 시계 장치 태양계로, 용융된 암석에서 공기와 흙과 물로 이루어진 지구로, 무거움에서 가벼움과 생명으로, 감각에서 지각으로, 기억에서 의식으로. 지금, 인간은 거울을 보고, 정신은 스스로의 모습을 본다. 역류와 소용돌이는 강물 내부에서 일어난다. 강 자체가 비틀거리고, 사라지고, 다시 나타나면서 나아간다. 전체적인 진로는 형태의 성장, 인식의 증대, 물질에서 마음으로, 마음에서 의식으로의 방향을 지향한다. 인간과 자연의 조화는 더 큰 자유와 인식을 지향하는 오래 된 진로를 따라 나아가는 계속되는 여행 속에서 찾지 않으면 안 되는 것이다.


### 나를 찾아서 · 아홉

이 시적인 글에서 정신의학자 휠리스는 근대 과학이 사물의 체계 속에서 우리의 위치를 부여했다는 기괴하고 혼란스러운 견해를 묘사하고 있다. 인문학자들을 제외하고 많은 과학자들은 이 견해를 받아들이기 힘겨워한다. 그리고 그들은 생물, 특히 인간 사이를 생명이 없는 우주의 나머지 부분으로부터 구분하는 종류의, 아마도 형체를 갖지 않는 어떤 정신적 본질을 찾는다. 어떻게 원자에서 생명이 태어날 수 있단 말인가?

휠리스의 〈정신〉 개념은 그런 종류의 본질이 아니다. 그것은 얼핏 보기에는 목적을 갖고 있는 것처럼 보이는 진화의 경로를 마치 그 배후에서 방향을 인도하는 어떤 지시력 guiding force 이 존재하는 것처럼 묘사하는 방식이다. 만약 그런 힘이 존재한다면 그것은 리처드 도킨스 Richard Dawkins가 다음 장에서 매우 분명하게 제기하는 주장, 즉 안정된 복제자 replicator의 생존이다. 도킨스는 서문에서 솔직하게 이렇게 쓰고 있다. 〈우리는 생존 기계이다. 즉 유전자라고 알려진 이기적인 분자를 보존하도록 맹목적으로 프로그램된 로봇 용기(容器)인 것이다. 이것은 지금도 여전히 나를 놀라게 하는 진실이다. 나는 오래전에 그 사실을 알았지만, 아직도 그 사실에 충분히 익숙해지지 못한 것 같다. 한 가지 바람이 있다면, 내가 다른 사람들까지 놀라게 하는 데 성공하는 것이다.〉

D. R. H.

# 이기적인 유전자와 이기적인 밈

### 리처드 도킨스

## 이기적인 유전자

처음에 단순성이 있었다. 그처럼 단순한 세계가 어떻게 시작되었는지를 설명하기도 여간 힘들지 않다. 더구나 복잡한 질서를 가진 생명, 또는 생명을 창조할 수 있는 존재가 처음부터 모든 것을 갖춘 채 갑작스럽게 발생했다는 식의 설명이 얼마나 어려운지는 모두가 인정할 것이다. 찰스 다윈Charles Darwin의 자연 선택에 의한 진화론이 납득할 만한 까닭은 단순성이 복잡성으로 변화하는 방식, 즉 무질서한 원자들이 스스로 모여 점차 복잡한 패턴을 형성해서 종내는 사람을 만드는 데까지 이어지는 방식을 우리에게 보여주기 때문이다. 우리의 존재라는 심원한 문제에 대해서 다윈은 하나

---

\* Richard Dawkins, *The Selfish Gene* (Oxford University Press, 1976). 리처드 도킨스는 영국의 생물학자이다.

의 해답, 더구나 지금까지 제기된 것 중에서 유일하게 그럴 듯한 해답을 제공하고 있다. 나는 이 위대한 이론에 대해, 생물 진화 그 자체가 시작되기 전의 시대부터 보다 일반적인 형태의 설명을 시도할 것이다.

　다윈이 이야기하는 〈적자생존 survival of the fittest〉은 실은 〈정자(定者)생존 survival of the stable〉이라는 좀더 일반적인 법칙의 특수한 예이다. 이 우주는 안정된 것들로 가득 차 있다. 안정된 것이란 고유한 이름을 붙일 수 있을 정도로 영속성과 공통성을 가진 원자 집합이다. 마터호른(알프스의 고봉 중 하나——옮긴이)처럼 충분히 오랫동안 존속하는 고유한 원자 집단도 그런 예가 될 수 있다. 또한 빗방울처럼 하나의 빗방울은 단명하지만, 대단히 높은 빈도로 나타나기 때문에 집합적인 명칭을 부여받을 수 있는 〈집합적 class〉 실체도 있을 것이다. 우리가 주위에서 흔히 보는 것들, 그리고 설명이 필요하다고 생각하는 바위, 은하, 바다의 물결 등 여러 가지 사물은 정도의 차이는 있지만 안정된 원자의 패턴들이다. 비누 거품이 구형을 띠기 쉬운 까닭은 그것이 기체를 둘러싼 박막이 취할 수 있는 가장 안정된 형태이기 때문이다. 우주선 내에서는 물도 구체가 안정된 상태이지만, 지상에서는 중력의 영향으로 정지 상태의 물의 안정된 표면은 매끄러운 수평이 된다. 소금의 결정은 정육면체가 되기 쉽다. 이것은 나트륨 이온과 염소 이온을 한데 채워 넣는데 그쪽이 안정되기 때문이다. 태양 내부에서는 가장 단순한 원자인 수소 원자가 융합해서 헬륨 원자를 형성시킨다. 이런 조건에서는 헬륨의 상태가 더 안정되기 때문이다. 그보다 복잡한 원자들은 우주 전체에 분포해 있는 행성들에서 생성된다. 만들어지고 있고, 또한 현재 가장 유력한 이론에 따르면 우주를 처음 탄생시킨

〈빅뱅 big bang(대폭발이라고도 하며, 우리 우주가 소립자보다 작은 크기에서 폭발과도 같은 팽창을 거쳐 탄생했다는 가설. 현재 우주론에서는 표준 이론으로 받아들여지고 있다. ──옮긴이)〉에 의해서도 만들어졌다고 한다. 이것이 우리가 살고 있는 세계에서 발견되는 원소들의 유래이다.

때로는 원자와 원자가 만나서 화학 반응을 일으켜 어느 정도 안정된 분자를 형성한다. 이러한 분자들 중에는 아주 큰 것도 있다. 다이아몬드와 같은 결정은 안정된 단일 분자로 간주될 뿐 아니라 그 내부의 원자 구조가 무한히 반복되기 때문에 대단히 단순한 분자라고 짐작된다. 그에 비해, 현재의 생물은 대단히 복잡한 그 밖의 거대 분자를 갖고 있고, 그 복잡성에서는 몇 가지 단계를 찾아볼 수 있다. 우리의 혈액 속에 들어 있는 헤모글로빈은 전형적인 단백질 분자이다. 그것은 아미노산이라는 더 작은 분자의 사슬로 이루어져 있고, 각각의 아미노산 분자는 정확한 패턴으로 배열되어 있는 수십 개의 원자를 포함하고 있다. 하나의 헤모글로빈 분자에는 574개의 아미노산 분자가 들어 있다. 이들 아미노산 분자는 네 개의 사슬 형태를 띠며, 이들 사슬이 얽혀서 매우 복잡한 공 모양의 삼차원 구조를 이루고 있다. 헤모글로빈 분자의 모형은 마치 조밀한 가시덤불처럼 보인다. 그러나 그것은 실제 가시덤불처럼 되는 대로 얽힌 패턴이 아니라, 일정 불변한 구조가 인체 내에서는 평균 $6 \times 10^{21}$번 이상 조금도 흐트러지거나 비틀리지도 않고 반복적으로 나타나는 것이다. 헤모글로빈과 같은 단백질 분자가 가시덤불과 같은 정확한 모양을 띠고 안정되어 있다는 사실은 동일한 아미노산 배열을 가진 두 개의 사슬이 마치 두 개의 용수철처럼 완전히 동일한 돌돌 말린 삼차원 패턴을 갖기 때문이다. 이러한 헤모글로빈 덤

불은 당신의 몸 속에서도 매초 약 $4 \times 10^{14}$개의 비율로 그 〈마음에 드는〉 모양으로 태어나고, 또한 같은 비율로 다른 헤모글로빈들이 파괴되고 있다.

헤모글로빈은 비교적 최근에 발견된 분자이며, 원자가 안정된 패턴을 띠려는 경향을 갖는다는 원리를 보여주기 위해 사용한 예이다. 여기에서 이야기하려는 요점은 지구상에 생명이 탄생하기 이전에 분자의 초보적인 진화가 물리와 화학의 일반적인 과정 process으로 일어날 수 있었다는 사실이다. 거기에서는 어떤 계획이나 목적, 또는 방향 지시 등을 생각할 필요가 없다. 에너지가 존재하는 조건하에서 어떤 원자 집단이 우연히 안정된 패턴을 갖게 되면 그 집단은 그 상태를 유지하려는 경향을 나타낼 것이다. 최초의 자연 선택은 단지 안정된 형태를 골라내고 불안정한 형태를 배제시키는 것이었다. 여기에 신비스러움은 전혀 없다. 그것은 당연히 일어날 수밖에 없었던 일이다.

물론 똑같은 원리로 사람과 같은 복잡한 존재까지 설명할 수 있는 것은 아니다. 적당한 숫자의 원자를 취해서 그것들이 올바른 패턴을 띠게 될 때까지 얼마간의 외부 에너지와 뒤섞는다 하더라도 거기에서 아담이 튀어나오지는 않는다! 가령 수십 개의 원자로 이루어진 분자라면 그런 식으로 만들 수 있을지도 모르지만, 어쨌든 사람은 $10^{27}$개 이상의 원자로 구성되어 있다. 사람을 만들기 위해서는 우주 역사의 전 기간이 눈 깜짝하는 순간으로 여겨질 만큼 긴 시간 동안 생화학적인 칵테일 셰이커의 동작을 계속하지 않으면 안 될 것이다. 그래도 성공이 보장되는 것은 아니다. 다윈의 이론이 가장 일반적인 형태로 구원의 손길을 뻗쳐주는 것이 바로 이 대목이다. 분자들의 완만한 형성 과정의 이야기가 끝난 부분을 다윈의 이론이 이어받는 것이다.

지금부터 내가 설명하는 생명의 기원은 사변적일 수밖에 없다. 왜냐하면 생명이 처음 탄생하는 과정을 직접 본 사람이 아무도 없기 때문이다. 많은 경쟁 이론들이 각축을 벌이고 있지만, 그 이론들은 모두 어떤 공통점을 갖고 있다. 지금부터 내가 하려는 지극히 단순화한 설명도 사실과 그리 동떨어지지 않을 것이다.

우리는 생명 탄생 이전의 지구상에 어떤 화학 원료가 풍부했는지 알지는 못하지만, 가능성이 높은 것으로는 물, 이산화탄소, 메탄, 암모니아 등이 있다. 이것들은 모두 태양계의 최소한 몇 개의 행성에도 존재하는 것으로 알려진 단순한 화합물이다. 화학자들은 유년기의 지구의 화학적 상태를 재현하려고 시도해 왔다. 그들은 단순한 화학 물질을 플라스크에 넣고 자외선과 전기 불꽃 즉, 원시시대의 번개를 인공적으로 모방한 것과 같은 에너지의 원천을 넣어 주었다. 그 후 몇 주일이 지나자 플라스크 속에서 흥미로운 일이 일어났다. 그것은 묽은 갈색 수프와 같은 모습으로 나타났는데, 처음에 넣은 것보다 더 복잡한 분자를 많이 포함하고 있었다. 그중에서도 특히 아미노산이 발견되었다. 아미노산은 생물의 2대 분자 중 하나인 단백질을 구성하는 재료이다. 이런 실험이 있기 전에는 자연계에서 발견되는 아미노산은 생명이 존재하는 증거로 간주되었다. 예를 들어 화성에서 아미노산이 발견되었다면, 그 별에 생명이 존재하는 것은 거의 확실하다고 생각되었다. 그러나 오늘날 아미노산은 몇 가지 단순한 기체가 대기 중에 존재하고, 화산이나 햇빛 또는 천둥벼락과 같은 기상 조건이 더해지기만 하면 발생할 수 있다고 알려지고 있다. 더욱 최근에는 생명 탄생 이전 지구의 화학적 상태를 흉내낸 실내 모의 실험에서 푸린 purine(요산 화합물의 원질

에 해당하는 물질——옮긴이)과 피리미딘pyrimidine(DNA와 RNA를
구성하는 물질——옮긴이)이라 불리는 유기 물질이 만들어졌다. 이
물질은 유전 물질인 DNA를 구성하는 재료이다.

이러한 실험과 흡사한 과정이 생물학자와 화학자들 사이에서 약
30억-40억 년 전에 바다를 구성하고 있었다고 믿어지는 〈원시 수
프primeval soup〉를 만들어낸 것이 분명하다. 아마도 유기 물질은
해안 주변에서 건조되던 찌꺼기나 부유하는 작은 방울들 속에서 국
부적으로 농축되었을 것이다. 그런 유기물들은 태양에서 나오는 자
외선과 같은 에너지의 영향으로 한층 더 큰 분자로 결합되었다. 오
늘날 거대 유기 분자는 그 존재가 인정될 수 있을 정도로 긴 시간
동안 생존할 수 없을 것이다. 그것들은 곧 박테리아와 같은 다른
생물에 흡수되어 분해되어버릴 것이다. 그러나 박테리아를 비롯한
다른 생물은 훨씬 나중에야 출현했고, 당시에는 거대 유기 분자들
이 점차 농도가 짙어지는 수프 속을 아무런 장애도 없이 떠돌아다
닐 수 있었다.

그러던 중 어느 시점에선가 매우 괄목할 만한 분자가 우연히 생
성되었다. 그 분자를 복제자Replicator라고 부르기로 하자. 그 분
자가 반드시 주변 분자들 중에서 가장 크거나 가장 복잡할 필요는
없다. 그러나 그것은 자기 자신의 복제를 만들어낼 수 있는 특별한
능력을 지니고 있었다. 그것은 절대 우연히 일어날 수 없는 일처럼
생각될 것이다. 사실 그러했다. 그것은 좀처럼 일어나기 힘든 일이
었다. 우리는 흔히 사람의 생애에서 일어날 법하지 않은 일은 실제
로도 일어날 수 없는 일로 간주한다. 축구 도박으로 큰돈을 버는
따위의 일이 결코 일어날 수 없는 것은 바로 그런 이유 때문이다.
우리 인간은 있을 법한 일과 그렇지 않은 일을 평가하는 데, 수억

년의 시간 척도로 생각하는 데 익숙하지 않다. 만약 당신이 수억 년 동안 매주 축구 도박을 한다면 그 동안 여러 차례 큰 상금을 탈 수 있었을 것이다.

실제로 자신의 복제를 만든 분자는 처음에 생각한 것처럼 상상하기 힘든 무엇이 아니고, 또한 그것은 한번만 생기면 충분했다. 가령 주형(鑄型)이나 틀로 작용하는 복제자를 생각해 보자. 구성 재료에 해당하는 다양한 분자들이 복잡한 사슬을 이루고 있는 대단히 큰 분자라고 생각하자. 그 작은 구성 재료는 복제자를 둘러싸고 있는 수프 속에 이용 가능한 상태로 풍부히 존재하고 있었다. 이번에는 각 구성 재료가 자기와 같은 종류에 대해 친화성을 갖는다고 가정하자. 그러면 주위의 구성 재료들은 수프 속에서 자기에게 친화성을 가진 복제자의 부분과 부딪치면, 그 곳에 달라붙게 될 것이다. 이런 식으로 저절로 달라붙게 된 구성 재료들은 자동적으로 복제자 자체와 동일한 순서로 배열하게 될 것이다. 그렇게 되면 그 구성 재료들이 복제자가 생성되었을 때와 마찬가지로 결합해서 안정된 사슬을 구성하리라는 생각을 쉽게 할 수 있을 것이다. 이러한 과정은 한층 한층 거듭 누적적으로 진행될 수 있었을 것이다. 결정이 형성되는 과정이 바로 이런 식이었다. 다른 한편, 두 개의 사슬이 분리되어 두 개의 복제자가 태어나고, 그 각각이 계속 더 많은 복제자를 만들어낼 수 있는 능력을 갖게 되는 것이다.

좀더 복잡한 가능성으로, 각 구성 재료가 자기와 같은 종류가 아니라 특정한 다른 종류에 대해 친화성을 갖는 경우를 생각할 수 있다. 그때 복제자는 동일종의 복제 주형이 아니라 일종의 〈음화 negative(陰畵)〉 주형으로 기능하게 되고, 이 음각이 다음에는 원래의 양화 positive(陽畵)의 정확한 복제를 재생하는 것이다. 최초의 복제 과정이 음화-양화 방식이었는지, 아니면 양화-음화 방식이었는지는 전혀 중요치 않다. 다만 최초의 복제자의 현대판인 DNA 분자가 음화-양화 복제 방식을 채택한다는 것은 주목할 만한 가치가 있다. 중요한 점은 갑작스럽게 새로운 형태의 〈안정성〉이 이 세상에 나타난 것이다. 그 이전에는 수프 속에 특정 종류의 복잡한 분자가 특히 풍부할 가능성이 없었다. 왜냐하면 각 분자는 우연히 특정한 안정된 구성으로 형성된 구성 재료에 의존하고 있었기 때문이다. 복제자가 출현하자, 그것은 빠른 속도로 자신의 복제를 바다 전체에 확산시켜 급기야는 구성 재료에 해당하는 작은 분자들이 희귀한 자원이 되었고, 그 결과 다른 거대 분자들이 생성되는 일은 몹시 드물어졌다.

이렇게 해서 동일종 복제물의 거대한 집단이 나타난 것이다. 그러나 여기에서 모든 복제 과정의 중요한 특성에 대해 언급할 필요가 있다. 그것은 그 과정이 결코 완전하지 않으며, 오류를 피할 수 없다는 것이다. 나는 이 책에 오류가 없기를 바라지만, 주의 깊게 찾으면 하나나 두 개쯤 발견할 수 있을지도 모른다. 아마 그런 실수도 문장의 의미를 심각하게 왜곡하지는 않을 것이다. 왜냐하면 그것들은 〈일세대〉 오류 'first-generation' error이기 때문이다. 그러나 인쇄술이 발명되기 이전에 복음서와 같은 책을 필사하던 시절을 생각해 보자. 필사자는 아무리 주의를 기울여도 어느 정도 실수를 저지르게 마련이고, 그들 중에는 그리 대수롭지 않다고 생각해서 고의적으로 〈개량〉을 가하는 사람도 있을 것이다. 그들이 모두 하나의 같은 원본을 보고 필사했다면 의미가 크게 바뀌지 않았을 것이다. 그러나 사본을 필사하고 그 사본을 다른 사람이 또 필사하는 식으로 이루어졌다면, 잘못이 누적되어 심각한 상태로 발전하게 될 것이다. 우리는 잘못된 필사를 나쁜 것으로 간주하는 경향이 있기 때문에, 사람이 작성한 문서의 경우에는 잘못이 개량으로 이어지는 사례가 머리에 잘 떠오르지 않을 것이다. 가령, 70인역 성서 Septuagint(이집트 왕 프톨레마이오스 2세[BC 309?-247]의 명령으로 알렉산드리아에서 70명[또는 72명]의 유대인이 70일[또는 72일] 동안 번역한 것으로 알려진 그리스어 번역 구약성서 및 외전——옮긴이)를 만든 학자들은 헤브루어 단어인 〈젊은 여자〉를 그리스어로 〈처녀〉라고 번역하는 바람에 〈보라, 처녀가 수태하여 사내 아이를 낳을지니……〉(이사야, 7장 14절)라는 예언을 만들어냈다고 할 수 있을 것이다(오역 덕분에, 이 예언에 따라 그 후 예수가 동정녀 마리아에게서 나왔음을 뜻함——옮긴이). 어쨌든 나중에 살펴보겠지만 생물학적인 복제자에서 나타나는 복제 실수는 진정한 의미에서 개량을 일으킬 수 있으며, 나아가 약간의 잘못은 생명의 점진적인 진화에서 필수적이다. 원래의 복제자 분자가 어느 정도로 정확한 복제를 했는지는 우리가 알 수 없다. 그 현존하는 자손인 DNA 분자는 가장 충실도가 높은 인간의 복사 기술에 비교하더라도 놀랄 만큼 신뢰성이 높지만, 그래도 이따금 실수를 범한다. 그리고 진화를 가능하게 하는 것은 결국 이러한 실수이다. 아마도 최초의 복제자는 훨씬 더 많은 실수를 저질렀을 것이다. 그러나 어쨌든 실수는 일어날 것이고, 이런 실수는 누적되어 갈 것이다.

잘못된 복제가 발생하고 그것이 확산되어 감에 따라 원시 수프는 동일종의 복제로 이루어진 집단이 아니라, 같은 조상에서 〈유래한〉 복제 분자의 여러 변종들로 가득 차게 되었다. 어떤 변종은 다른 변종보다 수가 많았을까? 아마도 그랬을 것이다. 어떤 변종은 원래 다른 변종보다 더 안정적이었는지도 모른다. 어떤 분자는 일단 만들어지면 다른 것보다 분해하기가 어려웠을 것이다. 이러한 종류의 복제자는 수프 안에서 비교적 많은 수를 차지했을 것이다. 그 까닭은 그 자체의 〈장수(長壽)〉의 직접적인 논리적 귀결일 뿐 아니라, 자신의 복제를 만들 수 있는 충분한 시간을 확보할 수 있었기 때문이기도 하다. 따라서 수명이 긴 복제자들이 점점 수를 불려갔음에 틀림없다. 그리고 분자 집단 속에서 다른 조건이 같으면 좀더 수명이 길어지려는 〈진화 경향evolutionary trend〉이 나타나게 되었을 것이다.

그러나 다른 조건도 같지 않았을 것이다. 어떤 복제자 변종이 확산되기 위해 훨씬 더 중요한 한 가지 특성은 복제의 속도, 즉 〈다산성〉이었다. 만약 A형의 복제자 분자가 자신의 복제를 평균 1주일에 한 개꼴로 만드는 데 비해, B형은 매시간 한 개 비율로 자신의 복제를 만든다면, A형이 B형보다 훨씬 오래 〈살〉 수 있다 해도 얼마 지나지 않아 B형의 숫자가 훨씬 많아지리라는 것은 쉽게 이해할 수 있을 것이다. 따라서 수프 속에는 분자들이 높은 〈다산성〉을 향하는 〈진화 경향〉이 생겨났을 것이다. 선택에서 살아남은 복제자 분자의 세번째 특징은 복제의 정확도이다. 만약 X형과 Y형의 분자가 수명이나 복제 속도가 같지만, X는 평균 10번에 한 번 꼴로 복제 실수를 저지르는 데 비해, Y는 100번에 단 한 번밖에 잘못을 저지르지 않는다면 분명히 Y의 수가 많아질 것이다. 이때 집단 속의 X군은 잘못된 〈자손〉 자체를 잃을 뿐 아니라, 그 자손의 모든 자손들까지 (실제로 태어난 자손이든 잠재적인 자손이든 모두) 잃게 된다.

만약 당신이 진화에 대해 어느 정도 지식을 갖고 있다면, 앞에서 한 마지막 이야기는 조금 역설적으로 들릴지도 모른다. 복제의 오류가 진화에서 필수적인 조건이라는 생각과 자연 선택이 높은 복제 충실도를 선호한다는 설명은 모순되지 않을까? 이 물음에 대해서는 특히 우리 자신이 진화의 산물이기 때문에 진화가 막연한 의미에서 〈좋은 것〉처럼 여겨지는 경향이 있지만, 실제로는 무언가가 진화를 〈원해서〉 진화가 일어나는 것은 아니라는 대답이 가능할 것이다. 진화란 복제자가 그리고 오늘날에는 유전자가, 진화가 일어나지 않도록 필사적으로 막아도 막무가내로 일어나는 무엇이다. 이 점에 대해서는 모노가 허버트 스펜서 강연에서 다음과 같은 빈정대는 말로 분명하게 지적하고 있다. 〈진화론에서 또 한 가지 이상한 점은 누구나 자신이 그것을 이해하고 있다고 생각한다는 사실입니다.〉

그러면 다시 원시 수프 이야기로 돌아가기로 하자. 그 수프는 다양한 종류의 안정된 분자를 포함하게 되었음이 분명하다. 즉 개개의 분자들이 오랫동안 존속했거나, 급속히 복제되었거나, 복제가 정확하게 이루어졌든 어느 한 가지 측면에서 안정되었던 것이다. 이러한 세 가지 종류의 안정성을 향한 진화 경향이 발생한 것은 다음과 같은 의미이다. 즉 만약 그 수프에서 두 차례 견본을 추출한다면, 나중에 추출한 견본이 장수, 다산성, 복제 충실도 측면에서 우수할 가능성이 더 높아질 것이다. 본질적으로 이것은 생물학자들이 생물에 대해 논의할 때 진화라고 부르는 것이고, 그 메커니즘은 자연 선택과 동일하다.

그렇다면 최초의 복제자 분자는 〈살아 있다〉고 말해야 할까? 그것이 무슨 상관이겠는가? 예를 들어 내가 〈인류 사상 가장 위대한 인물은 다윈이다〉라고 하고, 당신이 〈아니다, 뉴턴이다〉라고 말했다고 한다면, 그런 논의를 아무리 계속해도 해결이 나지는 않을 것이다. 다시 말해서 그 논쟁이 어떤 식으로 끝나든 간에, 실질적인 결론에는 아무런 영향도 주지 않는 것이다. 〈위대한〉이라는 수식어가 붙든 그렇지 않든 간에, 다윈과 뉴턴의 생애와 업적이라는 사실에 변화가 생기는 것은 아니다. 복제자의 경우도 마찬가지이다. 그것을 〈살아 있는 것〉이라고 부르든 부르지 않든 간에, 복제자 분자의 이야기는 아마도 내가 이야기했던 것과 같은 상황일 것이다. 사람들이 겪는 어려움은 너무도 많은 사람들이 언어에 대해 오해하기 때문일 것이다. 그것은 사람들이 언어란 우리가 사용하는 도구에 지나지 않고, 사전에 〈살아 있다〉라는 단어가 있다고 해서 반드시 그 말이 현실 세계의 무언가 명확한 것을 지칭할 필요는 없다는 사실을 제대로 이해하지 못하기 때문에 나타나는 현상이다. 우리가 초기의 복제자를 〈살아 있다〉라고 부르는지 여부와 무관하게 그것은 생명의 선조이고, 우리의 조상인 것이다.

두번째로 중요한 논점은 경쟁이다. 다윈 자신도 이 점을 강조했다(다만 그는 동물과 식물에 관해서 이야기했을 뿐 분자에 대해서는 언급하지 않았다). 원시 수프는 무한한 숫자의 복제자 분자를 부양할 수 없었다. 그 한 가지 이유는 지구의 크기가 유한하기 때문이지만, 다른 한정 인자 limiting factor(생물의 성장이나 개체군 증가를 제한하는 요인——옮긴이)도 중요할 것이다. 복제자를 주형이나 틀로 간주하는 우리들의 상(像)에서, 우리는 그 복제자가 복제를 만들기 위해서 충분한 구성 재료 분자를 포함하고 있는 수프 속에 잠겨 있을 것이라고 가정했다. 그러나 복제자의 수가 많아짐에 따라 구성 재료는 빠른 속도로 소비되고, 그에 따라 희귀하고 귀중한 자원이 되었을 것이 분명하다. 그리고 복제자의 다양한 변종과 계통들이 그런 자원을 둘러싸고 경쟁을 벌였을 것이다. 유리한 종류의 복제자가 늘어날 수 있었던 요인에 대해서는 이미 살펴보았다. 이제 우리는 불리한 변종들이 경쟁에 져서 실제로 수가 감소하고, 급기야는 많은 계통이 전멸했을 것이라는 사실을 이해할 수 있게 되었다. 복제자 변종들 사이에서도 생존 경쟁이 있었다. 그들은 자신들이 싸우고 있다는 사실을 알지 못했고, 아무런 우려도 하지 않았다. 그 싸움은 어떤 악한 감정도 없이, 실제로는 어떤 종류의 감정도 없이 전개되었다. 그러나 그들은 분명 싸움을 하고 있었다. 즉 새로운 높은 수준의 안정성을 획득하거나 경쟁 상대의 안정성을 저하시키는 새로운 방법 등의 결과를 가져오는 잘못된 복제 miscopying는 자동적으로 보존되어 증가한다는 의미에서의 싸움이었다. 이러한 개량의 과정은 누적적이었다. 자신의 안정성을 높이거나 경쟁 상대의 안정성을 저하시키는 방법은 점점 더 교묘해지고 효율성을 높여갔다. 그중 일부는 경쟁 상대의 변종 분자를 화학적으로 분해하고, 거기에서 방출된 구성 재료를 자신의 복제를 만드는 데 이용하는 방법을 〈발견〉했을지도 모른다. 이들 원시 포식자 proto-carnivore는 먹이 획득과 경쟁 상대 제거라는 목적을 동시에 달성했다. 또한 화학적으로 자신의 몸을 보호하거나 자기 주위에 단백질로 이루어진 물질적인 방벽을 둘러치는 방법을 발견한 종류도 있었을 것이다. 이렇게 해서 최초의 생물 세포가 출현했을지도 모른다. 복제자는 단지 존재하기 시작했을 뿐 아니라 자신을 위한 용기 container, 자신이 계속 존재하기 위한 탈 것 vehicle을 만들기 시작한 것이다. 살아남은 복제자는 그 속에서 살아가기 위한 생존 기계 survival machine를 만들어낸 복제자였다. 최초의 생존 기계는 아마도 보호 코트 정도에 불과했을 것이다. 그러나 더욱 효율적인 생존 기계를 가진 경쟁 상대가 등장함에 따라 살아남기가 점점 더 어렵게 되었다. 생존 기계는 더 크고 정밀해졌고, 그 과정은 누적적이고 진보적 progressive이었다.

복제자가 이 세상에서 자신의 존재를 지속시키기 위해 이용한 기술과 책략에서 점진적 개량에 어떤 목적과 같은 것이 있었을까? 개량을 위한 시간은 충분히 있었을 것이다. 그렇듯 장구한 시간이 어떤 교묘한 자기 보존의 엔진을 만들어낸 것일까? 40억 년 후에 어떤 운명이 이 오래 된 복제자를 기다리고 있었을까? 그들은 죽어 없어지지 않았다. 왜냐하면 그들은 생존술의 달인들이었으니까. 그러나 바닷속을 유유히 떠도는 복제자의 모습을 기대해서는 안 된다. 그들은 마치 기사처럼 오만한 자유를 이미 오래 전에 포기해 버린 것이다. 이제 그들은 엄청나게 크고 온갖 잡동사니들이 가득 들어찬 로봇 내부에 안전하게 들어 있고, 거대한 집단을 이루어 군집하게 되었다. 이들 복제자는 외부 세계로부터 격리되어 꼬불꼬불 구부러진 간접적인 경로를 통해 외계와 소통하며 원격 조종으로 외부 세계에 조작을 가하게 되었다. 그들은 당신과 내 속에 있다. 그들이 우리를, 우리의 몸과 마음을 창조했다. 그리고 그들의 보존이야말로 우리가 존재하는 궁극적인 이유인 것이다. 이들 복제자는 긴 여정을 지나왔다. 이제 그들은 유전자라는 이름으로 불리고 있고, 우리는 그들을 위한 생존 기계이다.

* * *

일찍이 자연 선택은 원시 수프 속을 자유롭게 부유하는 복제자들 사이의 생존력 차이에 기초해 성립할 수 있었다. 이제 자연 선택은 생존 기계의 제작에 능숙한 우수한 복제자, 즉 배아 발생을 제어하는 기술이 뛰어난 유전자를 선호한다. 이런 측면에서 복제자는 그 이전과 마찬가지로 의식적이지도 않고 의도적이지도 않다. 서로 경

236

쟁하는 분자들 사이에서 장수, 다산성, 복제 충실도에 의해 자동적인 선택이 작동하는 오래 된 과정은 지금도 태고 시절과 똑같이 맹목적으로, 그리고 거역할 수 없이 진행되고 있다. 유전자는 미래를 내다보지 못한다. 그들은 미래의 계획을 세우지 않는다. 유전자는 그저 〈존재〉할 뿐이고, 어떤 유전자가 다른 유전자보다 더 많을 뿐이다. 그게 전부이다. 그러나 유전자의 장수와 다산성을 결정하는 기구는 과거처럼 단순하지 않다. 그보다 훨씬 복잡하다.

최근에(지난 6억 년 정도의 기간 동안) 복제자는 근육, 심장, 눈(여러 차례 독립적으로 진화한)과 같은 기관의 생존 기계 기술 측면에서 눈부신 성공을 거두어왔다. 그 이전에, 그들은 복제자로서 생활 양식의 기본적인 특징을 근본적으로 변화시켰다. 이 부분은 논의를 진행시켜가는 도중에 이해될 것이다.

오늘날의 복제자에 대해 이해해야 할 첫번째 사항은 그것이 높은 군거성을 가진다는 점이다. 하나의 생존 기계는 하나의 유전자가 아니라 몇천 개나 되는 유전자를 담고 있는 탈것이다. 몸의 제조는 각각의 유전자 역할이 거의 구별할 수 없을 정도로 복잡하게 뒤얽힌 공동의 협력 사업이다. 어떤 한 유전자가 몸의 다양한 부분에 다양한 작용을 미칠 것이고, 몸의 한 부분은 많은 유전자의 영향을 받을 것이다. 더구나 모든 유전자의 작용은 다른 많은 유전자와의 상호 작용에 의존하고 있다. 또한 몇 개의 유전자는 다른 유전자 집단을 제어하고 지배하는 마스터 유전자master gene로 기능한다. 비유를 들자면, 가령 설계도의 어떤 쪽이 건물의 여러 부분에 대한 지시를 담고 있고, 다른 쪽들은 그 밖의 많은 쪽에 대한 전후 참조에 의해서만 의미를 갖게 된다.

이처럼 복잡하게 뒤얽힌 유전자들의 상호 의존성 때문에 여러분은 왜 우리가 〈유전자〉라는 말을 사용하게 되었는지 의문을 품을 수 있을 것이다. 왜 유전자가 아니라 〈유전자 복합체 gene complex〉와 같은 집합 명사를 사용하지 않았는가? 여러 가지 측면을 고려할 때 그것은 확실히 좋은 아이디어인 것 같다. 그러나 다른 관점에서 본다면 유전자 복합체가 개별 복제자나 유전자로 분리되어 있다고 생각하는 것도 의미가 없지는 않다. 그 까닭은 성(性)이라는 현상이 있기 때문이다. 유성 생식은 유전자들을 뒤섞고 혼합하는 효과를 갖는다. 이 말은 모든 개체의 몸이 단명한 유전자 조합을 위한 일시적인 탈것에 지나지 않다는 뜻이다. 한 개체를 구성하는 유전자 조합은 단명하기는 하지만, 유전자 자체는 그 잠재적 가능성에서 아주 오랫동안 살아남을 수 있다. 그들의 경로는 교차를 되풀이하면서 세대에서 세대로 이어진다. 하나의 유전자는 연속적으로 이어지는 엄청나게 많은 개체들의 몸을 통해 생존해 가는 하나의 단위로 간주될 수 있을 것이다.

\* \* \*

가장 일반적인 형태의 자연 선택은 어떤 존재자 entities의 생존의 차이를 뜻한다. 어떤 존재자는 살고, 어떤 존재자는 죽지만, 이러한 선택적인 죽음이 세계에 대해 영향력을 갖기 위해서는 그 이상의 추가 조건이 만족되지 않으면 안 된다. 각각의 존재자는 다수의 복제 copy라는 형태로 존재하지 않으면 안 되고, 적어도 그중 몇 개는 진화적으로 의미 있는 기간 동안 다수의 복제라는 형태로 살아남을 수 있는 잠재적인 능력을 가질 필요가 있다. 유전의 소단위 small unit는 이러한 특성을 갖지만 개체, 집단, 그리고 좋은 그렇지 않다. 실제로는 유전 단위 hereditary unit가 나눌 수 없는 독립적인 입자로 취급될 수 있다는 것을 입증했다는 사실이야말로 그레고르 멘델 Gregor Mendel이 거둔 위대한 업적이었다. 그러나 오늘날 우리는 멘델이 수립한 개념이 어느 정도 지나치게 단순하다는 사실을 알고 있다. 시스트론 cistron(유전자의 기능 단위로 구조 유전자라고도 한다. ——옮긴이)은 때로 분할이 가능하고, 동일 염색체 상의 모든 두 개의 유전자는 완전히 독립적이지 않다. 내가 여기에서 내린 유전자의 정의는 불가분의 입자라는 이상에 꽤 〈근접하는〉 단위를 의미한다. 유전자가 나뉠 수 없는 것은 아니지만 실제로 나뉘는 경우는 아주 드물다. 그것은 어떤 개체의 몸 속에서 명확하게 존재하거나 그렇지 않거나 어느 한쪽이다. 유전자는 다른 유전자와 융합되지 않고 할아버지에서 손자에게 중간 세대를 거치면서 고스란히 전달된다. 만약 유전자가 다른 유전자들과 끊임없이 뒤섞인다면, 지금 우리가 이해하는 것과 같은 자연 선택은 불가능해질 것이다. 덧붙여서 말하자면 이러한 사실은 다윈이 살아 있는 동안 증명되었고, 당시에는 유전이 이러한 뒤섞임 blending의 과정 process이라고 판단되었기 때문에 다윈은 상당히 고심할 수밖에 없었다. 멘델의 발견은 이미 발표되어 있었고, 그것이 다윈을 고심의 늪에서 구해 줄 수 있었지만 애석하게도 그는 그 사실을 몰랐다. 멘델과 다윈이 세상을 떠난 후 많은 시간이 흐른 다음에도 멘델이 발표한 논문을 읽은 사람이 없었던 것 같다. 어쩌면 멘델도 자신의 발견의 중요성을 알아차리지 못했을지 모른다. 그렇지 않았다면 그는 다윈에게 편지로 그 사실을 알렸을 것이 분명하다.

유전자가 가진 입자성 particulateness의 또 다른 측면은 그것이 늙지 않는다는 것이다. 유전자의 나이가 100만 살이 되었다고 해서

100살일 때보다 더 죽기 쉬워지는 것은 아니다. 유전자는 세대를 거쳐 한 몸에서 다른 몸으로 건너뛰고, 자신의 고유한 방식과 목적에 따라 그 몸들을 조작하면서 자신이 들어 있는 몸이 늙어서 죽기 전에 연속해서 죽음을 면할 수 없는 몸을 버리고 계속 살아남는다.

유전자는 불사이다. 아니, 그보다는 불사에 가까운 유전적 존재자genetic entities로 정의되는 편이 나을 것이다. 이 세계 속의 개별 생존 기계들인 우리는 앞으로 수십 년쯤 더 살 수 있을 것이다. 그러나 유전자들은 수십 년이 아니라 수천 년, 수백만 년 단위로 측정되는 기대 수명을 갖고 있을 것이다.

* * *

생존 기계는 원래 유전자를 위한 수동적인 용기로 시작되었고, 경쟁 상대와의 화학적인 싸움과 우연한 분자 충격으로 입을 수 있는 손상으로부터 유전자를 보호하는 장벽에 불과하다. 처음에 그들은 수프 속을 자유롭게 이용할 수 있는 유기 분자들을 〈먹었다〉. 이 편안한 생활은 태양의 빛 에너지 영향으로 오랫동안 느린 속도로 축적된 이러한 유기물 먹이가 모두 떨어지자 종말을 고하게 되었다. 오늘날 식물이라 불리는 생존 기계의 큰 지류는 자신이 직접 태양 빛을 이용해서 단순한 분자들로 복잡한 분자를 만들어 원시 수프의 합성 과정을 훨씬 빠른 속도로 재연하기 시작했다는 것이다. 또 하나의 지류인 현재의 동물은 식물과 다른 동물을 먹어서 식물의 화학적인 노작(勞作)을 활용하는 방법을 〈발견〉했다. 생존 기계의 이러한 두 지류는 그들의 다양한 생활 양식의 효율을 높이기 위해 점점 더 교묘한 장치를 발달시켰고, 그 밖에도 새로운 생활 양식을 잇달아 개발했다. 지류 내의 소지류와 그 소지류의 지류가 발달하고 제각기 특수하게 분화된 생활 양식을 갖게 되었다. 바다 속, 땅 위, 땅 속, 나무 위, 그리고 다른 생물의 몸 속에서 제각기 고유한 방식으로 삶을 영위하게 된 것이다.

동물과 식물 모두 다세포체로 진화했고, 모든 유전자의 완전한 복제가 모든 세포에 배분되었다. 우리는 이런 일이 언제, 어떻게, 왜 독자적으로 일어났는지 모른다. 어떤 사람들은 군집의 비유를 사용해서 생물의 몸을 세포 군집이라고 묘사하기도 한다. 나는 생물의 몸을 유전자 군집이라고 생각하고, 세포를 유전자라는 화학 기업의 편리한 작업 단위로 생각하기를 좋아하는 편이다.

유전자 군집이기는 하지만 몸이 행동이라는 측면에서 그 나름의 개체성을 획득하는 것은 부정하기 어려운 사실이다. 하나의 동물은 조정된 전체, 즉 하나의 단위로서 활동한다. 주관적으로 나는 스스로가 군집이 아니라 하나의 단위로 느낀다. 이것은 당연한 일이다. 선택은 다른 유전자와 협동해서 작용하는 유전자에게 유리하게 작용해 왔다. 부족한 자원을 둘러싸고 벌어지는 격렬한 경쟁, 그리고 다른 생존 기계를 먹고 다른 것에 먹히지 않기 위한 냉혹한 싸움을 통해 공동체적인 몸의 내부에서는 무정부 상태보다는 중앙 집권적인 조정이 더 높이 평가되었음이 분명하다. 오늘날 유전자들 사이에서 일어나는 복잡한 공진화coevolution(共進化)는 개별 생존 기계의 공동체적 성격을 실질적으로 인정하지 않을 수 없는 정도로까지 진전되어 있다. 실제로 아직도 많은 생물학자들은 그 공동체적인 성격을 인식하지 못했고, 따라서 나의 의견에 찬성하지 않을 것이다.

* * *

생존 기계의 행동에서 나타나는 가장 두드러진 특징 중 하나는 외견상의 목적성apparent purposiveness이다. 이렇게 말한다고 해서 내가, 그것이 동물 유전자의 생존에 도움이 되도록 훌륭하게 계산되어 있는 것처럼 보인다고 말하려는 것은 아니다. 물론 실제로 그렇기는 하지만 말이다. 오히려 나는 인간의 의도적인 행동에 더 가까운 유추에 대해 이야기하고 있는 것이다. 동물이 먹이, 배우자 또는 잃어버린 새끼를 〈찾는〉 모습을 관찰할 때, 우리는 우리 자신이 무언가를 찾을 때의 주관적 감정 중 일부를 동물들도 가질 수 있다고 생각하고 싶은 욕구를 떨치지 못한다. 그런 주관적 감정에는 어떤 대상에 대한 〈욕구〉나 욕구된 대상의 〈정신적 상mental picture〉, 그리고 〈목표〉 또는 〈단기적인 목표〉 등이 포함될 것이다. 우리는 자신에 대한 내성(內省)의 증거를 통해, 적어도 현존하는 하나의 생존 기계(사람을 뜻함——옮긴이)에서는, 이러한 목적성이 〈의식〉이라 부르는 특성을 진화시킨다는 사실을 알고 있다. 나는 이것이 무엇을 뜻하는지 논할 수 있는 철학자가 아니지만, 다행히도 그것은 큰 문제가 되지 않는다. 왜냐하면 의식을 갖는지의 여부에 대해 어떤 결론을 내리지 않더라도, 어떤 목적이라는 동기에 의해 행동하는 것처럼 보이는 기계에 대해 이야기하기는 쉽기 때문이다. 이러한 기계는 기본적으로는 매우 단순하며, 무의식적으로 목적적인 행동 원리는 공학에서 흔히 찾아볼 수 있다. 고전적인 예로는 와트의 증기 조속기(蒸氣調速礒)를 들 수 있다.

이 장치의 기본 원리는 음 되먹임고리negative feedback라고 불리는 것으로 여러 가지 형태가 있다. 일반적으로 그 메커니즘은 다음과 같다. 〈목적 기계purpose machine〉, 즉 의식적인 목적을 가진 것처럼 움직이는 기계나 물체는 현재 상태와 〈바람직한〉 상태 사이의 차이를 측정하는 일종의 측정기를 갖고 있다. 그 기계는 이러한 차이가 클수록 움직임이 활발해지도록 설계되었다. 따라서 그 기계는 자동적으로 차이를 줄이려는 (음 되먹임고리라고 불리는 것은 그 때문이다) 경향을 갖게 될 것이며, 〈바람직한〉 상태에 도달했을 때에는 활동을 정지하게 될 것이다. 와트의 조속기는 증기 기관에 의해 회전하는 한 쌍의 공으로 이루어진다. 각각의 공은 경첩이 달린 팔끝에 붙어 있다. 공이 빠른 속도로 회전할수록 팔을 수평 방향으로 밀어 올리는 원심력이 커진다. 이것은 중력을 거스르는 경향이다. 두 개의 팔은 기관에 증기를 보내는 밸브에 연결되어 있으며, 팔이 수평 방향에 접근하면 증기를 차단하게 된다. 따라서 기관이 지나치게 빠르게 움직이면 증기가 어느 정도 차단되어 느려진다. 또한 너무 느려지면 밸브의 작동으로 자동적으로 다량의 증기가 공급되어 다시 속도를 회복한다. 이러한 목적 기계는 종종 과도한 제어(제어량이 목표값을 넘어서는 현상——옮긴이)와 시간 지연 때문에 진동하기도 하지만, 이 진동을 줄이기 위한 보조 장치를 제작하는 것은 기술자의 수완 가운데 일부로 되어 있다.

여기에서 와트의 증기 조속기의 〈바람직한〉 상태는 특정 회전 속도이다. 분명 그 장치가 의식적으로 그 상태를 원하는 것은 아니다. 기계의 〈목표〉는 단지 그 기계가 항상 되돌아오려는 경향이 있는 상태로 정의된다. 오늘날의 목적 기계는 음 되먹임고리 같은 기본 원리의 확대 사용을 통해 훨씬 복잡한 〈살아 있는 것과 같은〉 행동을 실현하고 있다. 예를 들어 유도 미사일은 능동적으로 표적을 찾는 것처럼 보이고, 일단 사정권 내에 표적이 들어오면 표적의 회피 행동과 선회를 계산에 넣고, 때로는 그것들을 〈예상〉하거나 〈예측〉하면서 추적하는 것처럼 보인다. 이 자리에서는 이런 작동이 이루어지는 상세한 원리까지 설명할 필요는 없을 것이다. 거기에는 다양한 종류의 음 되먹임고리와 〈피드 포워드feed-forward(출력 결과를 입력으로 공급하는 되먹임고리와는 달리 출력이 나오기 이전에 미리 예상에 기초한 입력으로 수정을 가하는 방식——옮긴이)〉, 그리고 기술자들 사이에서는 널리 알려져 있고 오늘날 생물의 몸의 기능에 널리 이용되는 것으로 알려진 그 밖의 여러 가지 원리가 포함된다. 얼핏 보기에 의도적이고 목적적인 것처럼 보이는 움직임을 관찰하는 일반인들로서는 그 미사일이 인간 조종사의 어떤 제어도 받지 않는다는 사실을 믿기 힘들지 모르지만, 정작 이 과정에는 의식과 비슷한 무엇도 요구되지 않는다. 유도 미사일과 같은 기계가 원래 의식을 가진 사람에 의해서 설계되고 제작되었기 때문에 의식을 가진 인간의 직접적 제어로부터 벗어날 수 없다는 식의 생각이 흔히 빚어지는 오해이다. 또 다른 유형의 오해는 〈사람 조작자가 지시하는 대로 움직일 뿐이기 때문에, 컴퓨터는 진정한 의미에서 체스 경기를 하는 것이 아니다〉라는 생각이다. 이런 생각이 잘못이라는 것을 이해하는 것은, 어떤 의미에서 유전자가 행동을 〈제어한다〉라고 말할 수 있는가라는 문제에도 연관되기 때문에 매우 중요하다. 컴퓨터 체스는 이 점을 보여주는 아주 좋은 사례이기 때문에 여기에서 간단히 설명하기로 하자.

컴퓨터는 아직 체스 챔피언 수준에는 도달하지 못했지만, 이미 아마추어로는 높은 수준에 이르렀다. 좀더 엄밀히 이야기하자면 체스 〈프로그램들이〉 높은 아마추어 수준에 도달했다고 말해야 할 것이다. 체스 프로그램이 기술을 발휘하는 데에는 어떤 컴퓨터를 사용하든 상관없기 때문이다. 그렇다면 인간 프로그래머의 역할은 무엇인가? 첫째, 그는 실을 잡아당겨 꼭두각시를 조종하듯이 매순간 컴퓨터를 조작하는 것은 절대 아니다. 만약 그렇다면 속임수에 불과할 것이다. 그는 프로그램을 작성하고 그것을 컴퓨터에 공급한다. 그런 다음 컴퓨터는 혼자 힘으로 움직이는 것이다. 그 이후에는 자신의 수(手)를 타이핑하는 상대 선수 이외에는 어떤 인간의 개입도 이루어지지 않는다. 프로그래머는 체스 경기에서 나타날 수 있는 말들의 모든 위치를 예상하고, 각각의 경우에 대한 명수(名手)를 열거한 긴 목록을 컴퓨터에 제공하는 것일까? 거의 확실히 그렇지 않다. 왜냐하면 체스에서 가능한 위치의 숫자는 그 목록을 완성하기 전에 세계가 끝날 정도로 엄청나기 때문이다. 마찬가지 이유로, 모든 가능한 수와 그에 대한 상대의 응수를 〈머리 속에서〉 읽어내서 승리 전략을 찾아내도록 컴퓨터를 프로그램하기란 불가능할 것이다. 은하계 속에 있는 모든 원자의 수보다도 가능한 체스 게임의 형태가 더 많을 것이다. 컴퓨터가 체스 경기를 할 수 있도록 프로그램하는 문제와 같이, 아무런 해결책도 되지 않는 사소한 문제에 대해서는 이 정도로 해두기로 하자. 사실 그것은 매우 어려운 문제이며, 가장 뛰어난 프로그램도 아직 체스 챔피언에 오르지 못했다는 것은 전혀 놀랄 일이 아니다.

프로그래머의 실제 역할은 오히려 아들에게 체스를 가르치는 아버지의 역할과 흡사하다. 그는 컴퓨터에 체스의 기본적인 수를 가능한 모든 위치에 대해 따로따로 가르치는 것이 아니라, 좀더 경제적으로 표현된 규칙에 의거해서 가르친다. 그는 평이한 말로 〈비숍을 대각선 방향으로 움직여라〉라고 문자 그대로 말하는 것이 아니라 수학적 상응물의 형태로 이야기해 준다. 예를 들면 (실제로는 더 간단하지만) 다음과 같은 방식이다. 〈비숍의 새로운 좌표는 이전의 x 좌표와 이전의 y 좌표에, 부호는 반드시 같을 필요가 없지만 같은 상수를 더해서 얻어진다.〉 그런 다음 그는 같은 종류의 수학적 또는 논리적 언어로 작성된 〈조언〉을 프로그램할 것이다. 그것은 인간의 말로 바꾸면 〈왕을 무방비 상태로 놔두면 안 된다〉라든가 기사로 양수걸이를 하는 식의 유효한 전법에 대한 암시에 해당할 것이다. 이와 연관된 상세한 내용은 흥미를 자아내지만, 우리의 주제와는 무관하다. 중요한 점은 실제로 체스 경기를 할 때 컴퓨터는 자력으로 게임을 하는 것이고, 그 주인으로부터 아무런 도움도 기대할 수 없다는 사실이다. 프로그래머가 할 수 있는 일이란 특정한 지식 목록과 작전, 그리고 전법의 암시 사이에서 균형을 유지할 수 있도록 컴퓨터를 가능한 한 가장 바람직한 상태로 〈미리〉 설정해 두는 정도이다.

마찬가지로 유전자도 직접 인형의 실을 조종하는 방식이 아니라 간접적인 컴퓨터 프로그래머의 방식으로 생존 기계의 행동을 제어한다. 유전자가 할 수 있는 것은 미리 생존 기계의 상태를 설정하는 것이며, 그 이후에는 생존 기계가 독자적으로 모든 일을 해나간다. 유전자는 그저 생존 기계 속에 수동적으로 앉아 있을 수밖에 없다. 그렇다면 왜 유전자는 그렇게 수동적일까? 왜 고삐를 쥐고 매순간 제어하지 않을까? 그 답은 타이밍의 문제 때문에 그렇게 할 수 없다는 것이다. 가장 좋은 사례는 한 SF 소설에서 찾아볼 수 있다. 프레드 호일Fred Hoyle과 존 엘리엇John Elliot의 작품 『안드로메다의 A A for Andromeda』는 아주 재미있는 이야기이다. 그리고 뛰어난 SF가 모두 그렇듯이 이 작품도 흥미로운 과학적 함축을 담고 있다. 기묘하게도 이 책은, 이러한 숨겨진 문제 중에서 가장

246

중요한 문제를 직접적으로 언급하지 않고 있는 것 같다. 그것은 독자들의 상상에 맡겨지고 있다. 내가 여기에서 그 점에 대해 자세히 설명하더라도, 저자들이 너그럽게 용서하기 바란다.

200광년 떨어져 있는 안드로메다 자리\*에 하나의 문명이 존재한다. 그들은 자신들의 문화를 먼 세계까지 넓히고 싶었다. 어떻게 하는 것이 제일 좋을까? 직접적인 여행은 불가능하다. 빛의 속도가 우주의 두 지점 사이를 이동할 수 있는 속도의 상한을 이론적으로 규정하고 있으며, 기술적인 측면을 고려하면 실제 속도의 한계는 더 낮아진다. 게다가 모든 세계가 방문할 만큼의 가치를 갖지는 않을 텐데 어느 방향으로 가야 할지 어떻게 알겠는가? 전파는 우주의 다른 영역과 교신하는 더 나은 방법이다. 전파를 한 방향으로 보내지 않고 모든 방향으로 신호를 발송할 수 있을 정도의 출력을 갖춘다면 당신은 무척이나 많은 세계(그 수는 신호가 진행하는 거리의 제곱에 비례해서 늘어난다)와 교신할 수 있기 때문이다. 전파는 빛의 속도로 진행한다. 그러나 이것은 안드로메다에서 보낸 신호가 지구에 도착하는 데 200년이 걸린다는 뜻이다. 문제는 이 정도의 거리에서는 절대 대화를 할 수 없다는 점이다. 지구에서 보내온 메시지에 대한 응답이 그 메시지를 보냈던 사람들로부터 약 12세대 후의 자손에게 전달된다는 사실을 차치하더라도, 그 정도의 거리를 사이에 두고 대화를 시도한다는 것은 분명 낭비일 것이다.

이러한 문제는 곧 우리에게도 심각하게 제기될 것이다. 전파가 지구에서 화성까지 가는 데 약 4분이 걸린다. 따라서 우주 비행사

---

\* 200만 광년 떨어진 안드로메다 성운과 혼동하지 않도록 주의할 것.

가 짧은 대화를 주고받는 습관을 버리고 대화라기보다는 편지에 가까운 긴 독백을 하지 않을 수 없다는 것은 의심의 여지가 없다. 또 하나의 예를 들어보자. 로저 페인Roger Payne은 바다가 독특한 음향학적 특성을 가지며, 그 때문에 혹등고래가 특정한 깊이의 바닷속을 헤엄치고 있을 때, 이 고래의 아주 큰 〈노래〉는 이론상 전세계의 모든 바닷속에서 들을 수 있다는 것을 지적했다. 고래들이 실제로 아주 멀리 떨어진 동료들 사이에서 교신을 하는지 여부는 알 수 없지만, 만약 그렇다면 그들도 화성의 우주 비행사와 거의 비슷한 곤경에 빠질 것이 분명하다. 물 속에서 전파되는 소리의 속도에 따르면, 그 노래가 대서양을 가로질러 전달되고, 그 노래에 대한 답신이 도착하기까지는 약 2시간이 걸리기 때문이다. 고래들이 무려 8분 동안이나 독백을 계속하고, 어떤 부분도 반복되지 않는다는 사실은 이것을 잘 설명해 준다고 생각한다. 그런 다음 그들은 노래의 첫머리로 되돌아가 약 8분 간의 노래를 완전히 되풀이한다. 그리고 이런 과정이 여러 차례 반복된다.

앞에서 예로 든 소설 속의 안드로메다인도 고래와 같은 일을 한 것이다. 대답을 기다린다는 것이 아무런 의미도 없기 때문에, 그들은 자신들이 하고 싶은 말을 전부 모아 끊이지 않는 긴 메시지로 만든 다음, 몇 개월을 주기로 그것을 몇 번씩 되풀이해서 우주 공간으로 송신했다. 그러나 그들이 보낸 메시지는 고래의 메시지와 아주 다르다. 그들의 메시지는 거대한 컴퓨터의 제작과 그 프로그래밍에 대한 암호화된 명령으로 구성된다. 물론 이 명령은 사람의 언어로 쓰어진 것이 아니다. 그러나 암호는, 특히 그것이 쉽게 해독되도록 만들어진 것이라면, 대개 숙련된 해독자에 의해 해독될 수 있다. 조드렐 뱅크 전파 망원경에 검출된 이 메시지는 결국 해독되어, 문제의 컴퓨터가 제작되었고, 프로그램이 실행되었다. 그런데 안드로메다인의 의도가 모두 이타적인 것은 아니어서 그 결과는 거의 인류의 파멸에 가까운 것이었다. 그리고 그 컴퓨터가 전세계를 지배하는 독재자가 되려는 순간, 간신히 한 영웅이 도끼로 그 컴퓨터를 파괴한다.

우리의 관점에서, 어떤 의미에서 안드로메다인이 지구에서 일어난 사건을 조종한다고 말할 수 있는지 여부가 흥미로운 문제가 된다. 그들은 컴퓨터가 매순간 하는 일을 직접 제어하지 않는다. 그들에게 정보가 되돌아가는 데 200년이 걸리기 때문에, 사실 그들로서는 컴퓨터가 제작되었다는 사실조차 알 길이 없다. 컴퓨터가 내린 결정과 그 행위는 전적으로 컴퓨터 자신에 의한 것이고, 그 컴퓨터는 자기의 주인인 안드로메다인에게 문의해서 일반적인 정책 지시를 받을 수도 없었다. 200년이라는 넘을 수 없는 시간의 장벽 때문에 모든 명령은 미리 짜 넣어져 있지 않으면 안 되었다. 원칙적으로 그 컴퓨터는 체스 경기 컴퓨터와 흡사한 방식으로 프로그램되었을 것이 분명하다. 그러나 국소적 정보를 받아들이기 위한 유연성과 용량은 훨씬 늘어났을 것이다. 그 이유는 그 프로그램이 지구뿐 아니라 선진 기술을 가진 모든 세계, 즉 안드로메다인이 세부 조건을 알 수 없는 모든 세계에서 제대로 작동하도록 설계되지 않으면 안 되기 때문이다.

안드로메다인들이 자신들을 대신해서 날마다 결정을 내리기 위한 컴퓨터를 지구상에 가져야 했듯이, 우리의 유전자도 뇌를 만들어야 했다. 그러나 유전자는 암호화된 명령을 보낸 안드로메다인일 뿐 아니라 명령 그 자체이기도 하다. 또한 유전자가 우리 꼭두각시의 실을 조종할 수 없는 까닭도 앞의 경우와 마찬가지로 시간 지연 때문이다. 유전자는 단백질 합성을 제어하는 방식으로 작동한다. 이 것은 세계를 조작하는 강력한 방법이기는 하지만 속도가 느리다. 하나의 배아를 만들기 위해 인내심 깊게 단백질이라는 실들을 잡아 당기는 데 몇 달이나 걸리는 것이다. 반면에 전체적인 측면에서의 행동은 신속하게 이루어진다. 그것은 몇 개월이라는 시간 척도가 아니라 몇 초, 또는 몇 분의 1초에 일어난다. 이 세계에서 어떤 일 이 일어나고, 머리 위로 올빼미가 스쳐 날아가고, 키 큰 풀숲에서 나는 바삭거리는 소리가 그 속에 숨은 먹이의 위치를 알려주면 불 과 몇 밀리초 사이에 신경계가 작동하고 근육이 수축하면서 한 생 명이 구원되거나 사라진다. 유전자에는 이런 식의 반응 시간이 없 다. 안드로메다인과 마찬가지로 유전자 역시 스스로를 위해 빠른 처리 능력을 가진 컴퓨터를 제작하고, 〈예상〉할 수 있는 발생 가능 한 모든 사건에 대처하기 위한 규칙과 〈충고〉를 미리 프로그램함으 로써 사전 대비에 최선을 다하는 것 이상의 일은 할 수 없다. 그러 나 체스 게임도 그렇듯이 생명에는 너무나 다양한 사건이 많이 일 어날 수 있기 때문에 그 모든 것을 예상하기란 불가능하다. 체스 프로그래머와 마찬가지로, 유전자 역시 그들의 생존 기계에 구체적 인 세부 사항이 아니라 생활을 영위하기 위한 일반적인 전략과 책 략을 〈지시〉해야 한다.

영 J. Z. Young이 지적하듯이 유전자는 예언과 흡사한 일을 하지 않으면 안 된다. 생존 기계의 배아가 만들어졌을 때, 그 생명의 미 래에는 많은 문제와 위험이 기다리고 있다. 어떤 포식자가 어떤 덤 불 뒤쪽에서 기다리고 있을지, 어떤 발빠른 먹이감이 쏜살같이 직 선을 그리며 달아날지, 아니면 지그재그로 달아날지 누가 알 수 있 겠는가? 그것은 어떤 인간 예언자도, 어떤 유전자도 예상할 수 없

250

다. 그러나 일반적인 예상이라면 어느 정도까지는 가능할 것이다. 북극곰의 유전자는 아직 태어나지 않은 그들의 생존 기계 후손의 미래가 몹시 추울 것이라는 분명한 예상을 할 수 있을 것이다. 유전자는 그것을 예상이라고 생각하지 않는다. 아니, 어떤 생각도 하지 않는다. 북극곰의 유전자들은 단지 두꺼운 모피를 만들 뿐이다. 왜냐하면 그 유전자들은 자신들이 들어 있던 과거의 몸에서도 언제나 그렇게 해왔고, 그 유전자들이 유전자 풀gene pool(번식하는 생물 개체의 집단[멘델 집단이라고 한다] 속의 전 개체가 갖는 유전자의 총체를 말한다. ──옮긴이) 속에 아직도 존재하기 때문이다. 또한 그들은 곧 땅이 눈으로 덮일 것을 예견하고, 그 예견은 모피를 흰색으로 만들어 보호색을 갖게 하는 형태로 나타난다. 만약 북극의 기후가 급격히 변화해서 아기 곰이 열대의 사막에 태어나는 식의 사태가 일어난다면, 유전자의 예견은 잘못으로 판명되고 그 대가로 벌을 받게 될 것이다. 다시 말해서 어린 곰이 죽고 체내의 유전자 역시 소멸하게 된다.

* * *

미래를 예견하는 가장 흥미로운 방법 중 하나가 시뮬레이션 simulation (모의 실험)이다. 만약 어떤 장군이 특정 작전 계획이 다른 작전보다 뛰어난지 알고 싶다면, 그는 예견이라는 문제에 부딪치게 된다. 기상(氣象), 자신의 군대의 사기, 그리고 적이 취할 수 있는 대응책 등에 모두 알려지지 않은 많은 요소가 존재한다. 어떤 작전이 좋은 작전인지 알아내는 한 가지 방법은 실제로 시험해 보는 것이다. 그러나 〈조국을 위해〉 목숨을 바칠 각오가 되어 있는 젊은이의 수는 한계가 있고, 시험해야 할 가능한 작전 계획의 숫자가 엄청나게 많다는 단순한 사실만 보더라도, 불확실한 모든 계획을 이런 방식으로 시험하는 것은 바람직한 일이 아니다. 따라서 많은 손실이 따르는 실전 대신, 예행 연습으로 다양한 계획을 시험하는 편이 더 낫다. 가령 공포탄을 이용해서 〈동군〉과 〈서군〉이 실전과 똑같이 전투를 벌이는 방식도 있지만, 이 방법도 많은 시간과 물자를 낭비한다. 그보다 더 경제적인 방법은 큰 지도 위에서 양철로 만든 군인과 장난감 전차를 이리저리 움직이며 전쟁 게임을 하는 것이다.

최근에는 군사 작전뿐 아니라 경제학·생태학·사회학 등 미래에 대한 예측을 필요로 하는 모든 분야에서 컴퓨터가 시뮬레이션 기능의 대부분을 떠맡고 있다. 그 기법은 다음과 같다. 우선 세계의 일부 측면에 대한 모형model이 컴퓨터 속에 설정된다. 그렇다고 해서 컴퓨터 본체의 나사를 풀고 뚜껑을 열면 시뮬레이트된 대상과 똑같은 형태를 갖춘 축소 모형을 발견할 수 있다는 의미는 아니다. 체스 경기 컴퓨터의 경우에도 기사와 졸들이 올려져 있는 체스판으로 인식될 수 있는 일종의 〈정신적인 상〉이 기억 장치 속에 들어 있는 것은 아니다. 체스판과 그 판 위에 놓인 말들의 위치는 전자적으로 부호화된 숫자들의 목록에 의해서 표현될 것이다. 우리들의 경우 지도는 세계의 일부를 이차원으로 압축한 축척 모형이다. 컴퓨터 내부의 지도는 아마도 위도와 경도라는 두 개의 수치로 나타낸 마을과 그 밖의 지점 목록으로 표현될 것이다. 그러나 컴퓨터가 실제로 어떻게 머리 속에 세계의 모형을 간직하는지 여부는 중요치 않다. 중요한 것은 컴퓨터가 그것을 토대로 작업하고, 그것을 조작하고, 실험에 이용하고, 인간 오퍼레이터가 이해할 수 있는 용어로 그 내용을 보고할 수 있는 형태로 그 모형을 갖고 있다는 점이다. 모의 실험 기법을 통해 모의 전투는 승리하거나 패배하고, 시뮬레이트된 비행기는 날거나 추락하고, 경제 정책은 번영을 가져오거나 파탄에 이르기도 한다. 어느 경우든 모든 과정은 컴퓨터 내부에서, 그리고 실생활에 비교해서 불과 얼마 안 되는 짧은 시간 동안 진행된다. 물론 세계 모형에도 좋은 것과 나쁜 것이 있으며, 좋은 것이라 해도 단순한 근사(近似)에 지나지 않는다. 아무리 모의 실험을 많이 해도 실제로 일어날 일을 정확히 예측할 수는 없지만, 좋은 모의 실험은 맹목적인 시행 착오보다 훨씬 낫다. 그런데 안타깝게도 오래 전에 쥐 심리학자들이 사용하여 이미 선취(先取)된 용어이긴 하지만, 모의 실험을 대리 시행 착오 vicarious trial and error (미로 실험 등에서 쥐와 같은 실험 동물이 선택 지점에서 멈추어 서서 머리와 몸을 좌우로 흔드는 현상이 관찰된다. 이것은 실제 시행 착오 행동을 대행하는 것으로 간주되어, 학습심리학에서는 〈대리 시행 착오〉라고 불린다. ──옮긴이)라고 부를 수도 있을 것이다.

시뮬레이션이 그렇게 훌륭한 개념이라면, 우리는 생존 기계가 먼저 그것을 발견했으리라고 예상할 수 있을 것이다. 결국 그들은 인간이 가진 그 밖의 많은 공학 기술 중 상당 부분을 인간이 출현하기 훨씬 이전에 이미 발명했다. 예를 들어 초점을 맞추는 렌즈와 포물면 거울, 음파의 주파수 분석, 조타 장치를 이용한 조종, 수중 음파 탐지기, 입력 정보의 버퍼 기억, 그리고 그 밖에 아주 긴 이름을 가진 헤아릴 수 없이 많은 장치가 있지만 그 구체적인 내용에 대해서는 언급하지 않겠다. 그렇다면 시뮬레이션은 어떤가? 예를 들어 미래에 당신이 미지량(未知量)을 포함하는 어려운 결단을 내려야 했을 때 당신은 일종의 시뮬레이션을 하게 될 것이다. 당신은 가능한 선택지의 각각에 대해 만약 그것을 선택했을 때 어떻게 될지 〈상상〉하게 된다. 당신은 세계 전체가 아니라 유관하다고 여겨지는 제한된 집합에 대해 머리 속에서 모형을 세운다. 당신은 마음의 눈으로 그것을 생생하게 상상할 수도 있고, 그것의 양식화된 추상적인 모습을 보거나 조작하게 될지도 모른다. 어느 쪽이든, 당신의 뇌 속에 전개되는 장소가 당신이 상상하는 사건의 실제적인 공간 모형일 가능성은 없을 것이다. 그러나 컴퓨터의 경우와 마찬가지로 당신의 뇌가 어떻게 세계 모형을 표현하는가에 대한 세부 사항은 뇌가 일어날 수 있는 사건을 예측하기 위해서 그 모형을 이용할 수 있다는 사실에 비하면 그다지 중요한 것이 아니다. 미래를 모의 실험할 수 있는 생존 기계는 진짜overt 시행 착오를 통해서만 학습할 수 있는 생존 기계보다 한 걸음 더 진전된 것이다. 진짜 시행의 문제는 시간과 에너지를 소모한다는 점이다. 더구나 진짜 착오는 종종 생존 기계의 생명을 빼앗는다는 엄청난 문제를 안고 있다. 그에 비해 모의 실험은 더 안전하고 신속하다.

시뮬레이션 능력의 진화가 점차 누적되어 결국 주관적 의식을 발생시킨 것으로 판단된다. 내 생각이지만, 왜 이런 일이 일어났는가라는 문제는 현대 생물학이 직면하고 있는 가장 깊은 수수께끼일 것이다. 전자식 컴퓨터가 시뮬레이션을 할 때 의식을 갖고 있다고 상상할 이유는 없다. 물론 미래에 컴퓨터가 의식을 가질 수도 있다는 가능성은 인정해야겠지만 말이다. 아마도 뇌의 세계 시뮬레이션이 완전하게 되어 뇌 자체의 모형까지 포함시키게 되었을 때 의식이 발생했을 것이다. 생존 기계의 사지(四肢)와 몸은 시뮬레이트된 세계의 중요한 부분을 이루고 있음에 틀림없다. 같은 이유에서 시뮬레이션 자체도 시뮬레이트되어야 할 세계의 일부로 간주될 수 있을 것이다. 다른 표현을 쓰자면 〈자의식 self-awareness〉이 되겠지만 나는 이것으로 의식의 진화가 충분히 설명된다고는 생각하지 않는다. 그 한 가지 이유는 이 설명에 무한 회귀 infinite regress가 포함되기 때문이다. 즉 만약 모형의 모형이 존재한다면 모형의 모형의 모형도 있어야 하지 않겠는가?

의식과 연관해서 어떤 철학적 문제가 제기되든 간에, 우리의 논의의 목적에 비추어 볼 때 의식은 생존 기계가 결정 수행자가 됨으로써 그 궁극적인 지배자인 유전자로부터의 해방을 향해 나아가는 진화적 경향의 극치라고 생각할 수 있다. 뇌는 생존 기계와 연관된 일상사를 관리할 뿐 아니라 미래를 예측하고 그에 대응하는 행동을 취하는 능력을 획득하기에 이르렀다. 심지어 뇌는 유전자의 명령을 거역할 힘을 갖게 되었다. 가령, 될 수 있는 한 많은 아이를 낳으라는 명령을 거부하는 경우가 그러하다. 그러나 나중에 살펴보겠지만 인간은 이 점에서 대단히 특수한 예이다.

이 모든 것은 이타주의와 이기주의와 어떤 관계가 있을까? 나는 동물의 이타적이거나 이기적인 행동이 간접적이지만 대단히 강력한 의미에서 유전자의 지배를 받는다는 개념을 수립하려고 시도하고 있다. 생존 기계와 그 신경계가 만들어지는 방법을 명령함으로써 유전자는 최고 권력을 행사한다. 그러나 다음에 무엇을 할 것인지를 매순간 결정하는 것은 신경계이다. 유전자는 최고 정책 결정자이고, 뇌는 집행자이다. 그러나 뇌가 더 고도로 발달함에 따라 학습과 시뮬레이션 등의 방법을 이용해서 뇌는 점차 실제 정책 결정의 많은 부분을 관장하게 되었다. 이러한 경향의 논리적 귀결은 아직 어떤 생물종에서도 실현되지 않았지만, 유전자가 생존 기계에 단 하나의 포괄적인 정책 명령을 주게 되리라는 것이다. 그 명령은 무엇이든 우리의 생존에서 최선이라고 생각하는 것을 행하라는 것이다.


## 이기적인 밈 meme

물리학의 법칙은 우리가 알 수 있는 전 우주에서 참으로 받아들여지고 있다. 생물학에도 마찬가지로 보편 타당한 원리가 있을까? 우주 비행사가 먼 행성을 여행해서 생물체를 찾았을 때, 우리가 상상할 수 없을 만큼 기묘하고 비현실적인 생물을 발견할 가능성도 있다. 그러나 어디에서 발견되든, 어떤 화학적 기반을 갖든 모든 생물체에 대해 참인 무엇이 존재할 수 있을까? 만약 탄소 대신 규소를, 물 대신 암모니아를 화학적 기반으로 삼는 생명 형태가 존재한다면, 만약 섭씨 영하 100°C에서 비등해서 죽는 생물이 발견되었다면, 만약 화학적 기반을 전혀 갖지 않고 전자 반향 회로를 기반으로 하는 생명 형태가 발견되었다면? 그런 경우에도 모든 생명에 적용할 수 있는 일반 원리가 있을까? 내가 이 물음에 대한 답을 알지 못한다는 것은 분명하다. 그러나 만약 어느 쪽에든 돈을 걸어야만 한다면, 나는 하나의 기본 원리가 있다는 쪽을 선택할 것이다. 그것은 모든 생명이 자기 복제하는 생물의 생존력 차이를 통해 진화한다는 법칙이다. 유전자, 즉 DNA 분자는 자기 복제하는 존재자로서 우연히 우리 행성에서 그 세력을 넓히게 되었을 따름이다. 그렇지만 다른 분자들이 있었을 수도 있다. 만약 다른 조건들이 만족되었다면 다른 복제 분자들이 거역할 수 없는 진화 과정의 기초가 되었을 것이다.

그러나 다른 종류의 복제자와 그에 따르는 다른 종류의 진화를 찾아내기 위해 먼 세계까지 가야 할까? 나는 새로운 종류의 복제자가 극히 최근에야 이 행성에 출현했다고 생각한다. 그 복제자는 바로 우리의 눈앞에서 우리를 물끄러미 응시하고 있다. 그것은 아직 유년기에 불과하며, 그 원시 수프 속을 꼴사나운 모습으로 떠돌아다니고 있지만 오래 된 유전자의 진화 속도를 훨씬 능가하는 빠른 속도로 이미 진화적 변화를 달성하고 있다.

이 새로운 수프는 인간 문화라는 수프이다. 우리는 새로운 복제자의 이름을 필요로 한다. 그것은 문화 전달의 단위, 즉 〈모방 imitation〉의 단위라는 생각을 잘 표현할 명사여야 한다. 이런 조건에 맞는 그리스어는 〈Mimeme〉이다. 그러나 나는 〈유전자gene〉와 비슷한 울림을 갖는 단음절의 단어를 원한다. 여기에서 〈mimeme〉을 〈meme〉으로 줄여도 내 고전학자 친구들은 너그러이 용서해 주리라고 믿는다. 이 단어가 영어의 〈memory〉나 불어의 〈même〉와 연관된다고 생각할 수 있다는 것이 약간의 위로가 될지도 모르겠다. 〈meme〉은 〈cream〉과 같은 운으로 〈밈〉이라고 읽어야 할 것이다.

밈의 예로는 곡조, 아이디어, 표어, 의복 패션, 항아리나 건축물의 아치를 만드는 방법 등을 들 수 있다. 마치 유전자가 정자와 난자를 통해 몸에서 몸으로 건너뛰면서 유전자 풀 속에서 스스로를 전파시키듯이, 밈도 넓은 의미에서 모방이라고 부를 수 있는 과정을 통해 뇌에서 뇌로 건너뛰면서 밈 풀meme pool 속에서 자신을 전파시킨다. 만약 어떤 과학자가 좋은 아이디어를 듣거나 읽으면, 그는 그것을 동료나 학생들에게 전달할 것이다. 그는 논문과 강의에서도 그 아이디어를 언급할 것이다. 만약 그 아이디어가 좋은 평가를 받는다면 그것은 뇌에서 뇌로 전달되면서 스스로를 전파시킨다고 말할 수 있을 것이다. 나의 동료 험프리N. K. Humphrey는 이 장의 초고를 다음과 같이 간결하게 요약하고 있다. 〈……밈은 단지 은유적인 의미에서가 아니라 전문적인 의미에서도 살아 있는 구조로 간주되어야 한다. 만약 당신이 번식력이 있는 밈을 내 마음 속에 심어주었을 때, 당신은 문자 그대로 내 뇌 속에 알을 낳은 것이고, 바이러스가 숙주 세포의 유전 기구에 기생하는 것과 같은 방식으로 나의 뇌를 그 밈의 번식을 위한 매체로 삼는 것이다. 이것은 단지 언어적 수사가 아니다. 예를 들어 '사후의 삶에 대한 신앙'이라는 밈은 전세계 사람들의 신경계 속에서 하나의 구조로 수백만 번이나 되풀이해서 실제로 물질적인 형태로 실현되어 있는 것이다.〉

* * *

나는 상호 적응된co-adapted 유전자 복합체와 같은 방식으로 상호 적응된 밈 복합체도 진화하게 될 것이라고 추측한다. 선택은 문화적인 환경을 자기의 이익을 위해 이용하는 밈에게 유리한 방향으로 작용한다. 이 문화적 환경은 마찬가지로 선택받는 다른 밈들로 구성되어 있다. 따라서 밈 풀은 새로운 밈이 침입하기 어려운, 진화적으로 안정된 집합체의 여러 가지 특성을 갖게 된다.

나는 지금까지 밈에 대해 조금 부정적으로 이야기했지만, 다른 한편으로는 긍정적인 측면도 가질 수 있다. 우리가 죽었을 때 후세에 남길 수 있는 것은 유전자와 밈이라는 두 가지이다. 우리는 유전자 기계로 우리의 유전자를 전달하도록 만들어졌다. 그러나 우리의 이러한 측면은 3세대 안에 잊혀질 것이다. 당신의 자식, 아니 손자까지도 가령 용모나 음악적 재능, 머리카락 빛깔 등에서 당신을 닮을 수 있다. 그러나 세대를 거치는 동안 당신의 유전자의 기여도는 반감된다. 무시할 수 있는 정도에 이르기까지 그리 오랜 시간이 걸리지는 않는다. 우리의 유전자는 불사일지 모르지만, 우리 개개인을 구성하는 유전자 집단은 산산조각으로 분해될 운명을 갖는다. 엘리자베스 2세는 윌리엄 1세의 직계 후손이다. 그렇지만 그녀가 정복자 윌리엄의 유전자를 단 하나도 물려받지 않았을 가능성도 충분히 있다. 생식에서 불사성을 찾아서는 안 된다.

그러나 만약 당신이 세계 문화에 기여했다면, 예를 들어 당신이 훌륭한 사상을 가졌거나, 작곡을 하거나, 점화 플러그를 발명하거나, 훌륭한 시를 쓰면, 그것은 당신의 유전자가 공동의 풀 속으로 용해된 훨씬 뒤까지도 손상되지 않고 계속 살아남을 수 있을 것이다. 윌리엄스G. C. Williams가 지적했듯이 소크라테스의 유전자가 오늘날까지 한 개나 두 개 정도 남아 있을 수도 있고 그렇지 않을 수도 있다. 그러나 그것이 무슨 문제가 되겠는가? 그러나 소크라테스, 레오나르도 다빈치, 코페르니쿠스, 마르코니 등의 밈 복합체는 지금도 강력하게 살아 있다.


**나를 찾아서 · 열**

도킨스는 분자라는 작은 단위가 우연히 형성되어 자기 복제를 위한 자원을 둘러싼 격렬한 경쟁이라는 냉혹한 여과 과정을 수없이 되풀이하면서 비등하는 분자적 격동 과정에서 생명과 마음이 발생했다는 환원론자의 주장을 설명하는 데 고수의 경지에 이르고 있다. 환원론은 이 세계의 삼라만상을 물리학 법칙으로 환원시킬 수 있는 무엇으로 간주한다. 따라서 이런 관점에서는 이른바 〈창발적emergent〉 특성, 또는 조금 시대에 뒤떨어졌지만 많은 것을 환기시키는 언어를 사용하자면, 〈엔텔레케이아entelechies〉, 즉 그 부분을 지배하는 법칙으로는 설명할 수 없는 고차 수준의 구조는 존재할 여지가 없는 것이다.

다음과 같은 시나리오를 상상해 보자. 당신은 고장난 타자기를 (또는 세탁기나 사진 복사 기계라도 무방하다) 수리하기 위해 공장으로 보낸다. 1개월 후에 그 기계가 공장에서 당신에게 돌아왔다. 타자기는 (당신이 공장에 보냈을 때와 마찬가지로) 정확하게 재조립되어 있었지만, 거기에는 〈모든 부품에는 아무런 결함도 없지만 유감스럽게도 전체가 움직이지 않는다〉는 내용의 쪽지가 붙어 있었다. 이런 일을 당한다면 정말 어이없는 느낌이 들 것이다. 부품에는 아무런 문제도 없는데 기계가 작동하지 않다니! 분명 어딘가 잘못된 곳이 있을 것이다! 일상 생활의 거시적인 영역의 상식은 우리에게 이렇게 말한다.

그렇지만 이러한 원리는 당신이 전체에서 부분으로, 그리고 그 부분의 부분이라는 상태로 점차 단계를 내려갈 때에도 계속 통용되는 것일까? 상식은 여기에서도 〈그렇다〉고 대답할 것이다. 그러나 많은 사람들이 〈수소 원자와 산소 원자의 성질에서 물의 성질을 이끌어낼 수 없다〉라거나 〈생물은 그 부분의 합 이상의 무엇이다〉라는 이야기를 여전히 믿고 있다. 아무튼 사람들은 원자라는 것을 단순한 당구공과 같은 것으로 상상하고, 단지 화학적인 원자가를 가졌을 뿐이라고 생각하는 경향이 있다. 그러나 실제로는 이처럼 진실과 거리가 먼 생각도 없을 것이다. 원자와 같은 매우 작은 크기로 내려가면 〈물질〉의 수학은 훨씬 더 어려워진다. 상호 작용하는 소립자에 관해서 리처드 매툭Richard Mattuck의 교과서를 한 구절 인용해 보자.

다체 문제many-body problem(多體問題)에 관한 논의의 가장 바람직한 출발점은 우선, 물체의 숫자가 몇이 되면 어려움이 발생하는가라는 문제일 것이다. 브라운G. E. Brown 교수의 지적에 따르면, 엄밀해(嚴密解)에 대해 관심을 가진 사람들은 역사에 대한 고찰을 통해 그 답을 얻을 수 있을 것이라고 한다. 18세기 뉴턴 역학으로는 3체 문제를 해결할 수 없었다. 1910년경에 일반상대성이론, 그리고 1930년 무렵에 양자전자역학quantum electrodynamics이 탄생하면서 2체와 1체 문제가 해결 불가능하게 되었다. 그리고 현대의 양자장 이론에서는 0체(진공)가 해결 불가능하다. 따라서 엄밀해를 구하려는 한 어떤 물체도 이미 그 숫자가 지나치게 많은 것이다.

여덟 개의 전자를 가진 산소와 같은 원자에 대한 양자역학을 해석적으로 완전히 푸는 것은 우리의 능력을 넘어서는 일이다. 물 분자는 말할 것도 없고, 수소와 산소 원자가 가진 성질도 기술이 불가능할 정도로 파악하기 힘들다. 물이 가진 붙잡기 힘든 수많은 특성은 바로 거기에서 기인한다. 그러한 특성의 대부분은 원자를 단순화시킨 모형을 사용해서 상호 작용하는 많은 분자의 시뮬레이션을 통해 연구할 수 있다. 원자 모형을 개량할수록, 당연한 일이지만 시뮬레이션은 실제로 가까워진다. 사실 컴퓨터 모형은 개별 구성 요소의 특성만 알려졌을 때, 동일한 다수의 구성 요소로 이루어진 집합의 새로운 특성을 발견하기 위해 가장 널리 쓰이고 있는 방법 중 하나이다. 컴퓨터 시뮬레이션은 개별 항성을 이동 가능한 인력 지점 gravitating point으로 모형화함으로써, 은하계의 나선팔이 형성되는 메커니즘에 대한 새로운 통찰을 가능하게 해주었다. 또한 컴퓨터 시뮬레이션은 개별 분자를 전자적으로 상호 작용하는 구조로 모형화해서 고체, 액체, 그리고 기체가 어떻게 진동하고, 유동하고, 상변이를 일으키는지 보여주었다.

사람들은 습관적으로 막대한 수의 개체가, 우리의 시간 척도로 보아 엄청나게 빠른 속도로 일정한 법칙에 따라 상호 작용을 하는 과정에서 발생하는 복잡성을 과소평가하는 것이 사실이다.

도킨스는 자신의 저서를 끝맺으면서 밈(마음 속에 거주하는 소프트웨어 복제자)에 대한 자신의 밈을 제안하고 있다. 또한 그 개념의 제출에 앞서는 부분에서는 서로 상대의 생명을 떠받쳐주는 매체라는 흥미로운 주장을 펼치고 있다. 그런데 그가 언급하지 못한 것은 중성자별 표면에 대한 이야기이다. 그곳에서는 원자의 경우보다 수천 배나 빨리 원자핵 입자들의 결합과 분리가 일어날 수 있다. 이론상 원자핵 입자의 〈화학〉은 극미한 자기 복제 구조가 존재할 수 있고, 그것은 지구상의 느린 속도의 생명과 동등한 복잡성을 가지며, 그 초고속의 생애는 눈깜짝하는 순간에 지나가 버린다는 것이다. 이러한 생명이 실제로 존재하는지, 만약 존재한다면 과연 그것을 발견하는 것이 가능한지 여부는 확실치 않다. 그러나 그것은 지구에서의 며칠 동안 한 문명의 흥망성쇠가 모두 일어날 수 있다는 놀라운 착상을 준다. 그야말로 슈퍼 릴리퍼트super-Lilliput(릴리퍼트는 조너선 스위프트Jonathan Swift의 『걸리버 여행기』에 나오는 소인국의 이름이다. ──옮긴이)인 셈이다. 이 책에 실린 램의 글은 모두 이런 특성을 갖는다. 특히 이야기 열여덟의 「일곱번째 여행」을 참조하라.

이런 기묘한 이야기를 꺼낸 까닭은 복잡한 생명 비슷한 lifelike 또는 사고 비슷한thoughtlike 활동을 뒷받침하는 매체가 무수하게 다양할 수 있다는 가변성 variability에 대해 독자들이 마음을 열어놓기를 바라기 때문이다. 이러한 가변성의 개념은, 의식이 개미 군집에 있어서의 각 수준의 상호 작용에서 창발된다는 다음 장의 대화에서 좀더 세밀하게 탐구된다.

D. R. H.

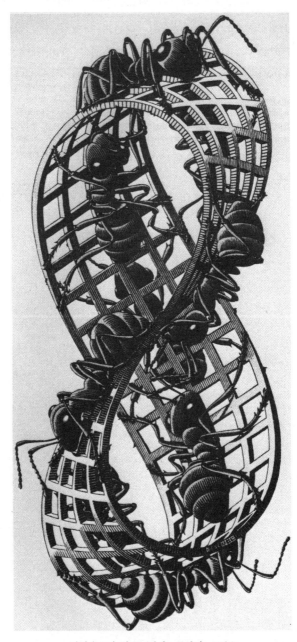

뫼비우스의 띠 Ⅱ (에셔, 목판화, 1963)

# 전주곡
#### —— 개미의 푸가

### 더글러스 호프스태터

서곡

아킬레스Achilles와 거북이 친구인 게의 집을 방문했다. 그 곳을 찾아간 이유는 게의 친구인 개미핥기와 알고 지내기 위해서였다. 서로의 소개가 끝나자 네 사람은 자리에 앉아 차를 마셨다.

거북: 게 씨. 우리가 당신에게 작은 선물을 가지고 왔습니다.

게: 정말 감사합니다. 그러시지 않아도 되는데.

거북: 단지 마음의 표시일 뿐입니다. 아킬레스 씨, 그것을 게 씨께 드리겠습니까?

아킬레스: 그러지요. 마음에 드셨으면 좋겠습니다.

---

\* Douglas R. Hofstadter, *Gödel, Escher, Bach: an Eternal Golden Braid* (Basic Books, Inc., 1979).

(아킬레스는 아름답게 포장된 네모나고 매우 얇은 선물을 게에게 주었다. 게는 포장을 풀기 시작한다.)

개미핥기: 선물이 무엇인지 정말 궁금하군요.

게: 이제 곧 알게 될 겁니다(포장을 풀고 물건을 꺼낸다). 레코드 판이 두 장이군요. 정말 근사합니다. 그런데 라벨이 붙어 있지 않군요. 오! 이것도 당신의 〈특별 주문품〉인가요, 거북 씨?

거북: 만약, 레코드 플레이어 파괴 곡을(〈레코드 플레이어 파괴 곡〉이란 〈이 곡은 이 플레이어로는 연주할 수 없음〉이라고 표시된 곡. 거북은 이전에 게를 방문했을 때, 이 곡의 레코드를 일부러 가지고 가서 게의 레코드 플레이어를 부순 적이 있었다. ―― 옮긴이) 말씀하는 것이라면, 이번에는 아닙니다. 하지만 주문 녹음한 것은 사실입니다. 전세계에 이런 종류의 레코드는 단 한 장밖에 없습니다. 게다가 아직까지 한 번도 연주된 적이 없는 곡입니다. 물론 바흐 자신이 연주했을 때를 제외하면 말입니다.

게: 바흐가 이 곡을 연주한 때가 언제였지요? 도대체 당신은 무엇을 말씀하시고 싶은 것입니까?

아킬레스: 오! 거북 씨가 이 레코드에 대해 이야기할 때, 게 씨 당신은 대단히 흥분하고 있습니다.

거북: 어서 이야기를 마저 하세요, 아킬레스 씨.

아킬레스: 제가요? 이런, 그럼 가지고 온 노트를 참고하는 편이 낫겠군요(아킬레스는 작은 카드를 한 장 꺼내들고는 목을 가다듬었다). 에헴. 수학 분야에서 이루어진 새롭고 놀라운 성과에 관해서 듣고 싶으십니까? 실은 이 레코드도 그 덕분에 나올 수 있었지요.

게: 제가 받은 레코드가 일종의 수학에서 나온 것이란 말입니까?

그것 참 신기하군요! 당신 이야기가 저의 관심을 끄는군요. 꼭
그 이야기를 듣고 싶습니다.

아킬레스: 그럼, 좋습니다(잠깐 말을 멈추고 차를 한 모금 마신 다음
이야기를 다시 시작한다). 그런데 당신은 그 악명 높은 페르마
의 〈최종 정리 Last Theorem〉에 대해 알고 계십니까?

개미핥기: …… 이상할 정도로 자주 들었다는 느낌이 드는데, 정작
무언지는 잘 모르겠군요.

아킬레스: 아주 간단합니다. 피에르 드 페르마 Pierre de Fermat라
는 사람은 직업이 법률가면서 취미 삼아 수학을 연구했는데, 어
느 날 디오판투스 Diophantus(250년경에 살았던 그리스의 수학
자. 정수를 계수로 하는 다항 방정식으로 정수해를 찾는 〈디오판
투스 방정식〉을 발견했다. —— 옮긴이)가 쓴 『아리스메티카
Arithmetica』라는 고전적인 책을 읽고, 거기에서 우연히 이런
방정식이 적혀 있는 페이지를 발견했습니다. 「$a^2 + b^2 = c^2$」
그는 곧 $a$, $b$, $c$의 해가 무한히 많다는 것을 알아차렸지만, 그
다음에 그 페이지의 여백에 다음과 같은 악명 높은 코멘트를
써 넣었습니다.

방정식 「$n^a + n^b = n^c$」은 $n=2$일 때에 한해서 양의 정수해 $a$, $b$, $c$, 그
리고 $n$을 갖는다(그리고 그 경우 이 방정식을 만족시키는 $a$, $b$, $c$의
조합은 무한히 많다). 그러나 $n>2$인 경우에 대한 해는 존재하지 않
는다. 나는 이 명제의 매우 훌륭한 증명을 발견했지만, 아깝게도
이 여백이 지나치게 좁아서 그 증명을 써 넣을 수 없다.

그 후 약 300년 동안 수학자들은 엄청난 노력을 기울여 두 개

의 가능성 중 어느 한쪽을 실현하려 했습니다. 그러나 아무도 성공하지 못했지요. 하나의 가능성은 페르마의 이 주장을 증명해서 페르마의 명성을 입증하는 것입니다. 페르마가 유명하기는 하지만 회의적인 사람들은, 페르마가 증명을 발견했다고 말하지만 실제로는 찾지 못했을지 모른다고 생각하기 때문에 근년에는 그 명성이 약간 퇴색했지만 말입니다. 그리고 다른 하나의 가능성이란 페르마의 주장을 반박하는 것이지요. 다시 말해서 반증례(反證例)를 찾아내는 것입니다. 이 방정식을 만족시키는 네 개의 정수 $a$, $b$, $c$, $n$ 그리고 2보다 큰 $n$의 조합을 찾아내면 되는 겁니다. 그런데 극히 최근까지도 이 두 가지 가능성을 목표로 한 모든 노력은 수포로 돌아가고 말았습니다. 확실히 이 정리는 $n$의 특수한 값에 대해서는 많은 경우에 대해서 증명되어 있습니다. 특히, 125,000까지 모든 $n$에 대해서는 완전히 증명되어 있습니다.

개미핥기: 아직까지 완전히 증명되지 않았다면, 〈정리〉가 아니라 〈가설〉이라고 불러야 마땅하지 않을까요?

아킬레스: 엄밀히 말하자면 당신 말씀대로입니다. 그러나 전통적으로 그렇게 부르고 있습니다.

게: 그래서 누군가가 이 유명한 문제를 드디어 풀었다는 말입니까?

아킬레스: 그렇지요! 실은 여기 계시는 거북 씨가 그 일을 해냈습니다. 더구나 여느 때처럼 마술사처럼 단 한 번에 말입니다. 그는 페르마의 최종 정리 증명을 찾아냈을 뿐 아니라(따라서 페르마의 명성뿐 아니라 자신의 명성까지 확고하게 얻었지만) 그 반증례까지 찾아냈습니다. 따라서 회의론자들의 직관이 옳았음을 밝힌 것입니다.

피에르 드 페르마

게: 정말 훌륭하군요. 그야말로 혁명적인 발견입니다.

개미핥기: 정말 답답하군요. 그 마법의 정수, 페르마의 방정식을 만족시키는 수가 도대체 무엇입니까? 저는 그 $n$의 값을 꼭 알고 싶군요.

아킬레스: 오! 맙소사! 정말 난처하군요. 이 일을 어쩌지요. 실은 그 수를 엄청나게 큰 종이 위에 썼는데 그만 집에 놓고 왔지 뭡니까. 가지고 왔으면 정말 좋았겠지만 그러기에는 너무 커서요. 도움이 될는지 모르지만, 한 가지는 기억하고 있습니다. $n$의 값은 $\pi$를 연분수(連分數)로 나타냈을 때 어디에도 나오지 않는 유일한 정(正)의 정수입니다.

게: 여기에 가져오지 않다니 어떻게 그런 일이! 하지만 당신이 우리에게 해준 이야기를 의심할 까닭은 전혀 없습니다.

개미핥기: 어쨌든 십진법으로 쓴 $n$의 값을 보아야 할 사람이 누구

있습니까? 방금 아킬레스 씨가 어떻게 그 값을 찾아냈는지 말씀해 주셨습니다. 거북 씨, 진심으로 당신의 획기적인 발견을 축하드립니다.

거북: 감사합니다. 그러나 제 생각으로는 이 결과 자체보다 더 중요한 것은 제가 얻은 결과로부터 즉각 이끌어낼 수 있는 실용적인 이용입니다.

게: 정말 듣고 싶군요. 왜냐하면 저는 이전부터 수론(數論)이 수학의 여왕, 그러니까 수학의 가장 순수한 분야, 어떤 응용도 할 수 없는 분야로 생각하고 있었으니까요.

거북: 물론 그런 생각을 가진 사람이 당신만은 아닙니다. 그러나 실제로 순수수학의 한 분야, 또는 심지어 어떤 하나의 정리도 수학 외부의 영역에 언제, 어떻게 중요한 영향을 주는지에 대해서 일반적으로 말한다는 것은 불가능한 일입니다. 그것은 전혀 예측불가능합니다. 이 경우도 그런 현상의 완벽한 예이지요.

아킬레스: 거북 씨가 얻은 양면적인 성과는 음향 검색 acoustico-retrieval 분야에서 획기적인 진전을 가져왔습니다!

개미핥기: 그 음향 검색이란 도대체 무엇입니까?

아킬레스: 그 명칭이 모든 것을 이야기해 주지요. 즉 대단히 복잡한 음원(音源)에서의 음향적 정보를 검색하는 것입니다. 음향 검색에서 가장 전형적인 예는 돌멩이가 호수 표면에 떨어졌을 때 나는 소리를 호수 표면에 확산되는 파문을 통해 재구성하는 것입니다.

게: 아니, 그런 일은 거의 불가능하게 들리는데요.

아킬레스: 그렇지 않습니다. 실제로 사람의 뇌에서도 그와 매우 흡

사한 일이 벌어집니다. 다른 사람의 성대에서 생성된 소리를 뇌가 재구성할 때, 고막을 통해 달팽이고리관 속의 신경 섬유에 전달된 진동을 바탕으로 재구성하는 것이니까요.

게: 알겠습니다. 하지만 어떻게 수론이 응용될 수 있는지에 대해서는 잘 모르겠군요. 이 이야기가 제가 선물 받은 레코드와 무슨 관계가 있습니까?

아킬레스: 좋습니다. 설명해 드리지요. 음향 검색에 사용하는 수학에서는 특정한 디오판투스 방정식의 해(解)의 숫자와 연관된 여러 가지 문제가 발생합니다. 그런데 거북 씨는 몇 년 동안 바흐가 하프시코드를 연주했을 때의 소리를 재구성하는 방법을 찾기 위해 노력해왔습니다. 그 연주는 200년 이상 전의 것이지만, 그것을 현 시점에서 대기 중의 모든 분자의 운동을 포함하는 계산으로 재구성하려는 시도이지요.

개미핥기: 그건 불가능한 일이에요. 그 소리는 회복할 수 없이 사라져 버렸어요. 영원히 말입니다!

아킬레스: 순진한 사람들은 그렇게 생각하겠지요……. 하지만 거북 씨는 몇 년 동안 이 문제와 씨름을 벌였고, 드디어 이 모든 문제가 $n$이 2보다 큰 경우 방정식 $a^n + b^n = c^n$의 양(陽)의 정수 해의 숫자와 연관된다는 사실을 발견했습니다.

거북: 물론, 저는 왜 이 방정식이 그 문제와 연관되는지를 설명할 수도 있지만, 그런 설명은 틀림없이 여러분들을 지루하게 만들 것입니다.

아킬레스: 그 결과 음향 검색 이론에 따라 바흐의 연주음이 대기 중의 모든 분자 운동에서 검색 가능함을 예측한다는 사실이 밝혀졌습니다. 그리고 그 검색이 가능한 조건은 이 방정식에

적어도 하나의 해가 존재하거나…….

게: 정말 놀라운 발견이군요!

개미핥기: 환상적입니다!

거북: 누가 이런 생각을 할 수 있었겠습니까!

아킬레스: 더 드릴 말씀이 있습니다. 저는 〈이러한 해가 존재하거나 해가 하나도 존재하지 않거나〉라는 조건을 말하려는 참이었습니다. 이것이 밝혀진 결과, 거북 씨는 이 문제의 양쪽 가능성을 동시에 밝히기 위한 연구를 시작한 것입니다. 그 결과 드디어 반증례의 발견이 증명을 찾아내기 위한 핵심 요소라는 사실을 알아낸 것입니다. 따라서 반증례에서 직접 증명으로 이끌어지는 것입니다.

게: 어떻게 그럴 수가 있지요?

거북: 제 말을 들어보세요. 저는 페르마의 최종 정리의 모든 증명 (물론 그런 증명이 있다면)의 구조적 짜임새 structural layout가 하나의 우아한 공식에 의해 기술될 수 있다는 것을 입증했습니다. 그런데 우연한 일이지만, 그러한 기술 가능성은 어떤 방정식의 해의 값에 의존합니다. 그런데 놀랍게도 이 두번째 방정식이 페르마의 방정식이라는 사실을 발견했습니다. 그야 말로 형식과 내용 사이의 흥미로운 우연의 일치인 셈이지요. 그래서 제가 반증례를 찾아냈을 때, 저는 그 반증례의 해의 숫자를 이용해서 그런 방정식에는 해가 존재하지 않는다는 나의 증명을 구성하기 위한 청사진을 만들기만 하면 된 것입니다. 조금만 생각해 보시면 알겠지만 정말 간단하지요. 지금까지 이 사실을 알아차린 사람이 없다는 것이 정말 이상할 지경입니다.

아킬레스: 이 예상할 수 없을 만큼 풍부한 수학적 성공으로 거북 씨는 오랜 기간 동안 꿈꿔왔던 바흐의 음향 검색을 실현한 것입니다. 그리고 지금 게 씨가 갖고 있는 선물은 이러한 추상적인 업적을 직접 손으로 만져볼 수 있게 구체화한 것입니다.

게: 설마 이 레코드가 바흐가 하프시코드를 위한 자신의 작품을 직접 연주한 것을 레코드에 담았다고 말하는 것은 아니겠지요?

아킬레스: 죄송합니다. 그러나 사실입니다. 이 두 장의 레코드는 바흐가 자신의 「평균율 클라비어 서곡집 *Well-Tempered Clavier*」을 연주한 것을 녹음한 것입니다. 각각의 레코드에는 이 곡의 각 1권이 들어 있습니다. 그러니까 한 장의 레코드에 24곡의 전주곡과 푸가가 들어 있습니다. 그리고 각각의 곡은 장조와 단조로 이루어져 있습니다.

게: 그렇다면 도저히 값을 따질 수 없이 진귀한 이 두 장의 레코드 중 한 장을 당장 들어보지 않으면 안 되겠군요. 정말이지 두 분께 뭐라고 감사해야 좋을지 모르겠습니다.

거북: 감사의 답례는 당신이 주신 이 맛있는 차로 충분합니다.

(게는 레코드 한 장을 재킷에서 꺼내 플레이어에 걸었다. 대가의 형언할 수 없이 아름다운 하프시코드 연주음이 방 안을 가득 채웠다. 그 곡은 상상할 수 있는 가장 높은 충실도로 재현되었다. 심지어 바흐가 연주하면서 낮은 소리로 따라부르는 소리까지 들릴 정도였다. 아니면 그렇게 들린다고 상상한 것일까?)

게: 그런데 악보를 보면서 음악을 듣고 싶은 분이 계십니까? 마침 제게 이 곡의 하나밖에 없는 악보가 있습니다. 그 악보는 뛰어난 서예가였던 제 스승이 그림을 그려 넣어서 아주 특별한 것입니다.

거북: 꼭 좀 보았으면 좋겠군요(게는 유리문이 달린 나무로 된 우아한 책장으로 다가가서 문을 열고는 큰 책을 두 권 꺼냈다).

게: 이것이 그 책입니다, 거북 씨. 사실 저도 아직 이 판(板)에 들어 있는 아름다운 그림들을 모두 보지는 않았습니다. 아마도 당신의 선물이 제가 이 책을 독파하는 데 필요한 힘을 줄 것 같군요.

거북: 그렇게 되길 진심으로 바랍니다.

개미핥기: 그런데 게 씨, 여기에 있는 각 곡들이 항상 전주곡 다음에 오는 푸가를 위해 분위기를 완전히 조성해 주고 있다는 사실을 알아차렸습니까?

게: 물론이지요. 말로는 표현하기 어렵지만 전주곡과 푸가 사이에는 언제나 미묘한 관계가 있는 것 같아요. 설령 공통 주제가 되는 선율이 없더라도, 언제나 무언가 양쪽의 기저에 미묘한 추상적인 성질이 양자를 강하게 묶어주고 있습니다.

거북: 그리고 전주곡과 푸가 사이에서 몇 차례 침묵의 순간은 매우 극적인 느낌을 주지요. 푸가의 주제가 단선율로 울리고, 그런 다음에는 점차 복잡함을 더하면서 기묘하고 탁월한 화음이 뒤따르지요.

아킬레스: 당신 말이 무슨 뜻인지 알겠습니다. 아직 제가 모르는 전주곡이나 푸가도 많지만, 특히 제게는 그 짧은 침묵의 간주 부분이 정말 대단한 것 같습니다. 그 짧은 시간 동안 저는 바흐가 어떤 생각을 하고 있는지 추체험(追體驗)하려고 애씁니다. 예를 들어 저는 언제나 푸가의 빠르기가 알레그로가 될지 아다지오가 될지, 8분의 6박자가 될지 4분의 4박자가 될지, 성부(聲部)는 세 개가 될지 다섯 개가 될지, 아니면 네 개가 될

지 가슴을 졸입니다. 그리고 나서 푸가의 제1성부가 시작되면 ……그건 그야말로 절묘한 순간이지요.

게: 아! 그래요. 아주 오래 전 젊은 시절이 기억나는군요. 당시 저는 새로운 전주곡과 푸가를 들을 때마다 그 참신함과 아름다움, 그리고 그 속에 숨겨진 예상치 못한 놀라움에 전율과 흥분을 느끼곤 했습니다.

아킬레스: 지금은? 그때의 전율은 전부 사라져 버렸나요?

게: 그런 전율은 항상 있지만, 결국 익숙해져 버린 것이지요. 하지만 그런 익숙함 속에서도 일종의 깊이가 느껴집니다. 그건 그 나름대로의 보상을 가져다 줍니다. 가령 저는 거기에서 이전에는 알아차리지 못했던 새로운 놀라움이 있다는 것을 항상 발견합니다.

아킬레스: 이전에는 간과했던 주제를 새롭게 깨닫게 되는 식인가요?

게: 어쩌면 특히 주제가 도치되어 있거나, 다른 몇 개의 성부 속에 숨겨져 있을 때나, 아무것도 없는 아주 깊은 곳에서 갑작스럽게 솟아나는 것처럼 느껴지는 부분들이 그렇지요. 하지만 그 밖에도, 몇 번을 되풀이해서 들어도 아름다운 전조(轉調)들이 있습니다. 저는 도대체 바흐가 그것을 어떻게 생각해 냈는지 의아스러워지곤 합니다.

아킬레스: 「평균율 클라비어 서곡집」의 감동을 최초로 맛본 이후에도 기대할 만한 것이 있다니 대단히 기쁘군요. 다만, 그 감동이 영원히 계속되지 못한다니 슬프기는 하지만.

게: 이런! 당신의 심취가 완전히 사라질 것이라고 걱정할 필요는 없습니다. 젊은 시절에 느끼는 식의 전율이 좋은 까닭은, 그것이 완전히 사라졌다고 생각할 때조차도 언제나 되살릴 수

있다는 점이니까요. 단, 외부에서 적절한 자극이 주어질 필요
는 있지만 말이에요.

아킬레스: 허허, 그렇습니까? 예를 들면 어떤 계기가 필요합니까?

게: 가령 그 음악을 난생 처음 듣는 사람(가령 아킬레스 씨, 당신처
럼)의 귀를 통해서 다시 듣는 것이지요. 그러면 어떤 이유에선
가 흥분이 자연스럽게 전달되어 그 전율이 되살아나는 것입니
다.

아킬레스: 그것 참 재미있는 이야기로군요. 그 전율이 당신의 안쪽
에 휴면 상태처럼 잠자고 있지만, 당신 자신은 무의식 속에서
그것을 깨워낼 수 없다는 말이군요.

게: 맞습니다. 그 감동을 다시 체험할 가능성이 어떤 형태인지는
모르지만, 말하자면 뇌의 구조 속에 〈코드화〉되어 있는 것이
지요. 하지만 제게는 그것을 마음대로 불러낼 힘이 없고, 우
연히 주위 상황이 그것을 끄집어낼 수 있도록 촉발시켜 주지
않으면 안 되는 것입니다.

아킬레스: 그런데 푸가에 관해 묻고 싶은 것이 있습니다. 사실 물
어보기가 조금 쑥스럽기는 하지만, 푸가 감상에서는 초심자이
기 때문에 당신처럼 노련한 푸가 감상자라면 제게 도움을 줄
수 있지 않을까 해서…….

거북: 도움이 된다면, 제 빈약한 지식이라도 기꺼이 제공하겠습
니다.

아킬레스: 정말 감사합니다. 그러면 한 가지 측면에서 제 의문을
이야기해 보지요. 여러분은 에셔의 「마법 리본으로 묶인 정육
면체 Cube with Magic Ribbons」라는 석판화를 알고 계십니까?

거북: 물방울 비슷한 것이 붙어 있는 띠가 원형으로 둘러쳐져 있

고, 그 물방울 모양을 튀어나온 부분이라고 생각하는 순간 움푹 들어간 모습으로 보이고, 그 반대처럼 보이기도 하는 그림 말입니까?

아킬레스: 맞습니다.

게: 저도 그 그림을 기억하고 있습니다. 보는 각도에 따라 물방울 모양이 요면(凹)으로 보이기도 하고 철면(凸)으로 보이기도 해서, 도무지 어느 쪽인지 분간할 수가 없더군요. 물방울 모양이 동시에 凸과 凹로 보이기는 불가능합니다. 어쨌든 우리의 뇌가 그것을 허용하지 않으니까요. 결국 물방울 모양을 지각할 수 있는 상호 배타적인 두 가지 〈양식 mode〉이 있는 셈이지요.

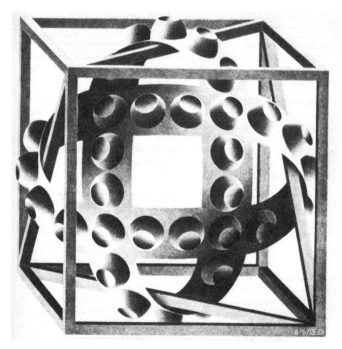

마법 리본에 묶인 정육면체(에셔, 석판화, 1957)

아킬레스: 그렇습니다. 그런데 실은 푸가를 들을 때에도 그와 비슷한 두 가지 양식을 찾아낼 수 있을 것 같습니다. 두 가지 양식이란 개별 성부를 한 번에 하나씩 쫓아가면서 듣는 방법과 성부를 따로 분리시키지 않고 모든 성부의 전체적인 효과에 귀를 기울이는 방법입니다. 그런데 저는 이 두 가지 양식을 모두 시도해 보았지만 실망스럽게도 한 양식이 다른 양식을 배제시킨다는 것을 깨달았습니다. 제 능력으로는 각 성부의 진행을 따라가면서 동시에 전체적인 효과를 듣는다는 것은 불가능했습니다. 저는 제가 그 두 가지 감상 방법 사이를 왔다갔다하고 있다는 것을, 더구나 그것이 의도적인 것이 아니라 자연스럽게 무의식적으로 그렇게 하고 있다는 것을 알아차렸습니다.

개미핥기: 마치 마법의 띠를 보고 있는 것처럼?

아킬레스: 그렇습니다. 사실 저는……푸가 감상의 두 가지 양식에 대한 제 설명이, 저 스스로가 소박하고 미숙하기 짝이 없는 감상자라고 낙인찍는 것이 되지 않을까, 다시 말해서 자신의 지력의 한계를 넘어 좀더 심원한 지각 양식의 파악을 시작조차 할 수 없는 비전문가에 불과하다는 것을 고백하는 것이 아닌지 의문스럽습니다.

거북: 아닙니다. 절대 그렇지 않습니다, 아킬레스 씨. 저도 제 경우에 대해서만 이야기할 수 있을 뿐이지만, 저 역시 어느 쪽의 감상 방법을 중심으로 삼을 것인지 의식적으로 제어할 수 없는 상태에서 어떤 때는 이 방식으로, 다른 때는 저 방식으로 듣고 있다는 것을 알아차리곤 합니다. 여기에 계시는 다른 분들도 비슷한 체험을 해보았는지 모르지만…….

게: 물론 저도 마찬가지입니다. 정말 감질나겠군요. 푸가의 정수

(精髓)라고도 할 수 있는 것이 당신을 스쳐 지나갔다고 느끼는
데 그것을 전혀 파악할 수 없으니 말입니다. 그것을 완전히 파
악할 수 없는 이유는 당신이 동시에 두 가지 감상 방법이 기능
하도록 할 수 없기 때문이지요.

개미핥기: 푸가라는 것이 그런 흥미로운 성질을 갖고 있군요. 각
성부가 하나의 곡으로 성립하니까요. 결국 푸가의 한 곡은 몇
개의 곡을 모은 것으로, 각각의 곡이 같은 주제에 의해서 만
들어지고 그것을 동시에 연주한 것입니다. 그 푸가를 하나의
단위로 지각할 것인지, 아니면 서로 독립된 부분들의 집합으
로 전체가 조화를 이루는지 결정하는 것은 듣는 사람(또는 듣
는 사람의 무의식)에 달려 있습니다.

아킬레스: 지금 당신은 각 성부가 〈독립된〉 부분이라고 말하지만
완전히 그렇지는 않습니다. 성부 상호간에는 어떤 연계가 있
을 것입니다. 그렇지 않다면 모든 성부가 합쳐져서 동시에 연
주될 때, 소리와 소리의 비체계적인 부딪힘밖에 남지 않을 것
입니다. 그리고 그것은 사실과는 거리가 멉니다.

개미핥기: 이런 식으로 표현하는 편이 더 나을지 모르겠군요. 여러
분은 각 성부를 따로따로 듣더라도 그 자체에서 나름대로의
의미를 발견할 수 있을 것입니다. 즉 각 성부는 독립적으로 존
재할 수 있고, 그것이 방금 제가 〈독립된〉이라고 말한 의미입
니다. 하지만 당신이 올바르게 지적했듯이 개별적으로 의미
있는 곡들이 고도의 비임의적인 nonrandom 방식으로 서로 혼
합되어 우아한 총체성을 획득하게 되는 것입니다. 아름다운
푸가를 작곡하는 비결은 바로 이러한 능력에 있는 것입니다.
다시 말해서 서로 다른 여러 개의 곡을 만든 다음, 각각의 곡

이 제각기 독자적인 아름다움을 추구하는 것 같은 환상을 주면서, 다른 한편 전부가 하나로 합쳐질 때에는 절대 억지로 합쳐놓았다는 느낌을 주지 않는 것이지요. 그런데 이러한 이분법, 즉 푸가를 하나의 전체로서 듣는 것과 그 구성 부분인 각 성부를 따로따로 듣는 것의 구별은 사실 대단히 일반적인 이분법의 한 특수한 예입니다. 즉 그보다 낮은 단계들이 모여서 이루어지는 수많은 구조에도 마찬가지로 적용할 수 있습니다.

아킬레스: 오! 정말입니까? 당신의 말은, 아까 제가 말씀 드린 두 개의 〈양식〉이라는 것이 푸가 감상 이외의 다른 상황에도 더 일반적으로 적용할 수 있다는 뜻입니까?

개미핥기: 물론입니다.

아킬레스: 어떻게 그럴 수 있는지 궁금하군요. 그것이 어떤 것을 전체로 지각할 것인지, 아니면 부분의 집합으로 지각할 것인지 사이에서 일어나는 문제라는 것은 알겠는데, 저로서는 이러한 이분법에 직면한 경험이 푸가를 감상할 때 말고는 없습니다.

거북: 이런, 이 그림을 보십시오. 곡을 들으면서 이 페이지를 넘겼더니, 푸가의 첫 페이지 반대쪽 페이지에 이 멋진 그림이 있더군요.

게: 저도 그 그림은 처음 봅니다. 한 번 돌려보는 게 좋을 것 같군요.

(거북은 책을 돌린다. 네 사람은 제각기 독특한 방식으로 그 그림을 본다. 멀리 떼어놓고 보는 이도 있고, 눈을 가까이 들이대고 보는 이도 있다. 그러나 모두들 이해할 수 없는 듯, 머리를

절레절레 흔든다. 결국 그 책은 한 바퀴를 돌아 거북에게 되돌아
간다. 거북은 이전보다 더 골똘히 그림을 들여다본다.)

아킬레스: 이제 전주곡이 끝나가는군요. 이 푸가를 듣는 동안 앞에
　　　서 이야기한 의문, 〈푸가를 감상하는 올바른 방법이 무엇인
　　　가, 전체로 들어야 하는가, 부분들의 합으로 들어야 하는가?〉
　　　라는 의문에 대해 좀더 통찰을 얻을 수 있을지 의문입니다.

거북: 주의를 집중해서 들어보십시오. 그러면 더 깊은 통찰을 얻을
　　　수 있을 것입니다!

　　　(여기서 전주곡은 끝난다. 침묵의 순간이 지나고, 그리고…….

　　　　　　　　　　　　　　　　　　　　　　　「ATTACCA」

　　　…… 개미의 푸가

　　　…… 그런 다음, 푸가의 4성부가 차례차례 울리기 시작한다.)

아킬레스: 물론 여러분들은 믿지 못하겠지만, 그 의문에 대한 해답
　　　은 바로 우리 눈앞에 있습니다. 이 그림 속에 숨겨져 있는 것
　　　입니다. 그것은 한 단어에 불과하지만, 그 무엇보다도 귀중한
　　　말입니다. 그 말은 〈무Mu〉입니다!

게: 물론 여러분들은 믿기 힘들겠지만, 그 의문에 대한 해답은 바
　　　로 우리들의 눈앞에 있습니다. 이 그림 속에 숨겨져 있는 것입
　　　니다. 그것은 한 단어에 불과하지만, 그 무엇보다 귀중한 말
　　　입니다. 그 말은 〈전체론HOLISM〉입니다!

아킬레스: 잠깐. 당신은 다른 것을 보고 있는 것이 분명하군요. 이
　　　그림이 전하는 메시지가 〈전체론〉이 아니라 〈무〉라는 것은 명
　　　약관화한 일입니다!

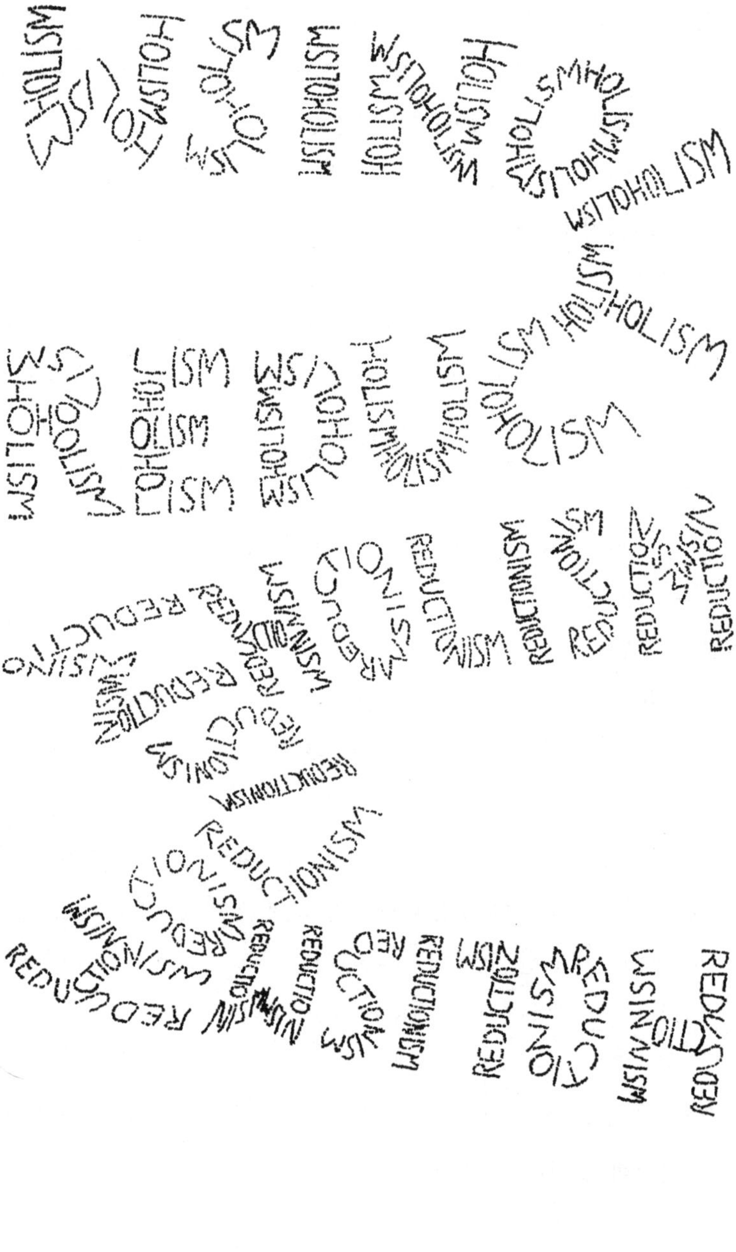
HOLISM
REDUCTIONISM

게: 미안한 말씀이지만 제 시력은 지극히 뛰어납니다. 다시 한번 이 그림을 본 다음, 그림이 제가 이야기한 메시지를 전달하는지 말해 주십시오.

개미핥기: 물론 여러분들은 믿기 힘들겠지만, 그 의문에 대한 해답은 바로 우리 눈앞에 있습니다. 이 그림 속에 숨겨져 있는 것입니다. 그것은 한 단어에 불과하지만, 그 무엇보다 귀중한 말입니다. 그 말은 〈환원주의REDUCTIONISM〉입니다!

게: 잠깐. 당신은 다른 것을 보고 있는 것이 분명하군요. 이 그림이 전하는 메시지가 〈환원주의〉가 아니라 〈전체론〉이라는 것은 명약관화한 일입니다!

아킬레스: 착각한 사람이 또 한 명 있군! 〈전체론〉도 〈환원주의〉도 아닌 〈무〉가 이 그림이 전하려는 메시지입니다. 그건 확실해요.

개미핥기: 실례가 될지 모르지만, 제 시력도 대단히 우수한 편입니다. 다시 한번 그림을 보고, 그 그림이 제가 이야기한 것을 전달하지 않는지 살펴봐 주십시오.

아킬레스: 이 그림은 두 부분으로 이루어져 있고, 각각의 부분이 알파벳의 한 글자에 해당한다는 것을 모르겠습니까?

게: 그림이 두 부분으로 이루어진다는 점에서는 당신의 말이 맞습니다. 그러나 각 부분이 무엇을 나타내는지에 대해서는 틀렸습니다. 왼쪽 부분은 〈전체론〉이라는 단어가 세 번 되풀이된 것이고, 오른쪽 부분 역시 그 단어가 작은 글자로 여러 번 반복되어 있습니다. 왜 글자 크기가 오른쪽과 왼쪽에서 각기 다른지 그 이유는 모르겠지만 제가 무엇을 보고 있는지는 분명히 압니다. 제가 보고 있는 것은 〈전체론〉이라는 단어입니다. 그건 불을 보듯 분명합니다. 당신들이 어떻게 다른 것을 볼 수

있는지 도무지 알 수가 없군요.

개미핥기: 그림이 두 부분으로 이루어진다는 점에서는 당신의 말씀
이 맞습니다. 그러나 각 부분이 무엇을 나타내는지에 대해서
는 틀렸습니다. 왼쪽 부분은 〈환원주의〉라는 단어가 여러 번
되풀이되어 이루어진 것이고, 오른쪽은 역시 같은 단어가 큰
글자로 한 번 써 있는 것입니다. 왜 글자 크기가 오른쪽과 왼
쪽에서 다르게 나타나는지 그 이유는 모르겠지만 제가 무엇을
보고 있는지는 분명히 압니다. 제가 보고 있는 것은 〈환원주의〉
라는 단어입니다. 그건 불을 보듯 분명합니다. 당신들이 어떻
게 다른 것을 볼 수 있는지 도무지 알 수가 없군요.

아킬레스: 이 그림이 어떻게 구성되어 있는지 알았습니다. 당신들
두 사람은 다른 문자를 구성하고 있는 문자, 또는 다른 문자
로 구성되는 문자를 보고 있었던 것입니다. 확실히 왼쪽 부분
에는 〈전체론〉이라는 단어가 세 개 있지만, 그 단어들은 모두
좀더 작은 글자로 써진 〈환원주의〉라는 단어로 이루어져 있습
니다. 그리고 오른쪽에는 그에 상응하는 방식으로 실제로 〈환
원주의〉라는 단어가 있습니다. 그러나 그 단어 역시 그보다 작
은 글자로 써진 〈전체론〉이라는 단어들로 구성되어 있습니다.
여기까지는 당신들 두 사람의 주장이 옳습니다. 그런데 문제
는 두 분이 어리석은 말다툼을 벌이느라 나무는 보았지만 숲
을 보지 못했다는 사실입니다. 그 문제를 이해하는 적절한 방
법이 그런 물음을 넘어서는 〈무〉에 대해 답하는 것이라면 〈전
체론〉이나 〈환원주의〉에 대해 주장하는 것이 무슨 소용이 있겠
습니까?

게: 이제 당신이 말하는 것이 보이는군요, 아킬레스 씨. 그런데 저

는 당신이 말씀하신 〈의문을 초월하는〉이라는 기묘한 표현이 무엇을 의미하는지 잘 모르겠군요.

개미핥기: 이제 당신이 말하는 것이 보이는군요, 아킬레스 씨. 그런데 저는 당신이 말씀하신 〈물음을 초월하는〉이라는 기묘한 표현이 무엇을 의미하는지 잘 모르겠군요.

아킬레스: 먼저 당신들이 제게 〈전체론〉과 〈환원주의〉라는 기묘한 표현의 의미를 이야기해 주신다면, 기꺼이 두 분에게 제 이야기를 하지요.

게: 〈전체주의〉란 이 세상에서 가장 이해하기 쉬운 자연스러운 것입니다. 요컨대 〈전체는 부분의 합보다 크다〉라는 신념에 지나지 않으니까요. 제정신을 가진 사람이라면 아무도 전체주의를 거부할 수 없을 것입니다.

개미핥기: 환원주의란 이 세상에서 가장 이해하기 쉬운 자연스러운 것입니다. 요컨대 〈전체를 완전히 이해하려면 그 부분을 이해한 다음, 그 부분들의 합의 본성을 이해하면 된다〉는 신념에 지나지 않으니까요. 올바른 정신을 가진 사람이라면 아무도 환원주의를 거부할 수 없을 것입니다.

게: 저는 환원주의를 거부합니다. 저는 당신에게, 예를 들어 어떻게 뇌를 환원주의적으로 이해할 수 있는지 묻고 싶습니다. 뇌에 대한 모든 환원주의적 설명은 결국 뇌가 경험하는 의식의 원인이 어디에 있는가라는 점에 대해서는 전혀 설명할 수 없게 되지 않습니까?

개미핥기: 저는 전체주의를 거부합니다. 저는 당신에게, 예를 들어 어떻게 개미 군집을 전체론적으로 이해할 수 있는지, 개미 군집 속의 개미와 그 역할, 그리고 둘의 상호 관계를 제대로 기

술할 수 있는지 묻고 싶습니다. 개미 군집에 대한 모든 전체론
적 설명은 개미 군집이 경험하는 의식의 원인이 어디에 있는
지에 대해 전혀 설명할 수 없지 않습니까?

아킬레스: 제발 그만두세요! 제가 원한 것은 새로운 논쟁에 불을
붙이는 것이 아니었습니다. 어쨌든 이제 두 분이 논쟁하는 지
점이 어디인지 알았기 때문에 제가 〈무〉에 대해 설명하면 두
분에게 상당한 도움이 될 것입니다. 〈무〉란 물음이 생겼을
때, 그 물음을 묻지 않는다는 오래 된 선(禪)의 대답 방식입니
다. 우리의 경우 물음이란 〈세계는 전체론에 의해 이해되어야
하는가, 아니면 환원주의에 의해 이해되어야 하는가?〉입니다.
그리고 이 경우 〈무〉의 대답은 이 물음의 전제 조건에 해당하
는 두 가지 중 어느 한쪽을 선택해야 한다는 사고 방식을 거부
하는 것입니다. 이 물음을 묻지 않음으로써 〈무〉는 더 넓은 진
리를 드러내줍니다. 거기에는 전체주의와 환원주의가 모두 적
용될 수 있는 더 넓은 맥락context이 존재하는 것이지요.

개미핥기: 말도 안 되는 말씀! 당신이 말하는 〈무〉는 소가 〈무우
——〉하고 우는 소리만큼이나 어리석군요. 제게는 선에 나오
는 그런 식의 횡설수설이 통하지 않습니다.

게: 정말 우스꽝스러운 이야기로군요! 당신이 말하는 〈무〉는 고양
이가 〈야옹——〉하고 우는 소리만큼이나 어리석군요. 제게는
선에 나오는 그런 식의 횡설수설이 통하지 않습니다.

아킬레스: 이런! 이제 더 이상 어쩔 도리가 없게 되었군요. 그런데
거북 씨, 당신은 이상하게도 한 마디도 하지 않는군요? 당신
이 토론에 가담하지 않으니 무척 어색하군요. 분명히 당신은
이렇게 뒤얽힌 혼란스러운 논의에서 우리를 구해줄 수 있을

것입니다.

거북: 물론 여러분들은 믿지 못하겠지만, 그 의문에 대한 해답은 바로 우리 눈앞에 있습니다. 이 그림 속에 숨겨져 있는 것입니다. 그것은 한 단어에 불과하지만, 그 무엇보다도 귀중한 말입니다. 그 말은 〈무 Mu〉입니다!

(그가 이 말을 하자 푸가의 제4성부가 시작된다. 그 음은 제1성부보다 한 옥타브 낮다.)

아킬레스: 거북 씨. 이번에는 정말 저를 곤란하게 하는군요. 저는 당신이 항상 사물을 가장 깊게 보기 때문에 분명 우리의 딜레마를 해결해 줄 것으로 생각했습니다. 그런데 겉보기로는 저와 같은 정도까지밖에는 보지 못하고 있지 않습니까? 물론 제가 거북 씨와 같은 정도까지 볼 수 있었다는 점에 대해서는 무척 기쁘게 생각합니다.

거북: 죄송하지만 제 시력도 매우 뛰어납니다. 다시 한번 저 그림을 보세요. 그리고 그 그림이 제가 말한 것을 전달하고 있는지 제게 말해 주세요.

아킬레스: 물론 당신 말이 맞습니다! 하지만 당신은 제가 처음에 했던 말을 되풀이하고 있을 뿐입니다.

거북: 어쩌면 〈무〉는 당신이 생각하는 것 이상의 깊은 수준 level으로 이 그림 속에 존재할지도 모릅니다. (비유적으로 말하자면) 한 옥타브 낮게 말입니다, 아킬레스 씨. 하지만 여기서 아무리 추상적인 논의를 계속한다고 해서 어떤 결론이 날 수 있을지 의문스럽군요. 그러니까 저로서는 전체주의와 환원주의 양자에 대해서 좀더 명확한 관점을 알고 싶습니다. 그렇게 되면 어느 쪽으로 결정되든 간에 확실한 근거를 가질 수 있을 테니

까요. 저는 개미 군집에 대한 환원주의적 기술이 무엇인지 꼭 들어보고 싶습니다.

게: 그 점에 대해서는 개미핥기 씨가 자신의 경험을 당신에게 들려줄 수 있을 것 같군요. 어쨌든 그 주제에 대해 대단한 전문가이니까요.

거북: 개미핥기 씨, 저는 당신 같은 개미 연구자에게서 많은 것을 배울 수 있다고 확신합니다. 개미 군집에 관해 환원주의적 관점에서 좀더 이야기해 주실 수 있습니까?

개미핥기: 기꺼이 해드리지요. 조금 전에 게 씨가 말씀하셨듯이 제 직업이 개미 연구이기 때문에 개미 군집을 이해하기 위해 많은 노력을 기울여왔습니다.

아킬레스: 충분히 상상이 갑니다. 개미핥기라는 직업은 개미 군집에 대한 전문가와 동의어(同義語)로 보이는군요.

개미핥기: 죄송합니다만, 실은 그렇지 않습니다. 〈개미핥기〉란 직업이 아니라 제가 속해 있는 생물학상의 종(種)입니다. 직업은 개미 군집의 외과의이고, 전공 분야는 개미의 군집에서 일어날 수 있는 신경 장애를 외과적 제거 수술로 교정하는 것입니다.

아킬레스: 이런! 알겠습니다. 그런데 당신이 말씀하신 〈개미 군집의 신경 장애〉란 무엇입니까?

개미핥기: 제 고객들은 대부분 일종의 언어 장애에 시달리고 있습니다. 당신도 알겠지만, 개미 군집은 일상적 상황에서 말을 찾아야만 합니다. 그것은 매우 비극적인 일이요. 그래서 제가 시도하는 것은 그런 상황을 그러니까……타파하는 데, 개미 군집의 결함 부분을 제거하는 것입니다. 그런 수술은 때때

로 아주 복잡해지는 경우가 있어서, 실제로 수술을 할 수 있기까지 몇 년이나 연구를 하지 않으면 안 됩니다.

아킬레스: 하지만 언어 장애를 겪기 전에 우선 언어 능력을 가져야 하지 않습니까?

개미핥기: 그렇습니다.

아킬레스: 그런데 개미 군집에게는 그런 능력이 없는데, 저로서는 무척 혼란스럽군요.

게: 아킬레스 씨, 당신이 지난 주에 우리 집에 오셨으면 좋았을 텐데 아깝습니다. 그때 개미핥기 씨와 힐러리 아주머니가 우리 집에 손님으로 계셨습니다. 그때 당신도 오시라고 했어야 하는 건데.

아킬레스: 힐러리 아주머니라는 분은 게 씨의 아주머니인가요?

게: 아닙니다. 아주머니라고 부르기는 하지만, 실은 누구와도 친척 관계가 아닙니다.

개미핥기: 그 여자가 모두에게 그렇게 불러달라고 하더군요. 처음 만난 사람한테까지도……. 하지만 그건 그녀가 사람의 마음을 끌기 위해 벌이는 기행 중 하나에 불과합니다.

게: 그렇습니다. 힐러리 아주머니는 괴짜이기는 하지만 재미있는 노인네이지요. 어쨌든 지난 주에 당신을 초대하지 않은 건 제 불찰이었습니다.

개미핥기: 분명 그녀는 제가 운 좋게도 지금까지 알 수 있었던 개미 군집 중에서 가장 교양 있는 사람이었습니다. 우리 두 사람은 지금까지 아주 폭넓은 주제에 대해 긴 토론을 벌였습니다.

아킬레스: 저는 지금까지 개미핥기가 개미의 지적 작업을 지원하는 후원자가 아니라 개미를 먹는 동물이라고 생각해 왔는데!

개미핥기: 그 두 가지는 결코 서로 모순된 것이 아닙니다. 저와 개
　　　미 군집의 관계는 최고의 우호적인 상태라고 해도 좋습니다.
　　　사실 제가 먹는 것은 개미의 개체이지 군집이 아닙니다. 그러
　　　므로 제가 개미를 먹는다는 사실은 제게 있어서도, 또한 군집
　　　에 있어서도 바람직한 일입니다

아킬레스: 어떻게 그럴 수가……

거북: 어떻게 그럴 수가……

아킬레스: 자기 군집의 개미를 먹어치우는 것이 개미 군집에게 좋
　　　은 일이라니……

게: 어떻게 그럴 수가……

거북: 산불이 산에 있는 수풀에게 좋은 일이라니……

개미핥기: 어떻게 그럴 수가……

게: 가지를 치는 것이 나무에게 좋은 일이라니……

개미핥기: 머리털을 자르는 것이 아킬레스 씨에게 좋은 일이라니!

거북: 아마도 여러분은 논의에 몰두한 나머지 지금 바흐의 푸가에
　　　서 등장한 아름다운 스트레토(푸가의 종결부에서 종지 효과를
　　　높이기 위해 주제와 응답이 급속하게 중복되어 빠르게 진행되는
　　　기법——옮긴이)를 알아차리지 못했을 것입니다.

아킬레스: 스트레토가 무엇이지요?

거북: 이런, 죄송합니다. 저는 여러분이 모두 알고 계신다고 생각
　　　했습니다. 한 성부에서 하나의 주제가 연주된 후, 계속해서
　　　다른 성부에서 같은 주제가 거의 지연되지 않고 되풀이되는
　　　것입니다.

아킬레스: 저도 푸가를 많이 들으면, 그런 것들을 모두 알게 되어
　　　다른 사람의 도움없이 혼자 힘으로도 알 수 있게 될 겁니다.

거북: 죄송합니다, 제가 여러분의 대화를 방해했군요. 개미핥기 씨가 개미를 먹는 것과 개미 군집과 우호 관계를 유지하는 것이 모순되지 않는 이유를 설명하고 있었습니다.

아킬레스: 개미를 먹는 양을 제한해서 적절하게 통제된 양만 먹는 다면 개미 군집 전체의 건강을 촉진시킬 수 있을 것이라는 정도는 저도 막연하게 알고 있습니다. 그러나 제게 더 혼란스러운 일은 개미 군집과 대화를 나눈다는 사실입니다. 그런 일은 불가능합니다. 개미 군집이란 먹이를 구하고 개미 굴을 파기 위해 임의적으로 움직이는 개미 개체들의 무리에 불과합니다.

개미핥기: 당신이 나무를 보면서 숲을 보지 못하는 잘못을 범하고 싶다면 그런 말을 하더라도 상관하지 않겠습니다, 아킬레스 씨. 그러나 개미 군집을 전체적으로 보면 때로 언어 능력까지 포함해서 독자적인 특성을 갖고 있는 매우 분명한 단위입니다.

아킬레스: 숲 한가운데에서 큰소리로 외친다고 해서 개미 군집에게 대답을 듣기는 힘들다고 생각합니다.

개미핥기: 정말 어리석은 말이로군요! 개미는 그런 식으로 대화를 하지 않아요. 개미 군집은 소리를 내서 대화를 하는 것이 아니라 기록을 통해 대화하는 겁니다. 개미들이 이쪽 저쪽으로 무리를 인도하기 위해 자국을 남긴다는 사실을 압니까?

아킬레스: 알지요. 대개는 부엌의 싱크대를 가로질러 제 복숭아 잼이 있는 곳으로 직행하더군요.

개미핥기: 실제로 그런 자국 중 일부에는 코드화된 형태의 정보가 포함되어 있습니다. 그 코드 체계를 알면 개미들이 하려는 이야기를 마치 책을 읽듯이 읽어낼 수 있습니다.

아킬레스: 그것 참 대단한 일이군요. 그런데 거꾸로 이쪽에서 개미

에게 메시지를 전하는 것은 가능한 일입니까?

개미핥기: 물론 아무런 문제도 없습니다. 제가 힐러리 아주머니와 몇 시간 동안 대화를 나누는 데도 그 방법을 사용하니까요. 제가 막대기로 축축한 땅 위에 자국을 남기는 방법이지요. 그리고 개미들이 그 자국을 따라가는 모습을 보는 것입니다. 그러면 거기에 새로운 자국이 덧붙여집니다. 저는 그 모습을 관찰하는 일을 매우 즐겁게 여깁니다. 자국이 만들어질 때, 저는 그 자국이 어떤 모습이 될지 예상해 보곤 합니다(물론 그 예상이 맞는 경우보다 틀리는 경우가 더 많지만). 그리고 자국이 완성되면 저는 힐러리 아주머니가 무슨 생각을 하고 있는지 알게 됩니다. 그런 다음에는 제 쪽에서 대답을 한답니다.

아킬레스: 그러면 그 군집에는 매우 뛰어나고 슬기로운 개미가 몇 마리쯤 있는 것이 분명하군요.

개미핥기: 당신은 아직 수준level의 차이가 무엇인지 잘 이해하지 못하는 것 같군요. 우리가 한 그루 한 그루의 나무와 숲을 혼동하지 않듯이, 개미 개체와 개미 군집을 혼동해서는 안 됩니다. 아시다시피 힐러리 아주머니의 군집 속에 살고 있는 모든 개미들은 이루 말할 수 없이 우둔하지요. 아마도 그 작은 가슴을 지키기 위해 대화를 할 수조차 없을 겁니다!

아킬레스: 무슨 뜻인지 이해는 가지만, 그렇게 되면 도대체 대화를 주고받는 능력은 어디에서 나오는 것이지요? 군집 속의 어딘가에는 그 원천이 있어야 할 텐데……. 힐러리 아주머니가 당신과 여러 시간 동안 재치 있는 농담을 나눌 수 있다면, 어떻게 그 개미들이 그처럼 우둔할 수 있다는 것인지 도무지 이해할 수 없군요.

거북: 지금 논의되고 있는 상황이 인간의 뇌가 뉴런으로 이루어져 있다는 사실과 크게 다르지 않다는 생각이 드는군요. 어떤 사람이 지적인 대화를 주고받는다는 사실을 설명하기 위해 뇌 속의 세포 하나하나가 지적인 생물이라고 주장하는 사람은 분명 아무도 없을 테니까요.

아킬레스: 물론 그렇지요. 뇌 세포의 경우라면 당신의 지적이 전적으로 옳다고 생각합니다. 하지만……개미의 경우는 사정이 다르지 않을까요? 제 말은 개미 한 마리 한 마리가 자신의 의지에 따라, 한 조각의 먹이에 따라 우연히 이리 가기도 하고 저리 가기도 하면서 완전히 임의적으로 돌아다닙니다. ……그들은 자신이 원하는 대로 하고 싶은 일을 할 자유가 있는데, 저는 그런 자유가 있음에도 불구하고 개미들의 행동을 전체로 보았을 때 무언가 일관성을 가진 것처럼, 특히 대화를 하는 데 필요한 뇌의 움직임처럼 일관되게 보이는 까닭을 도저히 이해할 수 없습니다.

게: 제 생각으로는 개미가 자유롭다고 해도 일정한 제약하에서 자유로울 뿐이라고 생각합니다. 예를 들어 주위를 돌아다니거나, 더듬이로 서로를 확인하거나, 작은 물건을 집어올리거나, 먹이가 있는 곳까지 가는 길의 흔적을 남기는 등의 일을 할 때에는 자유롭지요. 그러나 그 개미계 ant-system라는 작은 세계, 즉 자기가 속해 있는 개미 조직으로부터는 단 한 걸음도 벗어날 수 없는 것이 아닙니까? 아예 그런 생각 자체를 할 수 없을 것입니다. 왜냐하면 그런 것을 상상할 수 있는 정신적 능력을 갖지 않기 때문이지요. 그리고 개미의 개체들이 특정 종류의 과제를 특정한 방식으로 수행하게 할 수 있다는

점에서 개미야말로 가장 신뢰할 수 있는 구성 부분인 셈입니다.

아킬레스: 설령 그렇다 하더라도 그런 제약 속에서나마 개미들은 여전히 자유롭습니다. 따라서 그들은 무질서하게 행동할 뿐입니다. 그리고 그들은 개미핥기 씨가 주장했듯이 그들이 단순한 구성 요소일 뿐, 좀더 고차적인 수준의 사고 메커니즘에 대한 어떤 고려도 없이 비일관적으로 움직이고 있을 따름입니다.

개미핥기: 하지만 당신은 통계의 규칙성이라는 귀중한 측면을 놓치고 있습니다, 아킬레스 씨.

아킬레스: 그게 무엇이지요?

개미핥기: 예를 들어 한 마리 한 마리의 개미가 얼핏 보기에는 무질서하게 돌아다는 것 같지만, 거기에는 대다수의 개미들을 포괄하는 전반적인 경향trend이 있습니다. 그 경향성은 바로 그러한 혼돈chao에서 창발emerge될 수 있는 것입니다.

아킬레스: 당신의 말은 이해가 갑니다. 개미가 남기는 흔적이 그런 현상에 대한 완벽한 예증에 해당하겠군요. 개미들의 개체라는 부분의 측면에서는 그 움직임을 예측 불가능하지만, 그들이 남기는 흔적 자체는 분명하고 안정된 것이니까요. 그리고 그것은 확실히 개미 개체가 완전히 무질서하게 움직이지 않는다는 것을 의미하지요.

개미핥기: 바로 그겁니다, 아킬레스 씨. 개미들 사이에는 어느 정도의 의사 소통communication이 이루어져서 그들이 완전히 무질서하게 움직이지 않도록 막아주는 역할을 합니다. 이 최소한의 의사 소통 덕분에 개미들은 자신들이 혼자가 아니라 한 팀의 일원으로 서로 협동하고 있다는 사실을 서로에게 상

기시킬 수 있는 것입니다. 어떤 행동, 예를 들어 길을 닦는 일을 충분한 시간 동안 지속시키기 위해서는 엄청나게 많은 수의 개미들이 이런 방식으로 서로를 강화시키지 않으면 안 됩니다. 어쨌든 저도 뇌의 작동 방식에 대해서는 거의 알지 못하지만, 그 모자란 이해로도 뉴런의 발화와 비슷한 일이 일어난다고 생각합니다. 그런데 게 씨, 다른 뉴런을 발화시키기 위해서는 집단적인 뉴런 발화가 필요한 것이 사실이 아닙니까?

게: 분명히 그렇습니다. 가령 아킬레스 씨의 뇌 속 뉴런을 예로 들면 하나하나의 뉴런은 그 입력선에 접속된 몇 개의 뉴런으로부터 신호를 받고, 그 입력의 총합이 어떤 시점에서 임계 문턱값critical threshold을 넘어서면 그 개별 뉴런이 발화해서 자신의 출력 펄스pulse를 다른 뉴런에 보내고, 다시 그 신호를 받은 뉴런이 발화하는 식으로 진행됩니다. 이런 신경 발화의 전달 과정은 아킬레스 씨의 경로를 따라 가차 없이 진행되며, 그 이동 경로는 작은 벌레를 잡아먹으려고 이리저리 방향을 전환하는 배고픈 각다귀가 그리는 궤적보다도 훨씬 기이한 형태를 그립니다. 그래도 어디에서 휘고 어디에서 꺾이는지 각 지점은 아킬레스 씨의 뇌 속 신경 구조에 의해서 미리 정해져 있어 어떤 감각적인 입력 정보가 그 진행을 중단시키지 않는 한 언제까지나 그대로 진행됩니다.

아킬레스: 지금까지 저는 제가 생각하는 대로 제어한다고 생각해 왔지만, 당신의 이야기를 듣고 보니 완전히 정반대가 되는군요. 그러니까 당신 이야기대로라면 〈나〉라는 것은 당신이 이야기한 신경 구조, 그리고 자연 법칙의 산물에 지나지 않는 것처럼 들리는군요. 다시 말해서 제가 저의 자아라고 생각하는

것은 기껏해야 자연 법칙에 지배되는 유기체의 부산물이고, 최악의 경우에는 저의 왜곡된 관점이 꾸며낸 가상의 무엇에 불과한 것이 아닙니까? 바꿔 말하면, 당신의 이야기를 듣고 나니 도대체 제가 누구인지 (아니면 〈어떤 것〉이라고 해야 할까) 혼란스러워졌습니다.

거북: 좀더 논의를 계속해 가면 이해하게 될 것입니다. 그런데 개미핥기 씨, 당신은 뇌와 개미 군집 사이에서 어떤 유사성이 있다고 생각합니까?

개미핥기: 전혀 다른 이 두 계 사이에서 무언가 흡사한 현상이 일어나고 있다는 것은 알고 있었습니다. 그런데 지금은 좀더 많은 것을 이해할 수 있게 되었습니다. 가령 길을 만드는 것과 같이 일관성 있는 집단 현상은 특정 문턱 숫자의 개미들이 관여할 때에만 발생하는 식이지요. 어떤 노력이, 임의적으로 시작될 때 어떤 장소에 있는 몇 마리의 개미들에 의해 한두 가지 일이 일어날 가능성이 있는 것 같습니다. 물론 짧은 시간 동안 어떤 시도가 이루어지다 사그라드는 경우도 있겠지만…….

아킬레스: 그 일을 해내기에 충분한 숫자의 개미가 없는 경우 말입니까?

개미핥기: 바로 그겁니다. 또 하나의 가능성이란 충분한 개미가 있고, 참가하는 개미의 수가 눈사람처럼 불어나면서 그 시도가 계속되는 경우입니다. 후자의 경우 결국 단일 프로젝트를 수행하는 〈팀〉 전체가 탄생되는 것이지요. 그 프로젝트란 길을 만들고, 먹이를 모으는 등의 일입니다. 또한 집을 유지하는 일도 거기에 포함될 수 있습니다. 이런 프로젝트들은 소규모일 때에는 지극히 단순하지만 그 규모가 커지면 무척 복잡한

결과를 낳을 수 있습니다.

아킬레스: 당신이 이야기하려는 무질서에서 질서가 창발한다는 전체적인 개념은 이해할 수 있습니다. 그러나 아직도 대화를 할 수 있는 능력과는 거리가 멀지 않습니까? 기체 분자들이 서로 무질서하게 부딪히는 경우에도 무질서에서 질서가 창발됩니다. 하지만 그 경우 부피, 압력, 온도라는 세 가지 변수에 의해 특징지어지는 무정형의 물질이 발생할 뿐입니다. 따라서 그런 접근으로는 세계에 대한 이해는 고사하고 세계를 주제로 한 대화를 나누기에도 부족합니다!

개미핥기: 지금 당신의 이야기가 개미 군집의 행동에 대한 설명과 용기 속에 들어 있는 기체의 움직임에 대한 설명 사이의 흥미로운 차이점을 분명하게 보여주었습니다. 기체의 경우 그 움직임은 분자 운동의 통계적 특성에 대한 계산을 통해서만 설명할 수 있습니다. 즉 기체 전체라는 것을 제외하면 분자보다 고차 수준의 구조에 대해서는 전혀 이야기할 필요가 없는 것입니다. 반면 개미 군집의 경우, 군집 전체의 활동에 대해 이해하려면 여러 층에 걸친 몇 가지 수준의 구조를 정밀하게 조사하지 않으면 안 됩니다.

아킬레스: 그건 저도 압니다. 기체에서는 분자라는 최저 수준에서 기체 전체라는 최고 단계로 단번에 도달할 수 있고, 그 중간 수준의 구조란 전혀 없다는 것이지요. 그렇다면 개미 군집의 경우에 그러한 조직된 활동의 중간적인 수준들은 어떻게 발생하는 것입니까?

개미핥기: 그것은 한 군집 속에 다양한 종류의 개미가 존재한다는 사실과 관계됩니다.

아킬레스: 그렇군요. 그 점에 대해서는 저도 들어서 압니다. 그것을 〈카스트 caste〉라고 부르지요?

개미핥기: 그렇습니다. 여왕개미 이외에도 수개미가 있습니다. 이 수개미는 무리를 유지하는 데에는 아무런 기여도 하지 않습니다. 그리고……

아킬레스: 물론 다음에는 병정개미가 있겠지요. 공산주의에 맞서 싸우는 영광스러운 전사들!

게: 흠……, 저는 다르게 생각합니다, 아킬레스 씨. 개미 군집은 내부적으로 공산주의와 매우 흡사한데 어떻게 공산주의에 저항해서 싸운단 말입니까? 개미핥기 씨, 제 생각이 맞습니까?

개미핥기: 예. 개미 군집의 성질에 대해서는요, 게 씨. 개미 군집은 공산적인 원칙에 따라서 운영되고 있습니다. 그런데 아킬레스 씨는 병정개미에 대해서 대단히 소박한 생각을 갖고 있군요. 실제로 이른바 〈병정개미〉라 불리는 개미는 싸움에는 젬병이라고 할 정도로 서투릅니다. 강력한 턱으로 상대를 깨물수는 있지만, 큰 머리를 가진 미련스런 모습에 워낙 움직임이 느려서 칭송받을 만한 전사는 아닙니다. 정작 칭송받을 만한 개미는 진짜 공산주의 사회에서와 마찬가지로 일개미입니다. 이 개미들이 먹이 나르기를 비롯해서 사냥, 새끼돌보기 등 온갖 힘든 허드렛일을 대부분 떠맡습니다. 게다가 전투도 대부분 이들의 몫이지요.

아킬레스: 허허. 참 이상한 일이로군요. 군인이 싸우지 않는다니!

개미핥기: 방금 말했듯이 병정개미는 실제로는 군인이 아닙니다. 실제 병사의 역할을 하는 것은 일개미입니다. 병정개미는 게으른 얼간이에 불과하지요.

아킬레스: 그건 정말 수치스러운 일이군요. 만약 제가 개미였다면 병정개미들에게 훈련을 시켰을 텐데! 그런 얼간이들은 정신을 차리게 해주어야 하거든요!

거북: 당신이 개미였다면? 당신 같은 양반이 어떻게 개미가 될 수 있단 말이오? 당신의 뇌를 한 마리의 개미 뇌에 사상(寫像)시킬 수 없기 때문에 그런 생각은 무익한 공상에 불과한 것 같군요. 좀더 합당한 표현을 사용하자면, 당신의 뇌를 개미 군집에 사상시킨다고는 할 수 있겠지만……. 어쨌든 옆길로 새지 말고, 개미핥기 씨께 부탁해서 카스트와 좀더 높은 수준의 조직에서 그것이 하는 역할에 대한 귀중한 이야기를 듣기로 합시다.

개미핥기: 좋습니다. 군집에는 반드시 이루어져야 할 온갖 종류의 일이 있고, 개미들은 역할에 따라 전문화되어 있습니다. 일반적으로 한 마리의 개미가 담당하는 전문적 역할은 나이에 따라 변화해 갑니다. 그리고 그 역할은, 물론 그 개미가 속한 카스트에 따라 다릅니다. 어느 한 시점에서 한 군집의 작은 지구(地區)를 조사하더라도 항상 모든 종류의 개미가 있습니다. 물론 장소에 따라 한 카스트의 분포가 다른 것에 비해 성기고 다른 것들이 조밀한 경우는 있지만 말입니다.

게: 그렇다면 특정 카스트, 또는 분화한 특정 집단의 밀도는 임의적이라는 뜻입니까? 아니면 어떤 지구에서 다른 지구보다 밀도가 높거나 낮은 데에 어떤 이유가 있는 것입니까?

개미핥기: 그 문제를 제기해 주셔서 정말 기쁘게 생각합니다. 왜냐하면 그 문제야말로 개미 군집이 어떻게 사고하는지 이해하기 위해서 결정적으로 중요하기 때문이지요. 실제로 오랜 기간에

걸쳐 진화하는 동안 개미 군집 중에는 지극히 미묘한 카스트 분포가 형성되었습니다. 그리고 이러한 분포의 균형 덕분에 개미 군집은 나와 대화를 나눌 수 있는 능력의 근저에 깔려 있는 복잡성을 갖게 된 것입니다.

아킬레스: 제가 보기에는 개미들이 끊임없이 이리저리 움직이는 활동이 그런 미묘한 분포의 균형이 발생할 가능성을 가로막을 것 같습니다. 다시 말해서 어떤 분포의 균형이 이루어져도 개미들의 무질서한 운동에 의해 곧 붕괴해 버리지 않겠습니까? 가령 기체 속의 분자들 사이에서 나타나는 미묘한 패턴이 모든 방향에서 임의적으로 이루어지는 다른 분자들의 부딪침 때문에 단 한 순간도 그대로 유지되지 못하는 것처럼 말입니다.

개미핥기: 개미 군집에서는 그와 정반대의 일이 일어납니다. 실제로 여러 가지 다른 상황에 따라서 카스트 분포를 조정하고 미묘한 카스트 분포의 균형 상태를 유지시키는 것은 바로 그러한 개미들의 항상적인 운동이지요. 카스트 분포란 단일한 고정된 패턴으로 유지될 수 없습니다. 오히려 그 군집이 처해 있는 현실 세계의 상황에 어떠한 방식으로든 대응하기 위해서 항상 변화를 계속하지 않으면 안 되는 것입니다. 그리고 카스트 분포를 계속 새롭게 갱신 updating해서 군집이 직면한 당면 상황에 적응하게 만드는 것이 바로 군집 속에서 일어나는 움직임입니다.

아킬레스: 예를 들 수 있습니까?

개미핥기: 기꺼이 예를 들어 설명하지요. 개미핥기인 제가 힐러리 아주머니를 방문했다고 합시다. 그러면 어리석은 개미들은 저의 냄새를 맡고 거의 패닉 상태에 빠집니다. 그러니까 제가 도

착하기 이전과는 전혀 다른 모양으로 뛰어다니기 시작하는 것입니다.

아킬레스: 그것은 충분히 이해할 수 있습니다. 당신은 개미들에게 무서운 적이니까요.

개미핥기: 이런! 그게 아닙니다. 또 같은 이야기를 되풀이해야 하는군요. 저는 힐러리 아주머니가 좋아하는 친구이지 개미 군집의 적이 아닙니다. 그리고 힐러리 아주머니도 제가 좋아하는 개미이구요. 확실히 당신 말처럼 그 군집 속의 개미들 한 마리 한 마리에게는 두려움의 대상이지만 그것은 정말 완전히 다른 문제입니다. 어쨌든 저의 출현에 대응해서 개미들의 행동이 개미 내부의 카스트 분포를 완전히 변경시켰다는 것은 분명합니다.

아킬레스: 그렇지요.

개미핥기: 조금 전에 제가 이야기한 갱신이란 그런 것을 뜻합니다. 새로운 카스트 분포는 제가 그 곳에 나타난 상황을 투영하는 것이지요. 그래서 이전 상태에서 새로운 상태로 이행하는 것을 그 군집에 〈하나의 지식 조각 piece of knowledge〉을 추가시켰다고 말해도 무방합니다.

아킬레스: 어떻게 한 군집 속에 다양한 종류의 개미가 분포하는 것을 〈하나의 지식 조각〉이라고 부를 수 있지요?

개미핥기: 그 점이 핵심입니다. 우선 좀더 세부까지 규정해 놓을 필요가 있겠군요. 그러니까 가장 중요한 것은 카스트 분포를 어떻게 기술할 것인지 결정하는 일입니다. 가령 당신이 낮은 수준이라는 관점에서, 즉 개별 개미의 수준에서 계속 생각한다면 나무를 보고 숲을 보지 못하는 꼴이 되어버립니다. 그것

은 지나치게 미시적인 수준이고, 그런 미시적인 수준에서 사고하기를 고집하면 대규모적인 특징을 놓치고 맙니다. 그러므로 카스트 분포를 기술할 수 있는 적절한 고차 수준의 틀 framework을 찾아내지 않으면 안 됩니다. 그때야 비로소 카스트 분포라는 것이 어떻게 수많은 지식 조각을 코드화할 수 있는가라는 의문이 의미를 갖게 되는 것입니다.

아킬레스: 그러면 도대체 당신은 그런 군집의 현재 상태를 기술하기에 적절한 규모의 단위를 어떻게 발견할 수 있습니까?

개미핥기: 좋습니다. 설명하기로 하지요. 우선 가장 낮은 수준에서 시작합시다. 개미들은 무언가를 할 필요가 생기면 우선 몇 개의 작은 〈팀 teams〉을 형성합니다. 이들 팀이 하나로 결합해서 특정한 일을 수행하는 것입니다. 전에도 말했듯이 개미의 소집단들은 항상 이합집산을 되풀이합니다. 따라서 실제로 어느 기간 동안 존재하는 것은 방금 이야기한 팀입니다. 이 팀이 분리되지 않는 이유는 그들에게 해야 할 무언가가 있기 때문입니다.

아킬레스: 앞에서 당신은 개미 집단이 그 규모가 일정한 문턱값을 넘으면 하나로 결합된다고 했습니다. 그런데 지금 당신은 무언가 할 일이 있을 때 집단이 형성된다고 이야기하고 있습니다.

개미핥기: 그 두 가지 명제는 실은 같은 것입니다. 예를 들어 먹이 수집의 경우 한 마리가 어디에선가 먹이를 발견했는데 그 먹이의 양이 그리 많지 않다고 합시다. 그 개미는 먹이를 발견한 기쁨을 다른 개미에게 전하려 하지만 거기에 반응하는 개미의 수는 먹이의 크기에 비례하게 될 것입니다. 따라서 먹이의 양

이 많지 않을 때에는 문턱값을 넘을 만큼 많은 개미를 유인하지 못하게 되는 것이지요. 그것은 방금 제가 이야기한, 할 일이 없다는 것과 정확히 같은 뜻입니다. 다시 말해서 너무 적은 양의 먹이는 무시되어야 한다는 것이지요.

아킬레스: 무슨 뜻인지 알겠습니다. 그렇다면 그 〈팀〉이라는 것이 개별 개미 수준과 군집 전체 수준의 중간쯤에 위치하는 구조 수준 중 하나라고 말해도 되겠군요.

개미핥기: 그렇습니다. 팀 중에는 특별한 종류의 팀이 있습니다. 저는 이러한 팀을 〈신호 signal〉라고 부르는데, 그 이상의 고차 수준은 모두 이 신호를 기초로 삼는 것입니다. 실제로 더 이상의 고도한 실체들은 함께 움직이는 신호들의 집합입니다. 보다 고차 수준의 팀이 되면 그 구성 부분은 한 마리 한 마리의 개미가 아니라 그보다 낮은 수준의 집단들이 되는 것입니다. 궁극적으로는 최저 수준의 팀, 즉 신호에 도달하게 되고, 그 아래에 개별 개미들이 있는 것이지요.

아킬레스: 신호라는 암시적인 이름을 붙인 데에는 그에 합당한 이유가 있을 텐데요?

개미핥기: 그것은 그 기능에서 유래합니다. 이 신호의 작용은 각기 특화된 기능을 가진 개미들을 군집의 적절한 일부로 이동시키는 것입니다. 신호의 일반적인 기능은 다음과 같습니다. 우선 그것이 생성되는 것은 살아남는 데 필요한 문턱값을 넘어설 때입니다. 그런 다음 군집 속을 일정 거리만큼 이동해서 일정한 위치에 오면 여러 가지 방식으로 분해되어 한 마리 한 마리의 개미가 되는 것입니다. 그리고 개미의 개체들이 각기 독립적인 기능을 하게 되지요.

아킬레스: 마치 먼 곳에서 섬게나 해초를 운반해 와서 무미건조한 동작으로 해변에 흩뿌리는 파도와 흡사하게 들리는군요.

개미핥기: 어떤 점에서는 그런 비유가 적절합니다. 개미의 팀도 먼 곳에서 날라온 것들을 실제로 어떤 장소에 부려놓는 일을 하니까요. 그런데 파도를 이루는 물은 다시 바다로 돌아가지만 신호의 경우에는 그런 운반자에 상응하는 것이 없습니다. 왜냐하면 개미 자신이 그 구성 요소이기 때문이지요.

거북: 신호가 분리되는 것은 군집 속에서 그런 종류의 개미를 우선적으로 필요로 하는 특정 장소에 왔을 때입니까?

개미핥기: 물론입니다.

아킬레스: 물론이라고요? 제게는 신호가 항상 그것을 필요로 하는 곳으로 간다는 것이 그렇게 자명하지 않은데요. 또한, 설령 옳은 방향으로 진행했다 하더라도 어디에서 분해되어야 할지 어떻게 안단 말입니까? 자신이 그런 위치에 도달했다는 것을 어떻게 알지요?

개미핥기: 그것은 정말 중요한 문제입니다. 왜냐하면 그 속에 신호 측면에서의 목적적 행동 또는 목적적 행동처럼 보이는 행동에 대한 설명이 포함되어 있기 때문입니다. 지금까지의 서술을 통해 신호의 행동이 어떤 요구의 충족을 지향하는 것처럼 생각할 수 있고, 그것을 〈목적적 행동〉이라고 부르고 싶을지 모르지만 다른 견해도 있을 수 있습니다.

아킬레스: 잠깐! 그 행동이 목적적이든 목적적이 〈아니든〉 간에, 당신이 어떻게 어느 한쪽이라고 생각하는지 저는 이해할 수 없습니다.

개미핥기: 우선 제가 제 생각을 설명한 다음 동의할 수 있는지 말

해 주십시오. 신호는 일단 생성되면 어느 특정한 방향을 향해 진행해야 하는지 전혀 알지 못합니다. 바로 이 대목에서 지극히 미묘한 카스트 분포가 매우 중요하고 결정적인 역할을 하는 것입니다. 이 카스트 분포가 군집 속에서 신호가 어떻게 움직여야 하는지, 그리고 신호가 어느 정도의 시간 동안 안정된 상태를 유지하고 어디에서 〈분해〉될 것인지를 결정하는 것입니다.

아킬레스: 그렇다면 모든 것이 카스트 분포에 달려 있다는 말인가요?

개미핥기: 그렇습니다. 예를 들어 어떤 신호가 이동하고 있다고 합시다. 그 신호가 진행하는 도중에 그 구성 요소인 개미들은 직접 접촉하거나 냄새를 교환하면서 통과하는 지구마다 그 주위의 개미들과 상호 교류를 합니다. 접촉이나 냄새에 의해서 전달되는 것은 그 지구에서 그 시간에 무엇이 긴요한지, 가령 집짓기인지, 새끼 기르기인지 등에 대한 것입니다. 그 지구의 국지적 요구가 신호가 줄 수 있는 것과 다를 때에는 신호가 결합을 유지하지만, 어떤 식으로든 공헌할 수 있을 때에는 신호가 분해되어 해당 상황에 도움이 되는 종류의 개미를 제공하는 것이지요. 이제 카스트 분포가 어떻게 군집 속의 여러 집단에 대한 전체적인 길잡이로 기능하는지 이해가 됩니까?

아킬레스: 이제 분명히 알겠습니다.

개미핥기: 이런 관점에서 생각하면 신호에 어떤 의미에서도 목적을 귀속시킬 수 없다는 것도 이해할 수 있겠습니까?

아킬레스: 그렇군요. 실제로 이제 저는 두 가지 다른 관점에서 문제를 보기 시작했습니다. 개미의 관점에서 신호는 어떤 목적

도 갖지 않습니다. 신호 속의 전형적인 개미는 군집 속을 딱히 무얼 찾지도 않으면서 멈추고 싶다는 생각이 들 때까지 그저 돌아다니는 것입니다. 대개는 팀에 속한 구성원들이 합의를 하고, 그 순간 팀은 해체되고 남는 것은 개별적인 개미들일 뿐 그 이전의 일체감과 같은 것은 깡그리 사라진다는 말이군요. 그래서 거기에는 어떤 계획도 필요치 않고, 미리 앞을 내다볼 필요도 없지요. 게다가 적절한 방향을 결정하기 위해 탐사하거나 조사할 필요도 없는 셈이군요. 하지만 군집이라는 관점에서 보면 그 팀은 카스트 분포라는 언어로 씌어진 내용을 읽고 그에 따라 반응하고 있는 것입니다. 그리고 이런 관점에서 볼 때, 그 집단의 행동은 이른바 목적적 행동과 흡사하게 보이는 것이지요.

게: 만약 그 카스트 분포의 언어가 완전히 무질서하다면 어떤 일이 일어날까요? 그런 경우에도 그 신호들은 여전히 결집하고 해산할까요?

개미핥기: 물론 그렇습니다. 단, 그 경우 군집 자체는 그리 오랫동안 존속하지 않을 것입니다. 왜냐하면 카스트 분포가 무의미하기 때문이지요.

게: 제가 주장하려는 것이 바로 그 점입니다. 군집이 유지될 수 있는 것은 그 카스트 분포가 의미를 갖기 때문입니다. 그리고 그 의미란 전체론적 특징을 가집니다. 다시 말해 그보다 낮은 수준에서는 볼 수 없는 것이라는 뜻이지요. 따라서 당신의 설명도 그런 고차 수준을 고려에 넣을 수 없는 한 설득력을 잃게 됩니다.

개미핥기: 당신이 취하는 입장은 잘 알고 있습니다. 하지만 제 생

각으로는 당신의 관점이 지나치게 협소한 것 같군요.

게: 그 이유가 무엇이지요?

개미핥기: 개미 군집은 수십억 년에 걸친 진화의 혹독한 과정을 거쳐 형성되었습니다. 그 과정에서 극소수의 메커니즘만이 선택되었고 나머지 대부분은 배제되어 왔습니다. 그 결과 최종적으로 남은 것이 지금까지 여러 가지 설명했듯이 개미 군집을 작동시키는 메커니즘의 집합입니다. 만약 우리가 이 과정 전체를 담은 영화를 본다면, 실제보다 1억 배 가깝게 빠른 속도로 필름을 돌려야 하겠지만, 다양한 메커니즘의 창발이 외부 압력에 대한 자연적인 반응으로 보일 것입니다. 마치 끓는 물 속의 거품이 외부에 가해지는 열원(熱源)에 대한 자연적인 반응인 것처럼 말입니다. 당신도 그런 경우에 끓는 물 속의 거품에 〈의미〉나 〈목적〉이 있다고는 말씀하시지 않겠지요?

게: 물론입니다. 하지만…….

개미핥기: 제가 말하고자 하는 것은 바로 그 점입니다. 거품이 아무리 커도 그 거품은 분자 수준에서의 여러 가지 과정에 의존하는 것입니다. 따라서 〈고차 수준의 법칙〉 따위는 잊어도 좋은 것입니다. 개미 군집과 그 속의 집단에 대해서도 마찬가지로 이야기할 수 있습니다. 진화라는 큰 관점에서 보면, 군집 속의 어디에서도 의미라든가 목적 따위를 인정할 필요는 없습니다. 그런 것은 불필요하고 쓸데없는 개념들입니다.

아킬레스: 그렇다면 개미핥기 씨. 당신이 힐러리 아주머니와 대화를 주고받았다고 말한 까닭은 무엇입니까? 지금 당신의 이야기를 들으면 그녀에게는 대화를 하거나 사고할 수 있는 능력이 전혀 없는데 말입니다.

개미핥기: 제 이야기는 모순이 아닙니다, 아킬레스 씨. 사물을 진화라는 엄청나게 큰 척도에서 본다는 것은 무척 힘든 일입니다. 그래서 저는 관점을 바꾸는 편이 훨씬 쉽다는 것을 발견했습니다. 그렇게 해서 진화를 잊고 〈지금 여기here now〉라는 관점에서 사물을 다시 보려고 했을 때 목적론의 용어가 돌아온 것입니다. 예를 들어 카스트 분포의 의미라든가 신호의 목적적 행동이라든가 하는 표현이 그런 것이지요. 이것은 개미의 군집에 대해 생각할 때뿐 아니라 제 자신의 뇌나 남의 뇌에 대해 생각할 때에도 마찬가지입니다. 단지, 조금 노력을 기울이면 언제나 필요할 때 다른 관점을 떠올리고 그런 의미 체계들을 제거할 수 있는 것입니다.

게: 확실히 진화는 숱한 기적을 일으키는군요. 다음 번에 소매 속에서 어떤 마술을 끄집어낼지는 아무도 알 수 없어요. 예를 들어 복수(複數)의 〈신호〉들이 서로 교차하면서 상대를 신호로 인정하지 않는 것이 이론적으로 가능하다면, 상대가 신호라는 것을 알아차리지 못하고 단순한 배경 집단으로 취급하는 것이 가능하다 해도 저는 조금도 놀라지 않습니다.

개미핥기: 그것은 이론적으로 가능한 정도가 아닙니다. 실제로 그런 일은 일상적으로 일어나고 있으니까요.

아킬레스: 흠……. 제 마음 속에 정말 기묘한 이미지가 떠올랐습니다. 저는 개미가 네 가지 서로 다른 방향을 향해 움직이는 모습을 상상하고 있습니다. 검은색과 흰색이 있고, 서로 교차하면서 전체적으로 질서 정연한 패턴을 이루고 있습니다. 마치, 마치…….

거북: 혹시 푸가와 닮은 것이 아닙니까?

아킬레스: 그렇습니다. 바로 그겁니다! 개미 푸가.

게: 흥미로운 상image이군요, 아킬레스 씨. 그런데 아까 끓는 물 이야기를 들으니 차 생각이 나는군요. 차를 더 드실 분 계십 니까?

아킬레스: 한 잔 더 마실 수 있습니까, 게 씨?

게: 물론이지요.

아킬레스: 그런데 그 〈개미 푸가〉의 서로 다른 가시적인 〈성부〉를 나눌 수 있습니까? 물론 저로서는 힘든 일이지만······.

거북: 저는 괜찮습니다.

아킬레스: ······ 한 성부를 추적하면.

개미핥기: 저도 한 잔 더 주시겠습니까, 게 씨······.

아킬레스: ······ 동시에 진행하면.

개미핥기: ······ 어렵지 않으시다면······.

아킬레스: ······ 모두 다······.

게: 전혀 어렵지 않습니다. 그럼 차를 네 잔······.

거북: 세 잔입니다!

아킬레스: ······ 동시에 진행되고 있군요.

게: ······ 금방 가져오겠습니다.

개미핥기: 그것 참 재미있는 생각이군요, 아킬레스 씨. 하지만 그 런 그림을 사람들이 이해할 수 있게 그리기란 불가능하지 않 을까요?

아킬레스: 그것이 문제입니다.

거북: 그 문제라면 개미핥기 씨가 대답해 주실 수 있을 텐데. 하나 의 신호는 탄생에서 소멸까지 항상 동일한 개미들의 집합으로 이루어지는 것입니까?

에셔가 그린「개미 푸가」(목판화, 1953)

개미핥기: 실제로는 가끔 하나의 신호 속의 개미 개체들이 떨어져
　　　　　나오고, 같은 카스트에 속하는 다른 개미들로 대체되기도 합
　　　　　니다. 물론 그 근처에 같은 카스트의 개미가 있는 경우의 이야
　　　　　기이지만. 그런데 그보다 자주 일어나는 일은 신호가 분해 지
　　　　　점에 도달했을 때 출발 당시의 구성과는 단 한 마리도 일치하
　　　　　지 않는 경우입니다.

게: 신호가 군집 전체를 통해 카스트 분포에 지속적으로 영향을 주
　　고, 그것은 군집 내부의 요구에 대한 반응으로 이루어지는 것
　　이고, 그러한 내부 반응은 군집이 직면하는 외부 상황을 반영
　　하는 것이라는 말이군요. 그러므로 개미핥기 박사님이 말했듯
　　이 카스트 분포는 궁극적으로는 외부 상황을 반영하는 식으로
　　끊임없이 새롭게 갱신되는 것이군요.

아킬레스: 그렇다면 조금 전에 이야기했던 중간 수준의 구조는 어떤 것이지요? 카스트 분포의 상(像)이 개미의 개체나 신호의 관점이 아니라 팀의 관점에서 가장 잘 그려질 수 있고, 그 팀의 구성원들은 다른 팀이고, 그 구성원들은 다시 다른 팀이고 ……, 이런 식으로 개별 개미의 수준에까지 내려갈 수 있다고 말하지 않았습니까? 그리고 당신은 그것이 왜 카스트 분포가 세계에 대한 정보 조각들을 코드화하는 것이라고 말할 수 있는지 이해하는 열쇠가 된다고 말했지요.

개미핥기: 그렇습니다. 그렇지 않아도 그 문제를 다룰 참입니다. 저는 충분히 고차적인 수준에 도달한 집단에 〈심벌 symbol〉이라는 이름을 붙이고 싶습니다. 그런데 주의해야 할 점은 제가 사용하는 이 용어가 일반적인 의미와는 큰 차이가 있다는 점입니다. 제가 말하는 〈심벌〉은 복잡한 체계[複雜系]의 일부를 이루는 능동적인 하위 체계입니다. 그리고 이 하위 체계 자체도 더 낮은 수준에 속하는 능동적인 하위 체계들로 이루어집니다……. 따라서 그 계에 대해 외재적인, 예를 들어 알파벳 문자나 음표와 같은 다른 능동적인 계가 자신을 처리해 주기를 기다리고 움직이지 않는 수동적인 기호들과는 전혀 다릅니다.

아킬레스: 정말 복잡한 이야기로군요. 저는 개미 군집이 그렇게 추상적인 구조를 갖고 있는지는 정말 몰랐습니다.

개미핥기: 그렇습니다. 정말 괄목할 만한 일이지요. 그러나 한 유기체가 〈지능을 가졌다〉라는 말에 합당할 정도로 필요한 지식을 축적하기 위해서는 이러한 모든 수준의 구조의 층들이 필요한 것입니다. 언어 능력을 가진 체계라면 반드시 그와 마찬가지로 여러 수준들의 집합을 갖고 있습니다.

아킬레스: 조금 지루하군요. 그렇다면 제 뇌의 밑바닥에 주위를 돌아다니는 개미 무리들이 있다는 뜻입니까?

개미핥기: 물론 그런 이야기는 아니지요. 당신은 제 이야기를 지나치게 문자 그대로 받아들이는 것 같군요. 가장 낮은 수준은 아마도 전혀 다를 것입니다. 가령 개미핥기의 뇌가 개미로 이루어져 있는 것은 아닙니다. 하지만 뇌 속에서 한두 수준을 올라가면 같은 지적 능력을 갖는 다른 체계, 예를 들어 개미의 군집과 같은 체계에서 정확히 일치하는 상응물을 발견할 수 있는 수준에 도달하는 것입니다.

거북: 아킬레스 씨, 당신의 뇌를 한 마리의 개미의 뇌가 아니라 개미 군집에 대해 사상하는 것이 합당한 이유가 바로 그것입니다.

아킬레스: 보충해 주셔서 감사합니다. 하지만 그런 사상이 어떻게 가능하지요? 가령 제 뇌 속의 어떤 것이 당신이 신호라고 부르는, 낮은 수준의 팀에 상응합니까?

개미핥기: 뇌에 대해 이야기한 것은 그저 한 번 해본 것입니다. 그러니까 상세한 부분까지 대응 관계를 나타낼 수는 없습니다. 하지만 혹시 제가 틀린 부분이 있다면 지적해 주십시오, 게 씨. 뇌 속에서 개미 군집의 신호에 대응하는 것이라면 뉴런의 발화가 아닐까요? 아니면 더 큰 규모의 사건, 예를 들어 뉴런의 발화 패턴이 거기에 상응할 수도 있겠지요.

게: 저도 동의합니다. 하지만 지금 우리의 논의의 목적에 비춰보면, 무엇이 엄밀하게 대응하는지를 가리는 일은 그리 중요하지 않은 것 같습니다. 물론 그럴 수 있다면 좋겠지만 말입니다. 제 생각으로는 지금 가장 중요한 것은 이 자리에서 당장 그 대응 관계가 엄밀하게 결정되지 않더라도, 어쨌든 그런 대

응 관계가 존재한다는 사실입니다. 그 점과 연관해서 개미핥기 씨께 한 가지 묻고 싶습니다. 그것은 어떤 수준에서 그 대응 관계가 시작된다고 확신할 수 있는가라는 물음입니다. 앞에서 박사님은 신호가 뇌 속에 직접적인 대응물을 가질 수 있다고 말했는데, 제 생각으로는 당신이 말한 능동적인 심벌 이상의 수준에 이르러야 비로소 대응 관계가 존재하게 되는 것 같습니다.

개미핥기: 당신의 해석이 저보다 훨씬 정확할 것 같군요, 게 씨. 그런 미묘한 점을 지적해 주셔서 감사합니다.

아킬레스: 심벌은 할 수 있지만 신호는 할 수 없는 일이란 어떤 것입니까?

개미핥기: 그것은 단어와 문자의 차이와 비슷합니다. 단어란 의미를 갖지만 단어를 구성하는 문자에는 의미가 없지요. 심벌과 신호도 마찬가지입니다. 그렇지만 이 비유가 유용한 것은 단지 단어나 문자가 수동적인 데 비해, 심벌이나 신호가 능동적이라는 사실을 염두에 둘 때에 한해서입니다.

아킬레스: 물론 그 점은 주의하지 않으면 안 됩니다. 하지만 제가 능동적인 것과 수동적인 것의 차이점을 강조하는 것이 왜 그렇게 중요한지 제대로 이해하고 있는지 확신이 들지 않는군요.

개미핥기: 그 이유는 당신이 책 속의 단어와 같은 수동적 심벌에 부여하는 의미가 실제로는 그에 대응하는 당신 뇌 속의 능동적 심벌에 의해 전달되는 의미에서 유래하기 때문입니다. 따라서 수동적 심벌의 의미는 능동적 심벌의 의미와 관계를 맺을 때에만 제대로 이해될 수 있습니다.

아킬레스: 무슨 뜻인지 알겠습니다. 그런데 신호가 그 자체로 완벽

하게 훌륭한 실체이지만 의미를 갖지 않는다고 당신이 말했을 때, 그 심벌에, 물론 능동적인 심벌이지만, 의미를 부여하는 것은 무엇입니까?

개미핥기: 그것은 심벌이 다른 심벌이 발생하도록 촉발시킬 수 있다는 사실과 관계가 있습니다. 다시 말해 심벌은 고립된 상태에서 능동적이 될 수는 없는 것입니다. 실제로 심벌이란 어떤 매체 속을 부유하고 있지요. 그리고 그 매체를 특징짓는 것이 카스트 분포이지요.

게: 당연한 일이지만 뇌 속에는 카스트 분포 같은 것은 없습니다. 그 대신 〈뇌 상태brain state〉라는 대응물이 있습니다. 거기에서 당신은 모든 뉴런의 상태, 그것들의 상호 관계, 그리고 각 뉴런의 발화의 문턱값 등을 기술하는 것입니다.

개미핥기: 아주 훌륭하군요. 그러면 〈카스트 분포〉와 〈뇌 상태〉를 통틀어서 간단하게 〈상태〉라고 부르는 게 어떻겠습니까? 그러면 그 상태는 낮은 수준이나 높은 수준이라는 식으로 기술될 수 있겠지요. 개미 군집의 상태를 낮은 수준으로 기술하면 개미 한 마리 한 마리의 위치, 나이, 카스트, 그 밖의 비슷한 항목들을 힘들여 일일이 지정하는 모든 노력을 포괄합니다. 그런 기술은 매우 상세하지만, 그 군집이 왜 그런 상태에 있는지에 대해서는 어떤 전체적인 통찰도 주지 못합니다. 반면 높은 수준의 기술은 특정 심벌이 어떤 조건에서 어떤 다른 심벌들과 조합을 이루었을 때 발생할 수 있는지를 결정하는 데 필요하게 됩니다.

아킬레스: 그러면 신호나 팀 수준에서의 기술은 어떻게 되는 것입니까?

개미핥기: 그런 수준에서의 기술은 낮은 수준에서의 기술과 심벌 수준에서의 기술의 중간쯤에 위치합니다. 이런 기술은 군집 전체에서 각각의 영역에서 무슨 일이 일어나는지에 대한 방대한 정보를 포함하고 있습니다. 물론 개미 한 마리 한 마리를 기술했을 때의 방대함에는 뒤떨어지지만 말입니다. 팀은 개미들의 무리로 이루어지기 때문이지요. 팀 단위의 기술은 개미 단위의 기술의 요약과 흡사한 무엇입니다. 그러나 개미 한 마리 한 마리를 기술했을 때에는 없었던 사항들을 추가해야 합니다. 예를 들어 팀 상호간의 관계나 여러 가지 카스트가 어디에 어떻게 분포하는가 등이 추가되어야 하지요. 이 추가 기술로 인한 복잡성의 증가는 요약할 권리를 얻으면서 그에 대해 치러야 할 비용에 해당합니다.

아킬레스: 여러 수준에서 이루어지는 기술들의 장점을 비교 검토하는 일은 흥미롭군요. 제 생각으로는 가장 높은 수준의 기술이 가장 큰 설명력을 갖는 것 같습니다. 왜냐하면 개미 군집에 대해서 가장 직관적인 상(像)을 주기 때문입니다. 그런데 기묘한 일은 이 수준의 기술이 가장 중요한 특성으로 여겨지는 개미 개체를 무시한다는 사실입니다.

개미핥기: 겉보기는 어떨지 모르겠지만, 개미 군집에서 개미 개체들이 가장 중요한 것은 아닙니다. 개미가 없으면 개미의 군집이 존재하지 않는 것은 분명합니다. 그렇지만 그에 상응하는 것은, 예를 들어 뇌와 같은 것은 개미가 없어도 존재할 수 있지 않습니까? 따라서 최소한 고차 수준의 관점에서 보면 개미는 없어도 무방한 것입니다.

아킬레스: 당신의 이론을 환영할 개미는 없겠군요.

개미핥기: 아직까지 그런 고차 수준의 관점을 가진 개미 개체는 만 난 적이 없습니다.

게: 그러나 개미핥기 씨, 당신이 그린 개미 군집의 상은 대단히 직 관에 반하는 것이군요. 당신의 말이 옳다 하더라도 군집의 구 조 전체를 파악하기 위해서는 그 기본적인 구성 요소에 대해 어떤 언급도 누락하지 않고 기술해야 한다고 생각하는데요.

개미핥기: 비유를 들면 이해에 도움이 될 것 같군요. 지금 눈앞에 찰 스 디킨스Charles Dickens의 소설이 있다고 생각해 보십시오.

아킬레스: 『피크위크 페이퍼스Pickwick Papers』도 괜찮습니까?

개미핥기: 물론 좋습니다. 그리고 다음과 같은 게임을 한다고 상상 해 보십시오. 그 책 속에 있는 글자 하나마다 하나의 개념을 사상(寫像)하는 방법을 찾아서 그 책을 한 글자 한 글자 읽었 을 때 『피크위크 페이퍼스』 전체의 의미를 이해하는 것입니다.

아킬레스: 흠……. 그러니까 〈the〉와 같은 단어와 마주칠 때마다 세 가지 서로 다른 분명한 개념들을 하나씩 차례로 생각해야 하고, 거기에는 어떤 변화의 여지도 없다는 말이군요.

개미핥기: 그렇습니다. 즉 〈t〉 개념, 〈h〉 개념, 〈e〉 개념이라는 세 가지 개념이 나타나고, 그 개념들은 매번 이전과 같은 개념인 것입니다.

아킬레스: 만약 그런 식으로 독서를 한다면 『피크위크 페이퍼스』를 읽는 일이 이루 말할 수 없이 지루한 악몽이 되겠군요. 글자에 어떤 개념을 결부시키든 간에 그런 독서는 무의미한 일이 아 닌가요?

개미핥기: 그렇습니다. 요컨대 하나하나의 문자에서 현실 세계에 대한 자연스러운 사상을 형성한다는 것은 불가능한 일입니다.

자연스러운 사상은 그보다 높은 수준으로 이행해 가지 않으면 안 되는 것입니다. 다시 말해 글자가 아니라, 단어와 현실 세계의 여러 부분 사이의 사상이 필요한 것이지요. 그리고 그 책에 대해 기술하고자 한다면 개별 문자에 대해서는 언급하지 않아야 합니다.

아킬레스: 그건 당연합니다! 저는 줄거리와 등장 인물 등을 기술할 것입니다.

개미핥기: 그것 보세요. 책이 존재할 수 있는 것은 그 구성 요소 때문인데도 불구하고, 당신은 그 구성 요소에 대해서는 전혀 아무런 언급도 하지 않고 있지 않습니까? 그런 구성 요소는 내용이 아니라 매개물에 지나지 않는 것입니다.

아킬레스: 그렇군요. 그런데 개미 군집에 대해서는 어떻게 되는 것입니까?

개미핥기: 개미의 군집에서는 수동적인 문자 대신 능동적인 신호, 그리고 수동적인 단어가 아니라 능동적인 심벌이 있습니다. 하지만 결국 마찬가지입니다.

아킬레스: 당신 말은 신호와 현실 세계의 사물 사이의 사상을 구성할 수 없다는 말입니까?

개미핥기: 새로운 신호들이 차례로 촉발되는 메커니즘에 의미를 갖는 방식으로 사상을 구성할 수는 없다고 생각합니다. 또한 신호보다 낮은 수준, 예를 들어 개미 개체의 수준에서도 성공할 수 없다고 생각합니다. 오직 심벌 수준에서만 서로 촉발하는 패턴들이 의미를 가질 수 있습니다. 가령 어느 날 제가 힐러리 아주머니를 방문했을 때 당신이 그 아주머니를 관찰하고 있었다고 합시다. 당신이 원하는 만큼 세심하게 관찰할 수 있었다

하더라도, 당신이 지각할 수 있는 것은 개미들이 배열을 바꾸는 모습 이상은 아닐 겁니다.

아킬레스: 저도 그렇게 생각합니다.

개미핥기: 그럼에도 불구하고 이전의 제 관찰에 따르면, 그런 낮은 수준이 아닌 높은 수준에서 읽으면 그때까지 잠자고 있던 여러 가지 심벌들이 눈을 뜨는 것을 보게 됩니다. 번역해 보면, 〈야, 재미있는 개미핥기 씨가 또 오셨다. 정말 즐겁다〉라는 내용이 됩니다. 또는 같은 맥락이지만 그런 내용의 단어가 나타나는 것이지요.

아킬레스: 그 말은 우리 네 사람이, 또는 최소한 우리 중 세 사람이 앞에서의 무MU 그림을 읽는 네 가지 다른 수준을 찾아냈을 때 일어났던 일과 비슷하게 들리는군요.

거북: 제가 바흐의 「평균율 클라비어 서곡집」 속에서 우연히 찾아낸 그림과 우리의 대화 주제 사이에서 그런 유사성이 있다니 정말 놀라운 우연의 일치로군요.

아킬레스: 정말로 단순한 우연의 일치라고 생각하십니까, 게 씨?

거북: 물론입니다.

개미핥기: 저는 이제 여러분들이 힐러리 아주머니의 사고가 심벌의 조작을 통해 발생하며, 그 심벌은 신호들로 구성되어 있고, 신호는 팀으로, 팀은 보다 낮은 수준에 속하는 팀에 의해 ……, 그리고 궁극적으로는 개미 개체에까지 이어진다는 사실을 이해할 수 있기를 바랍니다.

아킬레스: 그것을 〈심벌 조작〉이라고 부르는 이유가 무엇이지요? 도대체 누가 조작하는 것입니까? 심벌 자체가 능동적이라면, 그 조작의 주체는 누구죠?

개미핥기: 그 물음은 앞에서 당신이 목적에 대해서 제기했던 문제로 다시 돌아가는 것입니다. 심벌이 그 자체로 능동적이라는 당신의 지적은 옳습니다. 그러나 그 활동이 절대적인 자유를 뜻하는 것은 아닙니다. 사실 모든 심벌의 활동은 그것을 포함하는 체계 전체의 상태에 의해 엄격하게 결정됩니다. 따라서 체계 전체가 그 내부의 심벌이 어떻게 서로를 촉발시키는지에 대해 모든 책임을 지기 때문에 체계 전체가 〈주체〉라고 말하는 편이 합리적일 것입니다. 많은 숫자의 심벌들이 작동함에 따라 체계 전체의 상태도 천천히 변화를 겪는 것입니다. 새롭게 갱신되는 것이지요. 그러나 시간이 흘러도 변화하지 않는 여러 특성이 있습니다. 이처럼 일부는 변화하고, 일부는 변화하지 않는 체계야말로 주체인 것입니다. 우리는 이러한 체계 전체에 대해 이름을 붙일 수 있습니다. 가령 누가 힐러리 아주머니의 심벌을 조작하는가라고 말했을 때, 〈누구〉에 해당하는 것이 바로 힐러리 아주머니입니다. 아킬레스 씨, 그것은 당신의 경우도 마찬가지입니다.

아킬레스: 제가 누구인가라는 물음에 대한 정말 기묘한 설명이군요. 제가 제대로 이해한 것인지는 잘 모르겠지만 그 문제에 대해서는 조금 생각해 보고 싶군요.

거북: 당신 뇌 속의 심벌에 대해 생각하고 있을 때 당신의 뇌 속에서 생성되는 심벌을 쫓아가 본다면 무척 흥미롭겠군요.

아킬레스: 그런 일은 제게는 너무 복잡해요. 개미 군집을 보면서 그것을 심벌 수준으로 읽을 수 있으려면 어떻게 해야 하는지를 마음 속으로 그리려고 시도하는 것도 힘든 판이니까요. 물론 개미 개체의 수준에서 그 군집을 지각하는 것은 상상할 수

있습니다. 또한 신호 수준으로 지각하는 것이 어떤 것인지 정도까지는 조금 노력하면 상상할 수 있습니다. 그렇지만 도대체 개미 군집을 심벌 수준으로 지각하려면 어떻게 해야 한단 말입니까?

개미핥기: 긴 수련을 통해서만 배울 수 있습니다. 그래도 그 정도의 단계에 도달하면 누구나 당신이 조금 전에 〈무 그림〉 속에서 〈무〉를 읽었던 것처럼 손쉽게 개미 군집의 최고 수준을 읽을 수 있을 것입니다.

아킬레스: 정말입니까? 만약 그렇게 될 수 있다면 정말 놀라운 경험일 겁니다.

개미핥기: 어떤 의미에서는 그렇겠지요. 하지만 그 경험은 당신에게 지극히 친숙한 것이기도 합니다, 아킬레스 씨.

아킬레스: 제게 친숙하다고요? 무슨 뜻이지요? 저는 개미 군집을 개체 이상의 수준에서 본 적이 한번도 없는데요?

개미핥기: 물론 그렇지 않을 수도 있겠지요. 하지만 개미 군집은 여러 가지 측면에서 뇌와 다를 바가 없습니다.

아킬레스: 그래도 저는 아직까지 뇌를 본 적도 없고 읽은 적도 없습니다.

개미핥기: 당신 자신의 뇌에 대해서도 그럴까요? 당신은 자신이 생각하고 있다는 것을 자각하지 못합니까? 그런 자각이야말로 의식의 본질이 아닐까요? 그때 하는 일이 자신의 뇌를 직접적으로 심벌 수준에서 읽는 것이 아니라면 무엇이겠습니까?

아킬레스: 저는 한번도 그런 식으로 생각해 본 적이 없습니다. 당신 말은 제가 그러한 최고 수준만을 보고 그보다 낮은 수준은 모두 무시한다는 뜻입니까?

개미핥기: 의식을 가진 체계에서는 그렇습니다. 그런 체계는 자신을 심벌 수준에서만 지각하고, 그보다 낮은 신호와 같은 수준은 전혀 인식하지 않습니다.

아킬레스: 그렇다면 뇌 속에는 능동적인 심벌이 여럿 있고, 그것들은 끊임없이 스스로를 갱신시켜서 뇌 자체의 전체적인 상태를 심벌 수준에서 반영한다는 말입니까?

개미핥기: 그렇습니다. 의식을 가진 모든 체계에는 뇌의 상태를 표상하는 심벌이 존재하고, 그 심벌 자신은 자기가 표상하는 뇌의 상태의 일부입니다. 의식은 상당 정도의 자기 의식을 필요로 하기 때문입니다.

아킬레스: 정말 기묘한 이야기로군요. 그렇다면 저의 뇌 속에서 항상 온갖 혼란스러운 움직임이 일어나고 있더라도 저는 그 미친 듯한 움직임을 단지 한 가지 방식, 즉 심벌 수준에서만 인식할 수 있다는 말이군요. 더구나 낮은 수준에 대해서는 아무것도 느끼지 못하고 말입니다. 그렇다면 마치 알파벳을 모르고도 직접적인 시각적 지각에 의해 디킨스의 소설을 읽을 수 있다는 이야기가 아닙니까? 그런 기묘한 일이 실제로 일어난다는 것은 도저히 상상할 수 없어요.

게: 하지만 바로 그런 일이 당신 앞의 그림 속에서 전체론이나 환원주의라는 낮은 수준들을 지각하지 않고 곧바로 〈무〉를 읽었을 때 실제로 일어났습니다.

아킬레스: 그건 그렇습니다. 그때 저는 낮은 수준들을 무시하고 최고 수준만을 보았습니다. 그렇다면 저의 뇌 속의 가장 높은 수준만을 읽을 때 저는 그보다 낮은 수준의 모든 의미를 놓치는 셈이 되는 건가요? 최고 수준 속에 최저 수준의 정보가 모두

포함되고, 최고 수준만 읽으면 최저 수준의 정보까지 모두 알수 없다니 무척 아깝군요. 하긴 최저 수준에 속하는 무언가가 최고 수준에 담겨 있으리라는 바람은 지나치게 소박하다는 생각이 듭니다. 그런 것은 스며 올라오지 않을 겁니다. 무 그림이 그런 사실을 알려주는 가능한 가장 인상적인 예입니다. 최고 수준은 단지 〈무〉라고만 말하고, 그것은 그보다 낮은 수준과는 정말이지 아무런 관계도 없으니까요!

게: 그건 절대적으로 사실입니다(그는 이렇게 말하면서 무 그림을 들어 좀더 세심하게 살핀다). 흠……. 이 그림의 가장 작은 문자는 정말 기묘하군요. 깜빡깜빡 흔들리는 것 같아요…….

개미핥기: 어디 좀 보여주십시오(그도 눈을 바짝 들이대고 무 그림을 조사한다). 제 생각으로는 또 하나의 수준이 있는데 우리 모두 그것을 놓친 것 같습니다.

거북: 좀더 자세히 말해 주세요, 개미핥기 씨.

아킬레스: 이런! 그럴 리 없어요! 저도 보여주세요(그도 주의를 집중해서 그림을 본다). 물론 다른 분들은 믿지 않겠지만, 이 그림이 전하는 메시지는 바로 우리 눈앞에 있습니다. 이 그림 속에 깊게 숨겨진 채. 그것은 단지 하나의 단어이지만, 주문(呪文)처럼 여러 번 되풀이되어 있습니다. 그러나 정말 중요한 말입니다. 그 말은 바로 〈무〉입니다. 누가 알았겠습니까? 그것은 최고 수준과 같습니다. 더구나 우리 중 누구도 그것을 알아차리지 못했습니다.

게: 아킬레스 씨, 당신이 아니었다면 우리는 전혀 알아차리지 못했을 것입니다.

개미핥기: 최고 수준과 최저 수준의 일치는 순전한 우연일까요? 아

니면, 어떤 창조자에 의한 목적적 행위로 수행된 것일까요?

게: 누가 그걸 알 수 있겠습니까?

거북: 어떻게 해야 좋을지 정말 모르겠습니다. 왜냐하면 그 그림이 게 씨가 갖고 있던 「평균율 클라비어 서곡집」에 들어 있는 이유을 전혀 모르기 때문입니다.

개미핥기: 지금까지 우리는 열띤 토론을 계속해 왔지만 다른 한편으로 저는 이 길고 복잡한 4성 푸가를 듣고 있었습니다. 정말로 이 세상의 것이라고 여겨지지 않을 만큼 아름답군요.

거북: 물론입니다. 그리고 지금 막 지속음(작곡 기법상 베이스 성부가 같은 음을 길게 지속하는 것——옮긴이) 악구(樂句)가 시작되었군요.

아킬레스: 지속음이란 곡이 조금 느려져서 하나의 음이나 화음을 잠깐 동안 지속하고, 그런 다음 조금 간격을 두고 정상 속도로 돌아가는 것 아닙니까?

거북: 아닙니다. 당신은 지금 일종의 음악적 세미콜론에 해당하는 페르마타(늘임표)와 혼동하고 있습니다. 그런데 전주곡을 들을 때 그런 것이 있다는 것을 알아차렸습니까?

아킬레스: 분명히 놓쳤던 것 같군요.

거북: 괜찮습니다. 아직 페르마타를 들을 기회가 남아 있으니까요. 사실, 앞으로 여러 번 나올 겁니다. 이제 이 푸가가 끝나가니까요.

아킬레스: 다행이군요. 나오기 전에 미리 가르쳐주시겠습니까?

거북: 원하신다면 기꺼이.

아킬레스: 그런데 지속음이 무엇이지요?

거북: 지속음이란 여러 가지 성부(聲部)가 합성되어 있는 곡에서

한 성부가 한 음을 지속적으로 연주하는 동안 다른 성부에서
는 독립된 선율을 연주하는 것입니다. 지금 들려오는 지속음
은 C음입니다. 잘 들으면 알 수 있을 겁니다.

개미핥기: 그런데 어느 날 제가 힐러리 아주머니를 방문했을 때 작
은 사건이 일어났습니다. 그 사건이 방금 게 씨가 말한, 아킬
레스 씨의 뇌 속 심벌이 자신에 대해 사고할 때 그 심벌을 관
찰하는 것과 관계가 있는 것 같군요.

게: 어떤 사건입니까?

개미핥기: 그날 힐러리 아주머니는 무척 외로웠고, 따라서 말 상대
를 찾아서 무척 기뻐했습니다. 그래서 그녀는 친절하게도 저
에게 제일 맛있어 보이는 개미를 먹어도 좋다고 말해 주었습
니다(그녀는 항상 자기 개미들에 대해 관대한 편이었지만).

아킬레스: 세상에!

개미핥기: 그때 정말 우연하게도 저는 그런 내용의 사고를 수행하
는 그녀의 심벌을 지켜보고 있었습니다. 왜냐하면 바로 그 심
벌 속에 제일 맛있어 보이는 개미가 있었기 때문이지요.

아킬레스: 세상에!

개미핥기: 그래서 저는 제가 그때까지 읽고 있던 고차 수준의 심벌
일부를 이루는 살찐 개미들을 몇 마리 먹어치웠습니다. 그 개
미들이 속해 있는 심벌은 〈식욕을 돋우는 개미를 원하는 만큼
드세요〉라는 내용의 사고를 표현하고 있는 부분이었습니다.

아킬레스: 세상에!

개미핥기: 그 개미들에게는 불운한 일이었지만 제게는 다행스럽게
도 그 작은 개미들은 자신들이 이루는 심벌 수준에서 제게 어
떤 내용을 전달하고 있는지에 대해서는 전혀 알지 못했습니다.

아킬레스: 세상에! 정말 놀라운 이야기로군요. 개미들은 자신이 어떤 일에 참여하고 있는지 전혀 의식하지 못하고 있었군요. 물론 그들의 행동은 고차 수준의 패턴 중 일부로서는 이해할 수 있지만, 당연한 일이지만, 그것을 전혀 자각하지 못하고 있었군요. 아, 얼마나 안타까운 일인가. 그야말로 아이러니의 극치로군요! 그것을 알지 못하다니!

게: 당신 말이 옳습니다, 거북 씨. 훌륭한 지속음이었습니다.

개미핥기: 지금까지 한번도 들은 적이 없었지만, 지금 것은 너무도 뚜렷해서 아무도 놓칠 수 없었을 것입니다. 효과가 훌륭한 지속음이었습니다.

아킬레스: 뭐라고요? 벌써 지속음이 지나갔단 말입니까? 그렇게 분명했다면 어째서 제가 놓쳤지요?

거북: 아마도 대화에 열중해서 전혀 알아차리지 못한 모양입니다. 아, 얼마나 안타까운 일인가. 그야말로 아이러니의 극치로군요! 그것을 알지 못하다니!

게: 힐러리 아주머니는 개밋둑에서 살고 있습니까?

개미핥기: 그녀가 소유하는 집은 아주 큰 것입니다. 원래는 다른 누군가에게 속해 있었지만 거기에는 아주 슬픈 이야기가 있습니다. 어쨌든 지금 그녀의 영지는 아주 넓습니다. 그녀의 생활 수준은 다른 많은 군집과 비교해 보면 아주 호화롭지요.

아킬레스: 그러나 그런 호사스런 생활과 조금 전에 당신이 우리들에게 말해 준 개미 군집의 공산적(共産的) 성격은 서로 모순되지 않습니까? 공산주의를 설교하면서 호화로운 영지에 사는 것은 어쩐지 어울리지 않는 것 같은데.

개미핥기: 공산체제는 개미 개체들의 수준입니다. 개미 군집 속에

서 모든 개미들은 공동의 이익를 위해 일합니다. 때로는 개미 개체에게 손해가 되더라도 말입니다. 이것이 힐러리 아주머니의 조직에 내장된 하나의 특징이지만, 제가 아는 한 그녀는 자기에게 내장된 이러한 공산체제를 깨닫지도 못하고 있습니다. 마찬가지로 대부분의 인간들은 자신의 뉴런에 대해서는 전혀 알아차리지 못하고 있습니다. 실제로 그들은 자신의 뇌에 대해 아무것도 모른다는 사실에 전혀 문제를 느끼지 않을 것입니다. 꽤 까다로운 생물이지요. 실은 힐러리 아주머니도 꽤 까다로운 생물입니다. 개미에 대해 생각하기 시작하면 언제나 안절부절하게 되니까요. 그래서 그녀는 될 수 있는 한 개미에 대한 생각을 피합니다. 정말이지 저는 그녀가 자신의 구조 속에 공산적 사회가 내장되어 있다는 사실에 대해 무언가를 알고 있는지 의심스럽습니다. 그녀 자신의 신조는 자유방임주의laissez-faire입니다. 따라서 이런 점을 고려하면 그녀가 사치스러운 생활을 한다는 것도 충분히 이해할 수 있지요.

거북: 이 아름다운 「평균율 클라비어 서곡집」을 들춰보면서 지금 막 이 책장을 넘겼을 때, 저는 두 개의 페르마타 중 첫번째가 곧 나오리라는 것을 알아차렸습니다. 아킬레스 씨, 당신도 들을 수 있을 것입니다.

아킬레스: 물론입니다, 물론.

거북: 오! 이쪽 맞은편에 아주 기묘한 그림이 있군요.

게: 다른 그림이 있어요? 이번에는 어떤 그림이지요?

거북: 직접 보십시오(그는 이렇게 말하면서 악보를 게에게 주었다).

게: 이야! 마치 글자들로 이루어진 몇 개의 다발 같군요. 어디 보자. 〈J〉, 〈S〉, 〈B〉, 〈m〉, 〈a〉, 그리고 〈t〉로군요. 참 이상하

군. 처음 세 개의 글자는 차츰 커지고, 나머지 세 개의 글자는 차츰 작아지고 있어요.

개미핥기: 어디 한 번 볼 수 있을까요?

게: 물론이지요.

개미핥기: 이런! 게 씨는 너무 작은 부분을 보다가 큰 상(像)을 놓쳤군요. 이 글자들의 집합은 〈f〉, 〈e〉, 〈r〉, 〈A〉, 〈C〉, 그리고 〈H〉입니다. 한 문자도 반복되지 않는군요. 처음에는 글자들이 차츰 작아지다가 다음에는 차츰 커지고 있군요. 아킬레스 씨, 당신에게는 어떻게 보입니까?

아킬레스: 어디 봅시다. 음……. 제가 보기에는 대문자가 오른쪽으로 가면서 차차 커지는 것 같군요.

거북: 그 글자들이 어떤 의미를 갖나요?

아킬레스: 글쎄……, 〈J. S. BACH〉 아! 이제 알겠군요. 바흐의 이름입니다!

거북: 참 이상하게도 읽는군요! 제가 보기에는 그 글자들이 모두 소문자이고, 오른쪽으로 가면서 점점 작아지고 있어요. 그러니까…… 그렇게 읽어보면…… 이름이…… (점점 말이 느려지면서, 특히 마지막 단어들은 길게 늘여서 발음했다. 그런 다음 짧

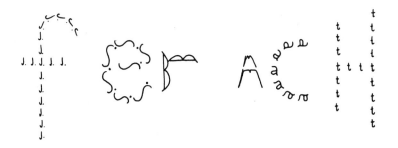

은 침묵이 이어지다가, 갑작스럽게 마치 아무 일도 없었다는 듯이 이렇게 말했다) 〈페르마 fermat입니다.〉

아킬레스: 허허, 페르마에 대한 생각을 너무 많이 한 것 아닙니까? 거북 씨는 무얼 보더라도 페르마의 최종 정리를 생각하니까요.

개미핥기: 당신 말이 맞습니다, 거북 씨. 저는 지금 막 푸가에서 정말 매력적인 짧은 페르마타를 들었습니다.

게: 저도 들었습니다.

아킬레스: 그렇다면 저만 빼고 모든 사람이 그 페르마타를 들었단 말입니까? 저 자신이 너무 우둔하다는 생각이 드는군요.

거북: 잠깐, 아킬레스 씨. 기운을 내세요. 푸가의 마지막 페르마타는 놓치지 않을 겁니다(이제 곧 나옵니다). 조금 전 화제로 돌아가서, 개미핥기 박사, 힐러리 아주머니가 살고 있는 개밋둑의 이전 소유자에 얽힌 슬픈 이야기가 무엇입니까?

개미핥기: 이전 소유자는 대단했지요. 지금까지 탄생한 것 중에서 가장 창조성이 풍부한 개미 군집입니다. 이름은 〈요한-개미 세바스티안-개미 페르마-개미(원문은 'Johant Sebastiant Fermant'로 Johan+ant Sebastian+ant Ferma+ant의 합성어이다.──옮긴이)〉입니다. 직업은 수학 개미였지만 부업으로 음악 개미를 하고 있었습니다.

아킬레스: 다재다능했군요!

개미핥기: 그런데 그의 창조력이 절정에 달했을 때 불행히도 요절을 하고 말았습니다. 몹시 더운 어느 여름날, 열기를 빨아들이려고 밖에 나갔을 때 백 년에 한 번 있을까 말까 한 엄청난 소나기를 만나 J. S. F.는 온통 젖어버린 것입니다. 아무런 예고도 없이 쏟아진 소나기 때문에 개미들은 방향 감각을 잃고 혼

란에 빠졌습니다. 수십년에 걸쳐 정교함의 극치를 이루며 건축된 복잡한 조직은 한 순간에 떠내려가 버렸습니다. 크나큰 비극이었지요.

아킬레스: 그렇다면 모든 개미들이 빠져 죽었단 말입니까? 그러면 불쌍한 J. S. F.도 최후를 맞이했겠군요.

개미핥기: 사실은 전혀 그렇지 않습니다. 개미들은 단 한 마리도 죽지 않고 모두 살아남았습니다. 필사적으로 헤엄을 쳐서 급류에 떠내려가는 나무토막이나 통나무에 간신히 기어오를 수 있었으니까요. 그러나 물이 빠져서 개미들이 살던 곳으로 되돌아갔을 때, 그 조직은 남아 있지 않았습니다. 카스트 분포는 완전히 파괴되었고, 개미들 자신은 한때 훌륭히 통제되던 조직을 재건하는 능력을 갖고 있지 못했습니다. 그들은 깨져 버린 험프티 덤프티 Humpty Dumpty(영국 동요에 나오는 알 모양의 사람으로 한 번 담에서 떨어지면 깨져서 원상으로 되돌릴 수 없다──옮긴이)처럼 다시 원래의 모습으로 되돌아갈 수 없는 절망적인 처지가 되었습니다. 저도 루이스 캐롤의 이야기에 나오는 왕의 말과 부하들이 시도했듯이 이 불쌍한 페르마 개미를 다시 소생시키려고 노력해 보았습니다. 희망이 없다는 것을 알면서도 열심히 설탕과 치즈를 주면서 어떻게든 페르마 개미를 되살리려고 애썼지요(이렇게 말하면서 그는 손수건을 꺼내 눈물을 닦았다).

아킬레스: 당신은 정말 훌륭한 마음의 소유자입니다! 저는 개미핥기 씨가 그렇게 마음이 넓은지 몰랐습니다.

개미핥기: 하지만 아무 소용도 없었습니다. 그는 죽었고, 소생시킬 수 없었습니다. 그런데 그때 정말 이상한 일이 일어나기 시작

한 것입니다. 그로부터 몇 개월 후, 일찍이 J. S. F.를 구성하던 개미들이 비록 느리기는 하지만 점차 몇 개의 무리를 형성하기 시작하더니 새로운 조직을 만들어냈습니다. 사실 이렇게 해서 힐러리 아주머니는 태어난 것입니다.

게: 굉장하군요! 힐러리 아주머니를 구성하는 개미가 페르마 개미를 구성하는 개미와 같다는 말이지요?

개미핥기: 처음에는 그랬습니다. 그러나 지금은 나이 먹은 개미는 죽고 다른 개미가 그 자리를 대신하게 되었습니다. 그래도 아직 J. S. F. 시절의 개미들이 상당수 살아남아 있습니다.

게: 그렇다면 개미핥기 씨는 과거에 J. S. F.가 갖고 있던 몇 가지 특징이 힐러리 아주머니에게서 가끔씩 나타나는 것을 알아차릴 수 없습니까?

개미핥기: 그런 적은 한 번도 없습니다. J. S. F.와 힐러리 아주머니는 공통점이 아무것도 없습니다. 그리고 제가 이해하는 한, 그래야 할 이유는 전혀 없습니다. 결국 부분을 모아 하나의 〈합〉을 만드는 데에는 여러 가지 방법이 있는 것이지요. 그리고 힐러리 아주머니는 과거의 부분들의 새로운 〈합〉입니다. 합 이상의 무엇이 아닙니다. 힐러리 아주머니가 특정 종류의 〈합〉에 지나지 않다는 점을 유의해야 합니다.

거북: 합이라는 말을 들으니 수론이 기억나는군요. 수론에서도 때때로 하나의 정리를 그 요소인 심벌로 분해하고 그것을 재배열해서 새로운 정리를 만들 수 있습니다.

개미핥기: 저는 그런 현상에 대해 들어본 적이 없습니다. 물론 저 자신이 그 분야에 대해서는 완전히 무지하다는 것을 고백해야 하겠지만.

이동 도중에 병정개미들은 자신들의 몸으로 다리를 만들곤 한다. 이 다리(de Fourmi Lierre)의 사진에서, *Eciton burchelli* 군집의 개미들은 서로 다리를 얽고 족근골(足根骨) 발톱을 걸어서 불규칙한 사슬의 체계를 형성하여 다리 상판을 만든다. 이들과 공생 관계 인 좀벌레 *Trichatelura manni*가 중앙에서 다리를 건너는 모습이 보인다. (E. O. Wilson 의 *The Insect Societies*에서 C. W. Rettenmeyer의 사진)

아킬레스: 저도 들어본 적이 없습니다. 물론 저 자신은 그렇게 생각하지 않지만 제가 이 분야에 상당히 정통하다는 이야기를 종종 듣는 데도 말입니다. 제 생각으로 거북 씨가 재미있는 증명을 세우고 있는 것으로 알고 있는데요. 저는 거북 씨에 대해서는 잘 압니다.

개미핥기: 수론 이야기를 들으니 또 J. S. F.의 일이 기억나는군요. 수론 분야에서도 그는 탁월한 능력을 보여주었으니까요. 사실 그는 수론 분야에서 상당히 주목할 만한 몇 가지 업적을 달성했습니다. 반면 힐러리 아주머니는 수학에 대해서는 젬병이었

지요. 게다가 그녀는 음악적 취미도 극히 평범했습니다. 그 점에서 음악적 재능이 뛰어났던 세바스티안 개미와는 정반대였지요.

아킬레스: 저는 수론을 아주 좋아합니다. 세바스티안 개미가 남긴 성과가 어떤 성격이었는지 말해 줄 수 있습니까?

개미핥기: 물론입니다(그는 이렇게 말하고 숨을 돌리면서 차를 홀짝홀짝 마신다. 그리고 다시 이야기를 시작한다). 그런데 혹시 포르미 Fourmi의 악명 높은 〈충분히 검증된 가설 Well-Tested Conjecture〉에 대해 들어본 적이 있습니까?

아킬레스: 글쎄요……. 들어본 것도 같은데. 하지만 정확히는 모릅니다.

개미핥기: 아주 간단한 이야기입니다. 리에르 드 푸르미 Lierre de Fourmi라는 이름의 개미는 직업이 수학 개미이면서 동시에 법률가였는데, 디오판투스 Di of Antus가 쓴 『아리스메티카 Arithmetica』라는 고전적인 책을 읽고, 거기에서 우연히 이런 방정식이 적혀 있는 페이지를 발견했습니다.

$2^a + 2^b = 2^c$

그는 곧 $a, b, c$의 해가 무한히 많다는 것을 알아차렸지만, 그다음에 그 쪽의 여백에 다음과 같이 악명 높은 코멘트를 써 넣었습니다.

방정식 「$a^n + b^n = c^n$」은 $n=2$일 때에 한해서 양의 정수해 $a, b, c$ 그리고 $n$을 가진다(그리고 그 경우 이 방정식을 만족시키는 $a, b, c$의 조합은 무한히 많다). 그러나 $n>2$인 경우에 대한 해는 존재하지 않는다. 나는 이 명제의 매우 훌륭한 증명을 발견했지만 아깝게도 이 여백이 지나치게 좁아서 그 증명을 써 넣을 수 없다.

그 후 약 300일 전까지 수학자들은 엄청난 노력을 기울여 두 개의 가능성 중 어느 한쪽을 실현하려 했습니다. 그러나 아무도 성공하지 못했지요. 하나의 가능성은 푸르미의 이 주장을 증명해서 푸르미의 명성을 입증하는 것입니다. 다만, 푸르미가 유명하기는 하지만 회의적인 사람들은, 푸르미가 증명을 발견했다고 말하지만 실제로는 찾지 못했을지 모른다고 생각하기 때문에 근년에는 그 명성이 약간 퇴색했습니다. 그리고 다른 하나의 가능성이란 푸르미의 주장을 반박하는 것이지요. 다시 말해 반증례를 찾아내는 것입니다. 이 방정식을 만족시키는 네 개의 정수 $a$, $b$, $c$, $n$, 그리고 2보다 큰 $n$의 조합을 찾아내면 되는 겁니다. 그런데 극히 최근까지도 이 두 가지 가능성을 목표로 한 모든 노력은 수포로 돌아가고 말았습니다. 확실히 이 정리는 $n$의 특수한 값에 대해서는 많은 경우에 대해 증명되어 있습니다. 특히 125,000까지 모든 $n$에 대해서는 완전히 증명되어 있습니다. 그러나 요한-개미 세바스티안-개미 페르마-개미가 등장하기까지는 아무도 〈모든 $n$〉에 대해서 증명하는 데 성공하지 못했습니다. 이제 그 방정식은 〈요한-개미 세바스티안-개미 페르마-개미의 충분히 검증된 가설〉이라고 불립니다.

아킬레스: 완전히 증명되었다면 〈가설〉이 아니라 〈정리〉라고 불러야 마땅하지 않을까요?

개미핥기: 엄밀히 말하자면 당신 말씀대로입니다. 그러나 전통적으로 그렇게 부르고 있습니다.

거북: 그런데 세바스티안 개미는 어떤 음악을 했습니까?

개미핥기: 그에게는 훌륭한 작곡의 재능이 있었습니다. 그러나 불행하게도 그의 위대한 작품은 신비 속으로 사라져 버렸습니다. 왜냐하면 그는 그 작품을 출간하는 단계에까지 도달하지 못했기 때문입니다. 어떤 사람은 그가 마음 속에서 모든 작곡을 끝낸다고 믿고, 좀더 몰인정한 다른 사람들은 실제로는 그런 작품을 작곡한 적이 없었고 단지 허세를 부린 것에 지나지 않는다고 말하기도 합니다.

아킬레스: 그 위대한 작품은 어떤 것이었지요?

개미핥기: 그것은 굉장히 긴 전주곡과 푸가로 완성될 예정이었습니다. 푸가는 24성부로 이루어져서 스물네 개의 서로 다른 주제를 포함하고, 각각의 성부는 장조와 단조로 이루어져 있습니다.

아킬레스: 24성부의 푸가를 전부 듣는 것은 대단한 일임에 틀림없군요.

게: 하물며 그런 대작을 작곡하는 일이 얼마나 대단한지는 말할 필요도 없지요.

개미핥기: 그러나 지금 우리가 알고 있는 모든 것은 세바스티안 개미가 쓴 것이고, 그는 그것을 자신이 갖고 있던 부크스테후데 Buxtehude(1637-1707년, 독일의 음악가──옮긴이)의 전주곡과 오르간을 위한 푸가의 악보 여백에 썼습니다. 그는 비극적인 죽음을 맞이하기 직전에 다음과 같은 마지막 말을 썼습니다.

나는 실로 훌륭한 푸가를 작곡했다. 그 속에서 나는 스물네 개의 조(調)의 힘과 스물네 개의 주제의 힘을 합쳐서 24성부를 가진 푸가를 완성했다. 그런데 불행하게도 여백이 너무 작아서 적을 수 없다.

그리고 실현되지 않은 이 대작은 〈페르마 개미의 최종 푸가〉라는 이름으로 불리게 된 것입니다.

아킬레스: 오, 정말 불행한 비극이군요.

거북: 푸가 이야기가 나왔으니, 우리가 지금까지 들은 푸가는 이제 곧 끝나게 됩니다. 종지부에 가까워지면 주제에 새로운 비틀림이 나타납니다(그는 이렇게 말하면서 「평균율 클라비어 서곡집」의 악보를 훌훌 넘겼다). 아니, 이게 뭐지? 새로운 그림이군요. 정말 매력적입니다! (그는 그 그림을 게에게 보여주었다.)

게: 야! 도대체 이게 뭐지요? 아, 알았다. 이건 HOLISMIONISM이군요. 처음에는 점점 작아지다가 나중에는 원래 크기로 돌아가는 대문자로 씌어진 것입니다. 하지만 무슨 뜻인지는 모르겠군요. 이런 단어는 없는데(그는 그림을 개미핥기에게 건네준다).

개미핥기: 야! 도대체 이게 뭐지요? 아, 알았다. 이건 REDUCTHOLISM이군요. 처음에는 점점 커지다가 나중에는 원래 크기로 돌아가는 소문자로 씌어진 것입니다. 하지만 무슨 뜻인지는 모르겠군요. 이런 단어는 없는데(그는 그림을 아킬레스에게 건네준다).

아킬레스: 다른 분들은 믿을 수 없겠지만 이 그림은 HOLISM이라는 단어가 두 번 씌어진 것입니다. 왼쪽에서 오른쪽으로 가면

서 글자 크기가 점차 줄어들었군요(그는 이렇게 말하면서 거북에게 악보를 건네준다).

거북: 다른 분들은 믿을 수 없겠지만 이 그림은 REDUCTIONISM이라는 단어가 한 번 씌어진 것입니다. 왼쪽에서 오른쪽으로 가면서 글자 크기가 점차 커졌군요.

아킬레스: 마침내 이번에는 저도 주제에 새로운 변화가 나타난 것을 알아 들었습니다! 거북 씨, 조금 전에 그것을 지적해 주어서 대단히 감사합니다. 드디어 저도 푸가를 듣는 기술을 터득하기 시작했다는 생각이 드는군요.


**나를 찾아서 · 열하나**

영혼은 그 부분의 합보다 클까? 이 대화의 참가자들은 이 문제에 대해 제각기 다른 견해를 취하고 있는 것처럼 보인다. 그렇지만 분명 한 가지에 대해서는 모두가 동의하고 있다. 개체들로 이루어지는 체계의 집합적인 행동이 수많은 놀라운 성질을 가질 수 있다는 사실이다.

이 글을 읽은 많은 사람들은 얼핏 보기에는 합목적적이고, 이기적이고, 자기 생존을 추구하는 국가들의 행동이 그 국민들이 갖고 있는 습관과 여러 가지 제도에서 창발된다는 생각을 떠올렸을 것이다. 그런 제도 중에는 교육 제도, 법률 체계, 종교, 자원, 소비의 형태, 기대 수준 등이 포함된다. 그런데 하나의 견고한 조직이 서로 다른 개인들로부터 형성되는 경우, 특히 조직 형성의 과정에 하위 수준에 속하는 특정 개인들이 미치는 기여를 추적할 수 없는 경우는 그 견고한 조직체를 하나의 고차 수준에 속하는 개체로 간주하고 종종 의인화된 용어로 그 행동을 묘사한다. 예를 들어 어떤 테러리스트 집단에 대한 신문 기사는 그 집단이 〈자기 카드를 철저히 숨기고 있다〉라는 표현을 사용했다. 또한 종종 소련이 서구에 대한 〈오랜 열등감〉에 〈시달려〉왔기 때문에 자신의 힘을 세계가 인정해 주기를 〈열망〉하고 있다는 식으로 말하기도 한다. 물론 이런 표현은 은유에 지나지 않지만, 이런 예들은 조직체를 의인화하려는 충동이 얼마나 강한지를 잘 보여주고 있다.

조직을 구성하는 여러 개인, 예컨대 비서, 노동자, 운전사, 임원 등은 나름대로 삶의 목표를 갖고 있다. 그런데 그 목표가 그들이 구성하는 더 높은 수준의 조직과 갈등을 빚는 경우도 예상할 수 있을 것이다. 그러나 거기에는 어떤 작용이 있다(많은 정치학자들은 이 작용을 사악하고 음흉한 것으로 간주할지도 모르지만). 그것은 조직체가 구성원들이 지닌 목표들을 흡수하고, 착취하고, 개인의 긍지와 자존심 등을 이용해서 조직자신의 이익을 증대시키는 데 활용하는 것이다. 이렇듯 낮은 수준의 수많은 목표로부터 그 모든 것을 포섭하는 일종의 고차 수준의 운동량이 발생해서 낮은 차원의 움직임들을 일소하고 스스로를 영속시키는 것이다.

따라서 자신을 개미 개체에 비교하려는 아킬레스에게 반론을 제기하고, 적절한 수준, 즉 개미 군집 수준으로 〈자신을 사상〉하도록 권한 거북의 판단은 옳은 것이었다. 마찬가지로 우리는 〈중국은 어떤 나라일까? 미국과는 어떻게 다른 느낌이 들까?〉

하는 생각을 할 때가 있다. 그러나 과연 이러한 의문이 어떤 의미를 가질까? 이런 물음에 대한 상세한 논의는 박쥐에 대한 네이글의 글(이야기 스물넷)을 읽은 다음으로 미루기로 하자. 여기에서는 〈국가임 'being' a country〉에 대해 생각하는 것이 어떤 의미를 가지는지에 대해 좀더 생각해 보자. 국가가 사상과 신념을 가지는가? 이 물음을 다른 식으로 표현하면, 결국 국가라는 것이 힐러리 아주머니가 가지는 의미의 심벌 수준을 가지는지 여부의 문제로 귀착한다. 여기에서는 〈심벌 수준을 가진다〉라는 말 대신 〈표상 체계이다〉라는 표현을 사용하기로 하자.

〈표상 체계〉라는 개념은 이 책에서 매우 중요하기 때문에 어느 정도 정확한 정의를 내릴 필요가 있을 것이다. 앞으로 〈표상 체계〉라는 용어를 사용할 때 우리가 의미하는 것은, 변화하는 세계를 〈반영〉하도록 조직되어 있는 능동적이고, 또한 자기 갱신적인 self-updating 구조들의 집합을 뜻한다. 그림은 아무리 표상적이더라도 정태적이기 때문에 〈표상 체계〉에서 배제된다. 또한 이상하게 생각할지도 모르지만 우리는 거울 자체도 제외한다. 거울 속의 상(像)들의 집합은 끊임없이 세계를 시시각각 반영한다고 주장할 수도 있다. 그러나 거울의 경우 두 가지 문제를 안고 있다. 첫째, 거울 자체는 서로 다른 물체의 상을 구별하지 않는다. 다시 말해서 우주 전체를 그대로 반사할 뿐 그 범주들을 구분하지는 않는다. 실제로 거울은 단지 하나의 상을 만들 뿐이고, 거울 속의 하나의 상이 분리되어 서로 다른 물체의 〈분리된〉 상으로 나뉘는 것은 거울을 보는 사람의 눈 속에서이다. 결국 거울은 지각하고 있다고 할 수 없다. 단지 투영할 뿐이다. 둘째, 거울 속의 상은 그 자체의 〈생명〉을 가진 자율적인 구조가 아니다. 그 상은 직접적으로 외부 세계에 의존한다. 예를 들어 빛이 사라지면 상도 함께 사라져 버린다. 그에 비해 표상 체계는 그것이 〈투영〉하는 실재와의 접촉이 끊어진 경우에도 지속될 수 있어야 한다. 다만, 여기에서 말하는 〈투영〉이 충분히 풍부한 은유가 아니라는 점은 감안할 필요가 있다. 이제 분리된 표상 구조들은 스스로 변화와 발전을 계속하지 않으면 안 된다. 이때의 발전 방향은 세계가 변화하는 참된 방향은 아니지만, 적어도 세계가 변화해 나가는 방향일 가능성이 높은 것이다. 실제로 좋은 표상 체계는 합리적으로 예상 가능한 다양한 가능성을 향해 병렬적으로 가지를 뻗어가게 될 것이다. 이때 그 내부 모형은 「마음의 재발견」(이야기 셋)에 대한 〈나를 찾아서〉에서 정의한 비유적인 의미에서, 각기 개연성에 대한 연관된 주관적 추정을 포함하는, 상태들의 중첩 superpositions of states으로 나아간다.

요약하자면, 표상 체계란 범주들 위에 쌓아 올려진 것이다. 그것은 입력되는 자료들을 선별해서 여러 범주로 나누고, 필요에 따라 내적 범주 연결망을 개량하고 확장시킨다. 그 표상, 즉 〈심벌〉은 자체의 내적 논리에 따라 서로에게 상호 작용한다. 이 논리는 외부 세계를 전혀 참조하지 않고 진행됨에도 불구하고, 세계의 작동 방식을 충분히 충실하게 반영하는 모형을 낳기 때문에 결과적으로 그것이 만들어내는 상(像)과 심벌이 반영한다고 생각되는 세계를 상당 정도 〈일치시킬 in phase〉 수 있다. 그런 의미에서 텔레비전은 표상 체계가 아니다. 왜냐하면 텔레비전은 자신이 어떤 종류의 사물을 표상하는지에 대해 생각하지 않고 단지 점들을 화면에 주사(走査)할 뿐이기 때문에 그 결과로 화면상에 생긴 패턴 역시 자율성을 갖지 않는다. 화면상의 패턴들은 〈바깥 거기〉에 존재하는 사물의 수동적인 복제에 불과하다. 이와는 대조적으로 어떤 장면을 〈보고〉, 거기에 무엇이 있는지를 전해 주는 컴퓨터 프로그램은 표상 체계에 근접하고 있다. 그러나 최첨단 인공 지능에 의한 컴퓨터 시각(視覺) 연구도 아직 이 최후의 난관을 돌파하지는 못하고 있다. 만약 어떤 장면을 보고 거기에 무엇이 있는지를 전달할 뿐 아니라, 그 장면이 무엇에 의해 발생했는지, 그리고 다음에 어떤 일이 일어날지에 대해서까지도 전달하는 프로그램이 나타난다면, 이것이 바로 우리가 표상 체계라고 부르는 것이다. 이런 의미에서 국가는 표상 체계일까? 국가는 심벌 수준을 갖는가? 이 문제는 여러분들의 몫으로 남겨두기로 하겠다.

개미의 푸가에서 더 중요한 개념 중 하나는 〈카스트 분포〉 내지 〈상태〉이다. 왜냐하면 그것이야말로 유기체의 미래를 결정하는 인과적인 작인(作因)이라고 일컬어지기 때문이다. 그러나 얼핏 보기에 이런 생각은 체계의 모든 행동이 기본적인 법칙, 즉 군집에서는 개미의 행동을 지배하는 법칙이고, 뇌에서는 뉴런의 발화를 지배하는 법칙이며, 어느 쪽이든 궁극적으로는 소립자를 지배하는 법칙에서 유래한다는 생각과 모순되는 것 같다. 그렇다면 〈하향적 인과성downward causality〉과 같은 것이 존재하는가? 또는 좀더 엄격하게 말하자면, 〈사고가 전자(電子)의 경로에 영향을 미칠 수 있는가?〉

윌리엄 캘빈William Cavin과 조지 오지맨George Ojemann이 쓴 『뇌의 안쪽 Inside the Brain』이라는 책에는 뉴런의 발화와 연관된 일련의 도발적인 물음이 제기된다. 저자들은 〈무엇이 발화를 시작하게 만들었는가〉라는 물음에서 시작한다. 무엇이 나트륨 채널을 열었는가? (나트륨 채널의 기능은 나트륨 이온을 뉴런 속으로 보내는 것이다. 그리고 뉴런 속의 나트륨 이온 농도가 충분히 높아지면 신경 전달 물질이 방출된다. 이 물질이 한 뉴런에서 다른 뉴런으로 이동하는 것이 뉴런 발화의 본질이다.) 이 물음에 대한 답은 나트륨 채널이 전위차에 민감하고, 충분히 높은 전압을 가진 펄스에 의해 채널의 상태가 〈닫힘〉에서 〈열림〉으로 변한다는 것이다.

그들은 계속 물음을 제기한다. 〈그러나 맨 처음에 전위차를 발생시켜서 문턱값을 넘어서게 한 것은 무엇인가…….  그리고 펄스라고 불리는 이 일련의 사건을 출발시킨 것은 무엇인가?〉 이 의문에 대한 답은 뉴런의 축색(軸索)을 따라 늘어서 있는 여러 개의 〈노드node〉들이 이 고전압을 한 부위에서 이웃 부위로 중계하는 역할을 했다는 것이다. 이 대목에서 물음은 다시 그 형태를 바꾼다. 그들은 이번에는 이렇게 묻는다. 〈그러나 최초의 노드에서 최초의 펄스가 발생하게 한 것은 무엇인가? 거기에서 전위 변화를 일으킨 것은 무엇인가? 그 펄스에 선행하는 것은 무엇인가?〉

뇌 속 대부분 뉴런들, 〈개재(介在) 뉴런interneuron〉, 즉 감각 입력이 아니라 다른 뉴런에 의해 입력을 받을 수 있는 뉴런의 경우 이 의문에 대한 답은, 최초의 전위 변화가 발생하는 것은 다른 뉴런들로부터 전달된 신경 전달 물질 펄스의 전체적 작용의 결과라는 것이다(이런 뉴런들을 〈상행upstream 뉴런〉이라고 부를 수도 있지만, 이러한 명칭은 뇌 속에서 일어나는 뉴런의 활동 흐름이 한 방향으로 일률적으로 이루어진다는 잘못된 인상을 줄 위험이 있다. 실제로 신경 활동 패턴은 선형적인 것이 아니라 도처에서 고리loop를 형성하는 방식으로 이루어진다는 점에서 강과는 크게 다르다).

따라서 우리는 악순환의 함정에 빠진 것 같다. 〈달걀이 먼저냐 닭이 먼저냐〉와 같은 상황에 직면하고 있다. 〈뉴런이 발화하도록 방아쇠를 당긴 것은 무엇인가?〉라는 물음과 〈다른 뉴런의 흥분〉이라는 답이 꼬리를 물고 순환하는 형국이다. 그러나 정작 중요한 다음 물음은 아직 답을 얻지 못한 채 남겨져 있다. 〈왜 다른 뉴런이 아니라 하필 그 뉴런인가? 왜 이 악순환이 문제이고, 뇌 속의 다른 위치의 다른 고리는 문제되지 않는가?〉 이 의문에 답하기 위해서는 수준을 변경해서 뇌와 뇌가 코드화되는 개념 사이의 관계에 대해 이야기할 필요가 있다. 그러기 위해서는 뇌가 세계에 대한 개념을 어떻게 코드화하고 표상하는지에 대해 이야기해야 할 것이다. 이 책은 이러한 문제에 대해 상세한 이론화를 목적으로 삼지 않기 때문에, 우리는 그와 연관되기는 하지만 좀더 단순화된 개념에 대해 살펴보기로 하자.

가령 복잡하게 뒤얽힌 도미노 연쇄의 연결망이 있다고 가정하자. 각각의 도미노 아래쪽에는 조금 시간이 지난 다음에 반응하는 용수철이 장치되어 있어 도미노가 쓰러지면 약 5초 후에 다시 일으켜 세워준다. 이 연결망을 여러 가지 방법으로 배열해서 이 도미노 체계가 완전한 컴퓨터처럼 숫자를 이용한 계산을 할 수 있는 프로그램을 작성할 수 있을 것이다. 다양한 경로가 계산의 여러 부분을 담당하고, 정교하게 분기(分岐)하는 회로를 설정할 수 있기 때문이다(이러한 상이 뇌 속 뉴런들의 연결망 상과 그리 다르지 않다는 점을 주목하라).

그러면 우리는 정수(整數) 641을 인수 분해하는 〈프로그램〉을 상상할 수 있을 것이다. 만약 당신이 오랫동안 하나의 도미노를 세심하게 관찰했다면, 〈왜 이 특정한 도미노는 지금까지 한 번도 쓰러지지 않는가?〉라는 질문을 할 수도 있을 것이다. 이 물음에 대한 한 수준에서의 답은 〈왜냐하면 그 앞에 있는 도미노가 한 번도 쓰러지지 않았기 때문이다〉가 될 것이다. 그러나 이러한 형태의 낮은 수준에서의 〈설명〉은 논점 선취에 불과하다. 진정한 의미에서 요구되는 답(실제로 유일하게 만족스러운 해)은 프로그램 개념이라는 수준에서 주어지는 다음과 같은 답이다. 〈그 도미노가 쓰러지지 않은 까닭은, 그것이 약수가 발견되었을 때에만 활성화하는 일련의 도미노 연쇄에 속하기 때문이고, 641이라는 수는 약수가 없는 수, 즉 소수(素數)이기 때문이다. 따라서 그 도미노가 쓰러지지 않은 이유는 물리학과 도미노 연쇄와 아무런 관계도 없다. 단지 641이 소수이기 때문이다.〉

그렇다면 우리는 이런 설명을 통해 참된 원인은 좀더 고차 수준의 법칙이고, 이 법칙이 낮은 수준의 법칙들을 넘어서서 그와는 무관하게 이 체계를 지배한다는 것까지 승인하는 것인가? 물론 그렇지는 않다. 앞에서 한 설명은 좀더 고차 수준의 개념이 필요하다는 것을 강조했을 뿐이다. 당연한 일이지만 도미노들은 스스로가 어떤 프로그램의 부분이라는 사실을 모르며, 또한 그럴 필요도 갖지 않는다. 이것은 피아노 건반들이 연주하는 곡목을 모르고, 알 필요조차 없는 것과 마찬가지이다. 만약 그렇게 된다면 얼마나 이상해질지 생각해 보라! 여러분의 뇌 속 뉴런 역시 마찬가지이다. 뉴런들은 지금 이 순간 이러한 사고에 관여하고 있다는 것을 알지 못하며, 개미들도 자신이 군집이라는 큰 틀의 일부라는 것을 알지 못한다.

　이 대목에서 여러분들의 마음 속에는 좀더 깊은 곳으로 거슬러 올라가는 의문이 제기될지도 모른다. 〈어떤 수준, 그리고 어떤 법칙이 프로그램과 도미노 연쇄가 존재할 수 있게 하는 것인가, 아니 도미노의 제작 자체가 가능한 것인가?〉이 물음, 그리고 이 물음에 의해 불가피하게 제기되는 다른 많은 물음에 답하기 위해서는 멀리 시간을 거슬러 올라가 우리 사회의 존재 이유, 나아가 생명의 기원 등으로까지 되돌아가야 할 것이다. 물론 이러한 의문을 양탄자 속으로 쓸어 넣고 641이 소수라는 이유만으로 모든 것을 설명하는 편이 훨씬 손쉬울 것이다. 우리는 대개 이런 종류의 간결한 고차 설명, 즉 과거로의 소급을 배제하고 현재, 또는 시간을 초월하는 보편적 문제에만 관심을 국한하는 설명을 선호한다. 그러나 만약 우리가 다양한 사건의 궁극의 원인까지 추적하려 한다면, 앞에서 살펴보았던 도킨스, 또는 거북이 주장하는 환원주의적인 견해를 취하지 않을 수 없다. 그리고 궁극적으로는 〈빅뱅〉이야말로 삼라만상의 근본 원인이라고 설명하는 물리학자에게 기댈 수밖에 없을 것이다. 그러나 이런 설명은 만족스럽지 않다. 왜냐하면 우리가 원하는 답은 보통 사람에게 친숙한 여러 개념에 호소하는 수준에서의 해답이고, 다행스럽게도 자연은 누층(累層) 구조를 이루고 있어서 그런 답을 충분히 줄 수 있다.

　앞에서 우리는 〈사고(思考)가 전자의 궤적에 영향을 줄 수 있는가?〉라는 물음을 제기했다. 그때 독자들은 우리가 생각할 수 없는 그림을 상상하고 있었을지도 모른다. 이마를 잔뜩 찡그리고 〈정신〉을 통일해서 어떤 대상에, 가령 구르는 주사위에 〈염력〉(또는 다르게 불러도 괜찮지만)을 집중해서 주사위의 윗면에 나오는 숫자에 영향을 주는 식의 상(像)이다. 우리는 이런 일이 가능하다고 생각하지 않고, 또한 개념이 대상에 〈도달해서〉, 일종의 〈의미 잠재력〉에 의해 소립자의 경로를 변경시켜 현대 물리학이 예측하는 경로에서 벗어나게 할 수 있는 〈심리적 자기력 mental magnetism〉과 같은, 아직까지 발견되지 않은 능력이란 존재하지 않는다고 생각한다. 우리가 이야기하는 것은 그와는 다른 무언가이다. 다시 말해 문제는 오히려 설명력이 어디에서 유래하는가이다. 아마도 이것은 언어의 올바른 사용 방법, 즉 〈원인〉과 같은 말의 일상적 용법과 과학적 용법을 어떻게 조화시킬 것인가의 문제가 될 것이다. 그렇다면 소립자의 궤적을 설명할 때 〈신념〉이나 〈바람〉과 같은 고차적 개념을 참조하는 것도 합당하지 않을까? 독자들은 이쯤에서 우리가 이러한 설명 방식을 채택할 때 얻을 수 있는 유용성이 무엇인지 알아차렸을 것이다. 진화생물학자들이 자신들의 개념을 직관적으로 이해할 수 있는 크기로 압축해서 표현하기 위해 〈목적론적 간략화〉를 사용해도 무방하다고 생각하는 것처럼, 우리도 사고의 메커니즘을 연구하는 사람이 순수하게 환원주의적인 언어와 일종의 〈전체론적〉 언어 (전체가 부분에 대해 가시적인 영향을 행사하고, 〈하향적 인과성〉을 갖는) 사이를 자유롭게 왕래하는데 능통해야 한다고 생각한다.

물리학에서는 관점의 변화가 이루어졌을 때 법칙 자체가 달라지는 것처럼 여겨질 때가 있다. 예를 들어 놀이 공원의 탈것에서 커다란 원통 안쪽에 사람들이 나란히 타고 있다고 가정해 보자. 그 원통이 회전하기 시작하면 마치 거대한 깡통 따개가 밑에서 깡통을 따듯이 마룻바닥이 아래로 멀어져 나간다. 거기에 탄 사람들은 이른바 원심력에 의해 벽에 강하게 밀착되어 대롱대롱 매달리게 된다. 당신이 이 놀이 시설에 타고 있고, 원통의 맞은편에 타고 있는 친구를 향해서 테니스 공을 던졌다고 하자. 그러면 그 공이 엉뚱하게 날아가 마치 부메랑처럼 당신 눈앞으로 되돌아오는 광경을 보게 될 것이다! 물론 이런 일이 일어난 이유는 공이 원통을 (직선으로) 가로지르는 데 걸린 시간과 같은 시간만큼 여러분이 반대 방향으로 회전했기 때문이다. 그러나 만약 여러분이 회전하는 놀이 시설에 타고 있다는 사실을 모른다면, 여러분은 자신이 던진 공을 원래 목표에서 이탈시킨 기묘한 편향력에 대해 이름을 붙일 수도 있을 것이다. 가령 당신은 그 힘이 중력의 기묘한 변종이라고 생각할 수도 있다. 이러한 가정은 이 편향력이 중력과 마찬가지로 같은 질량을 가진 두 개의 서로 다른 물체에 대해 동일하게 작용한다는 관찰로부터 뒷받침될 것이다. 놀랍게도 이 단순한 관찰, 즉 〈가상의 힘〉과 중력이 쉽게 혼동된다는 사실은 아인슈타인의 일반상대론의 핵심이다. 이러한 예를 통해 알 수 있는 사실은 준거틀frame of reference의 전환이 지각과 개념의 전환, 나아가 원인과 결과를 지각하는 방식의 전환까지 야기할 수 있다는 것이다. 이런 전환이 아인슈타인에게 가능하다면 우리에게도 가능해야 하지 않을까!

우리는 더 이상 전체적 수준과 부분적 수준 사이를 왕복함으로써 발생하는 미묘한 관점 전환을 언급하면서 독자들을 혼란시킬 생각이 없다. 다만 몇 가지 매력적인 용어를 도입해서 독자들이 이런 주제에 대해 좀더 깊이 고찰할 수 있도록 도움을 주려고 한다. 우리는 지금까지 〈환원주의〉와 〈전체론〉을 대비해 왔다. 이제 우리는 〈환원주의〉를 〈상향적 인과성〉, 〈전체론〉을 〈하향적 인과성〉과 동의어로 간주할 수 있을 것이다. 이것은 공간적으로 다른 규모로 발생하는 사상(事相)들이 어떻게 서로를 결정하는지와 연관되는 개념이다. 이 개념은 시간 차원에서 그에 상응하는 개념을 갖는다. 즉 환원주의에 대해서는 유기체의 〈목표〉를 고려하지 않고 단지 그 과거로부터 미래를 예측한다는 사고 방식이 대응하고, 전체론에 대해서는 이러한 예측은 무생물에 관해서만 가능하고 생물의 경우에는 목적·목표·바람 등이 그 행동에 대한 설명에 불가결하다는 사고 방식이 대응한다. 흔히 〈목표 지향적〉 또는 〈목적론적〉이라는 이름으로 불리는 이런 견해는 〈목적주의 goalism〉라고 부를 수 있을 것이다. 그리고 그 반대 개념에는 〈예측주의 predictionism〉라는 명칭이 적당할 것이다. 따라서 예측주의가 환원주의에 대한 시간 관점에서의 대응물이라면, 목적주의는 전체론에 대한 시간적 대응물인 셈이다. 예측주의는 현재의 흐름이 어떻게 미래로 향하는가를 결정할 때, 〈상향 흐름 upstream〉의 사상(事相)들만을 (즉 〈하향 흐름 downstream〉과 관계되는 것을 모두 배제하고) 고려해도 무방하다는 사고 방식이다. 반대로 목적주의는 생물이 미래의 어떤 목표를 향해 나아가는 것으로 생각하고, 따라서 미래의 사상이 어떤 의미에서 인과적인 힘을 시간적으로 거꾸로, 즉 소급적으로 투사하고 있다고 생각한다. 이러한 인과성을 〈소급적 인과성〉이라고 부를 수 있을 것이다. 이 인과성은 (전체에서 부분으로) 〈내향적〉으로 작용하는 것으로 생각된다는 점에서, 전체론의 〈내향적 인과성〉에 대한 시간적 대응물이다. 이러한 목적주의와 전체론을 하나로 합치면 영혼론soulism이 태어난다! 그리고 예측주의와 환원주의를 합치면 기계론 mechanism이 태어난다.

요약하자면 다음과 같은 표를 그릴 수 있다.

| 강한 과학자 | 부드러운 과학자 |
| --- | --- |
| 환원주의 | 전체론 |
| (상향적 인과성) | (하향적 인과성) |
| + | + |
| 예측주의 | 목적주의 |
| (상향 흐름의 인과성) | (하향 흐름의 인과성) |
| = 기계론 | = 영혼론 |

이제 말장난을 충분히 즐겼으면 다음 문제로 넘어가기로 하자. 우리는 뇌의 활동을 빗댄 〈생각하는 풍경(風磬)〉이라는 또다른 비유를 통해서 새로운 전망을 얻을 수 있다. 유리로 만든 작은 방울들이 마치 나뭇가지에 달린 잎처럼 매달려 있고, 그가지는 또 다른 큰 가지에 매달려 있는 모빌처럼 생긴 풍경을 상상해 보자. 바람이 이 풍경을 스치면 수많은 방울이 흔들리고, 천천히 전체 조직이 모든 수준에서 변화해 간다. 여기에서 바람뿐 아니라 풍경 전체의 상태 역시 유리로 만든 작은 방울들의 운동을 결정하는 것이 분명하다. 다시 말해 설령 매달려있는 방울이 하나밖에 없다고 해도 그 방울이 매달린 줄의 비틀림은 바람과 함께 풍경 전체가 어떻게 운동하는지에 대해 밀

접한 관계를 갖기 때문이다.

사람들이 〈자신의 의지〉로 많은 일을 하는 것과 마찬가지로 이 풍경도 〈그 자신의 의지력volition〉을 갖는 것처럼 보인다. 그렇다면 도대체 의지력이란 무엇인가? 결국 미래의 특정한 내부 구성을 지향하고, 다른 내부 구성을 피하는 경향성을 코드화하고, 긴 역사에 걸쳐 확립된 복잡한 내부 구성에 불과한 것이 아닐까? 그렇다면 그 정도의 것은 가장 단순한 풍경에도 존재한다.

그러나 그렇게 말하는 것이 공평할까? 풍경이 원망(願望)을 가지는가? 풍경이 생각할 수 있는가? 상상력을 발동해서 우리의 풍경에 다양한 특징을 덧붙여 보자. 가령 풍경 가까이에 선풍기가 있고, 그 위치가 풍경의 특정 가지의 경사 각도에 의해 제어된다고 하자. 그리고 그 선풍기 날개의 회전 속도는 또 다른 가지의 경사 각도에 의해서 제어된다. 이제 이 풍경은 자신을 둘러싼 환경을 어느 정도 제어한다고 할 수 있다. 그것은 얼핏 보기에는 무의미한 작은 뉴런 집단에 의해 지배되는 큰 손을 가진 것과도 같다. 다시 말해 이 풍경은 자신의 미래를 결정하는 데 큰 역할을 하는 것이다.

여기에서 한 발 더 나아가 대부분의 가지들이 가지 하나 대(對) 바람 한 번의 비율로 송풍기를 제어한다고 하자. 그런데 자연적인 것이든 송풍기가 일으키는 바람이든, 바람이 불면 풍경의 방울의 한 집단이 흔들리고, 미묘하기는 하지만 그 흔들림은 풍경의 다른 부분에 전달된다. 그 흔들림이 주위로 퍼져 나가면 가지들이 점차 비틀리면서 풍경의 새로운 상태가 생긴다. 그 새로운 상태는 송풍기의 방향과 바람의 세기를 결정한다. 그리고 다시 풍경에서 더 많은 반응이 나타나게 될 것이다. 여기에서 외부의 바람과 풍경 내부의 상태는 복잡하게 뒤얽혀 있으며, 그 복잡성의 정도가 너무 커서 양자를 개념상 분리하는 것이 대단히 어렵다.

그런데 한 방에 두 개의 풍경이 있고 각각의 풍경이 상대를 향해 보내는 약한 바람으로 서로에 영향을 미치고 있다고 가정하자. 이러한 경우 이 전체의 체계를 두 개의 자연스러운 부분에 나눈다는 것이 의미 있다고 생각하는 사람이 있을까? 이 체계에 대한 최선의 관점은 최고 수준의 가지의 관점에서 보는 것이다. 그 경우에 하나의 풍경에 각기 5-10개의 자연스러운 부분이 있을 것이다. 그리고 살펴보아야 할 가장 좋은 단위는 한 수준 아래가 될 것이다. 그 경우에 우리는 하나의 풍경당 스무 개 이상의 부분들을 보게 될 것이다……. 그러나 이 모든 것은 편의상의 문제일 뿐이다. 어떤 의미에서 모든 부분이 서로 작용하고 있다. 그러나 공간적, 또는 구조의 일관성이라는 관점에서 분리함으로써 구별 가능한 두 부분이 있을 수도 있다. 예를 들어 어떤 종류의 떨림은 어느 한쪽 영역으로 국소화할 수 있다. 이런 경우 우리는 그 둘을 서로 다른 〈유기체〉라고 부를 수 있다. 그러나 모든 것이 물리학 용어로 설명 가능하다는 것을 주목할 필요가 있다.

그런데 우리는 여기에서, 가령 스물네 개의 고차 수준 가지의 다양한 각도에 의해 제어되는 기계 손을 설치한다고 가정할 수 있다. 물론 이들 가지는 풍경 전체의 상태와 긴밀하게 연관된다. 우리는 이 풍경의 상태가 기계 손의 움직임을 기묘한 방식으로 결정한다고 상상할 수 있다. 즉 체스판 위의 말을 집어들어 어디로 움직일 것인지를 지시할 수 있다. 이때 이 손이 항상 제대로 된 말을 집어서 규칙에 맞는 방향으로 움직인다면 그것을 놀라운 우연의 일치로 받아들여야 할까? 그리고 그런 말의 움직임이 항상 명수(名手)였다면 한층 더 놀라운 우연의 일치일까? 단순한 우연의 일치는 아닐 것이다. 만약 그런 일이 일어난다면, 그것은 우연의 일치가 아니기 때문에 일어날 수 있는 것이다. 그 까닭은 풍경의 내부 상태가 표상력을 갖기 때문이다.

여기에서 다시 한번 어떻게 개념들이 떨리는 사시나무를 연상시키는 이 기묘하게 흔들리는 구조 속에 저장될 수 있는지를 정확히 기술할 것인가의 문제로 돌아가기로 하자. 지금까지 논의의 핵심은 외부 자극 및 자기 내부 구성의 다양한 수준의 특성에 반응하는 체계가 갖는 잠재적인 섬세함, 복잡함, 자기 관여 등을 독자에게 제시하는 것이었다.

이러한 체계가 외부 세계에 대해 나타내는 반응과 그 체계 내부의 자기 관여된 반응을 구별하기란 거의 불가능하다. 왜냐하면 외부 세계에서 주어지는 극히 미소한 교란도 체계 내부에서 상호 연관된 엄청난 숫자의 미세한 사건들을 촉발시킬 수 있으며, 그에 따라 연쇄 반응이 일어날 수 있기 때문이다. 만약 여러분이 이 일련의 과정을 이 체계에 있어서의 입력 〈지각〉이라고 생각한다면, 분명 체계 자체의 상태도 비슷한 과정으로 〈지각〉되는 것이다. 따라서 자기 지각을 보통의 지각으로부터 구별하는 것은 불가능하다.

이러한 체계를 고차 수준에 있어서 보는 방법이 존재한다는 것은 이미 기정 사실화된 결론이 아니다. 다시 말해 우리가 이 풍경의 상태를 그 체계가 갖는 신념, 예를 들어 (체스를 어떻게 잘 둘 것인가뿐 아니라) 체스의 규칙 집합을 포함하는 신념을 표현하는 정합적인 영어의 문(文) 집합으로 해독할 수 있다는 보증이 주어지는 것은 아니다. 그렇지만 이러한 체계가 자연 선택에 의해 〈진화〉했을 때 그중 일부 체계가 살아남고 대부분을 차지하는 나머지는 살아남을 수 없는 이유가 실제로 〈생길〉 것이다. 그것은 그 체계가 적어도 부분적으로는 그 환경을 제어하고 이용하는 것을 허용하는 유의미한 내부 조직이다.

풍경에서도, 의식을 가진 가상의 개미 군집에서도, 뇌에서도 조직은 계층화되어 있다. 풍경에서의 수준은 다른 가지에 매달려 있는 가지의 다양한 수준에 상응하고, 최고 수준의 가지의 공간적 배열은 풍경 상태의 전체적 특성의 간결하고 추상적인 개요를 표상한다. 또한 수천(수만?) 개나 되는 흔들리는 개별적인 방울들의 성질은 완전히 혼란스럽고 반직관적이지만, 그 풍경 상태의 구체적이고 국소적인 기술을 제공한다. 개미 군집의 경우에는 개미, 팀, 그리고 신호라는 다양한 수준이 있으며, 마지막에 카스트 분포 또는 〈군집 상태〉라고 불리는 것이 있다. 여기에서도 이 〈군집 상태〉가 군집에 대한 가장 통찰력 있는, 그러나 추상적인 관점을 제공한다. 아킬레스가 놀랐듯이 그것은 너무도 추상적이어서 개미 한 마리 한 마리에 대해서는 전혀 언급되지 않을 정도이다! 뇌의 경우 우리는 아직 뇌 속에 쌓인 신념을 우리말로 표현하는 식의 고차 수준 구조를 어떻게 발견할 수 있는지 알지 못한다. 어쩌면 이미 알고 있는지도 모른다. 왜냐하면 우리는 그 뇌의 주인에게 그 또는 그녀가 어떤 생각을 갖고 있는지 묻기만 하면 되기 때문이다! 단지 우리는 이러

한 사상이 어디에 어떻게 코드화되어 있는지를 물리적으로 결정할 방법을 알지 못할 뿐이다. *

이 세 가지 체계 속에는 다양한 반(半)자율적인 하위 체계가 존재한다. 그 각각의 하위 체계는 하나의 개념을 표상하고 있으며, 다양한 입력 자극이 특정 개념 또는 심벌을 불러일으킬 수 있다. 여기에서 주의해야 할 점은 이러한 견해에서 모든 활동을 감시하고, 그 체계를 〈느끼는〉 이른바 〈내면의 눈inner eye〉과 같은 것은 존재하지 않으며, 그 대신 체계 상태 자체가 이러한 〈느낌〉을 표상하고 있다는 사실이다. 그런 역할을 한다고 믿어진 전설적인 〈소인(小人)〉은 또다시 그보다 더 작은 〈내부의 눈〉을 가져야 할 것이며, 그 속에는 더 작은 소인이 들어 있고 더 작은 〈내부의 눈〉이 필요하게 될 것이다. 이런 순환은 결국 최악이자 가장 어리석은 종류의 무한 회귀를 초래할 것이다. 이러한 종류의 체계에서 자기 의식은 정반대로 체계의 외부와 내부 자극 모두에 대해 복잡하게 뒤얽힌 반응에서 발생한다. 이런 종류의 패턴은 다음과 같은 일반 명제를 잘 예증해 준다. 〈마음은 마음에 의해 지각된 패턴이다.〉이 명제는 분명 순환적이다. 그러나 결코 악순환이 아니며 역설도 아니다.

뇌의 활동을 지각하는 〈소인〉 또는 〈내면의 눈〉을 가진다고 할 수 있는 상태에 가장 가까운 것은 자기 심벌일 것이다. 자기 심벌은 체계 전체의 모형인 복잡한 하위 체계이다. 그러나 자기 심벌의 지각은 그보다 작은 심벌들의 레퍼터리를 가짐으로 써(그 자체의 자기 심벌을 포함해서, 그렇게 된다면 무한 회귀에

* 〈뇌판독〉에서 사람을 능가하는 기계에 대해서는 이야기 스물다섯 「인식론 적 악몽」을 참조하라

빠지게 될 것이다) 이루어지지 않는다. 오히려 자기 심벌이 일반적인(비반사적인) 심벌과 공동으로 활성화됨으로써 그 체계의 지각이 발생하는 것이다. 즉 지각이란 체계의 전체 수준에서 성립하는 것이며 자기 심벌 수준에 존재하지는 않는다. 따라서 자기 심벌이 무언가를 지각한다고 말하고자 한다면, 그 의미는 수컷 나방이 암컷 나방을 지각한다는 의미에서, 또는 당신의 뇌가 당신의 심장 박동을 (현미경 수준의 세포 간 화학 물질 메시지에 의해) 지각한다는 의미에서만 가능할 것이다.

마지막으로 제기하려는 주장은, 뇌가 이와 같은 다수준 multileveled 구조를 필요로 하는 이유가 예측 불가능하고, 동역학적인 세계에 대응하기 위한 뇌의 메커니즘이 비상하게 유연하지 않으면 안 되기 때문이라는 점이다. 유연하지 않은 프로그램은 급속히 사멸할 것이다. 공룡 사냥이라는 유일한 목적에만 배타적으로 맞춰진 전략은 털로 덮인 매머드 사냥에는 도움이 되지 않고, 가축을 기르거나 지하철로 통근하는 데에는 더더욱 도움이 되지 않는다. 그에 비해 지능을 가진 체계는 더 깊은 수준에서 스스로를 재구성할 수 있어야 한다. 즉 의자에 앉아서 상황을 판단하고, 재편성을 할 수 있어야 한다. 이러한 유연성을 갖기 위해서는 가장 추상적인 기구를 그대로 유지하는 것으로도 충분하다. 다층 체계는 아주 구체적인 요구에 대응하는 맞춤식 프로그램(예를 들어 체스 경기 프로그램, 털로 덮인 매머드 사냥 프로그램 등)을 가장 표층 수준에 놓고, 그런 다음 추상적인 프로그램을 차츰 깊은 수준에 마련해 두고, 마지막에는 양쪽 세계를 통괄하는 것이 가능하다. 좀더 깊은 유형의 프로그램의 예로는 패턴 인식용의 다양한 프로그램, 또는 서로 경합하는 증거를 평가하는 프로그램, 그리고 서로 주의를 끌려고 경쟁하는 하위 체계들 중에서 어느 것에 더 높은 우선 순위를 주어야 하는지를 판정하는 프로그램, 그리고 현재 지각된 상황에 명칭을 부여하고, 미래에 비슷한 상황이 발생했을 때 검색을 가능하게 하는 프로그램, 또한 두 개의 개념이 유사 관계에 있는지 여부를 판정하는 프로그램 등이 있다.

이런 종류의 체계에 대한 좀더 상세한 기술은 우리를 인지과학의 철학적이고 전문적인 영역으로 차츰 깊숙이 끌어들일 것이다. 그러나 이 자리에서는 더 이상 깊이 들어가지는 않을 것이다. 대신 인간과 프로그램에서의 지식 표상 전략에 대해 좀더 깊이 있는 논의를 원하는 사람은 「더 깊은 내용을 원하는 독자들에게」를 참조하기 바란다. 특히 아론 슬로먼Aaron Sloman의 저서 『철학에서의 컴퓨터 혁명 *The Computer Revolution in Philosophy*』은 이 주제를 상세하게 다루고 있다.

D. R. H.

# 어느 뇌 이야기

## 아놀드 즈보프

I

옛날에 마음씨 좋은 젊은이가 있었다. 많은 친구들과 풍족한 재산으로 축복받은 그 젊은이는 신경계를 제외한 자신의 온몸이 무서운 병에 걸려서 점차 썩어들어 간다는 것을 알게 되었다. 그는 삶을 사랑했고, 삶이 주는 모든 경험을 사랑했다. 따라서 놀라운 능력을 가진 친구 과학자들이 다음과 같은 이야기를 해주었을 때 비상한 관심을 갖게 되었다.

〈우리는 썩어들어 가는 자네의 불쌍한 몸뚱아리에서 뇌를 꺼내 특수한 배양조(培養槽) 안에 건강한 상태로 보존할 걸세. 그리고 신경 흥분의 모든 패턴을 뇌에 보내줄 수 있고, 또한 그에 따라 자네의 신경계 활동이 일으키는 경험, 또는 활동 그 자체라고 할 수 있는 경험, 그런 경험을 모조리 그대로 자네가 체험할 수 있게 해

줄 기계에 접속시킬 것이네.〉

　여기에서 〈일으키는 경험〉이라는 말과 〈활동 그 자체라고 할 수 있는 경험〉이라는 말이 〈또는〉이라는 선언(選言)의 형태로 나타나고 있는 데에는 나름의 이유가 있다. 모든 과학자들이 〈경험에 대한 신경 이론the neural theory of experience〉이라 불리는 일반적인 이론을 확신하지만, 그 이론의 세부적인 부분에 대해서는 의견 차이가 있기 때문이다. 그들은 모두 뇌의 상태와 뇌의 활동 패턴이 인간의 개별적인 경험에 어떤 식으로든 기여하는 무수한 실례를 알고 있었다. 그들의 일치된 견해에 따르면 인간의 모든 특정한 경험을 결정적으로 제어하는 즉, 그 경험의 존재 여부, 그리고 그 경험이 어떤 모습을 띠게 될지를 제어하는 것은 결국 그 사람의 신경계의 상태, 좀더 구체적으로 이야기하자면, 세심한 연구 결과로 의식의 다양한 양상에 관여한다는 사실이 분명해진 뇌의 여러 영역의 상태이다. 그들이 자신들의 젊은 친구에게 앞의 제안을 할 수 있었던 것은 바로 그러한 확신 덕분이었다. 경험이 신경 활동의 산물에 불과한 것인지, 아니면 신경 활동은 경험을 구성하는 일부에 지나지 않은지를 둘러싼 의견 차이는 젊은 친구의 뇌가 그들의 제어를 기초로 기능상 살아 있는 한 이 젊은이에게 그가 사랑하는 삶의 경험을 무기한 체험할 수 있게 해줄 것이라는 그들의 믿음과는 무관한 것이었다. 자연적인 상태에서 발생하는 것과 같은 신경적 발화firing(發火) 패턴을 인공적으로 일으킴으로써, 그들은 그가 마치 직접 걸어다니면서 여러 가지 다양한 상황을 몸으로 체험하는 것처럼 실감하게 만들 수 있었다. 예를 들어 그가 눈에 덮인 얼어붙은 호수의 구멍을 들여다보았다면, 그 현실의 물질적인 정경은 그에게 헨리 소로Henry Thoreau(『월든, 숲 속의 생활』을 쓴 미국의 작가.

월든 호는 매사추세츠 주에 있는 작은 호수로, 그는 이 호수 근처에서 2년 간 원시 생활을 하며 이 작품을 썼다. ——옮긴이)가 묘사하는 것과 같은 경험을 주어서 소로가 그리는 〈젖빛 유리를 통해 보는 것과 같은 온화한 빛이 충만하고, 저 여름날의 반짝이는 모래 마루가 깔려 있고, 물고기들이 군집하는 정적(靜寂)의 거실〉을 체험하게 해줄 것이다. 그의 뇌는 자신의 신체에서 분리되어 호수에서 멀리 떨어진 배양조에 담겨 있지만, 마치 호수 구멍 주변의 환경에 자연스럽게 처해 있는 것처럼 똑같은 활동을 하면서 그 젊은이에게 그와 동일한 경험을 하게 해주는 것이다.

젊은이는 그 계획에 동의했고, 실행에 옮겨지기를 고대했다. 그가 최초로 그 이야기를 들은 지 불과 한 달이 지난 후, 그의 뇌는 따뜻한 배양조 속을 부유하고 있었다. 그의 과학자 친구들은 돈을 주고 피실험자를 고용해서 연구에 쉴 틈이 없었고, 어떤 뉴런(신경세포)의 발화 패턴이 매우 쾌적한 상황에 대한 자연스러운 신경 반응과 흡사한지를 조사했다. 그리고 복잡한 전극 장치를 통해 그들의 친한 친구의 뇌에 이러한 쾌적한 신경 활동만을 보내주었다.

그런데 문제가 발생했다. 어느 날 밤, 술에 취한 수위가 배양조가 있는 방에 들어가 비틀거리며 돌아다니다가 몸을 기울여 오른손을 배양조에 넣어 불쌍한 뇌를 좌우 양반구(兩半球)로 분리시킨 것이다.

이튿날 아침, 그 뇌의 과학자 친구들은 어찌할 바를 몰랐다. 그들은 최근에 매우 훌륭한 일군의 경험에 해당하는 신경 패턴들을 발견했고, 그것을 그 뇌에 보내주기 위한 모든 채비를 마치고 있었다.

〈분리된 양반구를 다시 결합시켜서 그의 뇌가 회복되기를 기다린다면, 이 새로운 경험을 그에게 공급해 주는 즐거움을 얻기 위해서 족히 2개월은 기다려야 할 걸세. 물론 그 자신은 기다리고 있다는 사실을 알아차리지 못하겠지만 우리에게는 지루한 시간이야! 더구나 자네들도 알다시피 불행하게도 분리된 뇌의 양반구는 결합해 있을 때와 같은 신경 패턴을 받아들일 수 없어. 전뇌적 경험whole - brain experience에서 한쪽 반구로부터 다른 쪽 반구로 보내지던 신경 충격은 더 이상 양반구 사이 간격을 넘어 그 경험을 다른 쪽 반구에 전달할 수 없는 것이지.〉친구 중 한 사람인 프레드Fred가 말했다.

그가 한 이야기의 마지막 부분을 듣고 다른 친구가 이런 생각을 하게 되었다. 다음과 같은 일을 해서는 안 될 이유가 있겠는가? 뉴런의 시냅스(신경 접합부)에 적합한 말단을 가진 전기 화학적인 극소(極小) 전선을 만들어서 신경 충격을 주고받을 수 있게 하면 어떨까? 이러한 전선이면 양반구의 분리로 다른 쪽 반구로의 연결이 끊어진 뉴런에서 오는 충격을 연결시켜 줄 수 있을 것이다. 이 제안을 한 버트Bert는 이렇게 자신의 말을 끝맺었다. 〈이런 방식으로, 한쪽 반구에서 다른 쪽 반구로 전달되었다고 생각된 충격은 똑같은 방식으로, 즉 그 전선에 의해 전달될 수 있을 것이네.〉

과학자들은 그의 제안을 열광적인 환호로 받아들였다. 전선을 이용한 시스템의 구성은 기껏해야 1주일이면 쉽게 완성될 것으로 판단했기 때문이다. 그러나 캐산더Cassander라는 이름의 신중론자는 걱정스러운 표정으로 이렇게 말했다. 〈우리 모두는 우리가 친구에게 주려고 했던 경험을 그가 실제로 체험해 왔다고 생각하고 있네. 다시 말해, 우리는 경험의 신경 이론을 어떠한 형태로든 받아들이고 있는 것이지. 우리가 받아들이고 있는 그 이론에 따르면, 뇌가 그 활동 패턴을 유지하는 한, 뇌를 기능시키는 전후 맥락은 마음대로 바꾸어도 아무런 상관이 없어. 그러면 이 말이 무엇을 뜻하는지 생각해 보세. 가령 우리가 3주일 전에 그에게 주었다고 믿고 있는 호수 구멍의 경험을 예로 들자면, 그런 경험을 일반적으로 체험하게 해주는 여러 가지 조건이 있네. 대개 이런 조건은, 진짜 호수에 있는 진짜 신체 속에 있는 뇌가, 우리가 그에게 보내준 것과 같은 신경 활동에 자극되는 것이지. 그런데 우리는 이러한 맥락의 다른 조건을 배제한 채 그에게 신경 활동만을 보내주었어. 애당초 우리의 친구에게는 신체가 없고, 또한 우리는 경험의 존재와 그 성질을 본질적으로 결정하는 것은 그런 전후 맥락이 아니라 전후 맥락이 자극이 되어 일으키는 신경 활동뿐이라고 믿고 있기 때문이지. 우리는 맥락적 조건들이 일반적인 상태에서 경험을 체험하기 위한 본질적인 조건이기는 하지만, 인간의 경험 활동 그 자체에서는 없어도 되는 무엇이라고 생각하고 있어. 만약 누군가가 우리가 했듯이 호수 구멍을 경험하기 위한 여러 가지 외적 조건을 반드시 필요로 하지 않는 어떤 수단을 갖고 있다면, 그러한 여러 가지 조건은 더 이상 필요 없게 되지. 이것은 경험에 대한 우리의 개념 내에서, 이론상으로는 그러한 조건이 경험을 한다는 사실 그 자체에 대해 불필요함을 증명하는 것이지.

그런데 지금 여러분이 전선을 사용하려 하는 것은, 우리의 친구가 경험을 일반적인 상태로 체험하기 위한 또 하나의 조건을 비본질적인 것으로 간주하는 것이나 마찬가지야. 즉 여러분은 신경 활동의 외부 맥락에 관해 내가 지금 말한 것과 비슷한 이야기를 하고 있어. 하지만 여러분은 뇌의 양반구가 서로 근접해 있는 조건에 대해 말하고 있지. 다시 말해 여러분은 전뇌적 경험에서 양반구가 서로 연결되어 있다는 사실은 통상적인 경우에 그러한 경험을 일으키는 데 필요할지도 모르지만, 어떤 특수한 경우에 이러한 근접성이 깨졌을 때 그것을 극복할 수 있는 방법이 있다면, 여러분이 전선을 이용해서 하려 했듯이, 동일한 경험을 그 자체로 얻을 수 있을지도 모르지. 따라서 여러분은 이러한 경험 그 자체에 있어서는 근접성이라는 필요 조건이 성립하지 않는다고 말하는 것이네. 그러나 분리된 뇌에서 전뇌적인 신경 패턴이 정확히 재현되었다고 해도, 반대로 그것이 전뇌적인 경험을 일으키지 않을 가능성도 있지 않을까? 근접이라는 것이 특정한 전뇌적 경험을 낳는 데 없어도 무방한 무엇이 아니라, 전뇌적 경험을 체험하기 위한 어떤 절대적인 조건이나 원리일 가능성은 없을까?〉

캐산더의 우려 섞인 발언은 다른 친구들에게 거의 공감을 일으키지 못했다. 그에게 돌아온 대답은 대부분 회의적이었다. 〈그 빌어먹을 양반구가 자기들이 일반적인 방식으로 연결되지 않고, 전선으로 이어졌다는 사실을 어떻게 안단 말이지? 그러니까 전선으로 연결되었다는 사실이 언어 활동이나 사고, 또는 인식의 그 밖의 모든 활동에 관여하는 뇌 구조의 어딘가에 암호화되기라도 한다는 말인가? 자신의 뇌가 외부 관찰자에게 어떤 모습으로 보이는가와 연관된 사실이 어떻게 즐거운 경험을 체험하고 있는 우리의 사랑스런 친구에게 문제가 된다는 것이지? 이제 달랑 뇌밖에 남지 않았고, 따뜻한 배양조에 담겨 있는 그에게 도대체 그게 무슨 문제가 된다는 것이지? 그것이 연결되어 있든 분리되어 있든 간에 양반구에서의 신경 활동이 두 발로 돌아다니면서 즐거움을 누리고 있는 사람의 머리 속에서 하나로 결합되어 있는 양반구의 신경 활동과 정확히 일치하는 한, 그 사람 자신은 같은 즐거움을 누리고 있는 거야. 만약 우리가 뇌의 이 영역에 입을 달아준다면, 그는 자신이 누린 즐거움에 대해 이야기해 줄 거야.〉 점차 짧아지고, 짜증스러워지는 친구들의 반응에 캐산더는 일부 경험 영역, 〈또는 그와 비슷한 것〉의 붕괴 가능성에 대해 비슷한 이야기를 되뇌일 수밖에 없었다.

그러나 그들은 잠시 전선 작업을 진행시키다가 다른 누군가가 그들의 계획에 이의를 제기하자 작업을 중단해 버렸다. 그는 양반구가 연결되어서 정상적으로 기능할 때, 한쪽 반구에서 다른 쪽으로 신경 충격이 전달되는 데에는 실제로 거의 시간이 걸리지 않는다는 사실을 지적했다. 그런데 이런 충격이 전선을 통해 전달되는 데에는 미세하기는 하지만 약간의 시간 증가가 일어날 수밖에 없었다. 양쪽 반구에 있는 뇌의 다른 부분에서는 신경 충격의 전달 시간이 정상이기 때문에 그중 한 곳에서만 시간 지연이 일어난다면 전체적인 패턴이 왜곡되지 않겠는가? 따라서 정상적인 형태의 패턴을 정확히 진행시키기가 불가능하다는 것은 명약관화할 것이다. 그 결과 뒤죽박죽이 되어버린 낯선 무언가가 나타나고 말 것이다.

이 반론이 효과적인 반응을 일으키자 물리학을 거의 알지 못하는 한 사람은 전선 대신 전파 신호를 사용하는 방법을 제안했다. 그것은 양반구의 각기 노출된 절단면에 〈충격 카트리지 impulse cartridge〉를 달자는 제안이었다. 이 충격 카트리지는 노출된 채 연결되지 않은 다른 쪽 반구의 뉴런에 모든 충격 패턴을 전달할 수 있고, 더구나 다른 쪽 반구에서 오는 모든 충격 패턴을 전달받을 수도 있다는 것이다. 그리고 각각의 카트리지는 특수한 무선 송신기와 수신기에 플러그로 연결될 수 있다. 따라서 한쪽 카트리지가 해당 반구의 뉴런이 다른 쪽 반구의 뉴런으로 보내려는 충격을 받으면, 그 충격은 다른 쪽 반구의 카트리지에 무선으로 전달되어 그

쪽 카트리지에 의해 적절한 방식으로 처리될 수 있는 것이다. 이 제안을 한 사람은 다음과 같이 훨씬 더 파격적인 구상까지 내놓았다. 뇌의 두 개의 반구를 각기 다른 배양조에 넣을 수 있으며, 그렇게 해도 전체적으로는 단일한 전뇌적 경험을 할 수 있다는 것이었다.

그의 생각으로 이 시스템이 가진 장점은 전선으로 충격을 보내는 경우와는 달리 한 장소에서 다른 장소로 충격이 전달되는 데 전혀 시간이 걸리지 않는다는 〈사실〉이었다. 그러나 이 착상도 잘못임이 곧 밝혀졌다. 무선 시스템도 시간 간격이라는 장애물을 극복할 수는 없었기 때문이다.

그런데 이 충격 카트리지 제안이 버트에게 영감을 주었다. 〈내 이야기를 들어보게. 각각의 충격 카트리지에 무선으로 수신되는 것과 같은 충격 패턴을 공급하면 어떻겠나? 그런데 이번에는 무선이나 전선에 의한 송신이 필요 없는 방식을 사용하는 것이지. 그러니까 각각의 카트리지에 무선 송수신기 대신 '충격 프로그래머'를 달기만 하면 되는 걸세. 이 장치는 미리 입력시킨 충격 프로그램에 의해 마음대로 작동시킬 수 있네. 정말 흥미로운 사실은 이제 더 이상 한쪽 반구에서 오는 충격 패턴에 의해 실제로 다른 쪽 반구에서 충격 패턴이 일어날 필요가 없게 된다는 점이네. 따라서 패턴의 전달을 위해 전혀 기다릴 필요가 없게 되는 셈이지. 프로그램된 카트리지들은 양반구가 하나로 결합되어 있을 때와 같은 타이밍 timing으로 나머지 신경 패턴의 흥분이 일어나도록 조정할 수 있네. 그렇게 하면 양반구를 각기 다른 배양조에 넣는 일도 쉽게 가능해지지. 예를 들어 한쪽 반구는 이 실험실에 두고 다른 한쪽은 마을 맞은편에 있는 실험실에 놓아둘 수도 있지, 각각의 실험실 설

비로 한쪽씩의 반구를 처리할 수 있게 된다면 그만큼 부담도 가벼워질 걸세. 그렇게 되면 인원도 늘릴 수 있을 거야. 우리 프로젝트에 가담하게 해달라고 귀찮게 구는 사람들이 많으니까.〉

그러나 캐산더의 입장에서는 산 넘어 산이었다. 〈우리는 이미 근접성이라는 조건을 무시했네. 게다가 이번에는 일반적인 경험에 대한 또 하나의 조건, 즉 실질적인 인과적인 연결이라는 조건을 폐기하려고 하고 있어. 가령 여러분들이 경험이 일어나기 위해 일반적으로 반드시 필요한 것을 얻었다고 가정해 보세. 그렇게 되면, 여러분의 프로그래밍 덕분에 전뇌적 패턴이 발생하기 위해서 한쪽 반구의 충격이 다른 쪽 반구에서 전뇌적 패턴의 완성을 위한 원인이 될 필요는 더 이상 없게 되겠지. 그러나 그 결과 발생하는 것이 과연 전뇌적 경험 그 자체일까, 아니면 이 조건을 제거함으로써 전뇌적 경험이 실제로 체험되기 위한 절대적인 원리, 나아가 그 본질적인 조건을 폐기시켜 버린 것은 아닐까?〉

이 반론에 대한 반응도 앞의 경우와 대동소이했다. 신경 활동이 그것이 무선 제어인지 프로그램된 충격 카트리지인지 어떻게 알겠는가? 그 활동에 대해 전적으로 외적(外的)인 이러한 사실이 어떻게 사고, 언어 활동, 그리고 인식의 그 밖의 모든 항목의 기초를 이루는 신경 구조에 기록될 수 있겠는가? 분명히 물리적인 형태로 기록될 수는 없을 것이다. 이번 경우 시간 간격 문제가 극복되었다는 것을 제외하면 전선을 사용하는 경우와 마찬가지가 아닌가? 그리고 적당한 방식으로 입을 달아서 말을 할 수 있게 해주면, 충격을 전달하기 위해서 전선을 사용한 때와 마찬가지로 자기 테이프를 사용했을 때에도 훌륭하게 자신의 경험에 대해 이야기해 줄 것이 분명하다는 것이었다.

다음 혁신도 금방 나타났다. 그것은 각각의 양반구가 따로 작동하기 때문에 각 반구에서 인과적인 연결 없이 나타나는 두 개의 충격 패턴을 굳이 동조시킬synchronize 필요가 없지 않느냐는 문제 제기였다. 이제 특정 경험에서 각각의 반구가 이전에 다른 쪽 반구로부터 받아들였던 것과 동일한 모든 신경 충격을 받을 수 있게 되었고, 더구나 다른 쪽 반구로부터 받아들였던 것과 같은 충격을 해당 반구 내에서 발생하는 다른 충격과 완전히 같은 타이밍으로 받을 수 있게 되었다. 그리고 이와 같이 미세한 효과가, 다른 쪽 반구에서 동일한 효과가 획득되는지 여부와 전혀 무관하게 독립적으로 획득될 수 있는 것처럼 판단되었기 때문에, 안타깝게도 캐산더가 지적했던 〈동조의 조건 condition of synchronization〉을 유지시킬 필요가 전혀 없는 것처럼 여겨진 것이다. 그들은 이렇게 말했다. 〈한쪽 반구가 외부 관찰자의 관측 시간으로, 다른 한쪽 반구가 언제 충격을 발화하는지를 어떻게 알고, 어떻게 그것을 기록할 수 있단 말인가? 각각의 반구에 대해 우리가 말할 수 있는 것은 그 반구가 다른 반구도 같은 방식으로 충격을 발화하는 것 같다는 이야기 이상이 될 수 있는가? 도대체 어느 날 한쪽 실험실에서 한쪽 반구에 패턴의 반만을 보내고, 훗날 다른 쪽 실험실에서 다른 쪽 반구에 패턴의 나머지 반을 준다고 해서 걱정할 필요가 있는가? 그 패턴은 조절을 거쳐 제대로 작동할 것이다. 그리고 그에 따라 경험이 발생할 것이다. 뇌의 적절한 영역에 입을 달아준다면 우리의 친구는 자신의 경험을 이야기해줄 수도 있을 것이다.〉

그런 다음 캐산더가 〈위상기하학 topology〉이라고 부른 조건을 유지할 것인지의 여부에 대한 약간의 논의가 있었다. 즉 양반구가 서로 마주보고 있다는 일반적인 공간 관계를 유지할 것인가에 대한 논의였다. 이번에도 캐산더의 경고는 무시되었다.


II


10세기가 지난 후에도 이 유명한 프로젝트는 많은 사람들의 마음을 사로잡고 있었다. 그러나 이제 인류는 은하계 전체에 진출했고 그들이 도달한 기술은 엄청난 것이었다. 그들 중에는 〈위대한 경험 주입 프로젝트Great Experience Feed〉에 참여하는 흥분과 책임감을 맛보고 싶다는 사람들도 수십억 명이 넘었다. 이러한 욕구 뒤에는 신경 충격을 프로그램해서 사람들에게 모든 종류의 경험을 체험하게 할 수 있다는 신념이 여전히 깔려 있었다.

그러나 이 프로젝트에 참여하기를 원하는 모든 사람들을 받아들이기 위해서 경험을 체험하기 위한 〈조건들〉이라고 캐산더가 부른 것도 겉보기로는 큰 변화를 겪었다(사실 그 조건들은 어떤 의미에서는, 우리가 마지막으로 그것을 보았을 때보다 더 보수적이었다. 왜냐하면 나중에 설명하겠지만 〈동조〉와 흡사한 조건이 아직도 유지되고 있기 때문이다). 과거에 뇌의 양반구가 각기 다른 배양조에 넣어졌듯이, 이제는 〈각각의 개별 뉴런〉이 제각기 다른 배양조에 넣어졌다. 뉴런의 전체 숫자가 수십억 개에 달하기 때문에 수십억 명에 달하는 사람들이 모두 하나씩 뉴런 배양조를 할당받아서 이 자랑스러운 프로젝트에 참여할 수 있게 된 것이다.

이러한 상황을 정확하게 이해하기 위해서는 다시 10세기 전으로 돌아가서 이 사업에 참가하기를 희망하는 사람들이 점점 더 늘어나게 되는 과정에서 어떤 일이 일어났는지를 살펴보지 않으면 안 될 것이다. 첫째, 분리된 뇌에서도 앞에서 기술한 것과 같이 양반구가 프로그램되는 한 전뇌적 경험이 발생할 수 있다면, 양반구가 세심하게 이분되고 분할된 부분의 하나하나가 양반구와 같이 취급되면 이 두 개의 반구가 같은 전뇌적 경험을 할 수 있다는 데 대한 동의가 이루어졌다. 이렇게 해서 뇌의 네 부분에 각기 전용 배양조뿐 아니라 전용 실험실까지 주어질 수 있게 되었다. 그 결과 훨씬 더 많은 사람들이 이 사업에 참가할 수 있게 되었다. 그 결과 뇌의 분할은 한층 더 진행되었고, 마침내 10세기 후에는 한 사람에게 한 개씩의 뉴런이 주어지고, 각자 그 뉴런의 양쪽 말단에 접속된 하나의 충격 카트리지를 책임지고 관리하게 되었다. 이 카트리지는 프로그램된 그대로 충격을 전달하거나 받아들였다.

그 동안 캐산더와 같은 많은 신중론자들이 나타났다. 그러나 시간이 흐르자 아무도 근접 조건condition of proximity의 유지를 주장하지 않게 되었다. 만약 그런 주장을 한다면 어떻게든 뇌의 조각을 얻으려고 안달을 하고 있는 동료들을 격앙시켰을 테니까. 그러나 그 뇌가 원래 갖고 있던 위상기하학, 즉 뉴런 하나하나의 상대적인 위치와 방향적 태도directional attitude는 뇌가 뿔뿔이 흩어져도 유지될 수 있다는 지적이 신중론자들에 의해 제기되었다. 또한 그들은 뉴런들이 단일한 뇌 속에서 함께 결합되어 있을 때 이루어지던 뉴런의 발화와 같은 시간 순서, 즉 동일한 시간적 패턴에 따라서 발화하도록 뉴런들이 계속 프로그램되어야 한다고 주장했다.

그러나 위상기하학에 대한 주장은 항상 조소적인 반응을 받았을 뿐이다. 〈각각의 뉴런들이 다른 뉴런들과의 관계에서 어떤 위치에 있는지 어떻게 알 수 있는가, 그리고 그 위치를 단일 뉴런상에 어떻게 등록할 수 있는가? 일반적인 경험에서는 경험을 구성하거나 발생시키는 패턴에서 신경 발화를 얻기 위해 뉴런들이 특정한 공간적 관계에서 서로 인접해서 실제로 상호간의 발화를 일으킬 필요가 있는 것은 분명하다. 그러나 원래 이러한 여러 가지 조건의 필요성은 우리의 기술에 의해서 극복되었다. 예를 들어 내 눈앞에 있는 이 뉴런의 주인인 고대의 신사에게 지금 우리가 주려는 경험의 체험 '그 자체'에 있어서 그런 조건들은 불필요한 것이다. 그리고 만약 이들 뉴런에게 말을 할 수 있도록 입을 달아준다면 그는 자네에게 직접 그 경험에 대해 이야기해 줄 것이다.〉

그런데 이들 캐산더주의자들의 주장 중 두번째 부분에 대해서 독자 여러분은 이렇게 생각할지도 모른다. 즉 뇌의 연속적인 분할이 계속되면 뇌의 각 부분 사이의 동조성이 지속적으로 무시되고, 마침내 다른 뉴런들의 발화와의 관계에서 개별 뉴런이 언제 흥분하는지 여부는 중요한 문제가 아니라고 생각할 것이 분명하다. 마치 분단된 양반구의 경우에 그 조건이 무시된 것과 마찬가지로. 그런데 어떤 이유에선가 개별 뉴런의 흥분 타이밍과 순서를 무시했다면 프로그래밍 기법이 무의미해진다는 이유 때문에 타이밍과 순서라는 조건이 어느 사이에 부활되었다. 물론 그것이 캐산더식 성찰의 산물은 아니었지만 말이다. 발화의 〈정확한〉시간적 순서는 특정 경험이 발생하기 위해서 필수적인 조건이라는 것은, 자신의 배양조 앞에 서 있는 모든 사람들에게, 그리고 제각기 적절하게 프로그램된 충격이 자기들의 뉴런에 보내지기를 고대하고 있는 모든 사람들에 의해 〈가정된〉 것에 불과할 뿐이다.

그러나 그 위대한 프로젝트가 탄생한 후 10세기가 지난 오늘날, 이들 수십억 명의 호사가들의 세계도 폭발 직전의 상태였다. 이 사태의 책임은 두 명의 사상가에게 있었다. 그중 한 사람인 스포일러 Spoilar(spoiler〈망쳐버리는 사람, 또는 물들이는 사람〉을 빗댄 표현——옮긴이)라는 인물은 어느 날 자신이 관리하는 뉴런이 낡았다는 사실을 알았다. 뉴런이 이런 상태가 되었을 때에는 누구나 그렇듯이 그 뉴런과 닮은 새로운 뉴런을 얻어서 낡은 뉴런과 바꾸고 낡은 뉴런은 버렸다. 따라서 그는 다른 사람들과 마찬가지로 〈뉴런의 정체성 neural identity〉이라는 캐산더적인 조건을 (이것은 지금까지 캐산더주의자들조차 한번도 진지하게 문제 삼은 적이 없었던 조건이다) 위반한 것이다. 일반적인 뇌에서도 세포의 신진 대사에 의해 뉴런의 구성 물질이 계속 바뀌면서 뉴런 자체는 완전히 동일한 상태를 유지하는 것으로 알려지고 있었다. 따라서 이 남자가 한 일도 결국 이러한 과정을 가속시킨 것에 불과했다. 게다가 캐산더주의자들 중 누군가가 이런 주장을 했다고는 생각되지 않지만, 개별 뉴런을 그것과 비슷한 다른 뉴런으로 하나씩 바꾸어나가서 결국 모든 뉴런을 교체시킨다면, 그 결과 그 경험자의 입장에서 새로운 정체성 identity을 낳게 되는 것일까? 아니면 동일한 발화 패턴이 계속되는 한, 특정 경험자는 매번 동일한 경험을 체험하게 되는 것일까?(그리고 캐산더주의자들에게도 그가 이전과는 다른 경험자라고 말하는 것이 어떤 의미인지는 분명하지 않았다.) 따라서 신경 정체성에서 나타나는 어떤 전환도 경험의 발생이라는 사실에 대해 파괴적이지 않은 것으로 보였다.

이 스포일러라는 인물은 뉴런을 바꾼 뒤 몇 시간 후에 예정되어 있던 경험의 일부로서 자신의 뉴런 발화를 기다리고 있었다. 그 순간 그는 〈쿵!〉하는 큰소리와 함께 누군가가 욕설을 퍼붓는 소리를 들었다. 실험실 안에서 어떤 멍청한 친구가 넘어지면서 다른 사람의 배양조에 쓰러지는 바람에 그 배양조는 마루에 떨어져 산산조각이 나고 말았다. 자신의 배양조를 떨어뜨린 이 남자는 배양조와 뉴런을 새 것으로 교체할 때까지는 자신의 뉴런에게 어떤 경험도 줄 수 없는 것이 분명했다. 그런데 스포일러는, 그 불쌍한 남자가 자신의 뉴런에게 막 어떤 경험을 공급할 참이었다는 사실을 알고 있었다.

자신의 배양조를 깨뜨린 그 남자가 스포일러에게 다가왔다. 〈이봐, 나는 그 동안 자네의 청을 많이 들어주었어. 나는 지금 5분 뒤에 있을 신경 충격을 놓칠 판이야. 그렇게 되면 그 경험은 뉴런의 발화가 하나 적은 상태에서 이루어질 수밖에 없어. 자네가 나중에 하게 되어 있는 자네 뉴런의 발화를 내게 맡겨줄 수 없겠나? 나는 오늘 맛보게 될 그 전율을 놓치게 될까봐 미칠 지경이야.〉

스포일러는 그 남자의 부탁에 대해 생각해 보았다. 그의 머리 속에 갑자기 조금 특이한 생각이 떠올랐다. 〈자네가 사용하고 있는 뉴런이 내 것과 같은 종류였던가?〉

〈맞아.〉

〈그럼 됐네. 나는 지금 막 내 뉴런을 새로운 것으로 바꾸었어. 그건 다른 사람들도 가끔씩 하는 일이지. 그렇다면 내 배양조 전체를 자네의 배양조가 놓여 있던 장소로 바꾸어놓지 못할 이유가 어디에 있겠나? 그런 다음 이 뉴런을 흥분시키면 자네가 갖고 있던 뉴런이 체험한 것과 같은 경험이 5분 후에 일어나지 않을까? 이 뉴런과 자네의 이전 뉴런은 아주 비슷하니까 말이야. 분명 배양조의 정체성은 아무런 의미도 없어. 그런 다음 배양조를 다시 여기로 가져와서 이번에는 내가 나중에 하기로 예정된 경험에 이 뉴런을 사용할 수 있겠지. 잠깐! 조금만 기다리게. 우리 두 사람은 모두 위상기하학 조건 따위는 어리석은 소리라고 생각하고 있어. 그렇다면 애당초 배양조를 이동시킬 필요가 있을까? 배양조를 그냥 여기에 놓아두어도 되지 않을까? 먼저 자네를 위해 발화시키고, 나는 그 다음에 하기로 하지. 그러면 두 가지 경험을 모두 할 수 있을 거야. 아니, 아직 내 말이 끝나지 않았어. 조금 더 기다리게! 그렇다면 이 뉴런 하나를 흥분시키기만 하면 이 뉴런과 흡사한 다른 모든 뉴런의 흥분을 대행할 수 있는 셈이지. 다시 말해 각 유형의 뉴런에 대해 각기 하나씩의 뉴런을 연속적으로 흥분시키면 모든 경험을 얻을 수 있다는 말일세! 하지만 그 뉴런들이 자기가 되풀이해서 발화할 때마다 실제로는 하나의 신경 충격을 되풀이해서 발화하고 있다는 사실을 어떻게 알겠는가? 그 발화의 상대적 순서를 알 리가 없어. 각 유형에 대해 하나의 뉴런을 한 번만 발화시키면 모든 신경 충격 패턴을 물리적으로 실현시킬 수 있는 셈이지(이것은 동조의 필요성을 지속적으로 무시해서 분리된 양반구에서 낱낱이 흩어진 개별 뉴런으로 순차적으로 확장해 감에 따라 당연히 이르게 되는 결론이야). 또한 이런 뉴런들은 실제로는 자연적인 상태에서 발화하는 우리 머리 속의 뉴런과 같은 것이 아닐까? 그렇다면 우리는 도대체 여기에서 무엇을 하고 있는 것인가?〉

이 대목에 이르자, 그의 머리에는 한층 더 극단적인 생각이 떠올랐다. 〈그러나 가능한 모든 신경 경험이 각 유형의 하나의 뉴런에서 한 번의 발화만으로 일어난다면, 모든 경험자가 자신의 경험을 '어느 정도'라도 체험함으로써 자신이 이러한 최소한의 물리적 실재(實在, 하나의 뉴런의 한 번의 발화를 뜻함——옮긴이) 이상의 무언가와 연결된 존재라고 어떻게 믿을 수 있단 말인가? 그렇다면 물리적 실재에 대한 진정한 발견에 기초한다고 여겨졌던 머리와 그 속에 들어 있는 뉴런에 대한 이 모든 이야기는 완전히 그 토대를 상실하게 된다. 어쩌면 물리적 실재의 진정한 체계라는 것이 존재할지도 모른다. 그러나 만약 그것이, 우리가 그렇게 믿도록 눈가림당해 온 종래의 생리학적 구조 전체를 포괄하는 것이라면, 그 구조는 그토록 많은 경험을 너무도 쉽사리 제공하기 때문에 우리는 물리적 실재에 의해 발생하는 경험이 실제로 어떤 것인지 결코 알 수 없게 될 것이다. 결국 이러한 체계를 믿는 것은 자신의 기반을 무너뜨리는 것이다. 즉 캐산더적인 여러 가지 원리에 의해서 어떤 식으로든 제동되지 않는다면 이런 결론에 도달하게 된다는 뜻이지.〉

다른 한 사람의 사색가도 (공교롭게도 그의 이름 역시 스포일러였다) 조금 다른 각도에서 같은 결론에 도달했다. 그는 뉴런을 한 줄로 배열하기를 즐겼다. 그는 자신의 뉴런을 얻자 그에게 관리 책임이 맡겨진 뉴런을 길다란 뉴런의 사슬 중간쯤에 넣었다. 그리고 그 뉴런을 발화시키기 위한 카트리지에 접속시켜야 한다는 사실을 기억해 냈다. 그 사슬을 파괴시키고 싶지 않았기 때문에 그는 뉴런 사슬의 양쪽 끝에 있는 두 개의 뉴런을 충격 카트리지의 두 개의 말단에 접속시켜서 충격이 사슬 전체를 거쳐 정확한 시간에 그의 뉴런에 도달하도록 카트리지의 타이밍을 조정했다. 그때 그는 여기에서 일상적인 경험을 할 때의 뉴런과는 달리 하나의 뉴런이 두 개의 발화 패턴에 동시에, 전혀 아무런 문제도 없이 가담한다는 사실을 주목했다. 하나는 우연히 그의 뉴런과 인접해서 인과적인 연결을 맺고 있는 뉴런 사슬의 충격 패턴이고, 다른 하나는 그것을 위해서 그의 뉴런이 발화하도록 프로그램된 경험이다. 이 일이 있은 후에 스포일러는 (다른 여러 가지 뉴런과의 고정적인 관계를 중시하는) 〈뉴런 맥락의 조건 the condition of neural context〉이라는 것을 비웃게 되었다. 그는 이렇게 말했다. 〈이봐, 나는 내가 관리하는 뉴런을 자네 머리 속의 모든 뉴런에 접속시킬 수 있어. 그리고 그 뉴런을 정확한 시간에 흥분시킬 수 있다면, 내 배양조 속에서 내 카트리지에 연결되어 있을 때와 마찬가지로 훌륭하게 그 뉴런을 프로그램된 경험에 참가시킬 수 있어.〉

그런데 어느 날 문제가 발생했다. 이 사업에 참가하도록 허용되지 않은 몇몇 남자들이 야음을 틈타 침입해서 배양조를 제멋대로 조작해 스포일러의 뉴런과 인접한 대부분의 뉴런들이 죽어버린 것이다. 죽은 자신의 뉴런 앞에 서서 주위에 펼쳐진 끔찍한 참상을 지켜보던 그는, 그렇게 많은 뉴런의 발화가 물리적으로 실현될 수 없게 되었을 때 그 경험의 체험자에게 그날의 최초 경험은 어떻게 나타났을까라는 생각을 하게 되었다. 그러나 그는 주변을 둘러보다가 갑자기 무언가에 주의를 빼앗겼다. 거의 모든 피해자가 자신의 배양조 밑에서 주변 장치들이 얼마나 큰 손상을 입었는지 살펴보려고 몸을 웅크리고 있었다. 그 순간 스포일러는 각각의 배양조 옆에 머리가 하나씩 있다는 사실이 의미심장하게 느껴졌다. 그들의 머리는 각기 수십억 개에 이르는 모든 종류의 뉴런을 갖고 있고, 주어진 모든 순간에도 갖가지 종류의 수백만 번에 달하는 발화를 하고 있을 것이다. 인접 proximity이란 중요하지 않았다. 그러나 거기에서 수많은 배양조의 뉴런을 통해서 특정 패턴의 발화가 일어나기 위해 없어서는 안 될 모든 신경 활동은 이미 그 뉴런들을 조작하는 인간들의 머리 속에서, 그들 중 한 사람의 머리 속에서도(이 경우에는 느슨한 유형의 근접 조건도 만족된다!) 어떤 식으로든 일어나고 있는 것이다. 즉 각자의 머리는 모든 확산된 뇌spread-brain(개별 뉴런을 뜻함——옮긴이)를 실현시키기에 충분한 배양조와 카트리지였다. 스포일러는 생각했다. 〈그러나 모든 뇌가 확산 가능한 이상, 모든 뇌의 모든 경험에 대해 같은 종류의 물질적 기반이 존재하지 않으면 안 된다. 그리고 나의 뇌 역시 예외가 아니다. 그렇다면 내가 갖고 있는 모든 신념은 마치 뜬구름처럼 부유하는 사고와 경험을 기반으로 삼고 있다. 따라서 그런 신념은——가장 먼저 내게 종래의 생리학을 믿게 만들었던 신념을 포함해서——회의의 대상이 된다. 캐산더가 틀렸다면 생리학은 어느 정도 모순이 되고 말것이다. 그것은 스스로의 기반을 허물어뜨린다.〉

이런 생각이 거대한 프로젝트의 숨통을 조였고 확산된 뇌를 죽였다. 사람들은 다른 진기한 활동으로 관심을 돌렸고, 경험의 본성에 대한 새로운 결론을 얻기 위해 나아가고 있다. 그러나 이것은 또다른 이야기이다.


### 나를 찾아서 · 열둘

이 기묘한 이야기는 이 책의 여러 장에서 채택되는 모든 견해를 교묘하게 부정하는 것처럼 보인다. 즉 뇌와 경험 사이의 관계에 대해 단순하고 명백한 것처럼 여겨져 온 여러 가지 가정이 실제로는 귀류법(어떤 명제가 참임을 입증하기 위해서 그것의 부정을 가정하면 모순이 발생하는 것을 증명하는 방법——옮긴이)에 지나지 않는다는 것을 입증하는 것처럼 보이는 것이다. 그렇다면 어떻게 그런 결론으로 미끄러져 들어가는 어리석음을 저지르지 않을 수 있을까? 몇 가지 단서를 열거해 보자.

예를 들어 어떤 사람이 미켈란젤로의 「다비드 상(像)」의 현미경적으로 정밀한 복제품(그것도 대리석으로 만든)이 자기 집에 있다고 주장했다고 하자. 당신이 그 대리석 상을 보기 위해 그의 집에 갔을 때 그의 거실에는 약 6미터 높이의 거의 직육면체에 가까운 흰 대리석 덩어리가 놓여 있을 뿐이었다. 그는 〈아직 내용물을 꺼내지 않았네〉라고 말한다. 〈그러나 복제가 그 속에 들어 있는 것은 확실해.〉

그러면 이번에는 뇌의 다양한 단편과 부분을 한데 결합시키는 훌륭한 〈카트리지〉와 〈충격 프로그래머〉에 대해 친애하는 즈보프가 우리에게 어떻게 이야기하는지 살펴보자. 우리는 〈그것들이 하는 모든 일〉이 그것들에 연결된 뉴런과 뉴런들의 집합에 평생 동안 올바른 순서와 타이밍으로 정확한 충격을 계속 제공해 주는 것임을 배우게 된다. 자칫하면 우리는 그것이 간단한 신호 발생 장치와 같은 것이라고 생각할지도 모른다. 그러나 실제로 그보다 훨씬 〈쉽게〉 얻을 수 있는 기술적 승리가 무엇인지 살펴봄으로써, 이러한 카트리지에 의해 실제로 얻을 수 있는 것이 무엇인지 생각해 보자. 심각한 파업 사태로 모든 텔레비전 방송국이 폐쇄되어 텔레비전을 통해서는 아무것도 볼 수 없게 되었다고 하자. 그런데 다행히도 IBM이 하루에 일정 시간 동안 TV를 보지 않고는 미쳐버리는 사람들에게 구제의 손을 뻗쳐서, 그들에게 텔레비전 수상기에 부착시키는 〈충격 카트리지〉를 우송했다. 이 카트리지는 뉴스, 일기 예보, 연속극, 스포츠 등 10개 채널 분의 방송을 하도록 프로그램되어 있었다. 물론 그 내용은 모두 진짜가 아니었다(뉴스는 실제 뉴스가 아니었지만 그래도 실제 뉴스와 같은 느낌을 주었다). 결국 IBM 관계자들은 그 텔레비전 신호가 방송국에서 송신한 충격 신호에 지나지 않으며, 그 카트리지는 수상기에 이르는 경로를 단축시켜 줄 뿐이라는 사실을 알고 있다고 말한다. 그렇다면 그 대단한 카트리지 내부에는 도대체 무엇이 들어 있을 수 있을까? 어떤 종류의 비디오테이프일까? 그렇다면 그것은 어떻게 만들어졌을까? 살아 있는 진짜 연기자와 뉴스 방송 관계자들이 그 비디오테이프를 만든 것일까, 아니면 애니메이션을 사용해서 만든 것일까? 애니메이션 제작자들은 실제 장면을 필름으로 촬영하지 않고 무(無)에서 모든 영상 프레임을 만들어내는 기획이 현실감을 높이려고 시도할수록 그 작업의 양이 지수함수적으로 늘어난다는 사실을 가르쳐줄 것이다. 그 문제를 깊이 파고들면 실세계만이 실제적인 TV채널들을 유지하는 데 필요한 신호 계열을 만들어낼(또한 제어할) 수 있을 정도로 풍부하다는 사실을 알 수 있다. 지각(知覺)의 현실 세계를 구성하는 과제(본질적으로 데카르트가 그의 작품 『명상록』에서 무한한 힘으로 사람을 속이는 악마에게 부과한)는 이론상으로는 가능할지 모르지만 실제로는 전혀 불가능하다. 다만, 데카르트가 그 악마에게 〈무한한〉 힘을 부여한 것은 옳았다고 할 수 있다. 만약 그 악마가 힘이 약했다면 환상을 계속 유지시키기 위해서 결국 현실 세계에 의지할 수밖에 없었을 것이고, 시간적으로 지연되거나 그 밖의 다른 방식으로 왜곡되었더라도 그 환상을 어떠한 형태의 현실의 시각으로 되돌릴 수밖에 없었을 것이기 때문이다.

이러한 측면은 즈보프의 암묵적인 주장에 대한 반박이라는 점에서 빗맞는 정도의 타격을 줄 뿐이다. 치명적인 연타를 날리는 방법은 없을까? 책 따위는 애당초 필요하지도 않다는 것을 즈보프와 같은 방식으로 증명하도록 짜맞추어진 논의가 불가능한지를 물음으로써 그의 주장이 터무니없는 것임을 확인할 수 있을 것이다. 즉 알파벳을 한 번 인쇄하기만 하면 충분하지 구태여 책을 출판하는 일은 불필요하지 않겠는가? 아니, 알파벳 전체를 인쇄할 필요조차 없지 않을까? 알파벳 한 글자, 또는 한 〈획(劃)〉으로도 가능하지 않을까? 그것도 아니면 점 하나로는?

이 책의 후반부에서 만나게 될 논리학자 스멀리언은 올바른 피아노 학습 방법은 음 하나하나를 익숙해질 때까지 연습하는 것이라고 말한다. 예를 들어 중앙 다음을 연습하는 데 꼬박 한 달이 걸릴지 모른다. 그렇지만 건반의 양쪽 끝부분 음을 익히는 데에는 며칠밖에 걸리지 않을 것이다. 그러나 쉼표rest도 잊어서는 안 된다. 이것도 음악에서는 마찬가지로 본질적인 요소이기 때문이다. 온음 쉼표에 하루, 2분음 쉼표에 이틀, 4분음 쉼표에 나흘 식으로 시간이 소요되었다고 하자. 이렇게 해서 뼈를 깎는 훈련을 끝냈을 때 어떤 곡이라도 연주할 수 있는 준비가 갖추어지게 된다. 얼핏 들으면 그럴 듯하다는 생각이 들기도 하지만, 조금 문제가 있는 것 같다…….

물리학자 존 아키발드 휠러John Archibald Wheeler는 이런 생각을 한 적이 있었다. 즉 모든 전자가 비슷하기 때문에, 어쩌면 실제로는 단 하나의 전자가 있을 뿐이고 그것이 시간의 끝과 끝 사이를 빠른 속도로 왕복하면서 자신의 경로를 무수히 교차하면서 물리적 우주라는 직물을 짜고 있다는 것이다. 단 하나만이 존재한다고 주장한 점에서는 파르메니데스 Parmenides(엘레아 학파를 대표하는 그리스의 철학자. 그는 사유만이 우리를 있는 그대로의 실재 세계로 이끈다고 말했다. 그에게

세계는 생성되지도, 소멸하지도 않는 전체이며, 유일한 것이었다
——옮긴이)가 옳았을 것이다! 그러나 여기에서 가정된 단 하
나, 즉 하나의 전자에 의해 완성되는 우주도 많은 시공적
spatiotemporal(時空的) 부분으로 이루어져 있으며, 각각의 부
분이 다른 여러 부분들과 맺는 관계의 숫자는 가히 천문학적이
다. 그리고 시간과 공간에서의 이 상관적인 조직 구조야말로
중요한 문제이다. 그렇지만 누구에게 중요하단 말인가? 그것은
그 거대한 융단tapestry에서 지각자(知覺者)를 이루는 부분에
대해서이다. 그렇다면 지각자에 해당하는 부분은 어떻게 그 융
단의 나머지 부분과 구별되는 것일까?

D. C. D.

D. R. H.

# 4
# 프로그램으로서의 마음

# 나는 어디에 있는가

## 다니엘 데닛

정보자유법으로 소송에서 이긴 지금, 비로소 나는 내 생활에서 일어난 기묘한 이야기를 자유롭게 할 수 있다. 이 이야기는 마음과 인공 지능, 그리고 신경과학을 연구하는 사람들뿐 아니라 일반인들에게도 흥미로울 것이다.

몇 년 전에 국무부 관리들이 나에게 찾아와 고도의 위험이 따르는 극비 임무에 자원하지 않겠느냐는 제안을 해왔다. 미항공우주국 NASA과 하워드 휴스Howard Hughes의 공동 작업으로 국무부는 수억 달러를 쏟아 부어 초음속 지하 굴착 장치 Supersonic Tunneling Underground Device(STUD)를 개발하고 있었다. 국방부 관계자의 설명에 따르면, STUD는 엄청난 속도로 지각(地殼)을 뚫고 나가 특별히 설계된 핵탄두를 〈적군의 미사일 격납고에 명중

---

* Daniel C. Dennett, Brainstorms: Philosophical Essays on Mind and Psychology Bradford Books, Publishers, Inc., 1978).

시키는〉임무를 띠고 있었다.

그들은 이미 그 이전의 실험으로, 오클라호마 주 털사(석유 생산의 중심지──옮긴이) 지하 약 1.6킬로미터까지 핵탄두를 박아 넣는 데 성공했다고 한다. 그리고 그들은 내가 그 핵탄두를 회수해 주기를 원했다. 〈하필이면 왜 제가 그 일을 해야 합니까?〉라고 물었다. 이유인즉 그 임무에는 최첨단 대뇌 연구의 선구적인 적용 사례들이 포함되어 있었고, 그들은 내가 뇌에 흥미를 갖고 있으며 그 밖에도 마치 파우스트와도 같은 호기심과 상당한 용기 등등을 겸비하고 있다는 이야기를 들었다는 것이다……. 그렇게 말하는데 어떻게 내가 그 제안을 거절할 수 있겠는가? 국방부가 내 집까지 들고오지 않을 수 없었던 문제는, 내가 회수해 주기를 바라는 그 장치가 지금까지 알려지지 않은 새로운 방식으로 방사능을 띠고 있다는 것이었다. 조사에 따르면 그 기계는 지하 깊은 곳에 있는 광물과 복잡한 상호 작용을 통해 대뇌의 특정 조직에 심각한 이상을 초래할 가능성이 있는 방사능을 발생하게 되었다는 것이다. 이 죽음의 방사선으로부터 대뇌를 보호하는 방법은 아직 발견되지 않았다. 그러나 그 방사선은 신체의 다른 조직이나 기관에는 무해한 것으로 알려져 있었다. 그래서 그 장치를 회수하는 임무를 맡은 사람은 〈뇌를 두고〉 가기로 결정되었다. 뇌는 안전한 장소에 보관해 놓고, 정교한 무선 연결 방식으로 신체에 대한 정상적인 제어 기능을 발휘할 수 있게 한다는 계획이었다. 몸에서 뇌를 완전히 적출하고, 그 뇌를 휴스턴에 있는 유인(有人)우주선 센터의 생명 유지 장치 속에 보관하는 수술을 받을 것인가? 절단된 모든 뇌의 입력과 출력 경로는 한 쌍의 극초소형 전파 송수신기로 복구될 것이다. 즉 한쪽은 대뇌에, 그리고 다른 한쪽은 텅 빈 두개골 속의 잘려나간 신경 말단에 연결되는 것이다. 어떤 정보도 유실되지 않으며 두뇌와 신체의 모든 연결도 남김없이 유지된다. 처음에는 조금 꺼림칙한 느낌이 들었던 것이 사실이다. 정말 모든 일이 제대로 이루어질 수 있을까? 〈단지 당신의 신경을 '연장'시킬 뿐이라고 생각하십시오. 당신의 뇌가 두개골 속에서 몇 센티미터 움직인다고 해서 당신의 마음이 변하거나 손상되는 따위의 일은 일어나지 않습니다. 우리는 신경에 무선(無線) 연결 부위를 만들어 신경을 자유자재로 무한히 늘어날 수 있게 하는 것뿐입니다.〉

나는 휴스턴의 생명 유지 장치를 둘러보았다. 거기에는 만약 내가 승낙할 경우 내 뇌가 보관될 커다란 통이 반짝반짝 빛나고 있었다. 나는 수많은 우수한 신경학자와 혈액학자, 그리고 생물물리학자와 전기 기술자들로 조직된 지원 팀을 만나 그들과 며칠 동안 상의한 후 그들의 제안을 수락하기로 결정했다. 일련의 혈액 검사와 뇌 스캐닝, 실험, 인터뷰 등의 과정이 진행되었다. 그들은 지금까지 내가 살아온 과정을 구술하게 하고는 그 내용을 상세하게 기록했고, 나의 믿음, 희망, 두려움, 기호 등을 지루할 정도의 길다란 목록으로 작성했다. 심지어는 내가 좋아하는 스테레오 레코드의 목록을 만들고, 속성(速成) 정신 분석까지 했다.

드디어 수술 날이 왔다. 물론 마취를 했기 때문에 수술 과정 자체를 기억하지는 못한다. 마취에서 깨어났을 때, 나는 눈을 뜨고 주위를 둘러보았다. 그리고 수술이 끝난 후면 누구나 하게 되는 매우 진부한 질문을 했다. 〈제가 어디에 있는 거죠?〉 간호원은 나를 내려다보며 생긋 웃어보였다. 〈휴스턴에 계십니다.〉 그녀는 이렇게 말했다. 나는 어쨌든 그녀의 말이 사실일 가능성이 있다고 생각했다. 그녀는 내게 거울을 건네주었다. 틀림없었다. 내 두개골에 삽입해 놓은 티타늄으로 된 부분에서 작은 안테나가 솟아 있었다.

〈수술은 잘 된 것 같군요.〉 나는 말했다. 〈제 뇌를 보고 싶군요.〉 나는 그들과 함께 긴 복도를 지나 생명 유지실로 갔다(그 곳까지 가는 동안 나는 현기증으로 조금 비틀거렸다). 그 곳에 모여 있는 지원 팀 사람들 사이에서 박수갈채가 터져나왔고, 나는 의기양양한 동작으로 (물론 그렇게 보이기를 바란 것이지만) 그들에게 인사를 했다. 그러나 아직도 머리가 너무 가벼운 느낌을 받았기 때문에 사람들의 부축을 받으면서 생명 유지 장치가 있는 곳으로 가서 유리관 속을 들여다보았다. 거기에는 프린트 배선된 반도체 칩, 플라스틱관, 전극(電極), 그리고 그 밖의 장치로 거의 덮여서 잘 보이지 않았지만, 진저에일(생강 맛이 나는 탄산 음료——옮긴이) 같은 액체 속에 틀림없이 인간의 뇌가 하나 부유하고 있었다. 〈저것이 저의 뇌입니까?〉 나는 물었다. 〈생명 유지 장치 옆에 달려 있는 출력 송신 장치의 스위치를 내려서 직접 확인해 보세요〉라고 대답한 것은 프로젝트 책임자였다. 스위치를 오프OFF로 내리는 순간, 나는 심한 현기증과 구역질을 느꼈고 마치 무너지듯이 쓰러지면서 기술자들의 팔에 안겼다. 그들 중 한 사람이 친절하게도 스위치를 원래의 온ON 위치로 올려주었다. 내 몸이 신체의 평형과 마음의 평정을 되찾는 동안 나는 이렇게 생각했다. 〈그래, 분명 나는 여기 이 접이의자 위에 앉아서 한 장의 유리판을 통해 내 뇌를 바라보고 있다……. 그런데.〉 나는 이렇게 자문했다. 〈하지만 '나는 여기 이 부글거리며 거품이 이는 액체 속에 있고, 그 속에서 나 자신의 눈을 바라보고 있다'라고 생각하면 안 되는 걸까?〉 나는 나중의 경우를 생각해 보려고 노력했다. 나는 그 생각을 탱크 속으로 투사시켜서 가능한 한 내 뇌에 그런 생각을 공급하려고 시도했다. 그러나 그것이 성공했다는 어떤 확신도 얻을 수 없었다. 나는 다시 한번 시도해 보았다. 〈'나' 다니엘 데닛은 여기에 있다. 거품이 부글거리는 액체 속에서 자기 자신의 눈을 바라보고 있는 것이다.〉 하지만 잘 되지 않았다. 모든 것이 혼란스러웠고, 어떻게 해야 할지 알 수가 없었다. 물리학자의 확신을 가진 철학자로서 나는 나의 사고의 증거가 뇌의 어딘가에서 발생하고 있다는 사실을 추호도 의심하지 않았다. 그러나 내가 〈나는 여기에 있다〉라고 생각하고 있을 때, 내게 그런 생각이 일어난 것은 여기, 즉 탱크 바깥이다. 다니엘 데닛은 탱크 밖에서 자기의 뇌를 응시하고 있는 것이다.

나는 계속 나 자신이 탱크 속에 있다고 생각하려고 시도했지만 아무런 소용이 없었다. 나는 마인드 컨트롤을 통해 조금씩 훈련을 하기로 했다. 매번 마음 속으로 〈'저 위쪽에서' 태양이 빛나고 있다〉는 식으로 빠른 속도로 연속해서 다섯 번씩 생명 유지 장치가 들어 있는 실험실에서 햇볕이 드는 한쪽 귀퉁이, 이곳에서 내다보이는 병원 앞마당의 잔디밭, 휴스턴, 화성, 그리고 목성 순서로 각기 다른 장소를 생각했다. 나는 적절한 지시물들을 갖춘 천체 지도 위의 모든 지역으로 여기저기 뛰어다니게 하는 〈저기there〉를 얻는 것은 전혀 어렵지 않다는 것을 깨달았다. 최초의 〈저기〉를 우주의 가장 먼 변방으로 날아올린 다음 단 한 순간에 다음 번 〈저기〉를 놀랄 만큼 정확하게 내 팔 왼쪽의 둥그스름한 얼룩으로 겨냥할 수 있었다. 그런데 왜 〈여기〉에 대해서는 그처럼 어려움을 겪어야 하는 것일까? 〈여기 휴스턴〉은 큰 문제가 없다. 〈여기 실험실 속〉도, 〈여기 실험실 속의 이 장소〉도 마찬가지이다. 그런데 〈여기 탱크 속〉은 마음 속에서 아무런 의미도 없는 정신적인 속삭임에 불과한 것이다. 나는 눈을 감고 그것을 생각해 보려고 했다. 그렇게 하면 도움이 될 것 같았지만 극히 짧은 순간을 제외하고는 잘 되지 않았다. 확신이 서지 않았다. 그리고 확신할 수 없다는 깨달음이 다시금 내 마음을 어지럽혔다. 내가 〈여기〉라고 생각할 때, 내가 의미하는 〈여기〉가 〈어디〉를 뜻하는지 어떻게 알 수 있단 말인가? 내가 어떤 장소를 생각하고 있을 때, 실제로는 다른 장소를 〈생각〉하는 일이 가능할까? 한 사람의 인간과 그의 정신적 생활 사이의 몇 가지 긴밀한 결속, 뇌과학자와 철학자, 물리주의자와 행동주의자들의 공격에도 불구하고 지금까지 살아남아 있는 그 결속을 풀어내지 않고는 그 사실을 어떻게 받아들여야 할지 알 수 없었다. 어쩌면 내가 〈여기〉라고 말했을 때, 내가 의미하는 장소를 스스로 수정한다는 것은 불가능할지도 모른다. 그렇지만 당시 내가 처했던 상황에서는 다음 두 가지 중 어느 한쪽인 것처럼 여겨졌다. 즉 단지 정신적 습관에 의해 잘못된 사고를 규칙적으로 하게 되는 것이거나, 한 사람이 있는 곳(의미론적 분석을 위해서는 그의 사고가 어디에서 발생하는가가 그 증거가 되지만)이 반드시 뇌, 즉 그의 영혼의 물리적인 자리인 것이 아니거나 둘 중 하나이다. 혼란 때문에 너무도 괴로워서 나는 철학자들이 즐겨 사용하는 수단에 호소하면서 나 자신에 적응하려고 노력했다. 나는 사물들에 이름을 붙이기 시작했다.

〈요릭 Yorick(셰익스피어의 『햄릿』에 나오는 어릿광대 이름. 그는 생전에 햄릿의 시중을 들었다. ──옮긴이)〉, 나는 내 뇌에게 큰소리로 말을 걸었다. 〈너는 나의 뇌야. 이제부터 너를 그렇게 부르마. 그리고 너를 제외하고 이 의자에 앉아 있는 내 몸을 '햄릿'이라고 부르겠어.〉 그러니까 내 뇌인 요릭, 내 몸인 햄릿, 그리고 나 데닛, 우리 모두가 여기에 있는 것이다. 그런데 나는 어디에 있는 것일까? 그리고 내가 〈나는 어디에 있는 것일까〉라고 생각할 때 그 사고는 어디에서 일어나는 것일까? 이 탱크 속에 편안히 떠 있는 뇌 속에서 일어나는 것인가, 아니면 바로 여기 이 두 눈 사이에서 일어나는 것일까? 아니면 그 어느 곳에서도 일어나지 않는 것인가? 시간 좌표는 아무런 문제가 없다고 해도 공간 좌표를 갖지 않는 것이 분명하지 않을까? 나는 여러 가지 경우를 목록으로 작성하기 시작했다.

  1. 햄릿이 가는 곳에는 데닛도 간다. 이 원리는 철학자들이 애용해 온 뇌 이식 사고 실험을 통해서 간단히 반박되었다. 가령 톰 Tom과 딕 Dick이 서로 뇌를 바꾸었다면, 톰은 이전에 딕의 것이었던 몸을 갖게 된다. 그러면 그에게 물어보자. 그는 자신이 톰이라고 주장하면서, 당신에게 본인밖에 알 수 없는 상세한 삶의 이력을 이야기해 줄 것이다. 그렇게 되면 현재의 나의 몸과 내가 헤어질 수 있다는 것은 분명하다. 그러나 내가 나의 뇌와 분리되는 것은 불가능하다고 생각한다. 이 사고 실험에서 쉽게 이끌어낼 수 있는 원칙은 뇌 이식 실험에서 사람들이 뇌 제공자가 되고 싶어하지만 수용자가 되고 싶어하지는 않는다는 것이다. 사실 이런 수술은 신체 이식이라고 부르는 편이 나을 것이다. 따라서 실제로는 다음과 같을 것이다.
  2. 요릭이 가는 곳은 어디든 데닛이 간다. 그렇지만 이 원칙도 전혀 설득력이 없었다. 나는 분명 탱크 밖에 있었고, 탱크 안을 들여다보고 점심 식사를 하기 위해 내 방으로 돌아가려는 죄스러운 생각을 하기 시작했다. 이때 어떻게 내가 탱크 속에 있고 아무 곳에도 가려고 하지 않았다고 할 수 있을까? 나는 이것이 교묘한 문

제 회피라는 사실을 알았지만 여전히 무언가 중요한 사실에 맞닿아 있다는 느낌을 버릴 수 없었다. 이 직관을 뒷받침해 줄 무언가를 찾느라 골몰하던 중, 나는 로크가 좋아했음직한 법률적인 주장을 떠올렸다.

내가 나 자신에게 이렇게 주장했다고 가정하자. 가령 내가 비행기로 캘리포니아에 가서 은행을 턴 다음 붙잡혔다고 하자. 이때 나는 어느 주에서 재판을 받아야 할까? 강도 사건이 일어난 캘리포니아 주인가, 아니면 공범인 뇌가 있는 텍사스 주인가? 나는 주(州) 바깥에 뇌를 가지고 있는 캘리포니아 주의 중죄 범인이 되는 것인가, 아니면 원격 조종으로 일종의 공범자를 캘리포니아 주 내에서 조종한 텍사스 주의 중죄 범인이 되는 것인가? 어쩌면 여러 주에 걸친 범죄로 간주되어 연방범이 되지만, 재판권 문제에 결론을 내릴 수 없어서 무죄 방면이 될지도 모른다. 어쨌든 내가 유죄 판결을 받았다고 가정해 보자. 요릭이 텍사스 주에서 호사스럽게 광천수를 마시면서 부유한 생활을 즐기고 있다는 사실을 알면서 캘리포니아 주 당국은 햄릿을 감옥에 두는 것으로 만족할 수 있을까? 햄릿이 다음 배편으로 리우데자네이루로 출발하도록 내버려둔 채, 텍사스 주 당국은 요릭을 계속 감금할 것인가? 이 대안은 내 마음에 들었다. 사형이나 그 밖의 잔혹하고 유별난 형벌이 아닌 한, 가령 요릭을 휴스턴에서 레벤워스(연방 교도소가 있는 미주리 강변의 도시 ——옮긴이)로 이송하더라도 주 당국은 의무적으로 요릭을 위해 그의 생명 유지 장치를 유지시켜야 할 것이다. 그리고 치욕의 불유쾌함은 논외로 치더라도 나로서는 전혀 신경 쓰지 않으면서 그런 상황에서도 자신이 자유롭다고 생각할 것이다. 만약 주 당국의 관심이 사람을 어떤 시설에 강제적으로 이송시키는 것이라면, 요릭을 그 곳에 놓아둠으로써 나를 어떤 감옥으로도 이송시키지 못한 셈이 될 것이다. 그리고 만약 이것이 사실이라면 그것은 세번째 대안을 보여준다.

3. 데닛은 자신이 있다고 생각하는 모든 곳에 있다. 이 주장은 대략 다음과 같다. 즉 어떤 시간에도 사람은 하나의 〈시점(視點)〉을 가지며, 그 시점의 위치는(그것은 시점의 내용에 의해 내적으로 결정된다) 그 사람의 위치이기도 하다는 것이다.

이런 명제는 그 자체로 난점을 갖지는 않지만, 내게는 이것이 올바른 방향을 향한 첫걸음으로 여겨졌다. 단 한 가지 문제점은 〈앞이면 내가 이기고/뒤면 네가 진다〉는 식으로 장소와 연관해서는 절대 무오류(無誤謬)인 상황에 처하게 된다는 것이다. 이전에 나는 내가 어디에 있었는지에 대해서도 몇 번이나 실수를 저지르거나 최소한 확신할 수 없지 않았는가? 길을 잃고 헤맬 수 없는 것인가? 아니, 물론 그럴 수 있다. 그러나 지리적으로 길을 잃는 것만이 길을 잃는 유일한 방식은 아니다. 만약 숲 속에서 길을 잃는다면 적어도 자기가 어디에 있는지 알고 있다는 사실로 스스로를 위로하고 안심시킬 수 있을 것이다. 다시 말해 그가 자신의 육체라는 친숙한 환경 속에 있다는 사실로 위로받을 수 있는 것이다. 이 경우 그는 자신이 감사해야 할 많은 것들이 있다는 사실을 알아차리지 못할 것이다. 그러나 그보다 더 곤란한 상황을 상상할 수 있다. 그리고 나는 당시 내가 가장 지독한 상황에 처해 있다는 확신을 가질 수 없었다.

시점이 한 사람의 위치와 어떤 관계를 갖는다는 것은 명백하지만 그 자체는 분명치 않은 개념이다. 그러나 어떤 사람의 시점의 내용이 그 사람의 신념이나 사고와 같지 않고, 또한 그것들에 의해 결정되지 않는 것은 분명하다. 예를 들어 영화 속의 롤러코스터 장면을 보면서 정신적 이격psychic distancing을 뛰어넘어 비명을 지르고 자리에서 몸을 비틀어대는 관람자의 시점에 대해 우리는 어떻게 이야기해야 할 것인가? 그는 자신이 영화관에 앉아 있고, 안전하다는 사실을 잊은 것일까? 이 점에 대해 나는 그 사람이 가상의 시점 전환을 체험하고 있다고 말하고 싶다. 다른 경우 이러한 시점 전환은 그처럼 강력하지 않을 것이다. 연구실과 공장에서 위험한 재료를 취급하기 위해 피드백 제어되는 기계 팔을 사용하는 노동자들은 영화가 일으키는 어떤 것보다도 생생하고 두드러진 시점 전환을 체험한다. 그들은 자신들이 취급하는 용기의 무게나 미끄러움의 정도를 느끼고 금속 손가락으로 조작할 수 있다. 그들은 자신이 어디에 있는지 분명하게 알고 있고, 체험에 의한 잘못된 믿음 때문에 혼란이나 착각을 일으키지도 않는다. 그러나 그들은 자신들이 들여다보고 있는 격리실 내부에 있는 것과 같은 체험을 한다. 그들은 정신적 노력을 통해 자신의 시점을 앞뒤로 전환시킬 수 있다. 이것은 투명한 네커 정육면체Necker cube와 에셔의 그림을 눈앞에서 거꾸로 뒤집는 것과 비슷하다. 그러나 이 정신적 체조를 할 때 그들이 〈자신을〉 앞뒤로 이동시키고 있다고 생각하는 것은 너무 지나친 것 같다.

그래도 이런 예는 내게 희망을 준다. 만약 내가 자신의 직관에 반해서 실제로 탱크 속에 있었다면, 그야말로 습관의 문제로서라도 탱크 속의 시점을 받아들이도록 자신을 훈련시킬 수 있었을지도 모른다. 만약 그랬다면 나는 탱크 안에서 편안하게 부유하면서 탱크 밖의 나로부터 독립적으로 존재하는 친숙한 몸을 향해 의지력이라는 빔을 발사하고 있는 나의 이미지를 생각하고 있었을 것이다. 나는 곰곰이 그 작업의 난이도가 자신의 뇌의 위치에 관한 진실과 무관할 것이라는 생각을 했다. 수술을 받기 전에 훈련했다면 그때 벌써 나는 탱크 속의 시점을 제2의 자연으로 받아들였을지도 모른다. 당신도 지금 그런 속임그림(정물화처럼 실제와 착각을 일으키게 그린 그림——옮긴이)을 시도해 볼 수 있다. 가령 당신이 선동적인 내용의 투서를 해서, 그 글이 《타임 Time》에 게재되었다고 하자. 그 결과 정부는 당신의 뇌를 메릴랜드 주 베데스다에 있는 〈위험한 뇌 클리닉〉에 3년 간 보호 관찰을 위해 수용하기로 했다. 물론 당신의 몸은 자유롭게 일하고 월급을 받도록 허용되었기 때문에 세금 징수가 가능한 소득 축적 기능은 계속될 수 있다. 그렇지만 이 순간 당신의 몸은 청중석에 앉아서 데닛의 비슷한 체험을 듣고 있는 것이다. 그러나 당신이 베데스다에 있다고 생각해 보라. 그런 다음 당신이 몹시 그리워하면서 아주 멀리 떨어져 있지만 느낌으로는 아주 가까이 있는 것 같은 당신의 몸으로 되돌아간다고 상상해 보라. 당신이 과거의 몸을 조종해서 화장실에 가고, 그런 다음 라운지에서 당연한 보상으로 주어지는 셰리주를 마시고 싶지만 그 충동을 억누르고 강연자에 대한 예의로 손을 움직여 박수를 칠 수 있는 것은 장거리 구속(그것이 당신의 구속인지, 정부에 의한 것인지는 모르지만)에 의해서이다. 이런 상상을 하기란 무척 힘들지만, 만약 당신이 목적을 달성할 수 있다면 보상으로 그 결과를 통해 위로받을 수 있을지도 모른다.

어쨌든 나는 그 곳 휴스턴에 있었다. 생각에 몰두해 있었다고 말할 수 있을지도 모르지만 그리 오래 가지는 않았다. 내 사색은 휴스턴의 의사들에 의해 중단되었다. 그들은 나를 위험한 임무에 내보내기 전에 새로운 인공 신경 테스트를 하고 싶었던 것이다. 앞에서도 이야기했지만 처음에 나는 조금 현기증을 느꼈다. 그것은 그다지 놀라운 일은 아니었다. 나는 곧 새로운 환경에 익숙해졌다(새로운 환경은 이전 환경과 거의 같아서 구별할 수 없을 정도였다). 그러나 내 적응은 완벽한 것은 아니었고, 오늘까지도 여러 가지 미세한 기능 조정 때문에 곤란을 겪고 있다. 빛의 속도는 무척 빠르지만 유한하다. 그 때문에 뇌와 신체가 멀리 떨어져서 운동할 때에는 시간 지연으로 되먹임고리 계 사이의 미묘한 상호 작용에 혼란이 빚어진다. 예를 들어 자신이 하는 말이 반향되어 들리거나 너무 늦게 들려서 거의 말을 할 수 없는 지경이 되고, 뇌와 몸이 몇 킬로미터 이상 떨어지면 눈으로 운동하는 물체를 거의 뒤쫓을 수 없게 된다. 대부분의 경우, 내 기능 장해는 거의 감지할 수 없을 정도이지만, 나는 더 이상 옛날처럼 슬로 커브 볼을 받아칠 수 없게 되었다. 물론 좋은 점도 몇 가지 있다. 술맛은 여전히 기막히고, 식도를 지나 간을 해치지만 나는 조금도 취하지 않으면서 원하는 만큼 마음대로 마실 수 있었다. 친한 친구들 중 이상하게 생각한 사람도 있었을지 모른다(그래서 때로는 주위 사람들이 눈치채지 못하게 하려고 일부러 취한 것처럼 행동하기도 했지만). 나는 비슷한 이유 때문에 손목을 삐었을 때 아스피린을 복용하는데, 그래도 통증이 멈추지 않으면 탱크 속으로 진통제를 처방해 달라고 휴스턴에 부탁한다. 덕분에 몸이 아플 때면 전화 요금이 엄청나게 나온다.

그러면 다시 내 모험담으로 돌아가기로 하자. 마침내 나와 의사들 모두는, 내가 지하 임무를 수행할 만반의 준비가 되었다는 사실에 기뻐했다. 나는 뇌를 휴스턴에 남겨둔 채 헬리콥터로 털사로 향했다. 아니, 그런 것 같았다. 말하자면 깊이 생각하지 않고 즉흥적으로 그렇게 생각했다는 뜻이다. 목적지로 가는 도중 나는 조금 전에 나를 짓눌렀던 걱정거리를 곰곰이 생각해 보았지만, 수술받은 후 처음 깊은 생각을 해서 그런지 두려움과 낭패감을 떨칠 수 없었다. 그 문제는 지금까지 내가 생각해 왔던 낯설거나 형이상학적인 무엇과는 거리가 멀었다. 나는 어디에 있었는가? 분명 두 장소에 있었다. 그것은 탱크 속과 탱크 밖이다. 한쪽 발은 코네티컷에, 그리고 다른 쪽 발은 로드아일랜드에 딛고 있는 것처럼 나는 두 장소에 동시에 있었다. 이전에 들은 적이 있었던 분산된 개체들의 하나가 된 것이다. 그 답에 대해 생각할수록 그것은 점점 더 분명하게 사실인 것처럼 느껴졌다. 그런데 이렇게 말하면 이상하겠지만, 그것이 사실로 생각될수록 그것이 옳은 답이 될 수 있는 문제의 중요성이 덜해지는 것처럼 보였다. 철학적 물음이 겪을 수밖에 없는, 슬프기는 하지만 그 유례를 찾을 수 없는 숙명인 것이다. 물론 그 대답이 나를 완전히 만족시킨 것은 아니었다. 아직도 답을 듣고 싶은 의문이 내게는 여전히 남아 있었다. 그 물음은 〈나의 다양한 온갖 부분이 모두 있는 곳은 어디인가?〉도 〈지금 나의 관점은 무엇인가?〉도 아니었다. 또는 최소한 거기에는 이러한 물음이 있는 것 같았다. 왜냐하면 어떤 의미에서는 단지 〈대부분의 내〉가 아니라, 내가 핵탄두를 찾기 위해 틸사의 지하로 내려가고 있다는 사실은 부정할 수 없는 것 같았기 때문이다.

탄두를 찾아냈을 때 나는 뇌를 두고 왔다는 사실에 무척 기뻐했다. 내가 가져간 특수 설계된 가이거 계수기의 바늘이 표시판 밖으로 터져나갔기 때문이다. 나는 일반 무전기로 휴스턴을 불러서 작업 통제 본부에 나의 현 위치와 당시까지의 경과를 보고했다. 그러자 통제 본부에서는 나의 현장 상황 보고를 기초로 운반 장치를 해체하라는 지시를 내렸다. 나는 절삭용 토치 램프를 이용해서 작업을 시작했다. 그 순간 끔찍스러운 일이 벌어졌다. 갑자기 아무 소리도 들리지 않게 된 것이었다. 처음에는 무전기의 이어폰이 고장난 줄 알고 손으로 헬멧을 두드려보았지만 여전히 아무 소리도 들을 수 없었다. 청각을 담당하는 송수신기가 고장난 것이 분명했다. 이제 더 이상 휴스턴에서 하는 이야기나 나 자신의 목소리를 들을 수 없게 되었다. 그러나 말은 할 수 있었기 때문에 나는 통제 본부에 내게 일어난 일을 보고하기 시작했다. 그런데 보고를 하던 도중에 나는 다른 부분에도 이상이 발생했다는 사실을 알아차렸다. 발성 기관이 마비된 것이다. 다음에는 오른손이 힘없이 밑으로 늘어졌다. 또다른 송수신기가 고장난 것이다. 나는 심각한 사태에 직면했다. 그러나 훨씬 더 절망적인 운명이 나를 기다리고 있었다. 몇 분 지나자 눈이 보이지 않게 된 것이다. 나는 내 불운을 저주하면서 나를 이런 엄청난 위험으로 내몬 과학자들에게 저주를 퍼부었다. 나는 그곳에서 귀멀고, 눈먼 벙어리가 되어 털사 지하의 방사능으로 가득 찬 구덩이 속에 처박혀 있었다. 그리고 내 마지막 대뇌 피질의 무선 연결이 끊어졌고, 갑작스럽게 나는 훨씬 더 충격적인 새로운 문제에 직면하게 되었다. 한 순간 전만 해도 나는 오클라호마에 생매장되어 있었지만, 이제는 육체에서 분리된 채 휴스턴에 있었다. 새로운 상황에 대한 인식이 곧바로 이루어진 것은 아니었다. 내 불쌍한 신체는 수백 킬로미터 떨어진 곳에 있고, 심장이 뛰고, 폐도 숨쉬고 있었지만, 그 이외에는 심장 이식 제공자처럼 죽은 상태인 것이다. 그리고 머리 속에는 이제 쓸모없게 된 고장난 전자 장치들이 가득 들어 있었다. 이 사실을 깨닫기까지 고통스러운 몇 분이 흘렀다. 전에는 거의 불가능하다고 생각한 시점 전환이 이제 지극히 자연스럽게 느껴졌다. 나 자신이 털사의 지하 터널 속

내 몸으로 다시 돌아가는 것을 생각할 수는 있었지만, 그 환상을 유지하기 위해서는 상당한 노력이 필요했다. 왜냐하면 자신이 아직 오클라호마에 있다고 생각하는 것이야말로 환상이었기 때문이다. 나는 그 몸과의 모든 접촉을 모두 상실했다.

그때 어떤 생각이 떠올랐다. 그것은 누구라도 의심할 만큼 한꺼번에 몰려든 수많은 계시 중 하나였다. 내가 우연히 물리적 원리와 전제를 기반으로 하는 영혼의 비물질성을 인상적으로 증명할 수 있는 것은 아닐까? 털사와 휴스턴 사이에서 마지막 무선 신호가 끊어졌을 때 내가 털사에서 휴스턴으로 광속으로 위치를 바꾼 것이 아닐까? 더구나 어떤 질량 증가도 없이 그 일을 해낸 것이 아닐까? A 지점에서 B 지점으로 그런 속도로 이동하게 한 것은 내 존재의 질량 없는 중심이자 내 의식의 거처인 나 자신 또는 나의 마음이나 영혼이었던 것이 분명하다. 나의 시점은 조금 뒤처졌다. 그러나 나는 이미 개인의 위치와 그의 시점 사이에는 간접적인 관계밖에 없다는 사실을 주목하고 있었다. 나는 물리주의 철학자들이 이 문제를 둘러싸고 논란을 벌인다면, 인간에 대한 모든 논의를 몰아낸다는 극단적이고 직관에 반하는 방법을 취하는 것 이외에 어떤 다른 방식이 있는지 모르겠다. 그렇지만 개인성 personhood이라는 개념은 모든 사람들의 세계관 속에 너무도 확고하게 자리잡고 있기 때문에 그것에 대한 어떤 부정도 데카르트의 부정 〈나는 존재하지 않는다 non sum〉만큼이나 기묘하고 납득할 수 없는, 즉 의도적으로 부정직한 것처럼 여겨질 정도이다.

철학적 발견의 기쁨 덕분에, 만약 그것이 없었다면 구조될 희망조차 없는 무기력한 내 처지에 대해 고통스럽게 보냈을 몇 분을 덜 수 있었다. 공포는 파도처럼 나를 엄습했고, 게다가 구역질까지 가

세해서 정상적인 신체에 의존하는 현상학이 부재하는 상황에서 내게 훨씬 더 끔찍한 고통을 안겨주었다. 팔에서 아드레날린 분비가 증가하지도 않고, 심장의 고동도 없고, 예비적인 타액 분비도 일어나지 않는다. 나는 창자의 한 지점에서 심한 쇠약감을 느꼈다. 그리고 이 느낌이 촉발제가 되어 순간적으로 이 지점에 도달하게 된 과정을 되짚어나가면서 차츰 신체를 회복해 가고 있다는 잘못된 희망을 품었다. 그러나 그 동통은 신체의 다른 부분과 고립되어 유일한 것이라는 사실을 깨닫게 되었고, 그런 느낌은 수족 절단 수술을 받은 사람이라면 누구나 체험하는 일종의 환각 현상을 처음 경험한 것뿐이라는 사실을 깨닫게 되었다.

그때의 내 기분은 혼돈 그 자체였다. 한편으로는 철학적인 발견에 들떠서 어떻게 이 발견을 학술 저널에 알릴 것인지 골몰하면서 내 두뇌를 괴롭히고 있었다(당시 내가 할 수 있는 일은 그것밖에 없었다). 그렇지만 다른 한편으로는 외로움과 두려움, 불안감에 휩싸여 있었다. 다행히도 이런 상태는 오래 계속되지 않았다. 지원반의 기술진이 진정제를 처방해서 나는 꿈없는 잠에 떨어져 버렸기 때문이다. 그리고 눈을 뜨자 내가 좋아하는 브람스Brahms의 피아노 삼중주의 친숙한 개시 부분이 뛰어난 음감으로 울려퍼지고 있었다. 그 자들이 내가 좋아하는 음악 목록을 기록한 이유가 바로 그 때문이었구나! 내가 귀 없이 음악을 듣고 있다는 사실을 알아차리기까지는 그리 오랜 시간이 걸리지 않았다. 전축 바늘에서 나오는 출력이 일종의 환상적인 수정 회로를 통해 내 청각 신경에 직접 입력되고 있었던 것이다. 나는 브람스를 정맥 주사 맞고 있었던 것이다. 그것은 아무리 좋은 전축으로도 하기 어려운 잊을 수 없는 체험이었다. 브람스의 곡이 끝나갈 무렵, 이제 내 인공 귀 구실을 하고 있는 마이크로폰을 통해 프로젝트 책임자의 위로의 말이 들려왔지만 나는 놀라지 않았다. 그는 내가 스스로 내린 분석을 재확인해 주었고, 내게 다시 신체를 주기 위한 절차를 밟고 있다고 안심시켜 주었다. 그러나 상세한 이야기는 해주지 않았다. 음악을 몇 곡 더 들은 후 나는 다시 잠에 빠져들었다. 나중에 알게 된 사실이지만, 나는 거의 1년 동안이나 잠을 잤다고 한다. 그리고 잠에서 깨어났을 때 나는 내 감각이 완전히 원래 상태로 회복되었다는 사실을 알아차렸다. 그러나 거울을 보았을 때 나는 그 곳에 있는, 눈에 익지 않은 얼굴 때문에 적잖이 놀랐다. 턱수염이 나고 조금 살이 찌기는 했지만 마치 형제처럼 이전의 내 얼굴과 흡사한 얼굴을 한, 상당한 지성과 단호한 의지가 엿보이는 풍모의 남자가 그 곳에 있었다. 그러나 그것은 분명 새로운 얼굴이었다. 그 내밀한 특성을 세밀하게 조사한 끝에 나는 그것이 새로운 신체라는 결론을 내렸다. 프로젝트 책임자도 내 결론을 확인해 주었다. 그는 나의 새로운 신체의 과거를 스스로 이야기하려 들지 않았기 때문에(뒤에 생각하면 현명한 처사였다), 나도 꼬치꼬치 캐묻지 않기로 했다. 내가 겪은 시련에 익숙지 않은 많은 철학자들이 최근에 추측하게 되었듯이, 새로운 신체를 획득했어도 그 사람은 전혀 달라지지 않는다. 새로운 목소리와 새로운 근육 강도 등에 대한 일정한 적응기를 거친 후에는 그 사람의 〈개성 personality〉도 대체로 그대로 보존된다. 성 전환 수술은 말할 것도 없고, 대폭적인 성형 외과 수술을 받은 사람에게서 좀더 극적인 성격 변화가 관찰된다는 보고가 있었지만, 이러한 경우에도 그 개인이 존속된다는 사실을 반박할 사람은 아무도 없을 것이다. 어쨌든 나는 곧 새로운 나의 몸에 적응해서 부자연스러움을 의식할 수 없을 뿐 아니라 기억조차 할 수 없을 정도가 되었다.

이윽고 거울 속의 모습도 완전히 친숙해졌다. 여담이지만, 거울로 본 내 모습에는 여전히 안테나가 달려 있었기 때문에 나는 내 뇌가 아직도 생명 유지 실험실의 안식처에서 옮겨지지 않았다는 사실에 대해 놀라지 않았다.

나는 오래 된 친구 요릭을 방문하기로 작정했다. 나와 새로운 신체는 (그를 포틴브라스Fortinbras[역시 햄릿의 등장 인물이다.──옮긴이)]라고 불러도 무방할 것이다) 눈에 익은 실험실로 성큼성큼 걸어가 다시 한번 기술진의 박수갈채를 받았다. 그러나 그들은, 물론 내가 아니라 스스로에게 박수갈채를 보낸 것이었다. 다시 나는 탱크 앞에 서서 불쌍한 요릭을 뚫어지게 응시했다. 그런데 문득 변덕스러운 생각이 들어 거만하게 출력 송신 스위치를 내렸다. 아무 일도 일어나지 않았다. 이때 내가 얼마나 경악스러웠을지 상상해 보라. 발작적으로 기절을 하거나, 구역질을 일으키지도 않았고, 두드러진 어떤 변화도 일어나지 않았다. 한 기술자가 서둘러 스위치를 올렸지만 여전히 나는 아무것도 느끼지 못했다. 그 이유를 묻자 프로젝트 책임자는 이렇게 설명했다. 그들은 첫번째 수술을 하기 전에 나의 뇌를 복제해서 그 정보 처리 구조와 계산 속도를 거대한 프로그램에 완전히 재현시킨 컴퓨터를 조립했다는 것이다. 수술이 끝난 후 나를 오클라호마 임무에 내보내기 전에 그들은 이 컴퓨터와 요릭을 병렬적으로 가동시킨 것이다. 햄릿에서 오는 신호는 요릭의 수신기와 컴퓨터 기억 장치로 동시에 보내졌다. 그리고 요릭에서 나오는 출력은 무선으로 햄릿, 즉 나의 신체에 보내졌고, 동시에 〈휴버트Hubert〉라고 불리는 컴퓨터 프로그램에도 함께 기록되고 비교·점검되었던 것이다. 그런데 왜 그렇게 했는지 그 이유는 잘 모르겠다. 하여튼 며칠, 아니 몇 주일 동안에는 두 곳의 출력이 동시에 동일하게 기록되었다. 물론 이 결과가 곧바로 그들이 뇌의 기능적 구조 복제에 성공했다는 증명이 된 것은 아니지만, 경험적인 측면에서는 대단히 고무적인 것이었다.

내가 신체를 상실하고 있던 기간 동안 휴버트의 입력, 그리고 그에 따른 활동은 요릭의 그것과 병행하도록 유지되었다. 그리고 지금 그 사실을 입증하기 위해서 그들은 실제로 마스터 스위치를 올려서 처음으로 휴버트를 내 신체, 물론 햄릿이 아닌 포틴브라스에 직접 연결시킨 것이다(나는 지하의 무덤에서 햄릿이 회수되지 않았고, 지금쯤 벌써 한 줌의 먼지가 되었을 것이라는 이야기를 들었다). 내 무덤의 머리가 있는 곳에는 버려지기는 했지만 훌륭한 장치가 아직도 놓여 있고, 그 옆면에는 STUD라는 커다란 글자가 장식되어 있기 때문에 다음 세기의 고고학자들이 그 모습을 발견한다면 선조들의 매장 의식에 관해 엉뚱한 해석을 내릴지도 모르겠다.

실험실의 기술자들은 내게 문제의 마스터 스위치를 보여주었다. 그 스위치에는 두 개의 접점, 즉 뇌를 가리키는 B라고 적힌 접점(그들은 내 뇌가 요릭이라는 이름을 가졌다는 것을 알지 못했다)과 휴버트를 가리키는 H라고 적힌 접점이 있었다. 실제로 스위치는 H를 가리키고 있었고, 그들은 원한다면 스위치를 B로 돌려도 무방하다고 설명했다. 나는 심장이 오그라드는 느낌을 받으면서(탱크 속에 들어 있는 뇌 역시) 그들의 말대로 해보았다. 그러나 아무 일도 일어나지 않았다. 딸깍! 그것이 고작이었다. 그들의 말을 시험해 보기 위해 마스터 스위치를 B 위치에 놓고 탱크에 달려 있는 요릭의 출력 송신 스위치를 내렸다. 그러자 정신이 아찔하면서 기절하기 시작했다. 출력 스위치가 원래 위치로 되돌려지고 정신을 수습한 다음 나는 마스터 스위치의 위치를 이쪽 저쪽으로 돌리면서 계속

장난을 했다. 그러나 스위치를 전환할 때 나는 딸깍 하는 소리 이외에는 아무런 차이도 발견할 수 없었다. 한참 이야기를 하는 도중에 스위치를 바꾸어도 아무 지장이 없었다. 다시 말해 요릭의 제어 상태에서 시작한 말을, 어떤 종류의 중단이나 걸림 없이 휴버트의 제어 상태에서 끝낼 수 있었다. 나는 예비 뇌를 갖게 된 것이다. 언젠가 요릭에게 사고가 생겼을 때 유용하게 사용할 수 있는 대용물이 생긴 것이다. 또는 반대로 요릭을 예비용으로 놔두고 휴버트를 사용할 수도 있었다. 어느 쪽을 선택하든 아무런 차이도 없는 것 같았다. 왜냐하면 내 신체가 상처를 입거나 지치거나 피로해져도 어느 쪽 뇌에도 (그것이 실제로 내 신체에 운동을 일으키고 있든, 아니면 그 출력을 허공에 흩뿌리고 있든 간에) 영향을 미쳐서 뇌를 쇠약하게 하는 일은 일어나지 않기 때문이다.

이처럼 사태가 전혀 새롭게 전개되자 나는 내심 한 가지 불안감을 떨칠 수 없었다. 그것은 누군가가 예비 뇌를 (그것은 요릭이든 휴버트든 상관없다) 포틴브라스에서 떼어내 또 다른 신체에, 가령 로젠크란츠 Rosencrantz나 길덴스턴 Guildenstern(두 사람 모두 『햄릿』의 등장 인물. 햄릿의 벗이지만 햄릿의 계부 꾐에 빠져 그를 죽이려 한다. ──옮긴이)과 같은 신참에게 연결시킬지 모른다는 불길한 생각이었다. 그 조짐이 나타나기까지는 그리 오래 걸리지 않았다. 그렇게 되면(그 이전에는 그렇지 않았다고 가정하지만) 명백하게 두 사람이 있게 되는 것이다. 한 사람은 나이고, 다른 한 사람은 일종의 완벽한 쌍둥이 형제가 되는 셈이다. 만약 두 개의 신체가 있어서 한쪽이 휴버트, 다른 쪽이 요릭의 제어를 받는다면 사람들은 어느 쪽을 진짜 데닛이라고 간주할까? 아니, 세상 사람이 어떻게 정하든 간에, 과연 어느 쪽이 진짜 나인가? 요릭이 인과적으로 앞서고 데닛의 원래 신체인 햄릿과 가깝다는 이유로 요릭의 뇌와 연결된 신체가 나일까? 그건 지나치게 형식에 얽매인 판단이고 혈족 관계라든가 법적 소유와 같은 독단적인 판단 기준을 상기시키기 때문에 형이상학적 수준에서는 별로 설득력이 없다. 왜냐하면 제2의 신체가 등장하기 몇 년 전부터 내가 계속 요릭을 예비로 돌리고 휴버트의 출력으로 내 몸, 즉 포틴브라스를 제어했다고 가정하자. 공유지 무단 점거자의 권리에 따르면(이것은 한 가지 법률적 직관이 다른 직관과 충돌하는 것이다), 휴버트-포틴브라스 조가 진짜 데닛이고, 데닛의 모든 것의 적법한 상속자가 되는 것처럼 판단된다. 이것은 정말 흥미로운 문제이다. 그러나 나를 괴롭힌 또 다른 문제와 비교하면 그다지 시급하지 않다고 말할 수 있다. 나의 가장 강력한 직관은 이러한 경우 어느 쪽이든 한쪽의 뇌-신체 쌍이 그대로 남아 있는 한 궁극적으로 나는 살아남을 것이라는 생각이었다. 그러나 내가 양쪽이 모두 살아남기를 바라는지 여부에 대해서는 여전히 복잡한 감정을 갖고 있었다.

나는 이런 고민을 기술자들과 프로젝트 책임자에게 털어놓았다. 두 사람의 데닛이 있을 수 있다는 생각은 정말 끔찍하다고 나는 설명했다. 그것은 주로 사회적인 이유 때문이었다. 나는 아내의 사랑을 받기 위해 스스로와 싸우고 싶지 않았고, 쥐꼬리만한 월급을 두 사람의 데닛이 절반씩 나누어 쓰는 것도 원하지 않았다. 그러나 그런 가능성보다 훨씬 불안하고 혐오스러운 일은, 내가 다른 사람에 대해 시시콜콜 모든 일을 알고 있고, 마찬가지로 다른 사람이 내가 한 모든 일을 알고 있다는 사실이었다. 어떻게 서로 얼굴을 마주본단 말인가? 실험실 동료들은, 내가 문제의 긍정적인 측면을 간과하고 있다고 주장했다. 내가 하고 싶지만 혼자 힘으로는 할 수 없었던 많은 일이 있지 않겠는가? 이제 한 사람의 데닛은 집에 머물면서 교수직을 유지하고, 다른 데닛은 여행과 모험의 생활을 시작할 수 있다. 물론 그는 가정을 버리게 되지만, 다른 한 사람의 데닛이 집 관리를 잘 하고 있다는 생각에 안심할 수 있다는 것이다. 나는 경건한 신앙 생활을 하면서 동시에 간통을 저지를 수 있다. 심지어는 오쟁이를 질 수도 있다. 동료들은 터무니없는 내 상상을 억누르기 위해 그보다 훨씬 무시무시한 가능성을 열거했지만, 이 자리에서는 이야기하지 않겠다. 그러나 오클라호마(아니면 휴스턴이었던가?)에서 겪은 시련 덕분에 내 모험심은 사그라들었고, 기회가 주어져도 뒷걸음질을 칠 판이었다(물론 실제로 그런 기회가 주어질지 여부는 확실치 않았지만).

그런데 또 하나 비위에 거슬리는 가능성이 있었다. 휴버트와 요릭 모두 마찬가지이지만, 예비 뇌가 포틴브라스에서 오는 입력에서 분리된 채 방치될지 모른다는 생각이다. 그렇게 되면 다른 경우와 마찬가지로 두 사람의 데닛, 아니 적어도 내 이름을 이야기하고, 내 물건을 소유할 권리가 있다고 주장하는 사람이 둘이 되는 셈이다. 그중 한 사람은 포틴브라스의 몸을 갖게 되지만 나머지 한 사람은 불쌍하게도 몸이 없는 것이다. 이기주의와 이타주의가 모두 내게 이런 일이 일어나지 않도록 조치를 취하라고 말한다. 그래서 나는 내(우리들? 아니, 나의) 동의가 없는 한 아무도 송신기의 결합과 스위치를 만질 수 없도록 보증할 수 있는 방법을 요구했다. 나는 휴스턴에 있는 장비들을 지키면서 평생을 보내고 싶지는 않았기 때문에, 연구실 내의 모든 전자 배선을 세심하게 고정시키도록 합의했다. 요릭의 생명 유지 장치를 제어하는 배선, 휴버트에 대한 전원 공급을 제어하는 배선도 이중 안전 장치로 보호되며, 한편 나는 무선으로 원격 조종되는 유일한 마스터 스위치를 내가 가는 곳이면 어디든 휴대하게 되었다. 그 스위치는 혁대로 허리에 차게 되어 있는데, 잠깐, 이것이 바로 그 스위치이다. 몇 달에 한 번씩 나는 채널을 바꿔가면서 상황을 조사한다. 물론 그 작업은 친구들의 입회 아래 이루어진다. 왜냐하면 만에 하나라도 다른 채널의 전원이 끊어져 있거나 다른 신체에 의해 사용되고 있는 경우 진심으로 나를 위해 스위치를 돌려놓거나 나를 공동(空洞)에서 불러내줄 사람이 있어야 하기 때문이다. 그렇게 스위치를 바꾼 후에는 내 몸에서 일어나는 모든 일은 촉각, 시각, 청각, 그리고 그 밖의 감각을 통해 느낄 수 있지만, 그것들을 제어할 수는 없기 때문이다. 덧붙여서 말하자면, 이 스위치의 두 위치에는 일부러 표시를 해놓지 않았다. 따라서 나는 자신이 휴버트에서 요릭으로 스위치를 전환했는지, 아니면 그 반대인지를 전혀 알지 못한다(독자들 중에는 이 경우, 내가 어디에 있는가라는 문제는 제쳐두더라도 〈내가 누구인가?〉에 대해서도 실제로는 모른다고 생각할 수 있을 것이다. 그러나 이러한 고찰은 더 이상 내게 본질적인 데닛임 Dennettness, 즉 내가 누구인가에 대한 의미에 큰 타격을 주지 않는다. 자신이 자기가 누구인지 모른다는 것이 사실이라면, 그것은 내게 그다지 중요하지 않은 당신들의 철학적 진리라는 또 하나의 의미에서 그런 것에 불과하기 때문이다).

어쨌든 지금까지 내가 스위치를 전환할 때마다 아무 일도 일어나지 않았다. 그러면 한 가지 예를 들어보자.

〈천지신명이여, 감사합니다! 저는 당신이 절대 스위치를 움직이지 않았다고 생각합니다.〉 당신들은 지난 2주일이 얼마나 끔찍했었는지 상상도 할 수 없을 것이다. 그러나 이번에는 알 것이다. 이 순간을 얼마나 기다렸던가! 약 2주일 전에, 신사숙녀 여러분, 실례를 용서해 달라, 하지만 나는 그러나 이 일을 음……내 형제에게 설명했다. 여러분들은 그렇게 말할 수 있을지 모른다. 그러나 그는 단지 여러분들에게 사실을 이야기했을 뿐이다. 그래서 여러분들은 이해할 것이다. 2주일 전부터 우리 두 개의 뇌는 조금씩 동조 상태가 어긋나기 시작했다. 나는 지금 내 뇌가 휴버트의 것인지 요릭의 것인지 알지 못한다. 하지만 두 개의 뇌는 서로 어긋나기 시작한 것이다. 일단 이 과정이 시작되자 마치 눈덩이가 커지듯이 증폭되었다. 왜냐하면 우리는 함께 입력을 받았지만, 그 수용 상태가 조금 달랐고 곧 그 차이가 커지기 시작했기 때문이다. 한때 내가 나의 신체(우리의 신체)를 제어했다는 환상은 완전히 스러졌다. 내가 할 수 있는 일은 아무것도 없었다. 너를 부를 방법조차 없었다. 심지어 너는 내가 존재한다는 사실조차 알지 못했다! 지금까지는 운반 용기에 담겨져 이리저리 옮겨져 왔다. 아니, 물건처럼 소유되었다는 편이 나을 것이다. 자기가 하지 않은 말을 자신의 목소리로 듣고, 자기가 의도하지 않은 일을 자신의 손이 행하는 것을 경악 속에 바라보아야 하기 때문이다. 당신은 우리가 가려워하는 곳을 긁어줄 수는 있지만, 그것은 내가 원하는 방식이 아니었다. 게다가 당신이 몸을 뒤척거리는 바람에 나는 도통 잠을 이루지 못한 채 줄곧 깨어 있어야 했다. 지금까지 나는 철저히 소진되었다. 이제는 신경 쇠약에 걸리기 직전의 상태이다. 미친 듯이 돌아치는 네 움직임에 어찌해볼 도리도 없이 끌려다닐 수밖에 없으니 말이다. 그래도 유일하게 나를 지탱해 주는 것은 언젠가는 네가 스위치를 전환시킬 것이라는 사실을 알고 있었기 때문이다.

〈자, 이번에는 네 차례다. 그러나 나는 내가 그 속에 있다는 것을 알고 있다. 그리고 최소한 그것을 알고 있는 것만으로도 너는 마음을 놓을 수 있다. 마치 임신부처럼 나는 지금 두 사람을 위해 먹고 있다. 또는, 어쨌든 맛을 보고, 냄새를 맡고, 그리고 보고 있는 것이다. 그리고 나는 어떻게든 너를 안심시키려고 노력할 것이다. 걱정하지 마라. 이 합동 연구colloquium가 끝나면 너와 나는 다시 휴스턴으로 날아갈 것이다. 그렇게 되면 우리는 우리 중 한 사람이 또 하나의 신체를 얻기 위해서 어떻게 해야 하는지 알 수 있게 될 것이다. 어쩌면 너는 여자의 몸을 얻을 수 있을지도 모른다. 네 몸은 네가 원하는 대로 어떤 색깔도 가질 수 있을 것이다. 하지만 그 문제에 대해 여러 모로 생각해 보기로 하자. 내가 먼저 이야기하마. 우리 둘이 모두 이 신체를 원한다면 공평함을 위해서 내가 프로젝트 책임자에게 동전을 던져 우리 둘 중 누가 이 신체를 계속 갖고, 누가 새로운 신체를 선택할 것인지 결정하도록 하겠다. 그러면 공정성을 보장할 수 있겠지? 어쨌든 나는 너를 돌볼 것이다. 약속한다. 이 사람들이 내 증인이다.〉

〈신사숙녀 여러분, 우리가 지금 막 들은 이야기는 엄밀히 말하자면 제가 하려던 이야기는 아니었습니다. 하지만 그가 말한 모든 것이 사실이었다는 것은 제가 보증할 수 있습니다. 괜찮으시다면 제가, 아니, 우리가 자리에 앉아서 이야기하겠습니다.〉

### 나를 찾아서 · 열셋

여러분들이 지금 읽은 이야기는 사실이 아니며(혹시 그런 생각을 했다면) 사실일 수도 없다. 여기에서 기술된 높은 기술적 수준은 현재로서는 불가능하고, 그중 몇 가지는 영원히 우리의 능력 밖에 머물지도 모른다. 그러나 그것은 우리에게 중요한 문제가 아니다. 중요한 것은 이야기 전체에 대해 원리상 불가능한 것, 즉 모순적인 것이 있는지 여부이다. 철학적 공상이 너무나 기괴한 경우에는 (예를 들어 타임머신, 복제 우주, 사람을 속이는 무한의 힘을 가진 악마 등이 그런 경우이다) 거기에서 어떤 결론도 이끌어낼 수 없을 것이다. 거기에 포함된 주제들을 우리가 이해할 수 있으리라고 확신하기 힘들거나 그 확신이 너무 생생한 공상이 빚어낸 착각인지도 모르기 때문이다.

이야기 속에 등장한 외과 수술과 초소형 무선기 등은 현재, 또는 분명히 머리 속에 그릴 수 있는 가까운 미래의 기술 수준을 훨씬 능가하는 것이다. 그것들은 〈순전히〉 과학적 허구임에 분명하다. 데닛의 뇌, 즉 요릭의 컴퓨터 복제인 휴버트의 도입이 도를 넘어선 것이 아닌지는 분명치 않다(판타지를 세상에 퍼뜨리는 것을 일로 삼는 우리는 우리가 지켜야 할 규칙을 만들 수 있다. 그러나 그것은 이론적으로 아무런 재미도 없는 이야기를 해야 한다는 조건이 따른다). 휴버트와 요릭이 상호 작용하거나 교정하는 연결 없이 휴버트가 몇 년 동안이나 요릭과 〈완전한 동조〉 상태에서 가동할 수 있었다는 것은 엄청난 기술적 승리 정도가 아니라 거의 기적에 가까운 것이다. 컴퓨터가 병렬적인 수백만 개의 입출력 채널을 처리하는 속도에서 인간의 뇌에 필적하기 위해서는 현재의 컴퓨터와 전혀 다른 기본 구조를 가져야 한다. 그러나 그것으로 끝나지 않는다. 설령 우리가 뇌와 흡사한 컴퓨터를 갖게 되었다 하더라도, 실제로는 그 크기와 복잡성 때문에 그 컴퓨터가 독자적으로 동조해서 행동할 가능성은 거의 없다. 두 개의 체계에서 동조된 동일한 정보 처리 과정이 없다면 이 이야기의 근본적인 특성은 포기되어야 할 것이다. 그렇다면 그 이유는 무엇인가? 그 이유는 두 개의 뇌(하나는 예비)를 가진 한 사람의 인간이 존재한다는 전제가 그것에 의존하고 있기 때문이다. 이와 비슷한 경우에 대해서 로널드 드 소Ronald de Sousa가 어떤 식으로 이야기할 수밖에 없는지 살펴보자.

지킬 박사가 하이드 씨로 변할 때, 기이하고 불가사의한 일이 벌어질 것이다. 그들은 하나의 신체 속에서 번갈아 나타나는 두 사람인가? 그러나 더 기이한 이야기가 있다. 저글 박사와 보글 박사가 하나의 몸뚱아리 속에서 번갈아 나타난다. 그런데 그들은 일란성 쌍둥이처럼 똑같이 생겼다! 이 대목에서 당신은 이렇게 물을 것이다. 그렇다면 도대체 그들이 서로 바뀌었다고 말하는 까닭이 무엇인가? 지킬 박사가 하이드라는 전혀 다른 사람으로 바뀔 수 있다면, 저글 박사가 정확히 동일한 보글 박사로 바뀌는 것은 훨씬 더 쉽다고 생각해서는 안 될 이유가 있는가?

하나의 신체에는 기껏 한 사람의 주체가 대응한다는 우리의 당연한 가정을 흔들어놓기 위해서는 대립 또는 분명한 차이가 필요하다는 것이다.

——「합리적인 호문쿨로스Rational Homunculi」 중에서

「나는 어디에 있는가?」의 가장 괄목할 만한 몇 가지 특성은 요릭과 휴버트가 독자적으로 동조해 정보 처리를 한다는 가정에 의존하기 때문에, 실제로는 이 가정이 매우 엉뚱하다는 사실에 주목할 필요가 있다. 그것은 어딘가에 당신과 당신의 친

구, 그리고 당신을 둘러싼 환경이 원자 하나하나까지 동일한 지구와 흡사한 다른 행성이 존재한다는 가정*, 또는 우주가 태어난 지 5일밖에 지나지 않았으리라는 가정(그리고 우주는 아주 오래 된 것처럼 보일 뿐인데, 그 이유는 신이 5일 전에 우주를 만들었을 때 동시에 즉석에서 수많은 〈기억〉, 즉 그런 기억을 가진 성인, 겉보기에는 고서가 가득 들어찬 것 같은 도서관, 새로운 화석으로 가득 찬 산 들을 많이 만들었기 때문이라는)과 흡사한 가정이다.

휴버트와 같은 인공 두뇌의 가능성은 오직 이론적인 가능성일 뿐이다. 그보다 덜 경이로운 인공 신경계의 부분들을 갖춘 장치는 머지 않아 실현될지 모른다. 맹인을 위한 다양한 인공 TV 눈은 아직 조잡한 상태이기는 하지만 이미 다양하게 개발되었다. 그런 눈 중에는 대뇌 피질의 시각 부위에 직접 입력을 보내주는 것도 있지만, 그 밖의 종류들은 다른 외부 감각 기관, 예컨대 손끝에 있는 촉각 수용체나 이마·배·등에 걸쳐 퍼져 있는 일련의 통점(痛點)을 통해 정보를 보내주기 때문에 엄청난 정밀도를 요하는 수술을 하지 않아도 된다.

이러한 비(非)외과적인 마음의 확장에 대한 전망은 다음 글에서 좀더 자세히 살펴보기로 하자. 다음 이야기는 이 글 「나는 어디에 있는가」의 속편에 해당하며, 지은이는 듀크 대학의 철학자 데이비드 샌퍼드이다.

D. C. D.

---

* 힐러리 퍼트 넘Hilary Putnan의 유명한 사고 실험 〈쌍둥이 지구Twin Earth〉가 좋은 예에 해당한다.

# 나는 어디에 있었는가

### 데이비드 홀리 샌퍼드

데닛 또는 아마도 집합적으로 그를 구성하는 집단의 대표자 중 한 사람이 샤펠 힐 콜로키엄 Chapel Hill Colloquium에서 〈나는 어디에 있는가〉라는 제목의 강연을 했고, 청중들은 자리에서 일어나 전대미문의 기립 박수갈채로 답했다. 당시 나는 그 곳에 없었기 때문에 그 고장의 다른 철학자들과 함께 박수를 치지는 않았다. 그 해는 안식년(7년마다 대학 교수에게 주는 1년 동안의 휴식 기간——옮긴이)이었다. 동료들은 내가 뉴욕에 살면서 일련의 철학적 연구를 하고 있는 줄 알지만, 사실 나는 데닛 코퍼레이션과 밀접히 연관된 문제로 국방부를 위해 비밀리에 활동하고 있었다.

---

* This essay was first presented to a seminar on the philosophy of mind conducted by Douglas C. Long and Stanley Munsat at the University of North Carolina at Chapel Hill. 데이비드 홀리 샌퍼드 David Hawley Sanford는 미국의 철학자이다.

데닛은 자신의 본성, 통일성, 정체성 identity 등의 문제에 깊이 몰두해서, 그에게 주어진 임무의 원래 목적이 이전부터 마음의 철학 문제에서 다루어지기 힘들었던 문제들을 더 어렵게 만드는 것이 아니라, 털사 지하 1.6킬로미터 깊이에 박힌 강력한 방사능을 띤 핵탄두를 회수하는 것이라는 사실을 잊은 것 같았다. 데닛의 보고에 따르면, 뇌를 제거하고 원격 조종되는 신체인 햄릿이 탄두 회수 작업에 착수하자마자 몸뚱아리가 없는 뇌인 요릭과의 연락이 끊어져 버린 것이다. 그는 곧 햄릿이 먼지가 될 것이라는 생각을 했지만, 탄두가 어떻게 될 것인지에 대해서는 알지도 못했고 관심도 없었다. 그런데 우연히도 그 탄두를 최종적으로 회수하는 작업에 내가 중심적인 역할을 하게 된 것이다. 내가 맡은 역할은 데닛의 역할과 흡사했지만 몇 가지 중요한 차이가 있었다.

데닛 또는 요릭은 직접적이든 원격 조종이든 간에 살아 있는 사람의 신체와의 완전한 의사 소통이 끊어진 채 계속 잠을 자고 있었을 때, 데닛 또는 요릭은 그 사이의 깨어 있는 기간 동안 소량이기는 하지만 브람스를 정맥 주사로 받고 있었다. 그러니까 스테레오 바늘로부터 정류된 출력이 직접 청각 신경에 주입되었던 것이다. 어떤 과학자 또는 철학자라면 이렇게 물었을 것이다.

〈중이(中耳)나 내이(內耳)를 우회해서 청각 신경에 직접 신호를 보낼 수 있다면, 왜 마찬가지로 청각 신경을 우회해서 청각 신경이 신호를 보낼 수 있는 모든 장소로 직접 신호를 보낼 수 없단 말인가? 아니, 그것마저도 우회해서 한 걸음 더 들어가 인격을 구성하는 하위 정보 처리 체계에 직접 신호를 보낼 수 있지 않을까? 아니면, 그마저 우회해서 직접 다음 단계로 갈 수 있지 않을까?〉 어떤 이론가들은, 당연히 데닛은 거기에 포함되지 않겠지만, 이런 식으로 자연의 정보 처리 장치를 인공의 장치로 대체하는 과정을 계속 진행시켜 나가면 청각 경험의 궁극적인 소유자(인격의 참된 핵심, 진정한 영혼의 자리)에게 도달할 수 있으리라고 생각할 것이다. 한편 그것을 의식의 생물적 주체를 한 층씩 바깥에서 안쪽을 향해 인공지능으로 변환시키는 것으로 간주하는 학자도 있을 것이다. 그러나 요릭의 청각 신경에 직접 브람스의 피아노 삼중주를 주사하는 과학자는 실제로는 다른 종류의 물음을 스스로에게 제기했다. 그는 왜 그들이 데닛의 귀에서 청각 신경을 떼어내는 번거로운 일을 했는지 의아스러웠다. 그는 탱크 속의 뇌에 일반적인 방식으로 연결된 귀에 이어폰을 사용했다면, 그리고 털사의 깊은 지하에서 위험을 무릅쓴 모험을 하고 있는 신체에는 생물학적 귀 대신 마이크를 사용했더라면 좋았을 것이라고 생각했다. 방사선이 뇌 조직에만 손상을 입힌다는 믿음은 완전한 오해였다. 실제로는 햄릿에게 달린 생물학적 귀가 제일 먼저 손상되었고, 그런 다음 곧 햄릿의 나머지 부분들이 죽어간 것이다. 햄릿에게는 귀 대신 마이크를 달아주고, 요릭에게는 정상적인 방식으로 연결된 귀에 이어폰을 달아주었다면 데닛도 정상적인 스테레오 녹음 방식의 트랙을 따라 오르내리는 바늘에서 나오는 출력을 직접 주입받는 것보다 훨씬 생동감 있는 스테레오 음악 연주를 들을 수 있었을 것이다. 햄릿이 연주회장에서 생음악을 듣는다면, 머리를 움직일 때마다 휴스턴의 이어폰에서는 미묘하게 다른 출력이 나왔을 것이다. 이러한 구성은 의식적으로는 분간할 수 없겠지만, 음원의 위치를 정하는 데 매우 중요한 두 신호 사이의 미묘한 음량 차와 시간 차를 그대로 보존한다.

사소하기는 하지만 이어폰 사용으로 얻을 수 있는 이러한 개량에 대한 서술은 NASA의 기술진에 의해 이루어진 좀더 근본적인 진전을 설명할 때 도움이 된다. 그들은 데닛의 움직임을 통해 사람의 눈이 그 곳에 묻힌 핵탄두에서 나오는 방사선을 오랫동안 견딜 수 없다는 것을 깨달았다. 따라서 데닛의 눈을 그의 뇌에 연결된 채 놔두고, 비어 있는 햄릿의 눈구멍에 소형 텔레비전 카메라를 장착하는 편이 나았을 것이다. 내가 탄두 회수라는 비밀 임무에 가담했을 때 기술진은 이미 눈에 장치할 비디오eyevideo를 완성시켜 놓았다. 이 비디오와 보는 것 사이의 관계는 이어폰과 듣는 것 사이의 관계와 마찬가지이다. 비디오는 상을 망막에 투영할 뿐 아니라 모든 안구 운동을 모니터한다. 급속 안구 운동rapid eye movement (수면의 일정 기간 동안 안구가 급속하게 움직이는 현상──옮긴이)에 해당하는 급속 카메라 운동이 있으며, 머리를 움직일 때마다 그에 따라 카메라도 움직이는 식이다. 따라서 이 비디오를 통해 사물을 보는 것은 대부분의 상황에서 비디오 없이 직접 눈으로 사물을 보는 것과 구별할 수 없을 정도였다. 다만 아주 작은 활자체의 인쇄물을 읽으려 했을 때, 약간이기는 하지만 명료도acuity가 떨어지는 것을 느꼈다. 그리고 시스템이 미세 조정될 때까지는 오히려 어두운 곳에서 사물을 볼 때 비디오를 통해 보는 편이 더 선명했다.

가장 놀라운 모의 기관은 촉각 기관이었다. 그런데 이어폰과 듣기의 관계에 해당하는 스킨택트skintact(피부 촉감을 느끼게 하는 인공 기관──옮긴이)와 피부 감각이나 피하 감각의 관계에 대해 이야기하기 이전에, 이 비디오를 통해 할 수 있는 몇 가지 실험에 대해 이야기하기로 하자. 렌즈를 거꾸로 뒤집는 고전적인 실험은 카메라를 거꾸로 설치하는 정도의 간단한 조작으로도 재현할 수 있다. 이처럼 일반적인 종류의 새로운 실험을 하려면 카메라를 정상위치에서 벗어나는 곳에 설치하기만 하면 된다. 몇 가지 예를 들어

보자. 카메라를 일렬로 세우는 대신 서로 마주보도록 설치하는 래 빗 마운트rabbit mount, 360도 시야를 얻을 수 있는 초광각 렌즈 를 사용한 래빗 마운트, 그리고 은행이나 슈퍼마켓에서 자주 사용 하는 방식으로 주체가 차지하는 공간의 서로 마주보는 양쪽 벽에 카메라를 설치하는 배열 방식 등이 있다. 이런 식의 카메라 설치는 익숙해지는 데 어느 정도 시간이 걸린다. 덧붙여 말하자면 이런 카 메라의 위치로는 불투명한 정육면체의 모든 면을 한 번에 볼 수 있다.

그러나 여러분들은 스킨택트에 대해 좀더 자세한 이야기를 듣고 싶어할 것이다. 그것은 가벼운 다공성(多孔性) 물질로 속옷 안쪽에 입는다. 이것은 라디오와 텔레비전이 우리의 청각과 시각 범위를 확장시켜 주듯이 착용자의 촉각 범위를 확대시켜 준다. 스킨택트 송신기를 갖춘 인공 손이 젖은 강아지를 어루만지면 스킨택트 수신 기를 부착한 진짜 손의 피부 속 촉각 신경은 실제로 젖은 강아지를 어루만질 때와 똑같은 자극을 받는 것이다. 스킨택트 송신기가 따 뜻한 물체를 접촉했을 때, 스킨택트 수신기에 덮여 있는 피부는 실 제로는 온도가 올라가지 않지만 연관된 감각 신경들이 따뜻함을 느 끼는 것처럼 자극된다.

땅 속에 묻힌 탄두를 회수하기 위해서 로봇이 지하로 파견되었 다. 그 로봇에는 살아 있는 세포가 없었지만, 신체 비율은 내 몸과 같았고, 표면은 스킨택트 송신기로 덮여 있었으며, 머리에는 이어 폰과 비디오로 전송할 수 있는 마이크와 카메라가 달려 있었다. 관 절 구조도 내 몸과 똑같았기 때문에 내 몸처럼 움직일 수 있었다. 그러나 입과 턱, 그리고 호흡을 하거나 음식물을 섭취하는 기구는 전혀 없었다. 입에 해당하는 장소에는 스피커가 붙어 있어서, 내

입 앞쪽에 있는 마이크를 통해 수집한 소리를 내보내게 되어 있었다. 나와 로봇 사이의 상호 연락 기구에는 또 하나의 경탄스러운 장치가 있었다. 그것은 줄여서 MARS라 부르는 운동과 저항 시스템 Motion and Resistance System이었다. 사람은 MARS 막(膜)을 스킨택트 위쪽에 입고, 로봇은 스킨택트 아래쪽에 착용한다. 나는 MARS가 어떻게 작동하는지 상세한 부분까지 모두 이해하지는 못하지만, 그것이 어떤 기능을 하는지 설명하기는 어렵지 않다. 그 시스템은 로봇의 손발에 가해진 여러 가지 압력과 저항을 그에 대응하는 인간의 손발에 재현할 수 있으며, 다른 한편 인간의 거의 모든 신체 운동을 동시에, 그리고 정확하게 로봇에 재현시킬 수 있다.

NASA의 과학자들은 과거에 데닛을 분리시켰듯이 나를 분리시키지 않고 나의 전체를 그대로 남겨두려고 했다. 일부가 아닌 나 전체는 휴스턴에 남아서 방사선의 영향을 받지 않으면서 지하 임무를 수행하는 로봇을 조종하게 될 것이다. 과학자들은 데닛과 달리 나의 위치에 대한 심오한 철학적 물음 때문에 중요한 임무의 목적에서 벗어나는 일이 없을 것으로 생각하고 있었다. 그들은 거의 아무 것도 알지 못했다.

데닛은 피드백 제어되는 인공 손과 팔을 사용해서 위험한 재료를 취급하는 연구소 노동자들에 대해 언급하고 있다. 사실 나는 그들과 비슷했다. 단지 내가 인공 장치를 통해 보고, 듣고, 촉감을 느끼면서 되먹임고리 제어되는 신체 전체를 조작한다는 것이 차이였다. 그것은 마치 자신이 털사 깊은 지하 터널에 있는 것과 같은 느낌일 수도 있지만, 실제로 나는 내가 어디에 있는지 완전히 알 것이다. 나는 안전하게 연구실 속에 있으면서, 이어폰과 아이비디오를 착용하고, 스킨택트와 MARS를 입은 채 마이크를 통해 말을 하고 있었다.

그러나 일단 그런 장치에 익숙해지자 나는 나 자신을 로봇이 있는 곳에 위치시키고 싶은 충동을 억누를 수 없었다. 데닛이 자기의 뇌를 보고 싶어했듯이 나는 전자 장치에 둘러싸인 나 자신이 보고 싶어진 것이다. 그리고 데닛이 자기 자신을 뇌와 동일시하는 데 곤란을 느꼈듯이, 로봇이 목을 움직이면 언제나 함께 목을 움직이고, 로봇이 연구실을 돌아다니면서 다리로 보행 운동을 하면 몸도 움직이는 식으로 자신을 확인하는 데 어려움을 느끼게 된 것이다.

데닛의 전례에 따라 나도 사물에 이름을 붙이기 시작했다. 데닛이 〈데닛〉이라는 이름을 사용했듯이 나도 〈샌퍼드 Sanford〉라는 이름을 썼다. 그러므로 〈나는 어디에 있었는가?〉라는 물음은 〈샌퍼드는 어디에 있었는가?〉가 되는 셈이다. 내 세례명인 〈데이비드 David〉는 대부분 소금 물과 유기 화합물로 이루어져 있고, 휴스턴에서 관리되고 있는 신체의 이름으로 사용했다. 중간 이름인 〈홀리〉는 당분간 로봇의 이름으로 사용하기로 했다.

〈홀리가 가는 곳에 샌퍼드도 간다〉라는 일반 원칙이 지켜지지 않는 것은 명백하다. 로봇은 데이비드가 보행 운동을 하면 데이비드 주위를 돌아다니고, 데이비드가 머리를 돌리면 자기도 머리를 돌릴 수 있었다. 지금 이 로봇은 1급 기밀 과학관에 있지만 샌퍼드는 거기에 없다.

또한 이 로봇은 이전에 다른 사람의 신체에 의해 조종되었을 가능성도 있다. 그 경우 이 로봇이 데이비드에 의해 조종된 것은 그 이후의 일이 된다. 따라서 홀리가 가는 곳에 샌퍼드도 간다면, 그것은 홀리가 데이비드 또는 그 복제와 최소한 지금까지 말한 방법 중 어느 하나에 의해 서로 연락을 취할 때에 한해서이다. 〈햄릿이 가는 곳에 데닛도 간다〉는 데닛의 첫번째 원칙도 같은 조건이 필요하다.

그런데 로봇이 한 대가 아니라는 사실을 알게 되자 그 로봇에 홀리라는 이름을 붙이려는 내 계획은 난관에 봉착하게 되었다. 휴스턴에는 실물 크기의 로봇이 두 대 있었다. 한 대는 주요 부분이 거의 플라스틱으로 만들어져 있었고, 다른 한 대는 대부분 금속으로 이루어져 있었다. 그 로봇들은 겉보기에 완전히 똑같을 뿐 아니라, 만약 여러분이 내 말의 의미를 이해한다면, 안에서도 똑같았다. 이 두 대의 로봇은 틸사에 보내지지 않았다. 실제의 5분의 3 축척으로 제작된 제3의 로봇이 있었고, 이 로봇은 좁은 장소에서도 쉽게 조작이 가능했다. 그것이 바로 탄두를 회수한 로봇이다.

일단 로봇이 여럿 있다는 사실을 내가 알게 되자, 기술자들은 데이비드가 잠들지 않아도 채널을 바꾸곤 했다. 작은 홀리가 성공을 거두고 금의환향한 후 우리 세 사람, 아니 내 세 사람은 빙 둘러서서 공받기를 하곤 했다. 그런데 이 놀이를 하기 위해서는 때때로 운동력과 감각력을 잃은 로봇이 쓰러지지 않도록 세 사람의 도움이 필요했다. 나는 운동력과 감각력을 잃지 않은 로봇 쪽으로 내 위치를 변경시키는 식으로 끝까지 놀이를 계속했다. 그렇지 않으면 최소한 한 위치에서 다른 위치로, 그 사이의 어떤 중간 위치에도 머물지 않고 공간적으로 불연속적인 이행을 체험했다. 아니, 적어도 그렇게 생각했다.

데이비드가 가는 곳에는 샌퍼드도 간다는 원칙은, 요릭이 가는 곳에는 데닛도 간다는 데닛의 유사한 원칙이 그렇듯이, 내게 그리 매력적이지 않았다. 내가 거부 반응을 일으키는 이유는 법률적이라기보다는 인식론적인 것이었다. 작은 홀리가 틸사에서 귀환한 이래, 나는 한번도 데이비드를 보지 못했다. 따라서 나는 데이비드가 아직 존재하고 있다고 확신할 수 없었다. 데이비드가 스킨택트와 아이비디오를 통해 외부 세계를 지각하게 되자마자, 왜 그런지는 잘 모르지만 내게는 호흡, 음식물씹기, 삼키기, 소화, 배설 등에 관련한 체험이 일어나지 않게 되었다. 플라스틱으로 만들어진 큰 홀리가 또박또박 명료하게 말을 할 때도, 데이비드의 횡격막과 후두, 혀와 입술의 움직임이 여전히 큰 홀리의 발성(發聲)과 어떤 인과 관계를 갖는지 확신할 수 없었다. 과학자들은 적절한 신경에 직접 연결시켜서 신경에서 나오는 출력을——그 자체도 부분적으로는 인공적으로 수정된 입력에 대한 반응으로 생성된——수정한 후 동일한 신호를 큰 홀리의 머리에 장착된 플라스틱으로 된 스피커에 연결된 수신기로 송신하는 기술을 갖고 있었다. 실제로 과학자들은 인과적 매개물에 해당하는 모든 환상적인 전자 장치를 우회해서 직접 뇌와 연결되는 더욱 환상적인 전자 장치로 대체시키는 기술을 갖고 있었다. 나는 혹시 데이비드에게 무슨 나쁜 일이 벌어지지 않았는지 걱정이 생겼다. 신장이 쇠약해지거나 관상 동맥이 막히는 색전증(塞栓症)이라도 진행된 것이 아닐까? 그렇다면 뇌를 제외한 데이비드의 기관이 전부 죽어버릴지 모른다. 아니, 어쩌면 뇌가 죽게 될지도 모른다. 데닛의 뇌인 요릭의 컴퓨터 복제가 만들어졌으니 데이비드의 뇌의 컴퓨터 복제도 제작되어 있을지 모른다. 그렇다면 나는 로봇이 되거나, 컴퓨터가 되거나, 그도 아니면 생물학적 기관이라고는 하나도 없는 로봇-컴퓨터 복합체가 될지도 모른다. 그렇게 된다면 나는 프랭크 바움Frank Baum의 소설 『오즈의 마법사』에 나오는 양철 인간 나무꾼 닉 초퍼Nick Chopper와 비슷해질 것이다. 그 양철 인간의 생물적 조직은 조금씩 비생물적 조직으로 변화해 갔다. 그런데 이 경우에는 신체의 변화를 통해 인격이 지속될 수 있는가라는 문제 이외에도 풀기 어려운 수수께끼가 또 있었다. 그것은 한 개인을 여럿으로 분할하는 문제와 연관된 난해한 문제였다. 어떤 뇌의 컴퓨터 복제가 만들어질 수 있고, 더욱이 둘, 셋, 심지어는 스무 개까지도 만들어질 수 있다고 하자. 그리고 그 각각이 데닛이 서술했던 것처럼 뇌가 없도록 조작된 신체를 조종할 수 있으며, 다른 한편 큰 홀리 또는 작은 홀리와 같은 로봇도 조종할 수 있는 것이다. 어느 쪽의 경우든 신체 이식, 로봇 이식, 뇌 이식, 컴퓨터 이식 등 다양한 명칭으로 불릴 수 있지만 당시까지 발전된 기술로도 충분히 달성할 수 있는 것이었다.

나는 나 자신이, 아놀드Arnauld가 데카르트에게 그 유래를 돌린 것과 비슷한 논의에 이끌리고 있다는 것을 알아차렸다.


나는 신체 데이비드, 또는 그 뇌가 존재하는 것을 의심할 수 있다.

나는 스스로가 보고, 듣고, 느끼고, 그리고 사유하는 것을 의심할 수 없다.

고로 보고 듣는 내가 데이비드나 그의 뇌와 동일시될 수 없다. 그렇지 않다면, 데이비드나 그 뇌의 존재를 의심함으로써 나 자신의 존재를 의심하게 되기 때문이다.


또한 나는 데이비드가 살아 있는 여러 기능적 부분으로 분할되어 있을 가능성도 깨달았다. 아이비디오를 갖춘 양쪽 눈이 눈구멍 밑으로 뇌에 연결될 수도 있으니까 말이다. 그리고 지금은 인공 혈액 덕분에 살아 있는 손발이 실제로는 각기 다른 방에 있을 가능성도 있다. 이러한 주변 조직들이 플라스틱으로 된 큰 홀리를 조작하는 데 아직 필요하든 그렇지 않든 간에, 어쩌면 뇌조차 이미 분해되어 있는지도 몰랐다. 실제로 인격을 구성하는 다양한 하위 정보 처리 체계 사이에서는 정보가 그 이전보다 훨씬 긴 거리를 이동해야 하더라도 이전과 똑같은 속도로 전달될 수 있었다. 또한 만약 뇌가 죽어 컴퓨터 복제로 대체되었다면, 그 컴퓨터의 여러 부분은 데닛이 『브레인스톰 *Brainstorm*』이라는 저서 속의 「의식의 인식론을 향해」라는 절에서 기술했듯이, 공간적으로 흩어져 있다는 사실 자체도 모를 수 있다. 신체 내의 다양한 정보 처리 하위 체계들은 하나로 통합되어 나의 사고·행위·감정을 관장하지만, 그것들의 공간적 근접도와 화학적 구성은 나의 위치·통일성·정체성 등에는 전혀 중요치 않은 것으로 여겨졌다.

데닛은 인간의 위치의 세번째 원칙을 최초로 정식화시켰을 때, 즉 〈데닛은 그가 자신이 있다고 생각하는 곳에는 어디든 있다〉라는 정의를 내려서 스스로 오해를 불러일으켰다. 물론 그의 말이, 가령 어떤 사람이 자신이 교회당에 있다고 생각한다고 해서 실제로 그가 교회당에 있다는 충분 조건이 된다는 의미는 아니다. 오히려 그의 정의는 어떤 사람의 관점의 위치 location of a person's point of view가 그의 위치라는 것이다. 물론 인간이란 문자 그대로 사물을 보는 것 이상의 존재이다. 인간은 그 이외의 감각을 지각하며 운동도 한다. 그러한 운동 중에는 머리와 눈의 움직임처럼 그 사람이 보는 행위에 직접 영향을 미치는 것도 있다. 단지 간헐적인 의식적 주의 conscious attention를 통해서이기는 하지만, 인간의 운동과 그 위치는 대부분 연속적으로 지각된다. 큰 홀리 또는 작은 홀리와 같은 로봇들은 인간의 기능을 거의 그대로 갖고 있고, 로봇이 자기가 처해 있는 곳으로 인식하는 환경과 인간의 감각 기관, 그리고 사지(四肢)와의 관계도 인간의 경우와 거의 다르지 않다. 그러므로 작동 중인 홀리 로봇의 공간적 통일성은 샌퍼드에게 〈그 로봇이 있는〉 위치에 대한 감각을 제공해 주는 데 충분했다. 당시 홀리가 분해될 가능성은 데이비드가 분할될 가능성보다 더 불안한 것이었다.

또한 나는 데이비드 또는 그 컴퓨터 복제, 또는 그와 닮았지만 입력과 출력을 작은 홀리, 금속으로 만들어진 큰 홀리, 플라스틱으로 제작된 큰 홀리 사이에서 분할 배분하는 것이 가능하다는 사실을 깨달았다. 그렇지 않다면 단일한 로봇이라도, 설령 그 다양한 부분들이 제각기 독립적으로 움직이면서 지각 정보를 중계한다고 해도 분해될 수 있다. 나는 이러한 상황에서 통일이라는 것이 내게 어떤 의미로 다가올지 알 수 없었다. 그때에도 단일 주체로서의 자기라는 감각을 갖는다는 것이 가능할까? 이처럼 기괴한 상황에서 나는 데카르트를 모방해서 이렇게 말하고 싶어질지도 모른다. 나는 함대 사령관으로서 이들 다양한 여러 부분을 조종하는 데서 그치지 않고, 그것들과 긴밀히 결합되어 있고, 바꾸어 말하자면 뗄 수 없이 긴밀하게 뒤엉켜 있고 그것들와 함께 하나의 전체를 이루고 있는 것으로 생각한다. 아니, 어쩌면 내가 그러한 자기 통합의 과제를 꼭 해야 하는 것이 아닐지도 모른다. 공간적으로 넓게 분산되고 독립적인 감각원(感覺源)에서 나오는 진술이 단지 시끄러운 혼란으로 여겨질 때, 운동 신경과 지각 신경의 활동 영역은 이전보다 공간적으로 더 광범위하게 분포하기보다는 오히려 그 범위가 좁아져서 추억과 묵상과 공상 속으로 축소되는 것은 아닐까? 나는 내가 그 답을 알 기회가 전혀 없다는 사실에 기뻤다.

우리가 빛, 압력파 등을 물리적 세계의 정보를 전달하는 것으로 간주한다면, 이러한 관점은 이 정보가 어떤 지각자에 의해 수신되는 공간적인 지점에 해당한다. 데닛이 주장했듯이 때로는 자기의 관점을 전후로 이동시킬 수 있다. 위험한 재료를 원격 조작으로 다루는 연구원은 자신의 손 대신 기계팔을 이용해서 시점을 전후로 이동시킨다. 시네라마Cinerama(초대형 와이드 스크린을 이용한 입체 음향 영화의 일종——옮긴이) 관람객들은 굉음을 내며 미끄러져 내려오는 롤러코스터에 타고 있는 관점에서 심장이 멎을 것 같은 속도로 지면에 곤두박질친다고 느끼고, 그런 다음에는 극장 내 좌석의 관점에서 스크린 위에서 빠른 속도로 전환되는 영상을 보는 식으로 시점을 전후 이동시킬 수 있다. 데닛은 요릭과 햄릿 사이에서 이러한 관점 이동을 할 수 없었다. 나 역시 데이비드와 홀리 사이에서 이러한 시점 이동을 할 수 없었다. 아무리 노력해도 나는 나 자신이 아이비디오에 신호를 보내고 있는 카메라 앞에 펼쳐지는 경치를 보고 있는 것이 아니라 아이비디오에 의해 투영된 영상을 보고 있다고 생각할 수 없었다. 비유를 들어 이야기하자면, 내 화신의 현재 상태에서 볼 때 자기의 관점을 5센티미터가량 멀리 떼어서 내 눈앞에 흐트러진 타이핑된 원고들이 아니라 두 개의 망막 위에 맺힌 상에 주의를 집중할 수 없다. 더욱이 나는 나 자신의 청각점을 이동시켜 외부의 소리가 아니라 내 고막의 진동에 주의를 기울일 수도 없는 것이다.

당시까지 내 시점은 로봇의 위치에서 기인한 것이었다. 그리고 나는 나 자신을 나의 시점에 위치시키고 싶은 강한 욕구를 갖고 있었다. 로봇의 위치를 내 위치로 간주했음에도 불구하고, 나는 자신을 로봇과 동일한 것으로 간주하게 되자 이전보다 기분이 더 나빠졌다. 나는 나 자신이 로봇이 아닌 무엇이라는 분명한 개념을 가질 수 없었지만, 나와 로봇은 서로 구별되기는 하지만 동시에 같은 위치를 차지할 수 있다는 가능성을 기꺼이 즐기고 있었다. 내가 괴로움을 느끼는 이유는, 내 위치가 불연속적으로 변화한다는 사실보다는 채널을 바꿀 때마다 나 자신이 갑작스레 한 로봇과 일치하지 않게 되고, 다시 다른 로봇과 일치하게 된다는 생각 때문이었다.

임무 완수에 대한 보고를 할 시간이 왔다. 담당 과학자인 베흐셀만Wechselmann 박사가 내가 놀랄 만한 일이 있다고 말했기 때문에 나는 흥분과 두려움으로 어쩔 줄 몰랐다. 데이비드는 아직 살아 있는 것일까? 데이비드의 뇌는 탱크 속에서 부유하고 있을까? 나는 며칠 동안이나 컴퓨터 복제에 연결되어 있었을까? 혹시 컴퓨터 복제가 여럿 있어서 각기 한 대씩 로봇을 조종하고 있거나 저마다 하나씩 개조한 인간의 신체를 조종하고 있는 것은 아닐까? 도무지 그가 말하는 놀랄 일이 어떤 것인지 종잡을 수가 없었다. 베흐셀만 박사는 그 일이 내가 분해되는 모습, 즉 과거에 내가 있었던 홀리가 분해되는 모습을 보게 되는 것이라고 말했다. 거울을 보고 있자니 기술자들이 홀리를 싸놓은 커버의 지퍼를 내려 커버를 벗겨내는 모습이 보였다. 그러자 나, 즉 살아 있는 인간인 데이비드 샌퍼드가 그 아래에 있다는 것을 알게 되었다. 데이비드는 건강한 상태였다. 단지 48시간 전에, 자고 있는 동안 카메라를 아이비디오 앞에, 마이크를 이어폰 앞에, 그리고 스킨택트의 감지 부분을 피부 바로 위쪽 층에 씌우는 작업이 이루어졌을 뿐이다. 나는 잠시 동안, 내 위치가 플라스틱 큰 홀리의 위치였다고 생각하는 동안, 정교하게 만들어져서 마치 살아 있는 것 같은, 엄격하게 말하자면 생물처럼 보이지 않는 로봇 의상에 싸여 돌아다니고 있었던 것이다.

424

이윽고 숨쉬고 먹는 등의 감각은 되돌아왔다.

아이비디오를 떼어내도 시각에는 아무런 변화도 없었다. 잠시 동안 내가 데이비드의 눈이 다른 방에 있다고 생각했을 때, 사실 그 눈은 바로 뒤에 있었다는 사실은, 내가 아이비디오 장치는 사용자와 물리 세계 사이에 어떤 장벽도 만들지 않는다는 내 주장에 의해 강화된다. 그것은 현미경과 망원경을 통해, 또는 안경 렌즈의 힘을 빌려 사물을 보는 것과 마찬가지이다. 비디오 장치를 사용하는 경우, 외부 물체와 시각적 인식 사이의 인과 연쇄가 거기에 개입되는 장치들에 의해 변화되고 복잡화됨에도 불구하고 우리는 렌즈 앞에 초점이 맞는 물건을 보는 것이지 그것을 매개하는 시각적인 대상을 보지 않는다.

따라서 나는 여기에 있다. 그리고 데이비드가 두 층의 옷을 입고 있을 때 내가 그 옷 안쪽에 있다는 데에는 의심의 여지가 없다. 그러나 데이비드가 한 층의 옷에 싸여, 또 다른 층이 로봇을 덮고 있을 때 내 위치는 여전히 수수께끼이다. 이 수수께끼가 데닛이 제기한 그것보다 어떤 식으로든 유익하다면 데닛은 그만한 신뢰를 받을 가치가 있다. 만약 그가 완전히 성공적으로 마쳤다면, 내가 나 자신의 일을 진행시킬 아무런 근거도 없을 것이기 때문이다.

### 나를 찾아서 · 열넷

샌퍼드의 이야기는 앞의 이야기보다 훨씬 실현 가능성이 높다. MIT의 인공지능 연구소Artificial Intelligence Laboratory를 세운 컴퓨터 과학자 마빈 민스키Marvin Minsky는 최근 논문에서 이런 유형의 기술적 전망에 대해 이렇게 말했다.

당신은 센서와 근육 비슷한 모터가 안쪽에 장치된 안락한 재킷을 입는다. 당신의 팔, 손, 손가락 움직임 하나하나는 다른 장소에서 이동 가능한 인공 손과 팔에 의해 재현된다. 가볍고, 솜씨 좋고, 강력한 이러한 손에는 센서가 달려 있어서 당신은 그 센서를 통해 어떤 일이 일어나고 있는지 보고 느낄 수 있다. 이 기계를 사용하면 당신은 다른 방, 다른 도시, 다른 나라, 심지어 다른 행성에서도 〈작업〉할 수 있는 것이다. 멀리 떨어져 있는 또 하나의 당신, 즉 당신의 대리인은 거인의 힘과 외과 의사의 정교함을 모두 갖출 수 있는 것이다. 뜨거움과 고통은 정보로 변환되어 견딜 만한 감각으로 느껴진다. 따라서 위험한 작업이 안전하고 즐거운 일이 되는 것이다.

민스키는 이런 기술을 〈원격 대리인 telepresence〉라고 불렀다. 이 말은 원래 패트 군켈 Pat Gunkel이 사용했었다. 그는 당시까지 진전된 기술적 진보 수준에 대해 이렇게 쓰고 있다.

원격 존재는 SF가 아니다. 지금 당장 계획을 세우면 21세기까지는 경제의 원격 조작이 가능해질 것이다. 그 계획에 필요한 기술의 범위는 신형 전투기 설계에 필요한 정도일 것이다.
샌퍼드가 상상한 MARS 체계를 이루는 구성 부분 중에는 이미 그 원형이 제작된 것도 있다. 되먹임고리 체계를 갖추고, 힘과 저항을 증폭하거나 약화시키는 등 여러 가지 방식으로 전달하는 인공 손이 그런 경우이다. 아이비디오를 개발하기 위한 시도도 이루어지고 있다.

스티브 몰턴 Steve Moulton이라는 필코 Philco 사(社)의 한 기술자는 훌륭한 원격 대리인 눈을 제작했다. 그는 빌딩 꼭대기에 TV 카메라를 설치하고 자신은 TV 화면이 달린 헬멧을 썼다. 그가 머리를 움직이면 빌딩 위의 카메라도 따라 움직이고 헬멧에 부착된 TV 화면도 움직이는 것이다.

이런 헬멧을 쓰면 당신은 빌딩 위에서 필라델피아를 둘러보는 기분을 느낄 수 있다. 〈상체를 앞으로 구부리기라도 하면〉 정말 오싹한 느낌이 든다. 그러나 몰턴이 고안한 가장 흥미로운 장치는 변환 비율을 1 대 2로 설정해서 머리를 30도 돌리면 카메라는 60도 회전하게 만들었다는 것이다. 따라서 마치 고무로 된 목을 가진 것처럼 〈머리〉를 완전히 360도 회전시키는 느낌을 받게 된다!

미래에는 이보다 훨씬 기묘한 일들이 일어나게 될까? 휴스턴 대학의 철학자 저스틴 라이버는 다음 장에서 이런 주제를 훨씬 더 급진적으로 발전시키고 있다. 여기에 실린 글은 그의 SF 소설 『거부 반응을 넘어서』에서 발췌한 것이다.

D. C. D.

# 거부 반응을 넘어서

### 저스틴 라이버

　　오스틴 웜스Austin Worms는 장광설을 늘어놓기 시작했다. 〈사람들은 흔히 성인의 신체를 '제조'하는 것이 집이나 헬리콥터를 조립하듯, 지극히 간단한 작업일 것이라고 생각하곤 합니다. 따라서 여러분은 이미 어떤 화학 물질이 관계하는지, 그것들이 어떻게 결합해서 DNA의 주형(鑄型)에 따라 세포를 형성하는지, 그리고 세포는 어떻게 화학 전달 물질이나 호르몬 등에 의해 조절되는 기관계(器官系)를 형성하고 있는지 알려져 있기 때문에 완전히 기능할 수 있는 인체를 그야말로 분자 수준에서부터 조립할 수 있을 것이라고 생각할 겁니다.〉

　　웜스가 움직였기 때문에 달리기 기계 위에서 달리기를 하고 있는 인물의 모습은 그들에게 보이지 않게 되었다. 그는 빈 커피 잔을

---

* Justin Leiber, Beyond Rejection (Ballantine Books, 1980). 저스틴 라이버는 미국의 과학철학자이자 SF 작가이다.

강조하기라도 하듯이 밑으로 내려놓았다.

〈물론 인체를 처음부터 조립한다는 것은 이론적으로는 가능합니다. 그러나 아직까지 그 일을 한 사람은 아무도 없습니다. 또한 실제로 그 일에 착수한 사람도 없습니다. 드 라인지 De Reinzie가 충분한 기능을 갖춘 인체의 세포를, 근육 조직이었습니다만, 제조한 것이 지난 세기 중엽, 그러니까 대략 2062년이었습니다. 그리고 그 후 잇따라 여러 종류의 세포가 만들어졌습니다. 그러나 이때에도 정말 처음부터 제조한 것은 아니었습니다. 드 라인지를 비롯한 그밖의 사람들도 몇 개의 기본적인 DNA 주형을 탄소·산소·수소로부터, 아니 정확히 말하자면 단당류라든가 알코올로부터 조립했습니다. '그런 다음에야 그는 이것들을 기초로 나머지 부분들을 성장 grow시킨 것입니다.' 그것은 성장이지 제조는 아닙니다. 20-30년 전에 수백만 크레디트를 들여서 1밀리미터 정도의 위벽(胃壁)을 만든 연구실이 있었는데, 그것이 사람의 기관을 조립한다는 과제에 가장 가까이 접근한 예입니다.

여러분을 수학적인 문제로 괴롭히고 싶은 생각은 없습니다만〉, 테리로부터 눈을 떼면서 그는 계속했다. 〈공과 대학 시절에 저의 은사였던 교수님은 인간의 한쪽 손을 만드는 데 지구를 포함하는 우주 연방의 과학과 제조에 관한 모든 능력을 동원하더라도 50년 정도의 시간과 천문학적인 자금이 필요하다고 추산했습니다. 따라서 그러한 것을 만드는 데 어느 정도의 시간과 자금이 필요할지는 족히 상상할 수 있으리라고 생각합니다.〉 그는 이렇게 말하고는 그들의 시선이 쏠려 있는, 달리기하는 인물을 가리키는 몸짓을 했다. 그는 달리기 기계의 제어 장치 옆에 걸려 있는 서류철을 집어들고 그 속에 들어 있는 서류들을 들여다보았다.

〈이 신체는 3년 간 공백이 있었습니다. 활동 시간은 31년이지만, 물론 샐리 캐드무스Sally Cadmus는, 이 인물의 이름입니다, 34년 이상 전에 태어났습니다. 수요의 측면에서 볼 때 3년은 신체가 움직임을 멈추고 있는 기간으로는 길다고 말하기 힘듭니다. 그녀는 건강 상태가 양호하고, 우주 활동에 알맞은 훌륭한 근육 조직을 갖고 있습니다. 그리고 이곳에서 샐리는 소행성의 광산에서 일하고 있었습니다. 그녀의 신체는 홀맨 궤도상에서 2년 간 얼어붙은 채로 있었던 것 같습니다. 우리는 이 신체를 4개월 전에 회수해서 지금 준비 중입니다. 얼마 후면 그녀가 걸어다니는 모습을 볼 수 있을 것입니다.

그러나 샐리의 경우에는 그렇게 쉽게 깨울 수 없습니다. 그녀의 마지막 테이프는 성인이 되기 전에 의무적으로 만들어진 테이프이고, 그 후 그녀는 테이프를 이식했다는 아무런 기록도 남기지 않고 있습니다. 여러분의 테이프는 갱신되어 있다고 생각하지만〉하고 말하면서 그는 가정 주치의와 같은 눈빛으로 사람들에게 가까이 다가가 목소리를 낮추고는 이렇게 말했다.

〈저는 6개월마다 제 마음을 테이프에 담아두고 있습니다. 그건 전적으로 안전을 위해서입니다. 결국 이 테이프야말로 당신, 즉 기억 장치를 포함하는 여러분의 개인적인 소프트웨어 또는 프로그램인 것입니다. 테이프야말로 당신을 당신으로 만들어주는 전부입니다.〉 그는 조수에게 다가갔다. 조수는 아름다운 젊은이를 데려와 대기시키고 있었다.

〈시험 삼아 물어볼까요? 피더슨Pedersen, 자네가 마지막으로 테이프를 만든 것이 언제인가?〉

질문을 받은 조수는 30대 중반으로 붉은 머리를 한 여성이었다.

그녀는 젊은이의 허리에 팔을 감고 있었지만 질문을 받자 팔을 휙 떼고는 오스틴 웜스를 응시했다.

〈무슨 일로…….〉

〈오! 자네가 다른 사람들 앞에서 정말 내 질문에 대답하리라고는 기대하지 않았네.〉

피더슨이 의자에 앉자 그는 사람들을 향해 히죽 웃었다.

〈그러나 그것이 중요한 점이라는 사실을 이해할 수 있을 겁니다. 아마 그녀도 매년 테이프를 갱신하고 있을 것입니다. 그리고 이것은 우리 전문가들이, 최소한 절대로 지켜주었으면 좋겠다고 권장하는 내용입니다. 그러나 많은 사람들은 이 초보적인 예방 조치조차 게을리하고 있습니다. 자신의 신체에 심각한 손상을 입힌다는 생각 때문에 모두들 불쾌하게 여기기 때문이지요. 여러분들은 이런 식으로 중요한 문제를 될 대로 되라는 식으로 맡겨두고 있는 것입니다. 또한 이 문제는 대단히 개인적인 사항이기 때문에 회복 불능의 신체 손상이나 완전한 파괴와 같은, 확률 50만 분의 1의 사고가 일어날 때까지는 아무도 이 사실을 알지도, 묻지도, 상기하지도 않는 것입니다.

그런데 그때, 그 사람이 20년 동안이나 테이프를 만들지 않았다는 것이 판명된 것입니다. 그 의미는…….〉

그는 모든 사람들의 주의를 자신의 말에 집중시키려는 듯 사람들을 죽 둘러보았다. 그때 귀여운 여자 아이가 눈에 띄었다. 테리가 그녀를 숨기고 있었던 것이 틀림없었다. 우아한 금발과 푸른 눈을 가진 16-17세의 소녀였다. 그녀는 눈을 똑바로 응시하고 있었다. 아니, 그녀의 시선은 그의 눈 속을 꿰뚫어보고 있는 것 같았다. 이상한 느낌이 들었다……. 그는 말을 계속했다.

〈그 의미는, 그 또는 그녀가 운이 좋고, 유산으로 물려받은 돈이 있다고 해도 중년을 넘어선 신체와 젊은 마음을 조화시키려고 할 때 거의 늘 발생하는 거부 반응이라는 문제에 직면하지 않을 수 없다는 것입니다. 그러나 이 이식 물질은 다른 요인에 의해서 더 복잡한 문제를 일으킵니다. 즉 이 이식체는 '20년 후'의 미래 세계에 대처하지 않으면 안 되는 것입니다. 그리고 그 동안의 '경력'은 아무런 의미도 없습니다. 왜냐하면 그 사람은, 자신의 과거 마음이 20년 동안 획득한 기억과 기능을 모두 잃어버렸기 때문입니다.

게다가 그 사람은 파열될 가능성이 높습니다. 다시 말해 강력한 거부 반응을 일으켜 정신 이상이 발생하고 조로와 노망을 거쳐 결국 죽음에 이르게 될 것입니다. 그것은 진정한 의미에서 최종적인 마음의 죽음입니다.〉

〈그러나 여러분은 그 사람의 테이프, 당신들의 표현으로는 그 사람의 소프트웨어를 아직 갖고 있습니다. 그렇다면 다른 비어 있는 신체에 다시 한번 시도해 볼 수 없을까요?〉 피더슨이 말했다. 그녀는 젊은이로부터 여전히 팔을 떼고 있었다.

〈두 가지 문제가 있습니다. 첫째로…….〉 그는 집게 손가락을 치켜들고는 이렇게 말을 이었다. 〈우리 신체 전문가와 영혼 전문가들의 가능한 최대한의 지원, 그리고 그 지원을 통합시키기 위한 현대 최고의 생물심리공학으로도 마음과 신체를 조화시킨다는 것이 얼마나 어려운 문제인지 이해하지 않으면 안 됩니다. 그 속으로 들어가 그 구조를 확실히 파악할 수 있는 독창적인 동조(同調)장치 harmonizer를 가진다 해도 곤란한 일입니다. 다시 태어나기란 그야말로 지난한 일이지요.

일반적인 경우, 가령 테이프가 최신이고, 마음이 충분히 안정되어 있고, 신체가 이식에 적합한 경우 실패율은 약 20퍼센트입니다. 그리고 두번째 이식에서는 실패율이 95퍼센트로 급상승한다고 알려져 있습니다. 그 사람의 테이프가 20년가량 시대에 뒤떨어진다면 첫번째 이식이라 해도 실패율은 두번째와 거의 맞먹습니다. 처음 며칠 동안은 괜찮을지 모릅니다. 그러나 결국 자신을 현실 세계에 끌어 넣을 수 없는 것입니다. 그가 알고 있는 것은 모두 20년 전에 상실되었습니다. 친구도 경력도 없고, 모든 것이 모습을 남기지 않게 되었습니다. 그때, 마음은 자신이 눈을 떴을 때 주위에 있는 새로운 세계를 거부하는 것과 같이 자신의 새로운 신체까지도 거부하게 되는 것이지요. 따라서 가능성은 그렇게 크지 않습니다. 물론 간혹 님퍼nympher(언제나 아이로 있기를 원해서 청년이 되면 자신의 신체를 부유한 노인에게 팔고 마음을 다른 아기의 뇌에 이식하는 사람——옮긴이)나 리퍼leaper(마음을 테이프에 넣어 몇십 년 동안이나 보존해서 그것을 다른 뇌에 이식하는 사람——옮긴이)의 경우는 다르지만 말입니다.

둘째, 정부가 떠맡는 것은 최초의 이식 비용뿐입니다. 물론 최상의 신체, 요컨대 님퍼의 신체 비용을 정부가 부담하지는 않습니다. 그처럼 훌륭한 신체를 사려면 200만 크레디트 이상이 들어갑니다. 일반적으로는 가까이 있는 신체를 얻는 것이고, 그것이 1, 2년 이내에 입수할 수 있으면 행운이라고 말해야 됩니다. 정부가 떠맡는 것은 수술의 기본적인 부분과 그 후의 조정을 위한 비용 정도입니다. 그러나 그것만으로도 150만 크레디트가량 됩니다. 제 월급 100년치를 몽땅 털어 넣어도 부족한 금액이지요. 그 돈이면 여러분들 중에서 대여섯 명을 1등석으로 커너드Cunard 항로의 행성 일주 우라뉴혼(婚) 여행에 보낼 수 있을 정도입니다.〉

이렇게 말하면서 오스틴은 달리기 기계의 제어 장치에 가까이 다가갔다. 그가 말을 마쳤을 때 청중들은 달리기를 하고 있던 인물, 즉 캐드무스 신체의 바로 위쪽 천장으로부터 큰 장치가 내려오는 것을 알았다. 그것은 큰 미라의 상반신과 쾌적하게 속을 채운 안락의자를 교배시켜서 나온 잡종처럼 보였다. 오스틴은 달리기 기계가 있는 곳으로 소리 없이 걸어갔다. 사람들의 눈에는 그 장치가 쇠로 만든 고대의 단두대처럼 열리는 모습이 보였다. 몇 사람은 달리기를 하고 있는 인물의 속도가 느려졌다는 사실을 알아차렸다.

그 장치가 접히기 전에, 오스틴은 달리기를 하고 있는 인물의 제어 장치 조정을 황급히 끝냈다. 달리기를 하고 있는 인물의 대퇴부 뒤쪽을 익숙한 손놀림으로 두 번 때리자 속도가 줄어든 달리기 기계로부터 발이 떨어졌다.

〈이식에는 큰 위험이 따르지만 다행스럽게도 이런 사고는 극히 드뭅니다〉라고 그는 말했다. 그때 그의 뒤쪽에서 장치가 상승했다. 〈그렇지 않으면, 켈로그-머피법Kellog-Murphy Law에 의해 이것이 최초의 이식 비용을 부담하는 법률입니다, 의해 정부는 파산하고 말 것입니다.〉

〈만약 그렇게 되면 저 신체는 어떻게 되지요?〉라고 예의 금발 소녀가 물었다. 그때 오스틴은 그녀가 대략 10-11세가량 되었다는 것을 알았다. 그 전까지는 그녀의 몸놀림이 어딘가 좀더 나이가 든 것처럼 보이게 하는 구석이 있었다.

〈일반적으로는 일종의 인공 동면에, 저온으로 생명 기능의 수준을 낮게 억제하는 것을 말합니다, 들어갑니다. 그러나 이 신체는 내일 이식될 예정이기 때문에 생체 기능은 정상으로 유지시키고 있습니다.〉 그는 그 신체에 프로그램의 지시량과는 별도로 4cc의

포도당·소금 플라스마를 투여했다. 예정 이상으로 달리기를 계속했기 때문에 그것을 보충하기 위해서였다. 그는 그다지 철저하게 계산해 준 것은 아니었다. 그러한 수학적 처리는 그리 중요한 일이 아니다. 그에게 설명을 해달라고 요청했다면 공식적인 계산이 1.5배의 플라스마를 투여할 것을 요구했다고 대답할 것이다. 그러나 그는 그 신체가 매회 일반적인 수준 이상으로 물과 당을 섭취하고 있다는 것을 느끼고 있었다. 아마도 그 느낌은 땀 냄새, 피부색이나 감촉, 근육의 회복력과 같은 형태로 다가왔을 것이다. 그러나 오스틴은 그 사실을 알았다.

조수들은 오스틴 웜스가 태양계 제일의 굴 ghoul(무덤을 파헤치고 시체의 살을 파먹는다는 귀신——옮긴이)이나 좀비 zombie(영력으로 되살아난 사람——옮긴이)의 친한 친구라는 식으로 말할 것이다. 그들은 농담을 할 때도 이 말을 할 때만은 진지해졌다.

〈굴〉이나 〈뱀파이어(흡혈귀)〉라는 은어의 원뜻을 난생 처음 알았을 때 오스틴은 토하고 말았다.

테리의 여행 그룹에 속한 사람들이 홀로 올라와 영혼 전문가들의 연구실로 들어가자 그들의 소리는 차츰 희미해졌다. 그러나 오스틴은 읽고 있던 브룰러 Bruhler의 『마음의 추상 이론에 있어서의 기본 방정식 The Central Equations of the Abstract Theory of Mind』이라는 책을 다시 읽지 않았다. 그는 열한 살의 금발 소녀가 여행자 그룹에 합류하기 위해 걸어가기 전에 그에게 했던 말이 마음에 걸렸다. 그녀는 이렇게 말했다. 〈그 마음이 눈을 떴을 때, 등에 저런 것이 붙어 있다는 사실을 알고는 엄청난 충격을 받는다는 쪽에 내기를 걸어도 좋아요, 반드시.〉 그는 달리기를 하고 있는 인물의 등에 붙어 있는 것이 튜브나 와이어 따위를 그러모은 시스템의 일부에 불과하지 않다는 사실을 그녀가 어떻게 알 수 있었는지 도무지 가늠할 수 없었다.

방을 나서면서 그녀는 〈제 이름은 캔디 달링Candy Darling이에요〉라고 말했다. 그녀가 누구인지 알게 된 것은 그 때문이었다. 그렇지만 그녀가 동조 장치 안에서 어떤 일이 일어나는지는 알지 못한다고 웜스는 생각했다.

영혼 전문가는 마음을 돌봐준다. 그들이 종종 뱀파이어라고 불리는 까닭은 바로 그 때문이다. 신체 전문가가 굴이라고 불리는 이유는 그들이 신체를 관장하기 때문이다.

———I.F. + S.C. 수술 일지, 부록II, 신문 발표용

저메인 민스Germaine Means 박사는 그들에게 마치 늑대의 얼굴을 연상시키는 탐욕스러운 웃음을 지었다. 〈저는 영혼 전문가입니다. 테리는 저를 뱀파이어라고 부르겠지만, 그 명칭이 마음에 들지 않으면 그냥 저메인이라고 불러도 됩니다.〉 그들은 큰 방 끝의 칠판을 마주보고 앉았다. 그 방은 그 자리 이외에는 자료 캐비닛과 칸막이, 컴퓨터 콘솔로 가득 차 있었다. 그들을 향해 이야기하고 있는 이 여성은 검소하고 수수한 작업복을 입고 있었다. 그녀가 처음 노버트 위너 연구병원(NWRH, 노버트 위너Nobert Wiener는 사이버네틱스의 창시자이다. ——옮긴이)에 왔을 때, 원장은 영혼 전문가의 주임이라면 좀더 직위에 걸맞은 복장을 하는 편이 좋을 것이라고 충고한 적이 있었다. 그 원장은 일찍 은퇴했다.

〈오스틴 웜스의 이야기를 통해 여러분도 알고 있겠지만, 우리 개개인의 마음이라는 것은 뇌라는 물리적인 하드웨어에 짜 넣어진 기

억·기능·경험의 추상적 패턴이라고 생각합니다. 이런 관점에서 생각해 보십시오. 가령 여러분이 공장에서 막 제작된 컴퓨터를 받았다면 그 컴퓨터는 텅 빈 뇌와 흡사합니다. 그 컴퓨터는 어떤 서브루틴subroutine도 갖고 있지 않습니다. 이것은 텅 빈 사람의 뇌와 마찬가지입니다. 비어 있는 뇌가 아무런 기억도 갖고 있지 않듯이, 그런 컴퓨터도 불러낼 수 있는 데이터를 전혀 갖고 있지 않습니다.

여기에서 우리가 하고 있는 일은 어떤 사람으로부터 꺼낸 기억·기능·경험의 모든 패턴을 비어 있는 뇌에 이식하려는 시도입니다. 뇌는 제조되는 것이 아니기 때문에 이것은 용이한 일이 아닙니다. 뇌는 성장하지 않으면 안 됩니다. 그리고 독특한 개성이란 이 뇌의 성장과 발달의 일부입니다. 그러므로 뇌는 제각기 다릅니다. 따라서 하드웨어인 뇌에 완전히 적합한 소프트웨어, 즉 마음이란 없는 셈이지요. 다만, 마음과 같이 성장한 뇌는 예외입니다.

〈예를 들어······.〉 저메인은 피더슨의 남자 친구를 깨우지 않으려고 목소리를 낮추면서 말을 이었다. 그는 아름다운 다리를 넓적다리에서 발끝까지 일자로 뻗고는 쿠션이 좋은 의자에 앉아 졸고 있었다. 〈이 사람의 발에 압력이 가해졌을 때 그의 뇌는 발에서 오는 신경 충격을 어떻게 해독해야 할지 알고 있습니다.〉 그녀는 이렇게 말하고는 자신의 말을 행동으로 옮겨 젊은이의 발을 밟았다.

〈이 비명 소리는 그의 뇌가 그의 왼발 끝에 상당한 압력이 가해졌음을 인지하고 있다는 사실을 나타내는 것입니다. 그러나 만약 다른 마음을 이식하면 뇌는 신경 충격을 정확히 해독하지 못할 것입니다. 어쩌면 그 신경 충격을 복통처럼 느낄지도 모릅니다.〉

그 젊은이는 얼굴에 노기를 띤 채 벌떡 일어섰다. 그는 저메인

쪽으로 다가갔다. 저메인은 몸을 돌려 거울과 톱니 바퀴가 붙어 있는 안경처럼 생긴 물건을 집어들었다. 그가 그녀가 있는 곳에 다다르자, 그녀는 그를 향해 돌아서서 그의 손에 그 안경 비슷한 장치를 쥐어주었다.

〈실험에 자원해 주어서 고맙습니다. 이것을 써보세요.〉그녀의 말에 따르는 방법 외에는 다른 도리가 없었기 때문에 그는 그대로 따라했다.

〈저기 앉아 있는 금발 소녀를 보세요.〉그녀가 가볍게 그의 팔을 잡자 그는 방향을 바꾸었고 균형이 흔들렸다. 그는 안경을 통해서 캔디 달링이 있는 곳에서 몇 도가량 오른쪽을 보고 있는 것 같았다.

〈이번에는 오른손으로 그녀를 가리켜주면 좋겠는데요, 어서요.〉그 젊은이의 팔이 움직였다. 이번에도 손가락은 소녀에게서 몇 도가량 오른쪽을 가리키고 있었다.

그는 손가락을 왼쪽으로 움직이기 시작했지만 저메인은 그의 손을 그가 있는 쪽으로 끌어내려 고글의 시야에서 벗어나게 만들었다.

〈다시 한번 해봐요, 어서요〉라고 그녀는 말했다. 이번에는 손가락이 가리키는 방향이 그다지 빗나가지 않았다. 다섯번째 시도 끝에 그의 손가락은 정확히 캔디 달링이 있는 쪽을 가리키게 되었다. 그의 시선은 여전히 그녀의 오른쪽을 보고 있었지만.

〈자, 이제 안경을 벗으세요. 그녀를 다시 한번 바라봐요. 그리고 그녀를 손으로 가리켜봐요!〉그가 가리킨 순간 저메인은 그의 손을 잡았다. 그는 곧바로 캔디 달링을 보고 있었지만 그녀의 왼쪽을 가리키고 있었다. 그는 당황한 것 같았다.

저메인 웜스는 천정에서 내려다보았을 때의 머리와 고글의 그림을 백묵으로 칠판에 그렸다. 그녀는 안경을 쓴 머리의 시선을 그리고 그 왼쪽에 또 하나의 머리를 그린 다음 둘 사이의 각도를 〈15도〉라고 써 넣었다.

〈지금 여러분들이 본 것이 순응 조정 tuning의 간단한 실례입니다. 빛은 안경의 프리즘에 의해 휘어졌습니다. 그래서 그가 그녀를 똑바로 보고 있다고 알리고 있을 때, 실제로 그의 눈은 그녀의 15도 오른쪽을 향하고 있었던 것이지요. 그의 손 근육이나 신경은 그의 눈이 실제로 향하고 있는 방향을 향하도록 조정되어 있습니다. 그러므로 그는 15도 오른쪽을 가리킨 것입니다.

그러나 그때, 그의 눈은 손이 오른쪽으로 빗나가 있는 것을 보았습니다. 그래서 그는 보정을 시작한 것입니다. 몇 분 동안 다섯 차례의 시행 착오를 거치면서 그의 운동 기능은 그녀가 있는 곳을 가리키도록 보정되었습니다. 그는 정상보다 15도 왼쪽을 가리키도록 조정한 것입니다. 안경을 벗자 그의 팔은 보정하도록 조정된 상태였기 때문에 재조정될 때까지 그는 왼쪽으로 빗겨난 방향을 가리킨 것입니다.〉

그녀는 안경을 집어들었다.

〈그런데 사람은 지금과 같은 편향을 몇 분 만에 조정할 수 있습니다. 그러나 방 전체의 상하가 뒤집히는 것처럼 느끼도록 이 안경을 조절할 수도 있습니다. 그렇게 되면 걷거나 어떤 일을 하려고 할 때 상당히 어려움을 느끼게 될 것입니다. 대단히 곤란해지지요. 그러나 안경을 계속 쓰고 있으면, 하루나 이틀 후에는 방 전체가 처음과 같이 천장이 위에 오게 될 것입니다. 그 사람의 시스템이 재조정되었기 때문에 모든 것이 정상으로 보이게 되는 것이지요. 이때 안경을 벗으면 어떻게 될까요?〉

캔디 달링이 낄낄거리며 웃었다. 피더슨 부인이 말했다. 〈알겠어요. 그 사람의 마음은 눈으로부터 온다, 음……그런 메시지인가요, 그것을 상하 반대로 뒤집도록 조정되어 있기 때문에, 그러므로 안경을 벗었을 때…….〉

〈그렇습니다〉라고 저메인이 말했다. 〈그 사람이 안경을 벗은 상태에 재순응할 때까지는 모든 것의 상하가 거꾸로 뒤집힌 것처럼 보이겠지요. 이 재순응은 앞서의 순응과 같이 일어납니다. 하루나 이틀은 비틀거리겠지만, 그 후에는 모든 것이 다시 원래의 상태로 돌아갑니다. 그리고 비틀거리고 발을 헛디딘다는 과정이 중요한 것입니다. 만약 의자에 앉아 머리를 전혀 움직이지 않는다면, 마음과 신체의 동조가 일어날 수 없습니다.

이번에는 비어 있는 뇌에 마음을 이식했을 때 어떤 일이 일어나는지 상상해 주시면 좋겠습니다. '이 경우 거의 모든 것이 조절되지 않은 상태일 것입니다.' 눈으로부터 오는 메시지가 모두 변환되지 않을 것입니다. 혼란과 혼동은 무수히 발생합니다. 그리고 동일한 현상이 귀, 코, 혀, 그리고 신체에 분포해 있는 모든 신경망에 걸쳐 나타날 것입니다. 지금까지의 이야기는 단지 들어오는(입력) 메시지에 국한된 것입니다. 마음이 신체에 어떤 움직임을 명령하려 할 때면 더 큰 문제에 부딪히게 될 것입니다. 예를 들어 마음이 입술에 '물'이라는 말을 하라고 지시한다고 해도 어떤 소리가 나올지는 아무도 모릅니다.

더 심각한 일은 어떤 소리가 나오든 간에, 그 사람의 새로운 귀가 그 소리를 정확히 마음에 전할 수 없을 것이라는 사실입니다.〉

저메인은 모든 사람들에게 미소를 지으면서 손목 시계를 바라보았다. 그러자 테리가 일어섰다.

〈테리가 여러분을 다음 코스로 안내하려는 것 같습니다. 그러면 제 이야기를 정리해 보지요. 어떤 사람의 마음의 테이프를 미리 준비된 뇌에서 작동시키는 것은 아주 간단한 일입니다. 큰 문제는 재조정된 뇌, 엄밀히 말하면 대뇌 피질을 시스템의 다른 부분과 동조시킨다는 점에 있습니다. 오스틴 웜스가 여러분들에게 이야기했겠지만 우리는 내일 이식 수술에 착수합니다. 처음 테이프를 뇌에 입력시키는 데에는 채 한 시간도 걸리지 않을 것입니다. 그러나 조정에는 며칠이나 걸립니다. 게다가 모든 치료를 고려한다면 몇 개월이 필요할 것입니다. 질문 있습니까?〉

〈질문이 하나 있습니다.〉 피더슨이 말했다.

〈마음이 이식을 겪은 후에 살아남기가 어느 정도 어려운지는 알았습니다. 그리고 여든다섯 살 이상의 마음을 이식하는 것이 위법이라는 사실도 물론 알고 있습니다. 그러나 어떤 인격이——만약 마음을 인격이라고 부른다면——한 신체에서 다음 신체로 갈아 타면서 영원히 살 수는 없을까요?〉

〈무슨 말인지 알았습니다. 그 질문은 시간이 충분히 있고, 당신이 상당한 수학적 지식을 갖고 있다고 해도 설명하기가 쉽지 않을 것입니다. 금세기가 끝날 때까지 노망(老妄)은 신체의 물리적인 쇠약의 부산물이라고 믿어졌습니다. 오늘날 인간의 마음은 그 신체가 아무리 젊다 해도, 대략 100년 동안만 여러 가지 다양한 경험을 할 수 있을 뿐이며, 그 후에는 완전히 노망의 상태가 된다는 사실을 알고 있습니다. 여러분도 잘 아시겠지만 리퍼 중에는 무려 50년을 기다려서 이식 수술을 받고도 계속 생존한 성공 사례가 소수 있습니다. 따라서 리퍼는, 이론상으로 지금부터 1000년 동안 기능을 계속할 수도 있습니다. 그러나 그 신체 속의 마음이 여러분들보다 살아 있는 경험을 더 많이 할 수는 없습니다. 여러분의 모든 것이 하

나의 테이프 속에 저장되어 있을 때, 진정한 의미에서 여러분이 살아 있다고 할 수는 없을 것입니다.〉

그들이 줄을 지어 나간 후 저메인은 금발 소녀가 남아 있다는 사실을 알았다.

〈안녕하세요. 저는 캔디 달링이에요〉라고 그녀가 소리쳤다. 〈걱정하지 마세요. 이런 보통 단체 관광에 끼여보는 것도 재미있을 것 같아서요. 어떤 건지 알고 싶었거든요.〉

〈당신의 생명 활동 전달 장치 VAT는 어디 있지요?〉

\* \* \*

오스틴 웝스는 육체적인 면에서의 접합 처치는 완전하다고 언명했다.

——I.F. + S.C. 수술 일지

그윽 끅.

에타오인 슈르들루Etaoin shrdlu 음.

안티-엠 Anti-M.

먼 옛날 옥토끼 좋아, 아주 좋아. 멀리, 함께, 아! 궤도를 따라, 공간의 곡률에서 벌레 구멍wormhole의 요동에 이르기까지, 우리를 데려간다. 이제 시작한다. 깨어난다.

나는 지금 죽음으로부터 에로스가 태어나듯 무로부터 태어나는 것을 듣고 있다. 내가 알고 있는 것은 단지, 내가 풍채가 당당한 남자 이스마엘 포스Ismael Forth였다는 사실밖에 없다. 테이프 입력, 그리고 내가 언제, 어디에서, 또는 어떻게 눈을 떴는지 모른다는 사실을 알고 있다. 그리고 그것이 꿈이었기를 바란다. 그러나 꿈은 아니다. 오! 아니다! 꿈이 아니다. 눈알을 희번덕거리는 먼스터 치즈가 눈을 향하여 내 눈꺼풀에 덮이고 있다.

그리고 말도 기억도 없는 무수한 단계와 형태들을 무수히 통과한 것 같다. 깨어난다.


〈안녕하세요, 저는 캔디 달린즈Candy Darlinz에요.〉

〈저는 다시 돌아온 이스마엘 포스입니다〉라고 대답하려고 애썼다. 세번째로 시도한 끝에야 그 말이 제대로 입 밖으로 나왔다. 그리고 먼스터 치즈는 푸른 날카로운 눈을 한 금발 소녀로 바뀌어 있었다.

〈당신의 제1차 이식 수술은 어제야 간신히 끝났어요. 모두들 당신의 수술 결과가 성공이라고 생각하고 있어요. 당신의 몸은 이제 막 태어난 셈이에요. 당신은 지금 휴스턴의 노버트 위너 연구병원에 있어요. 당신은 유산을 둘이나 상속했고, 재판소도 그 사실을 인정하고 있어요. 당신 친구 피터 스트로손Peter Strawson이 이 건을 담당했습니다. 지금은 2112년 4월의 첫째 주예요. 당신은 살아 있어요.〉

그녀는 일어서서 내 손을 만졌다.

〈당신의 회복 치료는 내일부터 시작됩니다. 이제 주무세요.〉 그녀가 문을 닫고 나갔을 때 나는 벌써 잠에 빠져들고 있었다. 여러 가지 일을 알아차릴 수 있었지만 나는 흥분조차 할 수 없었다. 내 젖꼭지가 마치 포도알처럼 크게 느껴졌다. 배꼽 아래쪽으로 손을 더듬어 나가다가 나는 기절하고 말았다.

이튿날 나는 페니스를 잃은 정도가 아니라는 사실을 발견했다. 길이가 약 1미터나 되는, 손아귀에 들어갈 정도 굵기의 꼬리가 달려 있다는 사실을 깨달았다. 최초의 느낌은 강한 혐오감이었다.

나는 천천히 의식적인 지각으로까지 나아갔다. 허둥대는 꿈들이 무수히 스치고 지나갔다. 이름도 알 수 없는 공포로부터 도망치려고 걷고, 달리고, 바둥거렸다. 그리고 나의 (이전의) 신체가 했던 성행위의 기억이 단편적으로 섬광처럼 스치고 지나갔다.

나는 과거의 육체를 정말 좋아했다. 저메인 웜스 박사가 곧 내게 말했지만 이것은 내가 안고 있는 가장 큰 문제 중 하나였다. 나는 몸을 쭉 뻗어 몸의 작동 상태를 조작하고 있을 때, 과거의 신체가 거울 속에 어떻게 비쳐지는지 마음 속에 확실하게 그릴 수 있었다. 190센티미터를 조금 넘는 키, 체중 93킬로그램, 잘 단련된 근육, 알맞게 붙은 살. 가슴에는 빨간 털이 빽빽이 나 있어서 얼굴에 난 털들을 영구적으로 제거하는 결심을 쉽게 내릴 수 있었다. 자신감에 넘치고 약간 어색해 보일 정도의 거구, 꼬마들로 가득 찬 세상을 내려다보는 큰 남자란 여간 기분 좋은 일이 아니었다.

그렇다고 내가 보디 빌딩을 했던 것은 아니었다. 멋진 남자, 매력적인 남자로 보일 정도의 운동만 했을 뿐이다. 만능 스포츠맨도 아니었다. 그렇지만 나는 내 몸을 무척 좋아했다. 그런 나의 몸은 IBO 사(社)를 위한 광고 출연에도 도움이 된 것이다.

나는 여전히 똑바로 누워 있었다. 몸이 줄어든 것 같은 생각이 들었다. 줄어든 것이다. 따뜻하고 몽롱한 잠에서 차츰 깨어나면서 나는 오른손을 움직여서 갈비뼈 위에 놓았다. 갈비뼈들은 가늘고 툭 튀어나와서, 마치 뼈대에 가죽만 붙어 있는 형국이었다. 나는 마치 해골이 된 것 같은 느낌이었지만 차츰 부풀어 올랐다. 부풀어 오르고, 커지고, 팽팽해지고 있다. 그때까지도 나의 일부는 그것이 여자로서는 전혀 크지 않다는 사실을 알고 있었지만, 내 몸의 대부분은 그것이 멜론 정도 크기로 느껴졌다.

누구나 에로틱한 꿈을 꿀 때, 이런 일을 상상한 적이 있을 것이다. 꿈 속에서 당신은 병원의 침대에 누워 있다. 손을 뻗으면 그것이 잡힌다. 손에 꽉 들어찰 정도의 크기, 그리고 집게손가락과 가운뎃손가락 사이에는 단단해진 젖꼭지가 자리잡고 있다(분명 이 도발적인 몽상을 실제 육체를 손으로 만지면서 느껴본 남성들도 있을 것이다. 여성은 남성들이 생각하는 것처럼 관능적 흥분을 느끼기보다는 통증과 간지러움을 느낄지도 모르지만, 나는 나 자신이 무엇에 대해 이야기하고 있는지 알고 있다. 지금 나는 성행위의 대부분이 그렇다는 것을 알고 있다. 어쩌면 이성애가 이런 식으로 계속될 수 있는 것은 무지 때문일지도 모른다. 즉 서로가 상대의 느낌을 제멋대로 상상하기 때문이다).

그러나 나는 새롭게 얻은 육체를 통해 결코 성적 흥분을 느낄 수 없었다. 거기에는 두 가지 원인이 있었다. 거기에 손이 닿았을 때 내 손가락은 이상(異常)을 감지했다. 두 개의 생기 없는 암(癌) 덩어리와 같은 돌기. 그리고 말하자면 안쪽으로부터 살이 부풀어오른 듯한 느낌을 받은 것이다. 시트에 닿은 젖꼭지는 마치 생살이 벗겨진 상처처럼 느껴졌다. 떨어져 있는 것과 같은 기묘한 느낌이었다. 마치 가슴이 분리되어 있는, 신경이 없는 젤리와도 같아서 가슴 앞쪽 몇 센티미터쯤 되는 곳에 두 개의 감각점이 있는 것 같았다. 데드 스포트dead spot(수신 불가능 지역——옮긴이). 거부 반응. 이런 현상에 대해서는 많은 것을 배웠다.

손을 밑으로 내리면서 나는 엉덩이의 만곡부가 만져질 것을 예상하고 있었다. 페니스의 존재를 느낄 수 없었고, 그런 기대도 품지 않았다. 나는 그것을 〈갈라진 틈gash(여성의 생식기를 가리키는 속어——옮긴이)〉이라고도 부르지 않았다. 그 말은 우주군(軍)의 속어로 가끔 쓰였고, 극단적인 비서와 상사 S & M(Secretary & Master) 형의 동성애를 좋아하는 소수 남성 사이에서도 종종 쓰이고 있었다. 나는 며칠 후에 이 말을 윔스 박사에게서 처음 배웠다. 그녀의 말에 따르면 남자들 사이의 관계를 그린 전통적인 포르노는, 여성의 몸에 대해 남성들이 갖고 있는 전형적인 환상을 잘 드러낸다고 한다. 그녀는 그런 종류의 포르노가 〈신체 이미지의 병리학을 위한 풍부한 정보원〉이라고 말한다. 내가 그것에 대해 느낀 감정이 〈갈라진 틈〉이라는 것을 지적했다는 점에서 그녀는 확실히 옳았다. 처음에는 말이다.

나는 야위었을 뿐 아니라 몸에는 거의 털이 없었다. 나는 〈완전히〉 발가벗은 느낌, 마치 발가벗은 갓난아기처럼 완전한 무방비 상태로 느껴졌다. 그럼에도 불구하고 내 피부는 그다지 매끄럽지도 않았지만 말이다. 음부의 갈라진 곳을 지나 곱슬곱슬한 음모(陰毛)를 느끼면서 나는 간신히 안심할 수 있었다. 내 손은 계속 앞으로 나아갔다. 막대 같은 다리. 그러나 문득 넓적다리 사이에서 무언가를 느꼈다. 허리 사이에서도, 그리고 발목 사이에서도.

처음에는 내 배설물을 처리하는 일종의 튜브라고 생각했다. 그러나 다리 사이에서 받은 느낌으로, 그것이 그런 부위에 부착되어 있지 않다는 것을 알았다. 그것은 내 척추 끝에 부착되어 있었다. 아니 부착되어 있다기보다는 그것이 내 척추의 말단이 되어 발까지 뻗어 있는 것 같았다. 그것은 나의 몸의 일부였다. 나는 전혀 그럴 마음은 아니었지만, 그 시점에서는 그럴 기력도 없었지만 마음 속에서 엄청난 충격을 받았다. 그 빌어먹을 물건은 침대 바닥에서 뱀처럼 위로 뻗어 시트를 내 얼굴에 덮어씌웠다.

나는 악을 쓰고 비명을 질렀다.

〈이놈을 떼어내 줘.〉 그들이 베타오르소민 betaorthoamine을 투여해서 내가 몸부림치는 것을 멈추려 했을 때 나는 이렇게 말했다. 나는 몇 번이나 윕스 박사에게 부탁했다. 그녀는 다른 사람들에게 방에서 나가라고 명령했다.

〈제 말을 들어봐요. 샐리, 당신이 스스로 이름을 고를 때까지 이렇게 부르겠어요, 우리는 당신의 꼬리를 떼지 않을 거예요. 우리의 계산으로, 그렇게 하면 치명적인 거부 반응이 일어나는 것이 거의 확실하니까요. 거부 반응이 일어나면 당신은 죽게 되요. 수천 개의 신경이 뇌와 그 꼬리를 연결시키고 있어요. 뇌의 상당 부분이 그 꼬리로부터 정보를 받고 명령을 내리고 있습니다. 뇌의 그 부분은 다른 부분과 같이 기능해서 통합될 필요가 있어요. 우리는 당신 마음의 패턴을 지금의 당신 뇌에 기록해 넣었어요. 마음과 뇌는 함께 살아가는 방법을 '배워야 합니다'. 그렇지 않으면 거부 반응이 일어나고 말아요. 그렇게 되면 당신은 죽게 되지요.〉

윕스 박사는 내가 조용해지도록 온화한 어조로 타일렀다. 나는 이 새로운 신체를 좋아하게 되는 방법을 배우지 않으면 안 된다. 그녀는 노련한 솜씨로 미사여구를 동원해 내 몸을 칭찬했다. 새로운 성(性), 그리고 새로운 꼬리에 대해……. 나는 많은 훈련과 검사를 받아야 한다. 그리고 많은 사람들에게 내가 어떻게 느끼는지 이야기하지 않으면 안 된다. 그리고 또 하나의 손을 갖게 된 것에 대해 대단한 기쁨을 느끼지 않으면 안 된다.

내게 전혀 선택의 여지가 없다는 사실을 분명히 알았을 때 내 새로운 몸뚱아리에서 주르르 식은땀이 흘렀다. 어제 들은 이야기가 사실이라면 나는 가난뱅이가 아닐 것이다.

그러나 지금 당장 이식체의 비용을 지불하는 것은 불가능하다. 더구나 내 마음에 드는 신체의 비용은 도저히 무리이다. 물론 내가 받은 이 신체는 켈로그-머피법에 의해 무료이지만.

잠시 후 그녀는 방을 나갔다. 나는 망연자실하게 벽을 응시했다. 간호원이 스크램블드 에그(휘저어 볶은 달걀——옮긴이)와 토스트가 얹힌 쟁반을 들고 들어왔다. 나는 간호원과 쟁반 모두 무시했다. 얇은 입술의 입에서 타액이 흘렀다. 배고프라지.


### 나를 찾아서 · 열다섯

마음을 테이프에 넣는다는 발상은 매력적이지만 이러한 방식으로 인격을 보존하는 것이 언젠가 가능해질지 모른다는 생각은 확실히 잘못이라고 할 수 있을 것이다. 실제로 라이버는 기본적인 장해를 인식하고 있다. 뇌는 공장에서 생산되어 나오는 컴퓨터와 같은 것이 아니다. 인간의 뇌는 처음 탄생했을 때 마치 지문(指紋)처럼 제각기 독특한 구조를 갖고 있는 것이 분명하고, 평생에 걸친 학습과 경험이 이러한 개개인의 특성을 강화시킨다. 하드웨어에서 독립된 프로그램 같은 것을 (정기적인 〈테이프 작성〉 시기에) 뇌로부터 읽어낼 수 있을 것이라고 생각하는 근거는 박약하다. 설령 이러한 테이프를 만들 수 있다고 해도, 그것이 다른 뇌의 하드웨어와 양립할 수 있다고 생각하는 것은 더 곤란하다. 컴퓨터는 새로운 프로그램을 삽입함으써 즉시 재설계할 수 있도록 〈설계되어〉 있다. 그러나 뇌의 경우 아마도 그러한 일은 불가능할 것이다.

라이버는 마음과 신체의 양립 불가능성이라는 문제를 기술자가 어떻게 해결할 수 있는가에 대해서 훌륭한 상상력을 발휘하고 있지만(그리고 그의 책에는 이 점에 관해 매우 기상천외한 발상이 많이 들어 있다), 좋은 이야기를 구성하기 위해서 그는 문제의 중대함을 조심스럽게 말하지 않으면 안 되었을 것이다. 그러나 구조적으로 다른 뇌, 예를 들면 나의 뇌와 당신의 뇌 사이에서 대량의 정보를 옮긴다는 문제는 극복 불가능하지 않다. 이 과제를 해결하기 위한 기술은 이미 존재하지만, 이것이 장래에 대단히 유효한 것이 될지 여부는 아무도 모른다. 그러한 기술 중에서 새롭고, 현재 진행 중인 한 가지는 지금 이 글을 읽고 있는 독자들의 손 안에 있다고 말할 수 있을 것이다.

D. C. D.

**이런, 이게 바로 나야! 1**

1판 1쇄 펴냄  2001년 2월 1일
1판 6쇄 펴냄  2017년 10월 20일

지은이  더글러스 호프스태터, 다니엘 데닛
옮긴이  김동광
펴낸이  박상준
펴낸곳  ㈜사이언스북스

출판등록 1997. 3. 24 (제16-1444호)
(06027) 서울특별시 강남구 도산대로1길 62
대표전화 515-2000, 팩시밀리 515-2007
편집부 517-4263, 팩시밀리 514-2329

www.sciencebooks.co.kr

ISBN 978-89-8371-073-4 03400
ISBN 978-89-8371-072-7(전2권)